冶金工业建设工程预算定额

（2012年版）

U0850645

第十三册　材料预算价格

北　京
冶　金　工　业　出　版　社
2013

图书在版编目(CIP)数据

冶金工业建设工程预算定额:2012年版. 第十三册,材料预算价格/冶金工业建设工程定额总站编. —北京:冶金工业出版社,2013. 1

ISBN 978-7-5024-6135-5

Ⅰ. ①冶… Ⅱ. ①冶… Ⅲ. ①冶金工业—建筑材料—建筑预算定额—中国 Ⅳ. ①TU723. 3

中国版本图书馆CIP数据核字(2012)第296516号

出 版 人 谭学余
地　　址 北京北河沿大街嵩祝院北巷39号,邮编100009
电　　话 (010)64027926 电子信箱 yjcbs@cnmip.com.cn
责任编辑 卢 敏 李培禄 美术编辑 彭子赫 版式设计 孙跃红
责任校对 石 静 刘 倩 责任印制 牛晓波
ISBN 978-7-5024-6135-5
冶金工业出版社出版发行;各地新华书店经销;三河市双峰印刷装订有限公司印刷
2013年1月第1版,2013年1月第1次印刷
850mm×1168mm 1/32;16.5印张;446千字;520页
95.00元
冶金工业出版社投稿电话:(010)64027932 投稿信箱:tougao@cnmip.com.cn
冶金工业出版社发行部 电话:(010)64044283 传真:(010)64027893
冶金书店 地址:北京东四西大街46号(100010) 电话:(010)65289081(兼传真)
(本书如有印装质量问题,本社发行部负责退换)

冶金工业建设工程定额总站　文件

冶建定[2012]52号

关于颁发《冶金工业建设工程预算定额》(2012年版)的通知

为适应冶金工业建设工程的需要,规范冶金建筑安装工程造价计价行为,指导企业合理确定和有效控制工程造价,由总站组织冶金系统造价专业人员修编的《冶金工业建设工程预算定额》(2012年版)已经完成。经审查,现予以颁发,自2012年11月1日起施行。原冶金工业建设工程定额总站颁发的《冶金工业建设工程预算定额》(2001年版)(共十四册)同时停止执行。

本定额由冶金工业建设工程定额总站负责具体解释和日常管理。

冶金工业建设工程定额总站

二〇一二年九月十九日

综　合　组：张德清　林希琤　赵　波　陈　月　张连生　吴永钢　吴新刚　万　缨　乔锡凤　文　萃
孙旭东　陈国裕　郭绍君　付文东　郑　云　朱四宝　杨　明　徐战琨　张福山

主编单位：首钢总公司

副主编单位：冶金工业武汉预算定额站

协编单位：鹏业软件股份有限公司

主　　编：苏　娜　范　晔

参编人员：王永光　王晓京　何其飞　武岩松　黄铁凤　彭佩华　喻建华　薛艳杰

编辑排版：赖勇军

目　　录

册　说　明

一、《材料预算价格》(2012年版)是为编制《冶金工业建设工程预算定额》(2012年版)计价依据提供基期价格;也可作为编制冶金工业建设工程概算、工程量清单及投标报价的材料基价。

二、本材料预算价格为2012年定额编制期建材市场的综合价格,不同年度使用时,可按有关规定进行调整。出现差价只计取税金,不计取其他费用。

三、材料预算价格已综合了材料采购、运输及保管费,使用时不再另行计取。

四、材料预算价格由黑色及有色金属、木材及制品、地方材料、装饰块料、水泥及水泥制品、塑料及橡胶制品、保温及隔热材料、吊顶及脚手架、耐火材料、防水材料、油漆及化工原料、五金制品及焊接材料、管材、阀门及管件、水暖、电线及电缆、电工器材、消防器材、铁路器材、杂品、工器具等二十一类组成。未列出的新材料,其价格可由各建设单位工程造价管理分站根据工程实际资料补充,并报冶金工业建设工程定额总站备案。

五、《材料预算价格》(2012年版)解释权属冶金工业建设工程定额总站。

一、黑色及有色金属

序号	材料名称	规格型号	单位	定额价(元)
1	光圆钢筋	φ6～9	kg	3.70
2	光圆钢筋	φ10 以内	t	3700.00
3	光圆钢筋	φ10 以外	t	3900.00
4	光圆钢筋	φ10～14	kg	3.90
5	光圆钢筋	φ15～24	kg	3.90
6	光圆钢筋	φ25～36	kg	4.00
7	光圆钢筋	(综合)	kg	3.90
8	Ⅱ级钢筋	φ20 以内	kg	4.00
9	Ⅱ级钢筋	φ20 以内	t	4000.00
10	Ⅱ级钢筋	φ20 以外	kg	4.00
11	Ⅱ级钢筋	φ20 以外	t	4000.00
12	螺纹钢筋	(综合)	kg	4.00
13	Ⅲ级钢筋	φ20 以内	kg	4.10
14	Ⅲ级钢筋	φ20 以外	kg	4.10
15	预应力钢筋	各种规格	kg	4.30
16	圆钢	φ5.5～9	kg	4.10
17	圆钢	φ10～14	kg	4.10
18	圆钢	φ15～20	kg	4.10
19	圆钢	φ25～32	kg	4.10
20	圆钢	φ32 以外	kg	4.10

序号	材料名称	规格型号	单位	定额价(元)
21	圆钢	各种规格	kg	4.10
22	结构圆钢 45 号	各种规格	kg	4.80
23	合结圆钢 40Cr	各种规格	kg	5.00
24	镀锌圆钢	ϕ5.5 ~ 9	kg	5.50
25	镀锌圆钢	ϕ10 ~ 14	kg	5.50
26	镀锌圆钢	ϕ16	kg	5.50
27	不锈钢圆钢	ϕ6 以上	kg	24.00
28	不锈钢圆钢	ϕ20 以上	kg	26.00
29	无粘结钢丝束		kg	6.54
30	无粘结钢丝束		t	6540.00
31	有粘结钢丝束		kg	5.46
32	扁钢	边宽 59mm 以下	kg	4.10
33	扁钢	边宽 60mm 以上	kg	4.10
34	镀锌扁钢	59mm 以下	kg	5.34
35	镀锌扁钢	60mm × 6mm 以下	kg	5.34
36	不等边角钢	边宽 100mm 以上	kg	4.00
37	不等边角钢	边宽 100mm 以下	kg	4.00
38	不等边角钢	63 × 40 × 6　L = 80mm	kg	4.00
39	不等边角钢	63 × 40 × 6　L = 80mm	根	1.48
40	等边角钢	边宽 60mm 以上	kg	4.00
41	等边角钢	边宽 60mm 以下	kg	4.00

序号	材料名称	规格型号	单位	定额价(元)
42	角钢综合		kg	4.00
43	挡板(角钢)	75×75×6　$L=100$mm	根	2.90
44	槽钢	18 号以上	kg	4.00
45	槽钢	5～16 号	kg	4.00
46	槽钢	5～16 号	kg	4000.00
47	槽钢	10 号	m	40.02
48	槽钢	12 号	m	49.27
49	热轧工字钢	普型 10～16	kg	4.10
50	热轧工字钢	普型 18 以上	kg	4.10
51	工字钢	I 10～22	kg	4.10
52	工字钢	I 12.6～28	kg	4.10
53	工字钢	I 25～45	kg	4.10
54	工字钢	I 32～63	kg	4.10
55	工字钢	I 10～22	t	4100.00
56	工字钢	I 12.6～28	t	4100.00
57	工字钢	I 25～45	t	4100.00
58	工字钢	I 32～63	t	4100.00
59	热轧 H 型钢	125×125×7×10	kg	4.40
60	热轧 H 型钢	150×150×7×10	kg	4.40
61	热轧 H 型钢	175×175×7×10	kg	4.40
62	热轧 H 型钢	200×100×5.5×8	kg	4.40

序号	材料名称	规格型号	单位	定额价(元)
63	热轧 H 型钢	200×200×8×12	kg	4.40
64	热轧 H 型钢	250×125×6×9	kg	4.40
65	热轧 H 型钢	250×250×9×14	kg	4.40
66	热轧 H 型钢	294×200×8×12	kg	4.40
67	热轧 H 型钢	300×300×10×15	kg	4.40
68	热轧 H 型钢	340×250×9×14	kg	4.40
69	热轧 H 型钢	350×175×7×11	kg	4.40
70	热轧 H 型钢	350×350×12×9	kg	4.40
71	热轧 H 型钢	400×200×10×15	kg	4.40
72	热轧 H 型钢	400×200×8×13	kg	4.40
73	热轧 H 型钢	488×300×12×20	kg	4.40
74	热轧 H 型钢	588×300×11×17	kg	4.40
75	热轧 H 型钢	588×300×12×20	kg	4.40
76	热轧 H 型钢	700×300×13×14	kg	4.70
77	热轧 H 型钢	700×300×13×24	kg	4.70
78	热轧 H 型钢	800×300×13×24	kg	4.70
79	H 型钢	$H>350$	kg	4.40
80	H 型钢	$H\leqslant 350$	kg	4.40
81	热轧 H 型钢	薄壁 H 型钢 HT	kg	5.10
82	热轧 H 型钢	宽翼缘 H 型钢 HW	kg	5.10
83	热轧 H 型钢	窄翼缘 H 型钢 HN	kg	5.10

序号	材料名称	规格型号	单位	定额价(元)
84	热轧 H 型钢	中翼缘 H 型钢 HM	kg	5.10
85	T 型钢		kg	4.40
86	型钢综合		kg	4.00
87	普碳方钢	75×75 以下	kg	4.10
88	普碳方钢	80×80 以上	kg	4.15
89	普碳方钢	各种规格	kg	4.15
90	冷轧薄钢板	δ=0.5~0.9	kg	5.10
91	冷轧薄钢板	δ=1.0~1.5	kg	5.00
92	冷轧薄钢板	δ=1.6~1.9	kg	4.90
93	冷轧薄钢板	δ=2~2.5	kg	4.90
94	冷轧薄钢板	δ=2.6~3.2	kg	5.50
95	热轧薄钢板	0.5~0.65	kg	4.87
96	热轧薄钢板	0.7~0.9	kg	4.87
97	热轧薄钢板	1.0~1.5	kg	4.87
98	热轧薄钢板	1.6~2.0	kg	4.67
99	热轧薄钢板	2.2~2.8	kg	4.67
100	热轧薄钢板	3.0~4.0	kg	4.67
101	热轧中厚钢板	δ=4.5~10	kg	3.90
102	热轧中厚钢板	δ=10~16	kg	3.70
103	热轧中厚钢板	δ=18~25	kg	3.70
104	热轧中厚钢板	δ=26~32	kg	3.70

序号	材料名称	规格型号	单位	定额价(元)
105	钢板	δ>32	kg	3.70
106	钢板综合		kg	3.75
107	钢板	δ=2	m^2	62.49
108	钢板	δ=3	m^2	93.75
109	钢板综合		t	3750.00
110	普通钢板	δ=8~20	kg	3.70
111	普通钢板	0~3号 δ=0.5~0.65	kg	4.87
112	钢材		kg	3.90
113	花纹钢板	各种规格	kg	3.90
114	花纹钢板	δ=5	t	3900.00
115	镀锌薄钢板	δ=0.5~0.9	kg	5.25
116	镀锌薄钢板	δ=1.0~1.5	kg	5.05
117	镀锌薄钢板	δ=1.6~2.0	kg	5.00
118	镀锌薄钢板		kg	5.10
119	镀锌钢板	δ=0.5	m^2	20.37
120	镀锌钢板	δ=0.75	m^2	30.56
121	镀锌钢板	δ=1.0	m^2	40.74
122	镀锌钢板	δ=1.2	m^2	48.89
123	镀锌钢板	δ=2.5	m^2	100.09
124	不锈钢板 201	各种规格	kg	17.50
125	不锈钢板 304	各种规格	kg	19.00

序号	材料名称	规格型号	单位	定额价(元)
126	不锈钢板	$\delta=1.0$	m^2	157.60
127	镜面不锈钢板	$\delta=0.8$mm	m^2	160.00
128	镜面不锈钢板	$\delta=1$mm	m^2	220.00
129	钢板网	5mm	m^2	12.00
130	压型板	LYX	m^2	60.00
131	压型板	仿琉璃瓦	m^2	70.00
132	压型板	拱形板	m^2	75.00
133	压型墙板	V-820(0.6mm)	m^2	50.00
134	压型屋面板	W-550(0.8mm)	m^2	55.00
135	压型屋面板	YX92-336-675	m^2	70.00
136	采涂钢板	0.6~1.0	kg	6.50
137	彩色屋面板	YX75-380-760 型 0.5	m^2	34.50
138	彩色屋面板	YX75-380-760 型 0.6	m^2	44.90
139	彩色屋面板	YX75-380-760 型 0.8	m^2	58.49
140	彩色屋面板	YX75-380-760 型 1	m^2	72.41
141	彩色屋面板	YX15-225-900 型 0.8	m^2	49.16
142	彩色墙面板	YX35-125-750 型 0.6	m^2	44.94
143	彩色墙面板	YX28-205-820 型 0.6	m^2	41.11
144	彩色墙面板	YX35-125-750 型 0.8	m^2	58.72
145	彩色墙面板	YX35-125-750 型 1	m^2	72.98
146	彩色弧型板	YX28-205-820 型 0.6	m^2	41.11

序号	材料名称	规格型号	单位	定额价(元)
147	彩色附属板	0.6	m^2	50.73
148	彩色附属板	0.8	m^2	63.00
149	彩色压型复合板	$H=50mm$　0.6mm	m^2	75.00
150	彩色压型复合板	$H=75mm$　0.6mm	m^2	85.00
151	彩色压型复合板	$H=100mm$　0.6mm	m^2	95.00
152	穿透式彩钢板	$\delta=0.5$	m^2	41.05
153	暗扣式彩钢板	$\delta=0.5$	m^2	45.50
154	镀锌瓦楞铁	0.5×720×2000	张	36.00
155	镀锌瓦楞铁	0.7×720×2000	张	55.00
156	镀锌瓦楞铁	1.0×720×2000	张	74.00
157	镀锌瓦楞铁	1.5×720×2000	张	123.00
158	镀锌瓦楞铁	2.0×720×2000	张	155.00
159	预埋铁件		kg	5.50
160	铸钢件		kg	5.70
161	铸铁件		kg	3.90
162	铸铁块		kg	2.95
163	铸铁花纹板		kg	4.80
164	钢轨	8kg/m	kg	5.10
165	钢轨	11kg/m	kg	5.10
166	钢轨	15kg/m	kg	5.10
167	钢轨	18kg/m	kg	5.10

序号	材料名称	规格型号	单位	定额价(元)
168	钢轨	24kg/m	kg	5.10
169	钢轨	38kg/m	kg	5.30
170	钢轨	43kg/m	kg	5.30
171	钢轨	43kg/m	t	5300.00
172	钢轨	50kg/m	kg	5.30
173	钢轨	60kg/m	kg	5.30
174	钢轨(中锰钢)	43kg/m 12.5m	根	2848.75
175	钢轨(中锰钢)	43kg/m 25m	根	5697.50
176	钢轨(中锰钢)	50kg/m 12.5m	根	3312.50
177	钢轨(中锰钢)	50kg/m 25m	根	6625.00
178	钢轨(中锰钢)	60kg/m 25m	根	7950.00
179	起重机钢轨	QU100kg/m	kg	5.10
180	起重机钢轨	QU120kg/m	kg	5.10
181	起重机钢轨	QU70kg/m	kg	5.10
182	起重机钢轨	QU80kg/m	kg	5.10
183	废钢		kg	3.10
184	冷拔低碳钢丝	ϕ5 以内	kg	5.20
185	冷拔低碳钢丝	ϕ5 以内	t	5200.00
186	镀锌低碳钢丝	ϕ0.7~1	kg	5.10
187	镀锌低碳钢丝	ϕ1.2~2.8	kg	5.30
188	镀锌低碳钢丝	ϕ2.8~5	kg	5.30

序号	材料名称	规格型号	单位	定额价(元)
189	钢丝	ϕ0.1～0.5	kg	6.28
190	钢丝	ϕ1.6	kg	6.28
191	钢丝	ϕ2mm	kg	6.28
192	不锈钢丝	18 号	kg	29.00
193	镀锌低碳钢丝	ϕ0.7～1	kg	5.20
194	镀锌低碳钢丝	ϕ1.2～2.8	kg	5.30
195	镀锌低碳钢丝	ϕ2.8～5	kg	5.43
196	高强钢丝	ϕ5(不镀锌)	kg	5.50
197	镀锌钢绞线	1×7　2.2mm	kg	7.00
198	镀锌钢绞线	1×7　2.6mm	kg	6.20
199	镀锌钢绞线	1×7　3.0mm	kg	6.20
200	镀锌钢绞线	1×7　5.4mm	kg	6.17
201	镀锌钢绞线	1×7　6mm	kg	6.96
202	镀锌钢绞线	1×7　6.6mm	kg	5.60
203	镀锌钢绞线	1×7　7.8mm	kg	5.60
204	镀锌钢绞线	1×7　9mm	kg	5.60
205	镀锌钢绞线	1×19　11mm	kg	7.00
206	镀锌钢绞线	1×19　13mm	kg	7.00
207	钢绞线	低松弛 1.12kg/m	kg	6.78
208	钢绞线	普通	t	6050.00
209	钢丝绳	单股 ϕ=4.2	kg	7.30

序号	材料名称	规格型号	单位	定额价(元)
210	钢丝绳	单股 $\phi=4.5$	kg	7.30
211	钢丝绳	单股 $\phi=6$	kg	7.30
212	钢丝绳	单股 $\phi=6$	m	0.91
213	钢丝绳	单股 $\phi=8$	kg	7.30
214	钢丝绳	单股 $\phi=8$	m	1.62
215	钢丝绳	单股 $\phi=14$	kg	6.57
216	钢丝绳	单股 $\phi=16$	kg	6.57
217	钢丝绳	股丝 $6\sim7\times19$　$\phi=7.1\sim8$	kg	7.30
218	钢丝绳	股丝 $6\sim7\times19$　$\phi=8.1\sim9$	kg	7.30
219	钢丝绳	股丝 $6\sim7\times19$　$\phi=14.1\sim15$	kg	6.57
220	钢丝绳	股丝 $6\sim7\times19$　$\phi=16\sim18.5$	kg	6.57
221	钢丝绳	股丝 $6\sim7\times19$　$\phi=19\sim21.5$	kg	6.57
222	钢丝绳	股丝 $6\sim7\times19$　$\phi=12.5$	m	2.44
223	钢丝绳	股丝 $6\sim7\times19$　$\phi=15.5$	m	4.06
224	钢丝绳	股丝 $6\sim7\times19$　$\phi=18.5$	m	5.84
225	钢丝绳	股丝 $6\sim7\times19$　$\phi=20$	m	6.86
226	钢丝绳	股丝 $6\sim7\times19$　$\phi=21.5$	m	7.96
227	钢丝绳	股丝 $6\sim7\times19$　$\phi=24.5$	m	10.39
228	钢丝绳	股丝 $6\sim7\times19$　$\phi=26$	m	11.73
229	钢丝绳	股丝 $6\sim7\times19$　$\phi=28$	m	13.15
230	黄铜棒	$\phi7\sim80$	kg	57.30

序号	材料名称	规格型号	单位	定额价(元)
231	黄铜管	4～13	kg	71.90
232	黄铜管	14～20	kg	69.60
233	黄铜管	21 以上	kg	69.80
234	黄铜皮	$\delta=0.08\sim0.3$	kg	68.90
235	黄铜板	0.2～0.7	kg	61.00
236	黄铜板	0.8 以上	kg	62.70
237	铜丝		kg	46.00
238	细铜网		m^2	75.69
239	紫铜板	各种规格	kg	64.00
240	紫铜棒	各种规格	kg	72.30
241	紫铜管	$\phi4\sim13$	kg	77.70
242	紫铜管	$\phi14\sim20$	kg	83.00
243	紫铜管	$\phi21$ 以上	kg	73.70
244	紫铜皮	各种规格	kg	72.90
245	灰铅条		kg	24.00
246	铅板	各种规格	kg	17.70
247	铅线		kg	7.68
248	青铅		kg	13.40
249	铝板	各种规格	kg	18.90
250	铝板	$\delta=1.0$	m^2	60.05
251	槽铝 50		m	10.00

序号	材料名称	规格型号	单位	定额价(元)
252	槽铝 75		m	11.00
253	槽铝 100		m	12.00
254	铝包带	1×10	kg	22.30
255	锡	各种规格	kg	65.00
256	锡纸		kg	63.67
257	锌	0.9999	kg	16.40
258	长垫板	$\delta=5$	kg	4.30
259	大工字铝	75mm	m	10.29
260	马蹬铁	250×380	个	32.12
261	门型垫板	3 号钢	块	48.00
262	通用钢模板		kg	6.40
263	15MnVR 钢板	$\delta=20\sim48$	kg	5.00
264	金属周转材料摊销		kg	6.60
265	钢支架摊销		kg	6.60
266	镀铬钢板	$\delta=2.5$	m^2	115.00

二、木材及制品

序号	材料名称	规格型号	单位	定额价(元)
1	一等板方材	综合	m^3	2050.00
2	一等木方	<54cm	m^3	1950.00
3	一等松板	综合	m^3	1950.00
4	一等硬木板方材	综合	m^3	2100.00
5	一等圆木	综合	m^3	1800.00
6	一等中方	综合	m^3	1900.00
7	二等板方材	综合	m^3	1800.00
8	二等大方	综合	m^3	1780.00
9	二等方木	综合	m^3	1800.00
10	二等厚板	综合	m^3	1480.00
11	二等特大方	综合	m^3	1780.00
12	二等硬木板方材	综合	m^3	1900.00
13	二等圆木	综合	m^3	1300.00
14	二等中方	综合	m^3	1800.00
15	红松原木	4m×26cm 以上	m^3	1500.00
16	红松原木	6m×30cm 以上	m^3	1560.00
17	红松厚板	4m	m^3	1800.00
18	红松中方		m^3	2000.00
19	白松原木	4m×24cm 以上	m^3	1450.00
20	白松原木	6m×26cm 以上	m^3	1450.00
21	落叶松厚板	4m	m^3	1500.00

序号	材料名称	规格型号	单位	定额价(元)
22	落叶松原木	4m×18cm 以上	m^3	1400.00
23	落叶松原木	6m×24cm 以上	m^3	1450.00
24	杉木原木		m^3	1500.00
25	水曲柳原木	4m×18cm 以上	m^3	1600.00
26	板条	1000mm×30mm×8mm	百根	30.06
27	方木垫		m^3	670.00
28	加固木板		m^3	1980.00
29	加固杉杆		m^3	1700.00
30	加固杉杆	ϕ10×3.5	m^3	1700.00
31	加固杉杆	ϕ10×5	m^3	1700.00
32	加固杉杆	ϕ10×6.5	m^3	1700.00
33	加固杉杆	ϕ12×10	m^3	1700.00
34	加固杉杆	ϕ12×2.5	m^3	1700.00
35	加固杉杆	ϕ20×8.5	m^3	1700.00
36	胶合板	2440×1220×12	张	75.00
37	胶合板	2440×1220×15	张	120.00
38	胶合板	2440×1220×3	张	36.00
39	胶合板	2440×1220×5	张	52.00
40	胶合板	2440×1220×9	张	61.00
41	胶合板	6mm	m^2	21.40
42	胶合板	3mm	m^2	13.50
43	胶合板	5mm	m^2	17.90

序号	材料名称	规格型号	单位	定额价(元)
44	胶合板	12mm	m^2	25.80
45	胶合板(大芯板)	各种规格	m^2	23.75
46	胶木板	20mm	kg	115.00
47	榉木三合板		m^2	21.80
48	盲板(木板)	$\delta=25$	m^3	1376.00
49	毛竹	1.7m 起围径 27cm	根	28.00
50	毛竹	1.7m 起围径 33cm	根	29.00
51	木板	170×85×20	块	1.20
52	木楔		m^3	978.00
53	木支撑		m^3	1200.00
54	木砖		m^3	1670.00
55	木桩		个	2.40
56	刨花板	2440×1220×16	张	48.00
57	刨花板	2440×1220×19	张	52.00
58	刨花板	2440×1220×29	张	75.00
59	刨花板		m^2	21.00
60	软木板	1000mm×50mm	m^3	769.83
61	砂光刨花板	2440×1220×16	张	45.00
62	砂光刨花板	2440×1220×19	张	56.00
63	砂光刨花板	2440×1220×26	张	78.00
64	砂光刨花板	2440×1220×29	张	81.00
65	杉杆		m^3	1250.00

序号	材料名称	规格型号	单位	定额价(元)
66	松木窗帘盒	140×160	m	38.00
67	松木暖气罩	高 860	m	120.00
68	松木压条		m^3	1250.00
69	纤维板隔板	3	m^2	68.00
70	纤维板隔板	3.5	m^2	77.00
71	纤维板隔板	4.2	m^2	79.00
72	硬木插片	1 号	10 块	0.50
73	硬木插片	2 号	10 块	0.62
74	硬木窗帘盒	140×160	m	38.00
75	硬木地板条	各种规格	m^2	320.00
76	硬木扶手	42×70	m	43.00
77	硬木扶手	52×100	m	75.00
78	硬木扶手	52×150	m	110.00
79	硬木扶手	52×200	m	150.00
80	硬木扶手	52×80	m	55.00
81	硬木扶手	52×90	m	59.00
82	硬木扶手	62×100	m	80.00
83	硬木扶手	62×120	m	100.00
84	硬木扶手	62×150	m	110.00
85	硬木扶手	62×200	m	142.00
86	硬木扶手	62×80	m	170.00
87	硬木扶手	62×90	m	72.00

序号	材料名称	规格型号	单位	定额价(元)
88	硬木暖气罩	高 860	m	180.00
89	硬木楔		m^3	1397.25
90	硬木压条		m^3	1450.00
91	中密度木纹复塑板	2440×1220×10	张	87.00
92	中密度木纹复塑板	2440×1220×12	张	99.00
93	中密度木纹复塑板	2440×1220×15	张	104.00
94	中密度木纹复塑板	2440×1220×25	张	167.00
95	中密度木纹复塑板	2440×1220×8	张	90.00
96	中密度纤维板	2440×1220×10	张	61.00
97	中密度纤维板	2440×1220×12	张	69.00
98	中密度纤维板	2440×1220×15	张	81.00
99	中密度纤维板	2440×1220×20	张	103.00
100	中密度纤维板	2440×1220×25	张	142.00
101	中密度纤维板	2440×1220×3	张	26.00
102	中密度纤维板	2440×1220×30	张	175.00
103	中密度纤维板	2440×1220×35	张	221.00
104	中密度纤维板	2440×1220×40	张	276.00
105	中密度纤维板	2440×1220×5	张	36.00
106	中密度纤维板	2440×1220×8	张	49.00
107	阻燃刨花板	2440×1220×19	张	100.00
108	阻燃刨花板	2440×1220×29	张	128.00
109	阻燃刨花板	2440×1220×40	张	189.00

序号	材料名称	规格型号	单位	定额价(元)
110	复合地板		m^2	75.00
111	复合地板	进口	m^2	150.00
112	软木橡胶地板		m^2	145.00
113	木踢脚板(成品)		m	23.00
114	橡胶地板		m^2	110.00
115	地板不锈钢压板		m	18.00
116	地板聚乙烯泡沫塑料垫	2mm	m^2	3.20
117	防滑木条		m^3	880.00

三、地方材料

序号	材料名称	规格型号	单位	定额价(元)
1	红砖	240×115×53	千块	300.00
2	红砖	240×115×53	块	0.30
3	蓝砖	240×115×53	千块	900.00
4	耐火砖		千块	1130.00
5	承重黏土空心砖	DM1 240×190×90	块	1.06
6	承重黏土空心砖	DM2 190×190×90	块	0.85
7	承重黏土空心砖	DM3 190×190×90	块	0.70
8	承重黏土空心砖	DM4 190×190×90	块	0.50
9	承重黏土空心砖(长孔)	KP1 240×115×90	块	0.53
10	承重黏土空心砖(长孔七分头)	KP1 175~180×115×90	块	0.53
11	承重黏土空心砖(大三孔)	240×240×115	块	0.98
12	承重黏土空心砖(大四孔)	240×240×115	块	1.00
13	承重黏土空心砖(小三孔)	240×240×90	块	0.96
14	承重黏土空心砖(圆孔)	KP1 240×115×90	块	0.53
15	承重黏土空心砖(圆孔七分头)	KP1 175~180×115×90	块	0.53
16	非承重黏土空心砖	240×180×115	块	0.79
17	空心砖	240mm×115mm×115mm	千块	825.00
18	空心砖	190mm×190mm×190mm	块	0.96
19	空心砖	390mm×190mm×190mm	块	1.83
20	空心砖	90mm×190mm×190mm	块	0.81
21	碎砖		m^3	43.00

序号	材料名称	规格型号	单位	定额价(元)
22	陶瓷锦砖		m^2	78.00
23	陶粒空心砖	200×200×100(半头)	m^3	135.00
24	陶粒空心砖	200×200×150(半头)	m^3	135.00
25	陶粒空心砖	200×200×250(半头)	m^3	135.00
26	陶粒空心砖	200×200×300(半头)	m^3	135.00
27	陶粒空心砖	300×200×100(七分头)	m^3	135.00
28	陶粒空心砖	300×200×250(七分头)	m^3	135.00
29	陶粒空心砖	300×200×300(七分头)	m^3	135.00
30	陶粒空心砖	400×200×100	m^3	130.00
31	陶粒空心砖	400×200×150	m^3	130.00
32	陶粒空心砖	400×200×200	m^3	130.00
33	陶粒空心砖	400×200×250	m^3	130.00
34	陶粒空心砖	400×200×300	m^3	130.00
35	多孔砖	240mm×115mm×90mm	千块	600.00
36	多孔砖	240mm×240mm×115mm	千块	500.00
37	混凝土承重砌块	190×140×190(半块)	块	1.84
38	混凝土承重砌块	190×190×190(半块)	块	2.40
39	混凝土承重砌块	190×190×90(半块)	块	1.84
40	混凝土承重砌块	290×190×190(七分头)	块	3.20
41	混凝土承重砌块	390×140×190	块	3.28
42	混凝土承重砌块	390×140×190(圈梁)	块	3.60
43	混凝土承重砌块	390×190×190	块	3.52

序号	材料名称	规格型号	单位	定额价(元)
44	混凝土承重砌块	390×190×190(圈梁、清扫口)	块	4.10
45	混凝土承重砌块	390×240×190	块	3.94
46	混凝土承重砌块	390×240×190(七分头)	块	4.96
47	混凝土承重砌块	390×240×190(清扫口、圈梁)	块	5.12
48	混凝土承重砌块	190×240×190(半块)	块	3.70
49	混凝土小型空心砌块		m^3	280.00
50	混凝土空心砌块	190mm×190mm×190mm	块	1.00
51	混凝土空心砌块	90mm×190mm×190mm	块	0.90
52	加气砌块	600×240×100	m^3	275.00
53	加气砌块	600×240×150	m^3	275.00
54	加气砌块	600×240×200	m^3	275.00
55	加气砌块	600×240×250	m^3	275.00
56	加气砌块	600×240×300	m^3	275.00
57	加气砌块	600×240×50	m^3	340.00
58	加气砌块	600×250×50	m^3	340.00
59	加气砌块	600×250×100	m^3	275.00
60	加气砌块	600×250×120	m^3	275.00
61	加气砌块	600×250×150	m^3	275.00
62	加气砌块	600×250×175	m^3	275.00
63	加气砌块	600×250×200	m^3	275.00
64	加气砌块	600×250×250	m^3	275.00
65	加气砌块	600×250×300	m^3	275.00

序号	材料名称	规格型号	单位	定额价(元)
66	加气砌块	600×250×350	m^3	275.00
67	凿毛砌块	390×190×190	块	4.20
68	凿毛砌块	390×240×190	块	4.70
69	凿毛砌块	500×250×70	块	2.60
70	凿毛砌块	600×300×100	块	2.50
71	凿毛砌块	600×300×70	块	3.70
72	凿毛砌块	800×400×200	块	6.80
73	凿毛砌块(承重)	500×250×200	块	5.60
74	凿毛砌块(承重)	600×300×200	块	6.40
75	凿毛砌块(承重)	800×400×200	块	7.70
76	炉渣砌块		m^3	120.00
77	红彩瓦	420×330	块	3.20
78	红脊瓦	390×200×30	块	2.75
79	红陶瓦	385×235×15	块	2.50
80	水泥瓦	385mm×235mm	千块	1250.00
81	玻璃钢波脊瓦	2000×400×0.8	张	19.28
82	玻璃钢波形瓦	1800×720×0.4	张	16.80
83	玻璃钢波形瓦	1800×720×0.8	张	26.00
84	玻璃钢波形瓦	1800×720×1.2	张	38.00
85	玻璃钢波形瓦(透光)	1800×720×0.4	张	22.80
86	玻璃钢波形瓦(透光)	1800×720×0.8	张	44.10
87	玻璃钢波形瓦(透光)	1800×720×1.2	张	67.40

序号	材料名称	规格型号	单位	定额价(元)
88	透明尼龙瓦		m^2	18.00
89	小青瓦		千块	943.00
90	黏土脊瓦		块	1.80
91	黏土平瓦		块	1.23
92	石棉水泥脊瓦	850×180×6	张	4.60
93	石棉水泥瓦	1820×720×6	张	12.10
94	砂		t	42.00
95	砂		kg	0.04
96	中砂		m^3	60.00
97	粗砂		m^3	60.00
98	中(粗)砂		m^3	60.00
99	砂砾		m^3	43.96
100	海砂		t	55.00
101	河砂		m^3	42.00
102	混砂		t	53.00
103	硼砂		kg	3.60
104	绿豆砂		m^3	65.00
105	白云石砂		kg	0.26
106	大理石粉		kg	1.07
107	大理石砂		kg	1.02
108	凡尔砂		kg	15.70
109	白石子		kg	0.28

序号	材料名称	规格型号	单位	定额价(元)
110	粗凿拱石		m^3	60.00
111	方整石		m^3	651.00
112	混石		m^3	35.02
113	黑色碎石		m^3	201.00
114	块石	(口面石)	m^3	69.00
115	块石		m^3	64.00
116	砾石		t	48.00
117	砾石		kg	0.05
118	砾石	0.5～8.0cm	m^3	54.00
119	砾石	10mm	m^3	54.00
120	砾石	20mm	m^3	52.00
121	砾石	25mm	m^3	52.00
122	砾石	30mm	m^3	52.00
123	砾石	40mm	m^3	52.00
124	砾石	50mm	m^3	50.00
125	碎(砾)石	0.5～1.0cm	m^3	52.00
126	碎(砾)石	1.0～1.5cm	m^3	52.00
127	碎(砾)石	1.5～2.5cm	m^3	52.00
128	碎(砾)石	40mm	m^3	52.00
129	碎石	80mm	m^3	55.00
130	碎石	15mm	m^3	55.00
131	碎石	20mm	m^3	55.00

序号	材料名称	规格型号	单位	定额价(元)
132	碎石	25mm	m^3	55.00
133	碎石	30mm	m^3	55.00
134	碎石	40mm	m^3	55.00
135	碎石	50mm	m^3	55.00
136	碎石	5～15mm	m^3	55.00
137	碎石		t	41.00
138	碎石道碴		m^3	55.00
139	毛石		m^3	61.00
140	砂砾石		m^3	60.00
141	天然砂石		m^3	55.00
142	细料石		m^3	100.00
143	小豆石		m^3	72.00
144	豆石		t	58.00
145	片石		m^3	57.00
146	山皮石		m^3	92.99
147	毛方拱石		m^3	60.00
148	毛方石盖板		m^3	45.00
149	石质侧石		m	38.00
150	石质块		m	60.00
151	石质缘石		m	30.03
152	条石块		m	95.00
153	金刚石	（三角形）	块	6.40

序号	材料名称	规格型号	单位	定额价(元)
154	金刚石		块	24.00
155	粗料石		m^3	80.00
156	红土		kg	2.24
157	三合土 1：3：6 碎砖		m^3	83.80
158	滑石粉		kg	0.40
159	火山灰		t	51.70
160	块石灰		m^3	264.00
161	生石灰		kg	0.15
162	生石灰		t	150.00
163	熟石灰		kg	0.23
164	金刚砂		kg	4.50
165	金刚石	200mm×75mm×50mm	块	18.00
166	炉(矿)渣		m^3	45.00
167	炉渣		m^3	35.00
168	道碴		m^3	45.00
169	钢渣		m^3	22.87
170	石粉		kg	0.40
171	石膏粉		kg	1.02
172	石灰膏		m^3	198.00
173	石灰浆		kg	0.18
174	石灰炉渣（1：3）		m^3	50.00
175	石灰下脚		m^3	53.00

序号	材料名称	规格型号	单位	定额价(元)
176	石屑		m^3	45.50
177	石英粉		kg	0.50
178	石英砂		m^3	1000.00
179	石英砂		kg	0.40
180	石英石		kg	0.33
181	重晶石		kg	0.26
182	重晶石粉		kg	2.10
183	重晶石砂		kg	0.45
184	白云石粉		kg	0.12
185	膨胀珍珠岩块		m^3	120.00
186	玻璃	5mm	m^2	20.00
187	玻璃	3mm	m^2	15.00
188	玻璃碴		kg	0.20
189	玻璃砖	115×115×80	块	11.73
190	玻璃砖	145×145×80	块	12.24
191	玻璃砖	145×145×95	块	12.75
192	玻璃砖	190×190×80	块	14.28
193	玻璃砖	190×190×95	块	15.30
194	茶色玻璃	10mm	m^2	85.00
195	茶色玻璃	6mm	m^2	55.00
196	吊炉钢化玻璃	5mm	m^2	50.00
197	吊炉钢化玻璃	6mm	m^2	60.00

序号	材料名称	规格型号	单位	定额价(元)
198	镀膜玻璃	5mm	m^2	55.00
199	防弹玻璃	21mm	m^2	420.00
200	防弹玻璃	24mm	m^2	450.00
201	防火玻璃	丙级	m^2	400.00
202	防火玻璃	甲级	m^2	420.00
203	防火玻璃	乙级	m^2	430.00
204	浮法玻璃	10mm	m^2	58.00
205	浮法玻璃	12mm	m^2	67.00
206	浮法玻璃	15mm	m^2	160.00
207	浮法玻璃	3mm	m^2	17.00
208	浮法玻璃	4mm	m^2	24.00
209	浮法玻璃	5mm	m^2	27.00
210	浮法玻璃	6mm	m^2	36.00
211	浮法玻璃	8mm	m^2	48.00
212	浮法蓝色玻璃	5mm	m^2	27.00
213	浮法茶色玻璃	5mm	m^2	30.00
214	夹层玻璃	3 +0.38 +3	m^2	122.40
215	夹层玻璃	5 +0.38 +5	m^2	142.80
216	夹层玻璃	5 +0.76 +3	m^2	173.40
217	夹层镭射钢化玻璃	11mm	m^2	310.00
218	夹丝玻璃	7mm	m^2	46.00
219	镜面玻璃	6mm	m^2	110.50

序号	材料名称	规格型号	单位	定额价(元)
220	镭射钢化玻璃	5mm	m^2	170.00
221	磨砂玻璃	3mm	m^2	33.00
222	磨砂玻璃	5mm	m^2	48.00
223	磨砂玻璃	6mm	m^2	56.00
224	热弯玻璃	10mm	m^2	195.00
225	热弯玻璃	12mm	m^2	235.00
226	热弯玻璃	5mm	m^2	120.00
227	热弯玻璃	6mm	m^2	130.00
228	热弯玻璃	8mm	m^2	170.00
229	乳化玻璃	5mm	m^2	46.00
230	水平钢化玻璃	10mm	m^2	110.00
231	水平钢化玻璃	12mm	m^2	120.00
232	水平钢化玻璃	15mm	m^2	260.00
233	水平钢化玻璃	5mm	m^2	50.00
234	水平钢化玻璃	6mm	m^2	60.00
235	水平钢化玻璃	8mm	m^2	98.00
236	有机玻璃	3～10mm	kg	34.00
237	有机玻璃	3mm	m^2	53.00
238	有机玻璃	4mm	m^2	61.00
239	有机玻璃	5mm	m^2	70.00
240	有机玻璃	6mm	m^2	80.00
241	有机玻璃	7mm	m^2	92.00

序号	材料名称	规格型号	单位	定额价(元)
242	有机玻璃	8mm	m^2	106.00
243	有机玻璃	9mm	m^2	122.00
244	有机玻璃	10mm	m^2	140.00
245	有机玻璃管		m	7.72
246	中空玻璃	5 兰 +6A +3	m^2	90.00
247	中空玻璃	镀膜 6 兰 +6A +5	m^2	150.00
248	中空玻璃	双白 +6A +3	m^2	90.00
249	平板玻璃	$\delta=3$	m^2	13.80
250	金属骨料		kg	7.00
251	非金属骨料		kg	1.50
252	白云石砂浆 1∶2.5		m^3	1002.43
253	纸筋石灰浆		m^3	222.50
254	素石膏浆		m^3	886.74

四、装饰块料

序号	材料名称	规格型号	单位	定额价(元)
1	外墙砖	45×195 三色	m^2	28.00
2	外墙砖	60×200 版岩	m^2	28.00
3	外墙砖	100×100 光釉	m^2	25.00
4	外墙砖	100×100 亚光	m^2	30.00
5	外墙砖	100×100 麻面	m^2	28.00
6	外墙砖	100×100 仿石	m^2	29.00
7	外墙砖	100×200 仿石	m^2	30.00
8	内墙砖	150×225	m^2	42.00
9	内墙砖	200×200	m^2	44.00
10	内墙砖	200×250	m^2	50.00
11	内墙砖	200×316	m^2	70.00
12	内墙砖	250×300	m^2	75.00
13	内墙砖	250×400	m^2	81.00
14	内墙砖腰线	60×200	片	15.00
15	内墙砖腰线	80×200	片	16.00
16	内墙砖腰线	80×250	片	19.00
17	内墙砖腰线	60×300	片	20.00
18	内墙砖腰线	80×300	片	22.00
19	彩釉地砖	300×300	m^2	34.00
20	彩釉地砖	400×400	m^2	46.00

序号	材料名称	规格型号	单位	定额价(元)
21	抛光地砖	500×500	m^2	66.00
22	抛光地砖	600×600	m^2	73.00
23	瓷砖	150×150	千块	888.00
24	陶瓷锦砖	各种规格(彩色)	m^2	47.00
25	缸砖	各种规格	m^2	55.00
26	劈离砖	194mm×94mm×11mm	千块	860.00
27	镭射玻璃地砖		m^2	340.00
28	马赛克	陶瓷	m^2	38.00
29	面砖	150mm×75mm	千块	360.00
30	磁板	150mm×150mm×20mm	m^2	104.00
31	磁板	150mm×150mm×30mm	m^2	145.00
32	磁板	180mm×110mm×20mm	m^2	80.00
33	磁板	180mm×110mm×30mm	m^2	93.00
34	磁板	152mm×152mm	千块	2450.00
35	磁粉		g	0.48
36	磁砖	150mm×150mm×20mm	m^2	60.00
37	磁砖	150mm×150mm×30mm	m^2	60.00
38	磁砖	230mm×113mm×113mm	m^2	88.00
39	磁砖	230mm×113mm×65mm	m^2	50.00
40	耐酸砖	230×113×65	块	2.80
41	耐酸砖	230×113×65	千块	2800.00

序号	材料名称	规格型号	单位	定额价(元)
42	广西白大理石	600×600 广西	m^2	90.00
43	金丝米黄大理石	600×600 贵州	m^2	198.00
44	金线米黄大理石	600×600 贵州	m^2	144.00
45	木纹大理石	600×600 贵州	m^2	144.00
46	平花大理石	600×600 贵州	m^2	153.00
47	松香玉大理石	600×600 河南	m^2	315.00
48	晚霞红大理石	600×600 河南	m^2	108.00
49	五彩红大理石	600×600 河南	m^2	216.00
50	雪花白大理石	600×600 河南	m^2	180.00
51	云雾白大理石	600×600 河南	m^2	99.00
52	云雾白大理石	600×600 河南	m^2	180.00
53	草白玉大理石	600×600 湖北	m^2	121.50
54	杭灰大理石	600×600 湖北	m^2	189.90
55	荷花绿大理石	600×600 湖北	m^2	198.00
56	黑白根大理石	600×600 湖北	m^2	144.00
57	灰米玉大理石	600×600 湖北	m^2	180.00
58	橘红大理石	600×600 湖北	m^2	162.00
59	孔雀绿大理石	600×600 湖北	m^2	342.00
60	米黄玉大理石	600×600 湖北	m^2	198.00
61	浅米玉大理石	600×600 湖北	m^2	180.00
62	驼绒大理石	600×600 湖北	m^2	198.00

序号	材料名称	规格型号	单位	定额价(元)
63	中米玉大理石	600×600 湖北	m^2	144.00
64	竹叶青大理石	600×600 湖北	m^2	108.00
65	广红大理石	600×600 江苏	m^2	108.00
66	杭灰大理石	600×600 江苏	m^2	118.80
67	咖啡大理石	600×600 江苏	m^2	99.00
68	奶油大理石	600×600 江苏	m^2	108.00
69	青灰大理石	600×600 江苏	m^2	99.00
70	雪花白大理石	600×600 山东	m^2	198.00
71	云灰大理石	600×600 山东	m^2	103.50
72	大花绿大理石	600×600 陕西	m^2	252.00
73	汉雪大理石	600×600 陕西	m^2	216.00
74	雪花白大理石	600×600 陕西	m^2	189.00
75	红线玉大理石	600×600 四川	m^2	144.00
76	青花玉大理石	600×600 四川	m^2	171.00
77	螺纹米黄大理石广场石	各种规格	m^2	135.00
78	阿曼米黄大理石	进口大板	m^2	378.00
79	埃及米黄大理石	进口大板	m^2	216.00
80	澳洲砂岩大理石	进口大板	m^2	342.00
81	白河米黄大理石	进口大板	m^2	270.00
82	铂金米黄大理石	进口大板	m^2	378.00
83	大花白大理石	进口大板	m^2	423.00

序号	材料名称	规格型号	单位	定额价(元)
84	大花绿中青大理石	进口大板	m^2	387.00
85	啡网纹大理石	进口大板	m^2	252.00
86	幻彩红大理石	进口大板	m^2	387.00
87	皇室啡大理石	进口大板	m^2	450.00
88	黄洞大理石	进口大板	m^2	288.00
89	金碧辉煌大理石	进口大板	m^2	234.00
90	金花米黄大理石	进口大板	m^2	360.00
91	金线米黄大理石	进口大板	m^2	288.00
92	旧米黄大理石	进口大板	m^2	342.00
93	爵士白大理石	进口大板	m^2	324.00
94	老虎米黄大理石	进口大板	m^2	234.00
95	龙舌兰大理石	进口大板	m^2	270.00
96	米白洞大理石	进口大板	m^2	324.00
97	米黄洞石大理石	进口大板	m^2	396.00
98	蜜桃红大理石	进口大板	m^2	333.00
99	浅啡网大理石	进口大板	m^2	270.00
100	撒哈拉米黄大理石	进口大板	m^2	270.00
101	珊瑚红大理石	进口大板	m^2	360.00
102	闪电米黄大理石	进口大板	m^2	405.00
103	水晶米黄大理石	进口大板	m^2	396.00
104	土耳其玛莎红大理石	进口大板	m^2	144.00

序号	材料名称	规格型号	单位	定额价(元)
105	万寿红大理石	进口大板	m^2	396.00
106	西施红大理石	进口大板	m^2	414.00
107	细花白大理石	进口大板	m^2	270.00
108	象牙米黄大理石	进口大板	m^2	315.00
109	新米黄大理石	进口大板	m^2	378.00
110	新雅米黄大理石	进口大板	m^2	306.00
111	雅典米黄大理石(仿古)	进口大板	m^2	288.00
112	伊朗米黄大理石	进口大板	m^2	270.00
113	银线米黄大理石	进口大板	m^2	324.00
114	印度大花绿大理石	进口大板	m^2	306.00
115	印度红砂岩大理石	进口大板	m^2	423.00
116	印尼米黄大理石	进口大板	m^2	274.50
117	中东米黄大理石	进口大板	m^2	360.00
118	中花白大理石	进口大板	m^2	252.00
119	紫彩大理石	进口大板	m^2	450.00
120	台湾三泰绿大理石		m^2	279.00
121	大理石综合		m^2	252.00
122	安溪红花岗石	600×600 福建	m^2	90.00
123	川山红花岗石	600×600 福建	m^2	94.50
124	福鼎黑花岗石	600×600 福建	m^2	108.00
125	黑白点花岗石	600×600 福建	m^2	85.50

序号	材料名称	规格型号	单位	定额价(元)
126	虎皮黄花岗石	600×600 福建	m^2	90.00
127	黄锈石花岗石	600×600 福建	m^2	88.20
128	灰点麻花岗石	600×600 福建	m^2	198.00
129	罗源红花岗石	600×600 福建	m^2	81.00
130	玫瑰红花岗石	600×600 福建	m^2	103.50
131	牡丹红花岗石	600×600 福建	m^2	72.90
132	浅银灰花岗石	600×600 福建	m^2	81.00
133	台湾红花岗石	600×600 福建	m^2	117.00
134	溪石花花岗石	600×600 福建	m^2	72.00
135	樱花红花岗石	600×600 福建	m^2	97.20
136	永定红花岗石	600×600 福建	m^2	112.50
137	芝麻白花岗石	600×600 福建	m^2	67.50
138	芝麻灰花岗石	600×600 福建	m^2	85.50
139	中莲花花岗石	600×600 福建	m^2	64.80
140	重银灰花岗石	600×600 福建	m^2	90.00
141	紫红花花岗石	600×600 福建	m^2	54.00
142	大白花花岗石	600×600 广东	m^2	117.00
143	揭阳红花岗石	600×600 广东	m^2	117.00
144	树挂冰花花岗石	600×600 广东	m^2	261.00
145	枫叶红花岗石	600×600 广西	m^2	144.00
146	海浪花花岗石	600×600 广西	m^2	117.00

序号	材料名称	规格型号	单位	定额价(元)
147	承德蓝花岗石	600×600 河北	m^2	126.00
148	承德绿花岗石	600×600 河北	m^2	126.00
149	黑白点花岗石	600×600 河北	m^2	108.00
150	森林绿花岗石	600×600 河北	m^2	144.00
151	万年青花岗石	600×600 河北	m^2	135.00
152	中国黑花岗石	600×600 河北	m^2	151.20
153	中山花花岗石	600×600 河北	m^2	117.00
154	凤尾红花岗石	600×600 河南	m^2	162.00
155	石榴红花岗石	600×600 河南	m^2	135.00
156	太行红花岗石	600×600 河南	m^2	252.00
157	夜里雪花岗石	600×600 河南	m^2	90.00
158	芝麻红花岗石	600×600 河南	m^2	261.00
159	丰镇黑花岗石	600×600 内蒙古	m^2	157.50
160	黑金沙花岗石	600×600 内蒙古	m^2	171.00
161	金点黑花岗石	600×600 内蒙古	m^2	162.00
162	白麻花岗石	600×600 山东	m^2	198.00
163	翡翠绿花岗石	600×600 山东	m^2	160.20
164	粉红花花岗石	600×600 山东	m^2	207.00
165	黑白花花岗石	600×600 山东	m^2	137.70
166	济南青花岗石	600×600 山东	m^2	90.00
167	将军红花岗石	600×600 山东	m^2	144.00

序号	材料名称	规格型号	单位	定额价(元)
168	晶白玉花岗石	600×600 山东	m^2	135.00
169	孔雀绿花岗石	600×600 山东	m^2	171.00
170	柳石花岗石	600×600 山东	m^2	379.80
171	鲁灰花岗石	600×600 山东	m^2	144.00
172	普白花岗石	600×600 山东	m^2	144.00
173	齐鲁红花岗石	600×600 山东	m^2	162.00
174	三五五花岗石	600×600 山东	m^2	97.20
175	石岛红花岗石	600×600 山东	m^2	151.20
176	石榴红花岗石	600×600 山东	m^2	135.00
177	五莲红花岗石	600×600 山东	m^2	90.00
178	新珍珠花花岗石	600×600 山东	m^2	144.00
179	银麻花岗石	600×600 山东	m^2	108.00
180	樱花红花岗石	600×600 山东	m^2	120.60
181	珍珠红花岗石	600×600 山东	m^2	135.00
182	珍珠花花岗石	600×600 山东	m^2	97.20
183	芝麻白点状花岗石	600×600 山东	m^2	112.50
184	芝麻白条状花岗石	600×600 山东	m^2	146.70
185	中国蓝大花花岗石	600×600 山东	m^2	216.00
186	中国蓝小花花岗石	600×600 山东	m^2	216.00
187	中华绿花岗石	600×600 山东	m^2	103.50
188	中磊红花岗石	600×600 山东	m^2	155.70

序号	材料名称	规格型号	单位	定额价(元)
189	贵妃红花岗石	600×600 山西	m^2	297.00
190	幻彩花岗石	600×600 山西	m^2	252.00
191	兰麻花岗石	600×600 山西	m^2	333.00
192	太白青花岗石	600×600 山西	m^2	198.00
193	象牙黄花岗石	600×600 山西	m^2	162.00
194	草原绿花岗石	600×600 四川	m^2	162.00
195	巨星红花岗石	600×600 四川	m^2	216.00
196	三合红花岗石	600×600 四川	m^2	216.00
197	石棉红花岗石	600×600 四川	m^2	155.70
198	四川红花岗石	600×600 四川	m^2	216.00
199	中国绿花岗石	600×600 四川	m^2	216.00
200	中华红花岗石	600×600 四川	m^2	261.00
201	花岗岩路缘石	995×330×150	m^2	87.75
202	五莲花花岗石广场石	各种规格	m^2	108.00
203	巴西蓝花炭石	进口大板	m^2	369.00
204	白珍珠花岗石	进口大板	m^2	405.00
205	啡钻花岗石	进口大板	m^2	333.00
206	粉红麻花岗石	进口大板	m^2	315.00
207	黑金沙花岗石	进口大板	m^2	441.00
208	红钻花岗石	进口大板	m^2	333.00
209	幻彩虹花岗石	进口大板	m^2	360.00

序号	材料名称	规格型号	单位	定额价(元)
210	金钻麻花岗石	进口大板	m^2	441.00
211	卡门红花岗石	进口大板	m^2	414.00
212	绿星花岗石	进口大板	m^2	360.00
213	南非红花岗石	进口大板	m^2	351.00
214	树桂冰花岗石	进口大板	m^2	414.00
215	英国棕花岗石	进口大板	m^2	306.00
216	花岗石	300×300×50	块	13.00
217	花岗石	300×300×80	块	15.00
218	花岗石	500×300×60	块	20.00
219	花岗石	500×300×100	块	30.00
220	花岗岩石	500×400×60	m^2	145.00
221	花岗岩石	500×400×80	m^2	175.00
222	花岗岩石	600×400×100	m^2	220.00
223	花岗岩石	600×400×120	m^2	250.00
224	花岗岩骨料水磨石窗台板(白水泥)	磨光面	m^2	108.00
225	花岗岩骨料水磨石立板(白水泥)	磨光面	m^2	108.00
226	花岗岩骨料水磨石踏步(白水泥)	磨光面	m^2	129.60
227	花岗岩骨料水磨石踏步(白水泥)	磨光面	m^2	129.60
228	花岗岩骨料水磨石地面(白水泥)	400×400×28 垂直投影面	m^2	67.50
229	粗花岗石缘石		m	87.75
230	花岗石道牙		m	87.75

序号	材料名称	规格型号	单位	定额价(元)
231	人行道板	500mm×500mm×100mm	千块	6500.00
232	陶板	150mm×150mm×20mm	m^2	75.00
233	陶板	150mm×150mm×30mm	m^2	80.00
234	水磨石板		m^2	60.00
235	预制水磨石板	500mm×500mm	m^2	54.00
236	磨石窗台板		m^2	73.00
237	缸砖防滑条	65mm	m	9.50
238	瓷嘴		个	2.78
239	塑料面板		m^2	15.00
240	大理石门窗套		m^2	385.00
241	大理石板		m^2	195.00
242	花岗岩板		m^2	185.00
243	碎大理石板		m^2	50.00
244	碎花岗岩板		m^2	45.00
245	阴阳角瓷片		千块	500.00
246	瓷板	152mm×152mm	千块	808.64
247	瓷板		m^2	35.00
248	大理石窗台板		m^2	190.00

五、水泥及水泥制品

序号	材料名称	规格型号	单位	定额价(元)
1	复合硅酸盐水泥	32.5 袋装	kg	0.33
2	复合硅酸盐水泥	32.5	kg	0.32
3	复合硅酸盐水泥	42.5	kg	0.37
4	复合硅酸盐水泥	42.5 袋装	kg	0.38
5	普通硅酸盐水泥	32.5 袋装	kg	0.35
6	普通硅酸盐水泥	32.5	kg	0.33
7	普通硅酸盐水泥	32.5	t	330.00
8	普通硅酸盐水泥	32.5 低碱 袋装	kg	0.35
9	普通硅酸盐水泥	32.5 低碱	kg	0.33
10	普通硅酸盐水泥	32.5R 袋装	kg	0.35
11	普通硅酸盐水泥	32.5R	kg	0.33
12	普通硅酸盐水泥	42.5 袋装	kg	0.38
13	普通硅酸盐水泥	42.5	kg	0.36
14	普通硅酸盐水泥	42.5	t	360.00
15	普通硅酸盐水泥	52.5 袋装	kg	0.40
16	普通硅酸盐水泥	52.5	kg	0.39
17	硅酸盐水泥	62.5 袋装	kg	0.46
18	矿渣硅酸盐水泥	32.5 袋装	kg	0.39
19	矿渣硅酸盐水泥	32.5	kg	0.38
20	矿渣硅酸盐水泥	42.5 低碱 袋装	kg	0.45
21	矿渣硅酸盐水泥	42.5 低碱	kg	0.43

序号	材料名称	规格型号	单位	定额价(元)
22	矿渣硅酸盐水泥	52.5 低碱 袋装	kg	0.45
23	矿渣硅酸盐水泥	52.5 低碱	kg	0.43
24	矿渣硅酸盐水泥	42.5R 袋装	kg	0.45
25	矿渣硅酸盐水泥	42.5R	kg	0.43
26	矿渣硅酸盐水泥	52.5 袋装	kg	0.45
27	矿渣硅酸盐水泥	52.5	kg	0.43
28	硅酸盐膨胀水泥		kg	0.47
29	白水泥		kg	0.65
30	无收缩水泥		kg	0.45
31	膨胀水泥		kg	0.84
32	爆破混凝土	C20	m^3	420.00
33	普通混凝土	C10	m^3	210.00
34	普通混凝土	C15	m^3	225.00
35	普通混凝土	C20	m^3	240.00
36	普通混凝土	C25	m^3	255.00
37	普通混凝土	C30	m^3	270.00
38	普通混凝土	C35	m^3	285.00
39	普通混凝土	C40	m^3	300.00
40	普通混凝土	C45	m^3	315.00
41	普通混凝土	C50	m^3	330.00
42	普通混凝土	C55	m^3	345.00
43	普通混凝土	C60	m^3	360.00

序号	材料名称	规格型号	单位	定额价(元)
44	抗渗混凝土	C10	m^3	230.00
45	抗渗混凝土	C15	m^3	245.00
46	抗渗混凝土	C20	m^3	260.00
47	抗渗混凝土	C25	m^3	275.00
48	抗渗混凝土	C30	m^3	290.00
49	抗渗混凝土	C35	m^3	305.00
50	抗渗混凝土	C40	m^3	320.00
51	抗渗混凝土	C45	m^3	335.00
52	抗渗混凝土	C50	m^3	350.00
53	抗渗混凝土	C55	m^3	365.00
54	抗渗混凝土	C60	m^3	380.00
55	豆石混凝土	C10	m^3	240.00
56	豆石混凝土	C15	m^3	255.00
57	豆石混凝土	C20	m^3	270.00
58	豆石混凝土	C25	m^3	285.00
59	豆石混凝土	C30	m^3	300.00
60	豆石混凝土	C35	m^3	315.00
61	豆石混凝土	C40	m^3	330.00
62	豆石混凝土	C45	m^3	345.00
63	豆石混凝土	C50	m^3	360.00
64	豆石混凝土	C55	m^3	375.00
65	豆石混凝土	C60	m^3	390.00

序号	材料名称	规格型号	单位	定额价(元)
66	钢纤维混凝土	CF30	m^3	590.00
67	合成纤维混凝土	CF40	m^3	320.00
68	混凝土保护板	300×150×30	100 块	107.34
69	混凝土保护板	300×250×30	100 块	178.90
70	硅酸盐砌块	280×430×240	块	6.00
71	硅酸盐砌块	580×430×240	块	8.00
72	硅酸盐砌块	430×430×240	块	10.00
73	硅酸盐砌块	880×430×240	块	15.00
74	加气保温块	600×250×100	m^3	396.00
75	加气保温块	600×250×125	m^3	396.00
76	加气保温块	600×250×50	m^3	406.00
77	加气保温块	600×250×75	m^3	401.00
78	加气混凝土屋面板	1500×600×150	块	82.00
79	加气混凝土屋面板	1800×600×150	块	115.00
80	加气混凝土屋面板	1800×600×175	块	126.00
81	加气混凝土屋面板	1800×600×200	块	132.00
82	加气混凝土屋面板	1800×600×250	块	160.00
83	加气混凝土屋面板	2100×600×150	块	130.00
84	加气混凝土屋面板	2100×600×175	块	149.00
85	加气混凝土屋面板	2100×600×200	块	166.00
86	加气混凝土屋面板	2100×600×250	块	192.00
87	加气混凝土屋面板	2400×600×150	块	150.00

序号	材料名称	规格型号	单位	定额价(元)
88	加气混凝土屋面板	2400×600×175	块	158.00
89	加气混凝土屋面板	2400×600×200	块	188.00
90	加气混凝土屋面板	2400×600×250	块	214.00
91	加气混凝土屋面板	2700×600×150	块	154.00
92	加气混凝土屋面板	2700×600×175	块	184.00
93	加气混凝土屋面板	2700×600×200	块	217.00
94	加气混凝土屋面板	2700×600×250	块	253.00
95	加气混凝土屋面板	3000×600×150	块	172.00
96	加气混凝土屋面板	3000×600×175	块	198.00
97	加气混凝土屋面板	3000×600×200	块	227.00
98	加气混凝土屋面板	3000×600×250	块	268.00
99	加气混凝土屋面板	3300×600×150	块	186.00
100	加气混凝土屋面板	3300×600×150	块	223.00
101	加气混凝土屋面板	3300×600×175	块	267.00
102	加气混凝土屋面板	3300×600×200	块	289.00
103	加气混凝土屋面板	3300×600×250	块	222.00
104	加气混凝土屋面板	3600×600×150	块	256.00
105	加气混凝土屋面板	3600×600×175	块	278.00
106	加气混凝土屋面板	3600×600×200	块	321.00
107	加气混凝土屋面板	3900×600×175	块	278.00
108	加气混凝土屋面板	3900×600×200	块	296.00
109	加气混凝土屋面板	3900×600×250	块	340.00

序号	材料名称	规格型号	单位	定额价(元)
110	加气混凝土屋面板	4200×600×175	块	286.00
111	加气混凝土屋面板	4200×600×200	块	310.00
112	加气混凝土屋面板	4200×600×250	块	364.00
113	加气混凝土屋面板	4500×600×175	块	298.00
114	加气混凝土屋面板	4500×600×200	块	344.00
115	加气混凝土屋面板	4500×600×250	块	398.00
116	加气混凝土屋面板	4800×600×200	块	389.00
117	加气混凝土屋面板	4800×600×250	块	427.00
118	加气混凝土屋面板	5100×600×200	块	440.00
119	加气混凝土屋面板	5100×600×250	块	486.00
120	加气混凝土屋面板	5400×600×200	块	464.00
121	加气混凝土屋面板	5400×600×250	块	498.00
122	加气混凝土屋面板	5700×600×200	块	486.00
123	加气混凝土屋面板	5700×600×250	块	520.00
124	加气混凝土屋面板	6000×600×200	块	510.00
125	加气混凝土屋面板	6000×600×250	块	584.00
126	加气混凝土块		m^3	185.00
127	特制加气混凝土块		m^3	275.00
128	加气混凝土砌块专用砂浆		m^3	250.00
129	泡沫混凝土块		m^3	97.50
130	水泥地面砖	(彩色)300×300×33	m^2	55.00
131	水泥地面砖	(彩色)400×400×30	m^2	55.00

序号	材料名称	规格型号	单位	定额价(元)
132	水泥地面砖	200×100×60 上重车	m^2	65.00
133	水泥地面砖	200×100×80	m^2	50.00
134	水泥地面砖	200×100×80 上重车	m^2	72.00
135	水泥地面砖	250×250×40	m^2	36.00
136	水泥地面砖	300×300×40	m^2	36.00
137	水泥地面砖	390×190×90	m^2	54.00
138	水泥地面砖	400×400×40	m^2	48.00
139	水泥仿古地砖	400×200×90	m^2	50.00
140	水泥仿古地砖	500×250×50	m^2	44.00
141	水泥花砖		m^2	36.00
142	水泥脊瓦		块	1.34
143	水泥盲道起止砖	300×300×33	m^2	54.00
144	水泥盲道起止砖	400×400×33	m^2	54.00
145	水泥盲道行进砖	300×300×33	m^2	54.00
146	水泥盲道行进砖	400×400×33	m^2	54.00
147	打桩用护壁泥浆		m^3	110.00
148	高强泥浆		kg	1.95
149	混凝土标桩	100×100×1200	个	6.59
150	混凝土侧石		m	48.76
151	混凝土输送软管	$L=3m$ $\phi150$	根	137.59
152	混凝土信号机柱	11m	根	960.00
153	混凝土信号机柱	9m	根	900.00

序号	材料名称	规格型号	单位	定额价(元)
154	快硬水泥麻丝浆		m^3	450.00
155	石棉水泥板	$\delta=10$	张	68.31
156	石棉水泥板	$\delta=6$	张	69.31
157	水泥槽	(单槽附盖长2m)	根	35.65
158	水泥加压平板		m^2	18.20
159	水泥弯头	ϕ100	个	5.04
160	水泥蛭石块		m^3	320.00
161	水性水泥漆		kg	32.22
162	无收缩混凝土		m^3	3500.00
163	小型预制构件		m^3	1300.00
164	小型砌体		m^3	235.00
165	灌浆料		kg	3.25
166	低流动混凝土	C30	m^3	250.00
167	107 胶素水泥浆		m^3	650.00
168	爆破混凝土	C20	m^3	202.72
169	CFG 混合料	C15	m^3	176.62
170	CFG 混合料	C20	m^3	193.18
171	混凝土块		m	35.00

六、塑料及橡胶制品

序号	材料名称	规格型号	单位	定额价(元)
1	PVC 管材	DN75 ×2.3	m	15.10
2	PVC 管材	DN110 ×3.2	m	33.00
3	PVC 管材	DN160 ×4.0	m	59.00
4	PVC 管材	DN50 ×2.0	m	8.70
5	PVC 装饰板	3mm	m^2	22.00
6	PVC 装饰板	2.5mm	m^2	20.00
7	PVC 装饰板	2mm	m^2	18.50
8	壁纸	10000 ×530 布基	m^2	19.00
9	壁纸	10000 ×530 布基阻燃	m^2	22.00
10	壁纸	10000 ×530 进口	m^2	52.00
11	壁纸	10000 ×530 纸基	m^2	8.00
12	壁纸	10000 ×530 纸基阻燃	m^2	13.00
13	玻璃布	300 ×0.15	m	1.40
14	玻璃布		m^2	2.20
15	玻璃布板	$\delta=5$mm	kg	13.00
16	玻璃丝布	$\delta=0.5$	m^2	3.68
17	玻璃丝布	$\delta=0.2$	m^2	2.82
18	玻璃纤维布		m^2	2.80
19	穿线用塑料管		m	4.76
20	存水弯 塑料	DN32	个	6.30
21	存水弯 塑料	S 型 DN40	个	7.56

序号	材料名称	规格型号	单位	定额价(元)
22	存水弯 塑料	S 型 DN50	个	9.55
23	弹性地毯衬垫		m^2	21.00
24	弹性垫板(二) 橡胶	1 号	块	209.35
25	弹性垫块 橡胶	2 号	块	1.59
26	弹性垫板(一) 橡胶	4 号	块	12.00
27	弹性垫板(一) 橡胶	6 号	块	15.00
28	弹性垫板(一) 橡胶	7 号	块	17.30
29	弹性垫板(一) 橡胶	8 号	块	39.49
30	弹性垫板(一) 橡胶	9 号	块	6.20
31	弹性垫板(一) 橡胶	10 号	块	13.95
32	弹性垫板(一) 橡胶	11 号	块	40.45
33	弹性垫板(一) 橡胶	12 号	块	10.30
34	弹性垫板(一) 橡胶	13 号	块	7.30
35	弹性垫板(一) 橡胶	15 号	块	15.60
36	弹性垫板(一) 橡胶	16 号	块	18.80
37	弹性垫板(一) 橡胶	17 号	块	16.70
38	弹性垫板(一) 橡胶	18 号	块	7.20
39	弹性垫板(一) 橡胶	19 号	块	10.60
40	弹性垫板(一) 橡胶	20 号	块	13.00
41	弹性垫板(一) 橡胶	21 号	块	14.00
42	地毯胶带		m^2	16.00
43	地毯烫带		m	3.60

序号	材料名称	规格型号	单位	定额价(元)
44	高压胶皮风管	1″×18×6	m	31.03
45	高压胶皮水管	3/4″×18×6	m	23.27
46	高压水管		m	13.10
47	化纤地毯		m^2	32.00
48	夹布胶管(耐油)	ϕ25	m	19.40
49	夹布胶管(耐油)	ϕ100	m	27.08
50	夹布胶管(耐油)	ϕ50	m	22.81
51	胶	801	kg	1.75
52	胶管	8mm×2m	根	9.60
53	胶管	16mm×4m	根	25.08
54	胶管		m	4.80
55	胶皮管		kg	18.00
56	聚苯乙烯塑料板	1000×150	m^3	435.00
57	绝缘垫板		块	3.49
58	绝缘垫	$\delta=2$	m^2	42.00
59	绝缘钢纸板	$\delta=0.5$	kg	15.00
60	绝缘管 绝缘束节		只	0.11
61	抗静电活动地板	500×500 含配件	m^2	354.00
62	抗静电活动地板	600×600 含配件	m^2	367.00
63	铝塑板	5mm	m^2	63.00
64	耐酸石棉橡胶板	综合	kg	45.88
65	耐酸塑料管	DN50	m	9.80

序号	材料名称	规格型号	单位	定额价(元)
66	耐酸橡胶板	$\delta=3$	kg	10.20
67	耐油胶管		m	38.00
68	耐油石棉橡胶板	$\delta=0.8$	kg	44.80
69	耐油石棉橡胶板	$\delta=1$	kg	43.67
70	耐油橡胶板		kg	16.00
71	喷砂用胶管	中压 $\phi40$	m	35.21
72	平面橡胶板	2mm	m^2	2.80
73	平面橡胶板	3mm	m^2	3.90
74	普通胶管	$\phi13$	m	13.00
75	普通橡胶管	DN50	m	14.00
76	铅套管		个	74.00
77	铅套管	30×300×3	个	88.00
78	铅套管	40×300×3	个	88.00
79	铅套管	50×300×3	个	88.00
80	人造革		m^2	16.00
81	软塑料		m^2	26.47
82	软塑料板		kg	9.00
83	丝绸壁纸		m^2	70.00
84	塑料暗袋	80×300	副	14.00
85	塑料板		kg	8.80
86	塑料板扫脚盖板		m	4.20
87	塑料板压口盖板		m	6.60

序号	材料名称	规格型号	单位	定额价(元)
88	塑料板阴阳角卡口板		m	3.90
89	塑料保护帽		个	0.18
90	塑料薄膜		m^2	0.76
91	塑料布		m^2	1.30
92	塑料布		kg	18.80
93	塑料布	聚乙烯 0.05	m^2	1.90
94	塑料窗帘盒	宽 140mm	m	32.00
95	塑料带	20mm×40m	卷	9.98
96	塑料带	20mm×40m	kg	15.30
97	塑料带 防辐射聚乙烯	20mm×40m	卷	6.40
98	塑料带	黑色 20mm×40m	卷	5.10
99	塑料带	透明 20mm×40m	卷	5.10
100	塑料带	相色带 20×2000	卷	4.20
101	塑料地板		m^2	25.00
102	塑料垫板		块	7.80
103	塑料扶手		m	12.60
104	塑料扶手堵头		只	0.77
105	塑料管	150	m	21.00
106	塑料浪板 PVC		m^2	24.78
107	塑料密封盖		个	0.29
108	塑料排水板		m	1.80
109	塑料平板 PVC		m^2	11.79

序号	材料名称	规格型号	单位	定额价(元)
110	塑料软管	$\phi 2$	kg	9.90
111	塑料软管	$\phi 4$	m	0.78
112	塑料软管	$\phi 5$	m	0.90
113	塑料软管	$\phi 6$	m	1.20
114	塑料软管	$\phi 8$	m	1.56
115	塑料软管	$\phi 9$	m	1.68
116	塑料软管	$\phi 10$	m	3.65
117	塑料软管	$\phi 12$	m	4.32
118	塑料软管	$\phi 16$	m	4.65
119	塑料软管	$\phi 25$	m	6.09
120	塑料软管	$\phi 30$	m	8.18
121	塑料软管	$\phi 35$	m	10.48
122	塑料软管	$\phi 40$	m	11.29
123	塑料手套	ST 型	个	3.40
124	塑料踢脚板		m	3.90
125	塑料线脚		m	1.80
126	塑料油膏		kg	2.01
127	塑料圆形线夹		个	0.29
128	塑料黏胶带	20mm×50m	卷	16.00
129	塑料黏胶带	20mm×20m	卷	12.00
130	塑料黏接剂		kg	8.80
131	塑料胀钉	8mm	个	0.10

序号	材料名称	规格型号	单位	定额价(元)
132	塑料胀管	$\phi6$	个	0.06
133	塑料胀管	$\phi6\sim8$	个	0.09
134	塑料止水带		m	40.00
135	塑料注浆管		m	38.00
136	无碱玻璃丝带	20×40	m	0.20
137	橡胶板	(定型条)	kg	11.20
138	橡胶板	各种规格	kg	9.68
139	橡胶板	$\delta=5$	m^2	72.60
140	橡胶垫	$\delta=0.8$	m^2	13.65
141	橡胶垫	$\delta=2$	m^2	34.13
142	橡胶护套管		m	21.23
143	橡胶密封圈(室内排水)	D50	个	3.40
144	橡胶密封圈(室内排水)	D75	个	4.50
145	橡胶密封圈(室内排水)	DN100	个	5.00
146	橡胶密封圈(室内排水)	DN150	个	9.60
147	橡胶密封圈(室内排水)	DN200	个	17.40
148	橡胶密封条		m	7.80
149	橡胶囊	$\phi36$	m	5.40
150	橡胶囊外套	$\phi60$	m	23.00
151	橡胶圈	(给水)DN100	个	9.84
152	橡胶圈	(给水)DN150	个	12.88
153	橡胶圈	(给水)DN200	个	18.80

序号	材料名称	规格型号	单位	定额价(元)
154	橡胶圈	（给水）DN250	个	23.37
155	橡胶圈	（给水）DN300	个	29.31
156	橡胶圈	（给水）DN350	个	35.78
157	橡胶圈	（给水）DN400	个	41.90
158	橡胶圈	（给水）DN450	个	53.33
159	橡胶圈	（给水）DN500	个	68.40
160	橡胶圈	DN300	个	19.13
161	橡胶圈	DN400	个	20.60
162	橡胶圈	DN500	个	27.80
163	橡胶圈	DN600	个	29.20
164	橡胶圈	DN700	个	41.32
165	橡胶圈	DN800	个	43.32
166	橡胶圈	DN900	个	45.88
167	橡胶圈	DN1000	个	99.60
168	橡胶圈	DN1200	个	106.48
169	橡胶圈	DN1400	个	123.60
170	橡胶圈	DN1600	个	147.72
171	橡胶圈	DN1800	个	167.92
172	阳光板	透明 5800×2100×10	m^2	92.00
173	阳光板	透明 5800×2100×6	m^2	75.00
174	阳光板	有色 5800×2100×10	m^2	96.00
175	阳光板	有色 5800×2100×6	m^2	78.00

序号	材料名称	规格型号	单位	定额价(元)
176	异型塑料管	ϕ2.5～5	m	27.00
177	硬塑料管	ϕ15	m	1.76
178	硬塑料管	ϕ20	m	2.76
179	硬塑料管	ϕ25	m	3.30
180	自粘性塑料袋	20mm×20m	卷	6.50
181	丁腈橡胶管	ϕ13～50	kg	17.35
182	玻璃丝		kg	4.80
183	卡普隆纤维		kg	18.20
184	酚醛塑料把手	BX32	个	0.50
185	硬聚氯乙烯塑料三通	ϕ100	m	15.61
186	硬聚氯乙烯塑料三通	ϕ150	m	38.93
187	PVC 塑料落水管	ϕ100×3	m	24.28
188	PVC 塑料落水管	ϕ150×4	m	40.09
189	硬聚氯乙烯塑粘剂		kg	24.65
190	硬聚氯乙烯塑料雨水口	ϕ100	个	17.41
191	硬聚氯乙烯塑料雨水口	ϕ150	个	28.60
192	硬聚氯乙烯塑料水斗	ϕ150	个	56.34
193	硬聚氯乙烯塑料弯头	ϕ100	个	9.68
194	硬聚氯乙烯塑料弯头	ϕ150	个	29.99
195	硬聚氯乙烯塑料水斗	ϕ100	个	17.81

七、保温及隔热材料

序号	材料名称	规格型号	单位	定额价(元)
1	玻璃棉板	容重 24kg/m^3	m^3	210.00
2	玻璃棉板	容重 28kg/m^3	m^3	245.00
3	玻璃棉板	容重 32kg/m^3	m^3	280.00
4	玻璃棉板	容重 40kg/m^3	m^3	350.00
5	玻璃棉板	容重 48kg/m^3	m^3	420.00
6	玻璃棉板	容重 56kg/m^3	m^3	490.00
7	玻璃棉板	容重 64kg/m^3	m^3	560.00
8	玻璃棉板	容重 80kg/m^3	m^3	700.00
9	玻璃棉板	容重 96kg/m^3	m^3	840.00
10	玻璃棉管壳	18～27 厚度 25 夹筋箔 容重 50kg/m^3	m^3	1530.00
11	玻璃棉管壳	18～27 厚度 30 夹筋箔 容重 50kg/m^3	m^3	1460.00
12	玻璃棉管壳	18～76 厚度 40 夹筋箔 容重 50kg/m^3	m^3	1220.00
13	玻璃棉管壳	18～76 厚度 50 夹筋箔 容重 50kg/m^3	m^3	1140.00
14	玻璃棉管壳	18～76 厚度 60 夹筋箔 容重 50kg/m^3	m^3	1100.00
15	玻璃棉管壳	18～76 厚度 80 夹筋箔 容重 50kg/m^3	m^3	1028.00
16	玻璃棉管壳	32～42 厚度 25 夹筋箔 容重 50kg/m^3	m^3	1520.00
17	玻璃棉管壳	32～42 厚度 30 夹筋箔 容重 50kg/m^3	m^3	1360.00
18	玻璃棉管壳	45～76 厚度 25 夹筋箔 容重 50kg/m^3	m^3	1370.00
19	玻璃棉管壳	45～76 厚度 30 夹筋箔 容重 50kg/m^3	m^3	1310.00
20	玻璃棉管壳	89～325 厚度 25 夹筋箔 容重 50kg/m^3	m^3	1300.00
21	玻璃棉管壳	89～325 厚度 30 夹筋箔 容重 50kg/m^3	m^3	1220.00

序号	材料名称	规格型号	单位	定额价(元)
22	玻璃棉管壳	89～325 厚度40 夹筋箔 容重50kg/m^3	m^3	1130.00
23	玻璃棉管壳	89～325 厚度50 夹筋箔 容重50kg/m^3	m^3	1070.00
24	玻璃棉管壳	89～325 厚度60 夹筋箔 容重50kg/m^3	m^3	1013.00
25	玻璃棉管壳	89～325 厚度80 夹筋箔 容重50kg/m^3	m^3	990.00
26	玻璃棉管壳	容重32kg/m^3	m^3	380.00
27	玻璃棉管壳	容重40kg/m^3	m^3	460.00
28	玻璃棉管壳	容重48kg/m^3	m^3	550.00
29	玻璃棉管壳	容重50kg/m^3	m^3	630.00
30	玻璃棉管壳	容重56kg/m^3	m^3	700.00
31	玻璃棉管壳	容重64kg/m^3	m^3	820.00
32	玻璃棉管壳	容重80kg/m^3	m^3	990.00
33	玻璃棉管壳	容重96kg/m^3	m^3	1150.00
34	离心玻璃棉管壳	容重48kg/m^3	m^3	850.00
35	离心玻璃棉管壳	容重50kg/m^3	m^3	850.00
36	离心玻璃棉管壳	容重70kg/m^3	m^3	1135.00
37	离心玻璃棉管壳	容重80kg/m^3	m^3	1135.00
38	离心玻璃棉毡	容重12～24kg/m^3	m^3	298.00
39	玻璃棉毡	容重10kg/m^3	m^3	87.00
40	玻璃棉毡	容重12kg/m^3	m^3	105.00
41	玻璃棉毡	容重16kg/m^3	m^3	140.00
42	玻璃棉毡	容重18kg/m^3	m^3	157.00
43	玻璃棉毡	容重20kg/m^3	m^3	175.00

序号	材料名称	规格型号	单位	定额价(元)
44	玻璃棉毡	容重 24kg/m^3	m^3	210.00
45	超细玻璃棉毡		kg	5.10
46	超细玻璃棉毡		m^3	300.00
47	穿孔装饰石膏板	500×500×9.5	m^2	37.80
48	穿孔装饰石膏板	600×600×9.5	m^2	36.50
49	彩色隔热夹芯板	60mm	m^2	190.00
50	彩色隔热夹芯板	70mm	m^2	198.00
51	彩色隔热夹芯板	80mm	m^2	201.00
52	穿孔装饰石膏板	2700×1200×9.5	m^2	33.80
53	穿孔装饰吸声石膏板	500×500×9.5	m^2	41.50
54	穿孔装饰吸声石膏板	600×600×9.5	m^2	40.00
55	大波石棉脊瓦	850mm×460mm	块	5.50
56	大波石棉瓦	2800mm×994mm	块	19.20
57	防水石膏板	500×500×9.5	m^2	25.00
58	防水石膏板	600×600×9.5	m^2	22.00
59	防水印花石膏板	500×500×9.5	m^2	32.00
60	防水印花石膏板	600×600×9.5	m^2	40.50
61	粉煤灰轻质保温板	FLB 2540×600×50	m^2	32.60
62	粉煤灰轻质保温板	FLB 2540×600×60	m^2	35.50
63	粉煤灰轻质保温板	FLG 2540×600×60	m^2	37.70
64	高压石棉垫	115~198 厚度 1.0	个	1.51
65	高压石棉垫	115~198 厚度 3.0	个	3.28

序号	材料名称	规格型号	单位	定额价(元)
66	高压石棉垫	200～400 厚度 1.0	个	6.06
67	高压石棉垫	200～400 厚度 3.0	个	13.13
68	高压石棉垫	60 以下 厚度 1.0	个	0.17
69	高压石棉垫	60 以下 厚度 3.0	个	0.38
70	高压石棉垫	64～104 厚度 1.0	个	0.58
71	高压石棉垫	64～104 厚度 3.0	个	1.25
72	管壳棉		t	1720.00
73	外墙外保温岩棉板		kg	7.50
74	硅酸铝耐火纤维毡	容重 80～150kg/m^3	m^3	1290.00
75	高纯型硅酸铝毡		kg	14.00
76	聚氨酯管壳	阻燃	m^3	1500.00
77	聚苯乙烯发泡板	阻燃 容重 80～12kg/m^3	m^3	198.00
78	聚苯乙烯发泡板	阻燃 容重 80～15kg/m^3	m^3	247.00
79	聚苯乙烯发泡板	阻燃 容重 80～18kg/m^3	m^3	268.00
80	聚苯乙烯发泡板	阻燃 容重 80～30kg/m^3	m^3	495.00
81	聚苯乙烯发泡板	阻燃 容重 80～40kg/m^3	m^3	660.00
82	聚苯乙烯泡沫板	阻燃 容重 80～20kg/m^3	m^3	330.00
83	聚苯乙烯泡沫板	阻燃 $\delta=50$	m^3	16.50
84	聚乙烯管壳	阻燃	m^3	960.00
85	聚乙烯夹心板	70mm	m^2	48.00
86	聚酯乙烯泡沫塑料		kg	28.40
87	开槽矿棉板	13 厚	m^2	47.00

序号	材料名称	规格型号	单位	定额价(元)
88	开槽矿棉板	15 厚	m^2	49.00
89	矿棉吸声板		m^2	32.00
90	矿棉装饰吸声(复合平贴)	12×300×600	m^2	28.00
91	矿棉装饰吸声(复合平贴)	15×300×600	m^2	42.00
92	矿棉装饰吸声(复合平贴)	18×300×600	m^2	52.00
93	矿棉装饰吸声(复合平贴)	9×300×600	m^2	31.40
94	矿渣棉		kg	1.20
95	沥青玻璃棉		m^3	140.00
96	沥青玻璃棉毡	50mm	m^2	11.00
97	沥青玻璃棉毡		m^3	220.00
98	沥青稻壳板		m^3	148.00
99	沥青矿棉板		m^3	224.00
100	沥青矿渣棉		m^3	89.45
101	沥青矿渣棉毡		m^3	140.00
102	沥青珍珠岩板		m^3	640.00
103	沥青珍珠岩块		m^3	310.00
104	毛面装饰石膏板	1200×600×9.5	m^2	24.50
105	毛面装饰石膏板	500×500×9.5	m^2	28.50
106	毛面装饰石膏板	600×600×9.5	m^2	25.50
107	耐火纸面石膏板	3000×1200×12	m^2	18.00
108	耐火纸面石膏板	3000×1200×15	m^2	22.00
109	耐火纸面石膏板	3000×1200×9.5	m^2	13.30

序号	材料名称	规格型号	单位	定额价(元)
110	耐水纸面石膏板	3000×1200×12	m^2	22.60
111	耐水纸面石膏板	3000×1200×15	m^2	32.00
112	耐水纸面石膏板	3000×1200×12	m^2	25.10
113	耐酸石棉方绳	ϕ8～10 烧失	kg	267.00
114	耐油石棉垫	115～198 厚度 1.0	个	1.06
115	耐油石棉垫	115～198 厚度 3.0	个	4.88
116	耐油石棉垫	200～400 厚度 1.0	个	4.33
117	耐油石棉垫	200～400 厚度 3.0	个	20.31
118	耐油石棉垫	60 以下 厚度 1.0	个	0.21
119	耐油石棉垫	60 以下 厚度 3.0	个	0.78
120	耐油石棉垫	64～104 厚度 1.0	个	0.44
121	耐油石棉垫	64～104 厚度 3.0	个	1.87
122	泡沫塑料		m^2	15.70
123	铅粉石棉绳	ϕ6	kg	14.00
124	素面石膏板	1200×600×9.5	m^2	22.90
125	素面石膏板	500×500×9.5	m^2	26.40
126	素面石膏板	600×600×9.5	m^2	24.00
127	石棉		kg	2.50
128	石棉板	$\delta=5$	m^2	5.67
129	石棉板	$\delta=8\sim10$	m^2	5.74
130	石棉板	$\delta=15$	m^2	9.20
131	石棉板	$\delta=20$	m^2	11.60

序号	材料名称	规格型号	单位	定额价(元)
132	石棉板衬垫		kg	3.80
133	石棉保温板		kg	3.68
134	石棉编绳	ϕ11~25 烧失量 24%	kg	13.21
135	石棉编绳	ϕ3	kg	9.97
136	石棉编绳	ϕ6~10 烧失量 20%	kg	10.14
137	石棉编绳	ϕ11~25 烧失量 24%	10m	36.80
138	石棉编绳	ϕ26~50 烧失量 24%	10m	62.26
139	石棉编绳	ϕ6~10 烧失量 24%	10m	5.79
140	石棉布	各种规格 烧失量 32%	kg	41.30
141	石棉布	$\delta=3$	m^2	40.74
142	石棉粉		kg	0.88
143	石棉扭绳	ϕ10~13	kg	10.14
144	石棉扭绳	ϕ14~25	kg	10.14
145	石棉扭绳	ϕ3 烧失量 24%	kg	18.95
146	石棉扭绳	ϕ4~5 烧失量 24%	kg	18.95
147	石棉扭绳	ϕ6~10 烧失量 24%	kg	18.95
148	石棉盘根	ϕ6~10	kg	7.70
149	石棉绒		kg	5.70
150	石棉松绳	ϕ13~19	kg	9.70
151	石棉橡胶板	低压 0.4~0.7	kg	25.30
152	石棉橡胶板	低压 0.8~1.0	kg	13.20
153	石棉橡胶板	低压 1.5	kg	10.80

序号	材料名称	规格型号	单位	定额价(元)
154	石棉橡胶板	低压 2.0	kg	8.70
155	石棉橡胶板	低压 2.5~4.5	kg	7.80
156	石棉橡胶板	低压 5.0	kg	8.30
157	石棉橡胶板	高压 0.5	kg	36.10
158	石棉橡胶板	高压 0.8~1.0	kg	28.20
159	石棉橡胶板	高压 1.5	kg	21.40
160	石棉橡胶板	高压 2.0	kg	20.60
161	石棉橡胶板	高压 2.5~4.5	kg	18.70
162	石棉橡胶板	高压 5.0	kg	19.80
163	石棉橡胶板	耐油 0.4~0.7	kg	41.20
164	石棉橡胶板	耐油 0.8~1.0	kg	34.40
165	石棉橡胶板	耐油 1.5	kg	30.80
166	石棉橡胶板	耐油 2.0	kg	27.60
167	石棉橡胶板	耐油 2.5~4.5	kg	27.60
168	石棉橡胶板	耐油 5.0	kg	27.60
169	石棉橡胶板	中压 0.4~0.7	kg	25.10
170	石棉橡胶板	中压 0.8~1.0	kg	17.00
171	石棉橡胶板	中压 1.5	kg	14.80
172	石棉橡胶板	中压 2.0	kg	13.20
173	石棉橡胶板	中压 2.5~4.5	kg	12.20
174	石棉橡胶板	中压 5.0	kg	13.60
175	石棉橡胶板	$\delta=1.5$	kg	36.50

序号	材料名称	规格型号	单位	定额价(元)
176	石棉橡胶垫	$\delta=2$	m^2	34.00
177	石棉织布	$\delta=2.5$	m^2	26.70
178	石棉纸		kg	9.00
179	水泥夹芯隔板	60mm	m^2	44.00
180	水泥夹芯隔板	90mm	m^2	64.00
181	水泥聚苯板	600×900×100	m^2	22.00
182	水泥聚苯板	600×900×50	m^2	11.00
183	水泥聚苯板	600×900×60	m^2	13.00
184	水泥聚苯板	600×900×80	m^2	18.00
185	水泥石棉板	$\delta=6$	张	64.30
186	水泥石棉板	$\delta=10$	张	64.30
187	水泥石棉板	$\delta=20$	m^2	25.49
188	水泥石棉板	$\delta=25$	m^2	26.49
189	陶粒隔墙板	50	m^2	46.00
190	陶粒隔墙板	100 以上	m^2	66.00
191	陶粒隔墙板	80~100	m^2	64.00
192	橡胶盘根	低压	kg	18.60
193	橡胶石棉板	$\delta=4$	kg	15.00
194	橡胶石棉盘根	编 $\phi11\sim25$	kg	21.98
195	橡塑管壳	阻燃	m^3	2900.00
196	小波石棉脊瓦		块	6.90
197	小波石棉瓦	1820mm×720mm	块	21.18

序号	材料名称	规格型号	单位	定额价(元)
198	岩棉板	容重 100kg/m^3	m^3	170.00
199	岩棉板	容重 120kg/m^3	m^3	204.00
200	岩棉板	容重 150kg/m^3	m^3	255.00
201	岩棉板	容重 80kg/m^3	m^3	136.00
202	岩棉板	容重 85kg/m^3	m^3	145.00
203	岩棉板	容重 90kg/m^3	m^3	153.00
204	岩棉板	$\delta=50$	m^2	8.50
205	岩棉玻璃缝毡	容重 100kg/m^3	m^3	320.00
206	岩棉玻璃缝毡	容重 80kg/m^3	m^3	310.00
207	岩棉管壳	容重 100kg/m^3	m^3	302.00
208	岩棉管壳	容重 120kg/m^3	m^3	362.00
209	岩棉管壳	容重 130kg/m^3	m^3	486.00
210	岩棉管壳	容重 80kg/m^3	m^3	254.00
211	岩棉管壳	容重 85kg/m^3	m^3	260.00
212	岩棉管壳	容重 90kg/m^3	m^3	278.00
213	岩棉管壳棉		t	2100.00
214	岩棉铁丝缝毡	容重 100kg/m^3	m^3	368.00
215	岩棉铁丝缝毡	容重 80kg/m^3	m^3	340.00
216	岩棉毡	容重 100kg/m^3	m^3	240.00
217	岩棉毡	容重 80kg/m^3	m^3	210.00
218	印花装饰石膏板	1200×600×9.5	m^2	28.00
219	印花装饰石膏板	500×500×9.5	m^2	29.70

序号	材料名称	规格型号	单位	定额价(元)
220	印花装饰石膏板	600×600×9.5	m^2	28.50
221	油浸石棉盘根	扭制 ϕ6～10	kg	17.84
222	油浸石棉盘根	编制 ϕ11～25　250℃	kg	17.48
223	油浸石棉盘根	编制 ϕ6～10　250℃	kg	17.84
224	油浸石棉盘根	编制 ϕ6～10　450℃	kg	18.48
225	油浸石棉绳		kg	9.98
226	油浸石棉铜丝盘根	编制 ϕ6	kg	30.89
227	增强石膏聚苯复合保温板	(2400～2800)×600×50	m^2	33.00
228	增强石膏聚苯复合保温板	(2400～2800)×600×60	m^2	36.00
229	增强石膏聚苯复合保温板	900×600×50	m^2	31.00
230	增强石膏聚苯复合保温板	900×600×60	m^2	34.00
231	纸面石膏板	3000×1200×15	m^2	21.00
232	纸面石膏板	3000×1200×9.5	m^2	11.20
233	纸面石膏板	3000×1200×12	m^2	12.60
234	纸面石膏保温板	300×120×52	m^2	33.00
235	中压石棉垫	115～198 厚度 1.0	个	0.88
236	中压石棉垫	115～198 厚度 3.0	个	1.95
237	中压石棉垫	200～400 厚度 1.0	个	3.56
238	中压石棉垫	200～400 厚度 3.0	个	7.83
239	中压石棉垫	60 以下 厚度 1.0	个	0.23
240	中压石棉垫	60 以下 厚度 2.0	个	0.34
241	中压石棉垫	64～104 厚度 1.0	个	0.34

序号	材料名称	规格型号	单位	定额价(元)
242	中压石棉垫	64～104 厚度3.0	个	0.82
243	装饰石膏板	1200×600×9.5	m^2	21.40
244	装饰石膏板	500×500×9.5	m^2	31.70
245	装饰石膏板	600×600×9.5	m^2	25.50
246	装饰石膏板	1200×600×9.5	m^2	24.50
247	耐酸橡胶石棉板	$\delta=2$	kg	71.18
248	耐油橡胶石棉板	$\delta=2$	kg	45.88
249	保温被压缚结构		kg	4.47
250	挤塑板		m^3	400.00
251	发泡聚氨酯		m^3	900.00
252	耐碱涂塑玻纤网格布		m^2	2.00
253	水泥聚苯板	600×900×130	m^2	29.00
254	水泥聚苯板	600×900×150	m^2	33.00
255	离心玻璃棉板	容重 50kg/m^3	m^3	367.50
256	离心玻璃棉板	容重 65kg/m^3	m^3	412.50
257	离心玻璃棉板	容重 80kg/m^3	m^3	555.00
258	离心玻璃棉板	容重 100kg/m^3	m^3	682.50
259	离心玻璃棉板	容重 120kg/m^3	m^3	798.75
260	聚氨酯泡沫塑料		m^3	1282.50
261	增强石膏聚苯复合板	600mm×900mm×60mm	m^3	34.00
262	聚苯乙烯泡沫塑料板	$\delta=50$	m^2	16.50
263	袋装玻璃丝棉		m^3	425.00

序号	材料名称	规格型号	单位	定额价(元)
264	袋装矿渣棉		m^3	235.00
265	增强水泥聚苯复合板		m^2	43.50
266	WKF 接缝腻子		kg	2.18
267	玻璃棉石膏复合板		m^2	43.50
268	充气石膏板		m^2	34.50
269	无纸面石膏聚苯复合板		m^2	35.00
270	纸面石膏聚苯复合板		m^2	35.00
271	复合保温龙骨		m	4.60
272	预制陶粒混凝土聚苯复合块		m^2	66.50
273	预制泡沫水泥聚苯颗粒板		m^3	290.00
274	采光板		m^2	41.04
275	岩棉板毡		m^3	180.00

八、吊顶及脚手架

序号	材料名称	规格型号	单位	定额价(元)
1	轻钢吊顶龙骨	上人龙骨 CS 60×27×1.2	m	8.90
2	轻钢吊顶龙骨	上人龙骨 CS 60×27×1.5	m	10.20
3	轻钢吊顶龙骨	上人龙骨 CS 50×15×1.2	m	5.70
4	轻钢吊顶龙骨	上人龙骨 CS 50×15×1.5	m	6.90
5	轻钢吊顶龙骨	不上人龙骨 CB 60×27×0.6	m	4.80
6	轻钢吊顶龙骨	不上人龙骨 CB 60×27×0.7	m	5.70
7	轻钢吊顶龙骨	不上人龙骨 CB 50×20×0.6	m	4.20
8	轻钢吊顶龙骨	不上人龙骨 CB 50×19×0.5	m	3.40
9	轻钢吊顶龙骨	不上人龙骨 CB 38×12×1.0	m	3.80
10	轻钢吊顶龙骨	不上人龙骨 CB 38×12×1.2	m	4.10
11	平面烤漆轻钢龙骨	(主龙骨)24×38×3000	m	9.90
12	平面烤漆轻钢龙骨	(中次龙骨)24×38×1200	m	3.50
13	平面烤漆轻钢龙骨	(小次龙骨)24×38×600	m	1.80
14	槽型烤漆轻钢龙骨	(主龙骨)24×38×3000	m	6.10
15	槽型烤漆轻钢龙骨	(中次龙骨)24×38×1200	m	10.30
16	槽型烤漆轻钢龙骨	(小次龙骨)24×38×600	m	4.20
17	槽型烤漆轻钢龙骨	(主龙骨)24×38×3000	m	2.80
18	轻钢隔墙龙骨	横龙骨 UO 50×40×0.6	m	5.70
19	轻钢隔墙龙骨	横龙骨 UO 50×40×0.7	m	5.90
20	轻钢隔墙龙骨	横龙骨 UO 50×40×0.8	m	6.90
21	轻钢隔墙龙骨	横龙骨 UO 50×40×1.0	m	8.70

序号	材料名称	规格型号	单位	定额价(元)
22	轻钢隔墙龙骨	横龙骨 UO 75×40×0.6	m	6.60
23	轻钢隔墙龙骨	横龙骨 UO 75×40×0.7	m	6.90
24	轻钢隔墙龙骨	横龙骨 UO 75×40×0.8	m	7.90
25	轻钢隔墙龙骨	横龙骨 UO 75×40×1.0	m	10.30
26	轻钢隔墙龙骨	横龙骨 UO 100×40×0.6	m	9.50
27	轻钢隔墙龙骨	横龙骨 UO 100×40×0.7	m	8.90
28	轻钢隔墙龙骨	横龙骨 UO 100×40×0.8	m	11.30
29	轻钢隔墙龙骨	横龙骨 UO 100×40×1.0	m	14.50
30	轻钢隔墙龙骨	横龙骨 UO 150×40×0.7	m	14.10
31	轻钢隔墙龙骨	横龙骨 UO 150×40×1.0	m	17.80
32	轻钢隔墙龙骨	竖龙骨 CO 50×50×0.6	m	6.78
33	轻钢隔墙龙骨	竖龙骨 CO 50×50×0.7	m	7.98
34	轻钢隔墙龙骨	竖龙骨 CO 50×50×0.8	m	8.65
35	轻钢隔墙龙骨	竖龙骨 CO 50×50×1.0	m	11.30
36	轻钢隔墙龙骨	竖龙骨 CO 75×50×0.6	m	7.70
37	轻钢隔墙龙骨	竖龙骨 CO 75×50×0.7	m	8.20
38	轻钢隔墙龙骨	竖龙骨 CO 75×50×0.8	m	9.60
39	轻钢隔墙龙骨	竖龙骨 CO 75×50×1.0	m	11.80
40	轻钢隔墙龙骨	竖龙骨 CO 75×50×1.2	m	14.80
41	轻钢隔墙龙骨	横龙骨 CO 100×50×0.6	m	9.60
42	轻钢隔墙龙骨	横龙骨 CO 100×50×0.7	m	11.70
43	轻钢隔墙龙骨	横龙骨 CO 100×50×0.8	m	12.40

序号	材料名称	规格型号	单位	定额价(元)
44	轻钢隔墙龙骨	横龙骨 CO 100×50×1.0	m	16.50
45	轻钢隔墙龙骨	横龙骨 CO 150×50×0.7	m	14.20
46	轻钢隔墙龙骨	横龙骨 CO 150×50×1.0	m	19.20
47	轻钢隔墙龙骨	横龙骨 CH 100×42×1.0	m	21.67
48	长挂件	C25	个	0.45
49	短挂件	C25	个	0.34
50	连接件	C25	个	0.52
51	水平件	C25	个	0.38
52	吊件	C38	个	0.74
53	挂件	C38	个	0.65
54	连接件	C38	个	1.07
55	吊钩	C38	个	0.24
56	吊件	C50	个	0.73
57	上人吊件	C50	个	1.28
58	弹簧吊件	C50	个	0.76
59	长挂件	C50	个	0.48
60	长挂件	C60	个	0.78
61	短挂件	C50	个	0.35
62	连接件	C50	个	0.80
63	上人连接件	C50	个	1.70
64	吊钩	C50	个	0.27
65	上人吊件	C50	个	0.28

序号	材料名称	规格型号	单位	定额价(元)
66	吊钩	C60	个	0.29
67	吊件	CB60	个	0.78
68	短挂件	CB60	个	0.37
69	连接件	CB60	个	0.62
70	水平件	CB60	个	0.39
71	上人吊件	CS60	个	1.30
72	上人挂件	CS60	个	0.70
73	上人连接件	CS60	个	1.12
74	T 型吊件		个	0.78
75	铝龙骨连接件		个	0.50
76	卡托	75	个	0.67
77	卡托	100	个	0.90
78	角托	75	个	0.67
79	角托	100	个	0.80
80	支撑卡	50	个	0.38
81	支撑卡	75	个	0.53
82	支撑卡	100	个	0.59
83	上人吊杆	300	根	0.96
84	上人吊杆	500	根	1.42
85	上人吊杆	1000	根	3.21
86	普通吊杆		个	0.50
87	格栅吊杆		个	0.54

序号	材料名称	规格型号	单位	定额价(元)
88	吊码		个	0.64
89	铝格栅弹簧片		个	0.33
90	大固定件		个	0.69
91	小固定件		个	0.51
92	三角龙骨连接件		个	0.72
93	插片	300	个	0.38
94	烤漆龙骨吊件		个	0.37
95	烤漆龙骨吊件	C38	个	0.28
96	烤漆龙骨吊件	C50	个	0.32
97	吊件	6	个	1.71
98	C50－1 沿顶沿龙骨	52×40×0.7	m	5.98
99	C50－1G 加强龙骨	50×40×1.5	m	10.12
100	C50－2 竖龙骨	50×45×0.7	m	8.34
101	C50－3 通惯横撑龙骨	20×12×1.2	m	3.50
102	C50－4 支撑卡		件	0.29
103	C50－5 卡托		件	0.48
104	C50－6 角托		件	0.43
105	C50－7 通惯横撑龙骨		件	0.51
106	C50－8 固定件		件	0.62
107	钢护角	25×25	m	3.30
108	钢护角	30×30	m	3.65
109	C75－1 沿顶沿龙骨	25×25	m	6.89

序号	材料名称	规格型号	单位	定额价(元)
110	C75－1G 加强龙骨	77×40×0.7	m	11.38
111	C75－2G 加强龙骨	75×40×1.5	m	19.30
112	C75－2 竖龙骨	75×45×1.5	m	8.46
113	C75－3 通惯横撑龙骨	75×45×0.7	m	3.98
114	C75－4 支撑卡		件	0.59
115	C75－5 卡托		件	0.64
116	C75－6 角托		件	0.55
117	C75－7 通惯横撑龙骨		件	0.61
118	C75－8 固定件		件	0.81
119	C100－1 沿顶沿龙骨	102×40×0.7	m	9.53
120	C100－1G 加强龙骨	100×40×1.5	m	15.68
121	C100－2 竖龙骨	100×45×0.7	m	10.12
122	C100－3 通惯横撑龙骨	38×12×1.2	m	4.12
123	C100－4 支撑卡		件	0.46
124	C100－5 卡托		件	0.62
125	C100－6 角托		件	0.61
126	C100－7 通惯横撑龙骨		件	0.61
127	C100－8 固定件		件	0.83
128	I 型铝护角		m	4.98
129	UC38 主龙骨	长 3000　38×12×1.2	m	3.89
130	UC38 连接件		套	1.18
131	UC38 吊件		件	1.20

序号	材料名称	规格型号	单位	定额价(元)
132	UC50 主龙骨	长 3000　50 × 15 × 1.5	m	5.19
133	UC50 连接件		套	1.67
134	UC50 吊件		件	1.67
135	UC60 主龙骨	长 3000　60 × 30 × 1.5	m	10.10
136	UC60 连接件		套	1.98
137	UC60 吊件		件	1.79
138	U50 龙骨	长 3000　49 × 17.5 × 0.5	m	3.20
139	U50 连接件		套	0.48
140	U50 吊挂	与 UC38 连接	件	0.48
141	U50D 吊挂	与 UC50 连接	件	0.55
142	U50C 吊挂	与 UC60 连接	件	0.59
143	U50 支托		件	0.41
144	U25 龙骨	长 3000　24 × 17.5 × 0.5	m	2.98
145	U25 连接件		套	0.39
146	U25 吊挂	与 UC38 连接	件	0.52
147	U25D 吊挂	与 UC50 连接	件	0.47
148	U25C 吊挂	与 UC60 连接	件	0.59
149	U25 支托		件	0.37
150	T16 – 1 龙骨	长 3100　16 × 32 × 1.0	m	4.28
151	T16 – 2 龙骨	长 3100　16 × 32 × 1.0	m	4.10
152	T16 – 2 龙骨	长 600　16 × 23 × 1.0	根	2.90
153	T16 – 2 龙骨	长 500　18 × 30 × 1.0	根	2.67

序号	材料名称	规格型号	单位	定额价(元)
154	T23－1 龙骨	长 3100　23×23×1.0	m	4.86
155	T23－2 龙骨	长 600　23×23×1.0	m	3.95
156	T23－2 龙骨	长 500　23×30×1.0	根	2.76
157	铝边龙骨	长 3000　18×30×1.0	m	2.55
158	石膏龙骨	75mm×50mm	m	4.90
159	小工字铝		m	4.96
160	主龙骨接长卡钩		个	1.20
161	H 型龙骨插片	HB22×0.5	m	2.08
162	H 型轻钢挂件	HB38－2	个	0.37
163	H 型轻钢连接件	HB20－L	个	0.39
164	H 型轻钢龙骨	HB20×20	m	1.80
165	T 型烤漆带凹槽龙骨	TBA24×28	m	5.00
166	T 型烤漆龙骨	TB24×28	m	10.10
167	T 型烤漆龙骨	TB24×38	m	4.40
168	T 型龙骨挂件	ϕ3.5 挂钩	个	1.30
169	T 型铝合金龙骨	TB24×28	m	3.05
170	T 型铝合金龙骨	TB24×38	m	15.00
171	T 型轻钢龙骨	KB33×30	m	4.24
172	T 型轻钢龙骨	TB23×26	m	3.77
173	T 型轻钢龙骨	TB23×32	m	3.97
174	T 型轻钢龙骨	TB24×26	m	3.77
175	T 型轻钢龙骨	TB24×28	m	3.65

序号	材料名称	规格型号	单位	定额价(元)
176	T型轻钢龙骨	TB24×32	m	3.98
177	T型轻钢龙骨吊件	TB－1P	个	0.39
178	T型轻钢龙骨吊件	TB－1X	个	0.43
179	T型轻钢龙骨吊件	TB23－1	个	0.49
180	T型轻钢龙骨挂件	CB33－2	个	0.55
181	T型轻钢龙骨挂件	TB14－2	个	0.26
182	T型轻钢龙骨挂件	TB38－2	个	0.50
183	T型轻钢龙骨挂件	ϕ3挂钩	个	0.39
184	T型轻钢龙骨连接件	KB33－L	个	0.58
185	U型龙骨吊件	CB30－1	个	0.30
186	U型轻钢挂件	CS60－2A	个	0.39
187	U型轻钢龙骨	CB30×12	m	4.03
188	U型轻钢龙骨	CB38×12	m	4.50
189	U型轻钢龙骨	CB50×20	m	4.90
190	U型轻钢龙骨	CB60×27	m	6.60
191	U型轻钢龙骨	CS50×15	m	8.10
192	U型轻钢龙骨	CS60×27	m	12.70
193	U型轻钢龙骨插挂件	CB50－3	个	0.39
194	U型轻钢龙骨插挂件	CB60－3	m	0.49
195	U型轻钢龙骨吊件	CB38－1	个	0.88
196	U型轻钢龙骨吊件	CB50－1	个	0.90
197	U型轻钢龙骨吊件	CB50－1P	个	0.80

序号	材料名称	规格型号	单位	定额价(元)
198	U 型轻钢龙骨吊件	CB50 – 1X	个	0.91
199	U 型轻钢龙骨吊件	CB60 – 1P	个	0.85
200	U 型轻钢龙骨吊件	CS50 – 1	个	1.90
201	U 型轻钢龙骨吊件	CS60 – 1	个	1.73
202	U 型轻钢龙骨挂件	CB38 – 2	个	0.65
203	U 型轻钢龙骨挂件	CB50 – 2	个	0.59
204	U 型轻钢龙骨连接件	CB30 – L	个	0.39
205	U 型轻钢龙骨连接件	CB38 – L	个	1.36
206	U 型轻钢龙骨连接件	CB50 – L	个	0.36
207	U 型轻钢龙骨连接件	CB60 – L	m	0.07
208	U 型轻钢龙骨连接件	CS50 – L	个	1.49
209	V 型轻钢龙骨	VB20 × 37	m	2.03
210	V 型轻钢龙骨	VB49 × 19	m	3.04
211	V 型轻钢龙骨	VL25 × 20	m	2.69
212	V 型轻钢龙骨	VL25 × 34	m	3.50
213	V 型轻钢龙骨吊件	VB20 – 1	个	0.35
214	V 型轻钢龙骨挂插件	VB49 – 3	个	0.44
215	V 型轻钢龙骨连接件	VB49 – L	个	0.58
216	边龙骨	CL15 × 35	m	3.19
217	边龙骨	TL22 × 22	m	3.24
218	边龙骨	TL23 × 23	m	5.89
219	矿棉板吊顶专用龙骨	38 × 15	m	3.70

序号	材料名称	规格型号	单位	定额价(元)
220	矿棉板吊顶专用龙骨	50×15	m	4.56
221	铝合金龙骨	60×30	m	16.00
222	钢骨架		kg	5.21
223	长幅条板吊顶靠墙板	KB1	m	4.35
224	长幅条板吊顶龙骨	100×36	m	5.50
225	长幅条板吊顶龙骨吊件	100×36	套	1.37
226	铝锰合金方板	400×400×0.6	m^2	143.00
227	铝锰合金方板	600×600×0.6	m^2	136.00
228	铝锰合金方板	600×600×0.7	m^2	148.00
229	铝锰合金方板	600×600×0.8	m^2	159.00
230	铝锰合金方板(孔板)	400×400×0.7	m^2	159.00
231	铝锰合金方板(孔板)	600×600×0.6	m^2	159.00
232	铝锰合金方板(孔板)	600×600×0.7	m^2	168.00
233	铝锰合金方板(孔板)	600×600×0.8	m^2	189.00
234	铝锰合金长方板	1200×600×0.8	m^2	201.00
235	铝锰合金长方板	1200×600×0.9	m^2	224.00
236	铝锰合金长方板	1200×600×1.0	m^2	227.00
237	铝锰合金长方板(孔板)	1200×600×0.8	m^2	227.00
238	铝锰合金长方板(孔板)	1200×600×0.8	m^2	243.00
239	铝锰合金长方板(孔板)	1200×600×1.0	m^2	249.00
240	铝合金方板 浮搁式		m^2	100.00
241	铝合金方板 嵌入式		m^2	90.00

序号	材料名称	规格型号	单位	定额价(元)
242	铝合金条板		m^2	72.00
243	铝合金条板插缝板		m	0.50
244	铝合金条板吊顶靠墙板	MK1	m	5.19
245	铝合金条板吊顶龙骨	LB50×26	m	7.90
246	铝合金条板接长件		个	0.60
247	铝合金条板龙骨吊件	LB50－1P	个	0.70
248	铝合金条板龙骨挂件	LB50－2	个	0.64
249	铝合金型材		kg	24.00
250	铝合金压条	3mm×30mm	m	4.67
251	600 铝方板	VC38 含主龙骨	m^2	168.00
252	600 铝方板	VC50 含主龙骨	m^2	169.00
253	600 铝方板	VC60 含主龙骨	m^2	170.00
254	500 铝方板	VC38 含主龙骨	m^2	160.00
255	500 铝方板	VC50 含主龙骨	m^2	162.00
256	500 铝方板	VC60 含主龙骨	m^2	166.00
257	500 钢方板	VC38 含主龙骨	m^2	180.00
258	500 钢方板	VC50 含主龙骨	m^2	183.00
259	500 钢方板	VC60 含主龙骨	m^2	186.00
260	84R 条形吊顶	UC38 含主龙骨	m^2	143.00
261	84R 条形吊顶	UC50 含主龙骨	m^2	145.00
262	84R 条形吊顶	UC60 含主龙骨	m^2	146.00
263	90C 条形吊顶	UC38 含主龙骨	m^2	152.00

序号	材料名称	规格型号	单位	定额价(元)
264	90C 条形吊顶	UC50 含主龙骨	m^2	156.00
265	90C 条形吊顶	UC60 含主龙骨	m^2	162.00
266	120C 条形吊顶	UC38 含主龙骨	m^2	142.00
267	120C 条形吊顶	UC50 含主龙骨	m^2	146.00
268	120C 条形吊顶	UC60 含主龙骨	m^2	148.00
269	150C 条形吊顶	UC38 含主龙骨	m^2	138.90
270	120C 条形吊顶	UC50 含主龙骨	m^2	139.60
271	120C 条形吊顶	UC60 含主龙骨	m^2	143.00
272	200C 条形吊顶	UC38 含主龙骨	m^2	143.00
273	200C 条形吊顶	UC50 含主龙骨	m^2	148.90
274	200C 条形吊顶	UC60 含主龙骨	m^2	150.10
275	100 格片	VC38 含主龙骨	m^2	152.00
276	100 格片	VC50 含主龙骨	m^2	153.00
277	100 格片	VC60 含主龙骨	m^2	160.00
278	150 格片	VC38 含主龙骨	m^2	210.00
279	150 格片	VC50 含主龙骨	m^2	211.80
280	150 格片	VC60 含主龙骨	m^2	214.00
281	75 格栅	VC38 含主龙骨	m^2	310.00
282	75 格栅	VC50 含主龙骨	m^2	322.00
283	75 格栅	VC60 含主龙骨	m^2	328.00
284	100 格栅	VC38 含主龙骨	m^2	219.00
285	100 格栅	VC50 含主龙骨	m^2	226.00

序号	材料名称	规格型号	单位	定额价(元)
286	100 格栅	VC60 含主龙骨	m^2	229.00
287	120 格栅	VC38 含主龙骨	m^2	218.00
288	120 格栅	VC50 含主龙骨	m^2	219.00
289	120 格栅	VC60 含主龙骨	m^2	201.40
290	150 格栅	VC38 含主龙骨	m^2	169.00
291	150 格栅	VC50 含主龙骨	m^2	171.00
292	150 格栅	VC60 含主龙骨	m^2	156.00
293	200 格栅	VC38 含主龙骨	m^2	188.00
294	200 格栅	VC50 含主龙骨	m^2	188.00
295	200 格栅	VC60 含主龙骨	m^2	189.00
296	脚手杆(杉木)	$\phi100\times6000$	根	45.00
297	脚手架底座		套	2.97
298	脚手架对接扣件		个	6.79
299	脚手架钢管	48mm×3.5mm	kg	4.90
300	脚手架钢管	ϕ48mm	t	4900.00
301	脚手架管(扣)件		个	7.30
302	脚手架回转扣件		个	7.30
303	脚手架直角扣件		套	7.30
304	支撑钢管及扣件		kg	4.90
305	木模板		m^3	1389.00
306	木脚手板		m^3	1487.00
307	木脚手杆		m^3	1120.00

序号	材料名称	规格型号	单位	定额价(元)
308	支撑杉杆		m^3	1120.00
309	木脚手杆 杉原木	$\phi80\times6000$	根	43.00
310	杉木脚手架		m^3	1500.00
311	穴模		套	8.70
312	支撑方木		m^3	1289.00
313	支撑架		kg	4.89
314	竹脚手架		m^2	11.87
315	组合钢支撑		kg	4.89
316	模板板方材		m^3	1600.00
317	大钢模板		kg	5.20
318	定型钢模		kg	4.89
319	定型钢模板		kg	5.10
320	组合钢模板		kg	5.10
321	挖孔桩钢模		kg	5.10
322	钢滑模		kg	5.10
323	钢拉模		kg	5.20
324	钢支撑		kg	4.98
325	钢连接件		kg	5.00
326	组合钢配件		kg	4.90
327	板式橡胶支座		$100cm^3$	157.30
328	导向支架		套	204.00
329	钢管脚手架 包括扣件		kg	5.20

序号	材料名称	规格型号	单位	定额价(元)
330	钢盆式橡胶支座	10000kN 以内	个	180.00
331	钢盆式橡胶支座	15000kN 以内	个	180.00
332	钢盆式橡胶支座	3000kN 以内	个	180.00
333	钢盆式橡胶支座	4000kN 以内	个	180.00
334	钢盆式橡胶支座	5000kN 以内	个	180.00
335	钢盆式橡胶支座	7000kN 以内	个	180.00
336	钢支架、平台及连接件		kg	5.80
337	固定架		个	4.72
338	混凝土支撑		个	2.90
339	角钢吊架	36×3×135	kg	5.80
340	角钢横撑		kg	4.56
341	角钢支架	L125×80×8	kg	5.70
342	模板嵌缝料		kg	0.20
343	挡脚板		m^3	1475.00
344	料石踏步		m^3	651.00
345	复合木模板		m^2	36.00
346	竹胶板	1220×2440×8	m^2	40.00
347	柱箍		kg	3.60
348	钢筋支架		kg	5.20
349	砖地模		m^2	32.00
350	砖胎模		m^2	38.00
351	混凝土地模		m^2	96.00

序号	材料名称	规格型号	单位	定额价(元)
352	钢连杆		kg	5.20
353	钢模零配件		kg	5.20
354	锁口管		kg	4.42
355	钢围令		kg	5.20
356	预制混凝土方桩		m^3	1073.14
357	预制混凝土管桩		m^3	1734.31
358	钢管桩		t	7100.00
359	钢护筒		t	6200.00

九、耐火材料

序号	材料名称	规格型号	单位	定额价(元)
1	黏土砖	不分型	t	900.00
2	黏土砖	T-1	块	1.43
3	黏土砖	T-2	块	2.91
4	黏土砖	T-3	块	4.40
5	黏土砖	T-4	块	2.51
6	黏土砖	T-5	块	3.36
7	黏土砖	T-6	块	4.42
8	黏土砖	T-7	块	5.07
9	黏土砖	T-8	块	5.07
10	黏土砖	T-9	块	5.00
11	黏土砖	T-10	块	5.77
12	黏土砖	T-11	块	8.66
13	黏土砖	T-12	块	4.37
14	黏土砖	T-13	块	6.64
15	黏土砖	T-14	块	6.34
16	黏土砖	T-15	块	4.37
17	黏土砖	T-16	块	6.64
18	黏土砖	T-17	块	6.34
19	黏土砖	T-18	块	7.31
20	黏土砖	T-19	块	10.97
21	黏土砖	T-20	块	7.67

序号	材料名称	规格型号	单位	定额价(元)
22	黏土砖	T-21	块	2.24
23	黏土砖	T-22	块	2.47
24	黏土砖	T-23	块	2.69
25	黏土砖	T-24	块	2.69
26	黏土砖	T-25	块	2.91
27	黏土砖	T-26	块	3.14
28	黏土砖	T-27	块	3.85
29	黏土砖	T-28	块	4.23
30	黏土砖	T-29	块	4.62
31	黏土砖	T-30	块	4.62
32	黏土砖	T-31	块	5.00
33	黏土砖	T-32	块	5.39
34	黏土砖	T-41	块	2.24
35	黏土砖	T-42	块	2.47
36	黏土砖	T-43	块	2.69
37	黏土砖	T-44	块	2.80
38	黏土砖	T-45	块	3.38
39	黏土砖	T-46	块	3.72
40	黏土砖	T-47	块	4.06
41	黏土砖	T-48	块	2.69
42	黏土砖	T-49	块	2.91
43	黏土砖	T-50	块	3.14

序号	材料名称	规格型号	单位	定额价(元)
44	黏土砖	T-51	块	3.25
45	黏土砖	T-52	块	4.06
46	黏土砖	T-53	块	4.40
47	黏土砖	T-54	块	4.74
48	黏土砖	T-61	块	3.85
49	黏土砖	T-62	块	4.23
50	黏土砖	T-63	块	4.62
51	黏土砖	T-64	块	4.81
52	黏土砖	T-65	块	5.77
53	黏土砖	T-66	块	6.35
54	黏土砖	T-67	块	6.93
55	黏土砖	T-68	块	4.62
56	黏土砖	T-69	块	5.00
57	黏土砖	T-70	块	5.39
58	黏土砖	T-71	块	5.58
59	黏土砖	T-72	块	6.93
60	黏土砖	T-73	块	7.50
61	黏土砖	T-74	块	8.08
62	黏土砖	T-75	块	5.77
63	黏土砖	T-76	块	5.77
64	黏土砖	T-77	块	8.66
65	黏土砖	T-78	块	8.66

序号	材料名称	规格型号	单位	定额价(元)
66	黏土砖	T-79	块	1.47
67	黏土砖	T-80	块	8.82
68	黏土砖	平三枚	块	8.82
69	黏土砖	平四枚	块	11.76
70	黏土砖	平七枚	块	20.58
71	黏土砖	半枚片	块	1.47
72	预混炉黏土砖	XX 高密度	t	1427.35
73	预混炉黏土砖格子砖	GZ-1 高密度	t	1555.56
74	预混炉轻质黏土砖	IE	t	2957.26
75	鱼雷罐致密黏土砖	异型	t	1549.53
76	鱼雷罐致密黏土砖	特型	t	1851.33
77	鱼雷罐致密黏土砖	普型	t	1448.93
78	套筒窑黏土砖	高密	t	1931.62
79	热轧(加热炉)黏土砖	N-1	t	970.00
80	热轧(加热炉)轻质黏土砖	0.8	t	1449.00
81	热风炉黏土砖	CBXX 高密度	t	1629.91
82	漂珠砖	PG-0.9	t	2000.00
83	普通黏土砖（红砖）	240mm×115mm×53mm	千块	300.00
84	轻质耐火砖	230mm×113mm×65mm	块	2.30
85	轻质黏土砖	NG-1.0 异	t	2414.92
86	轻质黏土砖	NG-1.0 普	t	2213.72
87	轻质黏土砖	NG-1.0 标	t	2062.82

序号	材料名称	规格型号	单位	定额价(元)
88	轻质黏土砖	NG－0.8 异	t	3219.72
89	轻质黏土砖	NG－0.8 特	t	3823.32
90	轻质黏土砖	NG－0.8 普	t	2767.02
91	轻质黏土砖	NG－0.8 标	t	2565.82
92	轻质黏土砖	NG－0.7 异	t	3320.32
93	轻质黏土砖	NG－0.7 普	t	2968.22
94	轻质黏土砖	NG－0.7 标	t	2917.92
95	轻质黏土砖	B5	t	2817.32
96	轻质黏土砖	QN－1.3a 标型	t	879.00
97	轻质黏土砖	QN－1－32 普型	t	879.00
98	高炉黏土砖	各种规格	t	1641.00
99	高炉用黏土砖	ZGN－42 不分型	t	1650.13
100	高炉用黏土砖	GN－42 不分型	t	1549.53
101	高炉烟气炉黏土砖	超特	t	1650.13
102	高炉高密度黏土砖	各种规格	t	1838.00
103	热风炉黏土砖	R1　230×150×75	t	1180.00
104	热风炉黏土砖	R3　230×150/135×75	t	1860.00
105	热风炉黏土砖	SGK	t	1343.59
106	热风炉特种黏土砖	X 格子砖	t	1650.13
107	热风炉特种黏土砖	X 标、普	t	1448.93
108	热风炉轻质黏土砖	IE	t	2743.59
109	热风炉轻质黏土砖	IG	t	3717.95

序号	材料名称	规格型号	单位	定额价(元)
110	热风炉黏土格子砖	SGK	t	1508.55
111	热风炉黏土格子砖	SGXX 高密度	t	1792.31
112	套筒窑黏土隔热砖	NG－0.7	t	2649.57
113	焦炉用黏土砖		t	1448.93
114	焦炉用低铝黏土砖	N－2a 格子砖	t	1861.39
115	焦炉烟道用黏土砖	N－4 标	t	996.23
116	高强轻质黏土砖	IE－0.7 标	t	2917.92
117	粗煤气系统黏土砖		t	1256.41
118	一般黏土砖	N－2a 异	t	1298.03
119	一般黏土砖	N－2a 特	t	1348.33
120	一般黏土砖	N－2a 普	t	1298.03
121	一般黏土砖	N－2a 超特	t	1650.13
122	一般黏土砖	N－2a 标	t	1247.73
123	上升管、下降管黏土砖		t	1549.53
124	轻质低铁黏土砖	TJM23 标型	t	9557.52
125	轻质低铁莫来石砖	JM30 特异型	t	21176.82
126	浸磷黏土砖	特异型	t	3662.13
127	衬砖		t	2404.00
128	高铝砖	LZ－65 标	t	1448.93
129	高铝砖	LZ－65 普	t	1599.83
130	高铝砖	LZ－65 特	t	1901.63
131	高铝砖	LZ－65 异	t	1750.73

序号	材料名称	规格型号	单位	定额价(元)
132	高铝砖	LZ-75 标	t	1951.93
133	高铝砖	LZ-75 普	t	1951.93
134	高铝砖	LZ-75 特	t	2304.03
135	高铝砖	LZ-75 异	t	2052.53
136	高铝砖	GL-65	t	1377.25
137	特种高铝砖	$Fe_2O_3 \leq 1$ 加工组装	t	6519.17
138	低铁高铝砖	$Fe_2O_3 \leq 1$ 不分型	t	3058.53
139	红柱石莫来石高铝砖	HB 不分型	t	6579.53
140	红柱石莫来石高铝砖	HD 格子砖	t	4064.53
141	红柱石莫来石高铝砖	HS1 不分型	t	3813.03
142	红柱石莫来石高铝砖	HS 不分型	t	5774.73
143	回转窑用高铝砖	标型	t	1750.73
144	回转窑用高铝砖	普型	t	2052.53
145	回转窑用高铝砖	特型	t	2656.13
146	回转窑用高铝砖	异型	t	2354.33
147	套筒窑高铝隔热砖	LG-1.6	t	2051.28
148	高炉高铝砖	G	t	2521.00
149	高炉高铝砖	GL-48 普型	t	2203.43
150	高炉高铝砖	GL-65 不分型	t	2505.23
151	预混炉高铝砖	RL-65	t	1683.76
152	预混炉轻质高铝砖	IH	t	5094.02
153	预混炉低蠕变高铝格子砖		t	3350.43

序号	材料名称	规格型号	单位	定额价(元)
154	预混炉高铝组合砖		t	5119.66
155	热风炉轻质高铝砖	SGIH	t	4935.90
156	热风炉轻质高铝砖	SGIK	t	6884.62
157	热轧(加热炉)高铝砖		t	2000.00
158	热风炉高铝砖	RL-65 标	t	1700.43
159	热风炉高铝砖	RL-65 格子砖	t	2505.23
160	热风炉高铝砖	RL-65 普	t	1700.43
161	热风炉高铝砖	RL-65 特	t	1851.33
162	热风炉高铝砖	RL-65 异	t	1750.73
163	低蠕变高铝砖	DE 大墙	t	3863.33
164	低蠕变高铝砖	DE 格子砖	t	4064.53
165	低蠕变高铝砖	DLC 大墙	t	5120.83
166	低蠕变高铝砖	DLD 拱顶砖	t	5674.13
167	低蠕变高铝砖	HD 普	t	4466.93
168	低蠕变高铝砖	HLB 大墙	t	6579.53
169	低蠕变高铝砖	HLD 大墙	t	7535.23
170	低蠕变高铝砖	HLE 围管	t	3460.93
171	低蠕变高铝砖	HLE 转折组合砖	t	6579.53
172	高炉碳砖	半石墨	t	9185.00
173	高炉碳砖	微孔	t	19657.00
174	国产超微孔碳砖	国产、不分型	t	19657.53
175	进口微孔碳砖	进口、不分型	t	33339.13

序号	材料名称	规格型号	单位	定额价(元)
176	高炉铝碳砖	烧成微孔	t	6367.52
177	高炉进口美联碳砖		t	45594.83
178	高炉高导热碳砖		t	13675.00
179	烧成微孔铝碳砖	不分型	t	6881.33
180	半石墨碳砖	不分型	t	9185.07
181	转炉电熔镁碳砖	不分型	t	10261.49
182	转炉中档镁碳砖	不分型	t	6378.33
183	铬镁砖	MGe－20A	t	8000.00
184	加热炉用镁铬砖	Cr_2O_3≥16% 标型	t	8692.13
185	加热炉用镁铬砖	Cr_2O_3≥16% 特型	t	9094.53
186	活性窑用普通镁铬砖	MLO－43～41	t	3058.53
187	活性窑用直接结合镁铬砖	MLO－44～46	t	3762.73
188	直接结合镁铬砖	电熔不分型	t	7887.33
189	镁砖	MCZ－87	t	2600.00
190	镁砖	MCZ－91	t	2800.00
191	镁砖	MCZ－95	t	3800.00
192	镁砖	MCZ－97	t	4400.00
193	电熔镁砖	FRMZ－95	t	4800.00
194	电熔镁砖	FRMZ－97	t	5800.00
195	电熔镁砖	FRMGe－8	t	6000.00
196	电熔镁砖	FRMGe－12	t	6300.00
197	镁碳砖		t	9000.00

序号	材料名称	规格型号	单位	定额价(元)
198	铝镁碳砖		t	3780.00
199	镁钙碳砖	不分型	t	7650.00
200	镁碳冲击砖	炼钢	t	4950.00
201	镁碳出钢口砖		t	8100.00
202	镁碳出钢口砖	炼钢用 锥型	t	8100.00
203	铝镁砖	ML	t	5850.00
204	烧镁砖	M1	t	2025.00
205	铝镁尖晶石不烧砖	起步 10~11	t	3600.00
206	铝镁尖晶石碳砖		t	5220.00
207	铝镁尖晶石砖	2-1	t	4500.00
208	热风炉用硅砖	SGK	t	2354.70
209	热风炉用硅砖		t	17142.53
210	热风炉用硅砖	S21 拱顶	t	2807.03
211	热风炉用硅砖	WUK 大墙	t	2153.13
212	热风炉用硅砖	WUK 格子砖	t	2404.63
213	焦炉半硅砖	S21 拱顶关节砖	t	1851.33
214	焦炉硅砖	JG-94 不分型	t	2102.83
215	焦炉硅砖	S21 不分型	t	2153.13
216	半轻质硅砖	不分型	t	3310.03
217	氮化硅结合碳化硅砖	大墙	t	16136.53
218	氮化硅结合碳化硅砖	镶砖	t	17645.53
219	氮化硅结合碳化硅砖	高炉	t	12649.57

序号	材料名称	规格型号	单位	定额价(元)
220	硅质七孔格子砖		t	2612.74
221	硅质拱顶塞子砖		t	2612.74
222	高铝质碳化硅砖	ALM－D5A	t	5555.00
223	铝碳化硅砖	SiC≥13%不分型(出铁场)	t	5875.33
224	铝碳化硅砖	SiC≥8%不分型(高炉炉喉)	t	3712.43
225	赛隆结合碳化硅砖	不分型	t	16639.53
226	赛隆结合碳化硅砖	镶砖	t	12112.53
227	鱼雷罐铝碳化硅砖	不分型	t	8692.13
228	硅酸铝锆质纤维炉辊砖	CFB12－8 真空成型	t	40352.10
229	碳化硅砖	不分型	t	14400.00
230	绝热上座砖	硅质	t	2880.00
231	硅藻土砖	T－3 GG－0.7	t	1440.00
232	轻质高铝砖	B6	t	4879.62
233	轻质高铝砖	IG－0.85 不分型	t	3722.72
234	轻质高铝砖	LE 不分型	t	3873.62
235	轻质高铝砖	LG－0.6 标	t	3873.62
236	轻质高铝砖	LG－0.6 普	t	4376.62
237	轻质高铝砖	LG－0.6 特	t	6288.02
238	轻质高铝砖	LG－0.6 异	t	4980.22
239	轻质高铝砖	LG－0.7 标	t	3622.12
240	轻质高铝砖	LG－0.7 普	t	3923.92
241	轻质高铝砖	LG－0.7 异	t	4779.02

序号	材料名称	规格型号	单位	定额价(元)
242	轻质高铝砖	LG－0.8 标	t	3169.42
243	轻质高铝砖	LG－0.8 普	t	3471.22
244	轻质高铝砖	LG－0.8 特	t	4879.62
245	轻质高铝砖	LG－0.8 异	t	4024.52
246	轻质高铝砖	LG－1.0 标	t	2515.52
247	轻质高铝砖	LG－1.0 普	t	2666.42
248	轻质高铝砖	LG－1.0 异	t	3068.82
249	轻质低铁高铝砖	A13 标	t	8501.22
250	轻质低铁高铝砖	A13 普	t	9306.02
251	轻质低铁高铝砖	A13 特	t	11921.62
252	轻质低铁高铝砖	A13 异	t	10613.82
253	轻质低铁高铝砖	IH	t	6589.82
254	轻质低铁高铝砖	JM28 特异型	t	13631.82
255	轻质低铁高铝砖	TJM26 标型	t	8300.02
256	轻质低铁高铝砖	TJM26 特异型	t	12122.82
257	石墨砖	不分型	t	17142.53
258	高导石墨砖		t	16410.00
259	出钢口套砖	QG	套	4355.25
260	赛隆结合刚玉砖	不分型	t	11106.53
261	复合棕刚玉砖	加工、组装	t	9949.63
262	刚玉吊挂锚固砖	不分型	t	6378.33
263	刚玉吊挂锚固砖	不分型	t	6378.33

序号	材料名称	规格型号	单位	定额价(元)
264	刚玉莫来石砖	H1、H2 不分型	t	17142.53
265	刚玉莫来石砖	H23 风口组合砖	t	15633.53
266	刚玉莫来石砖	H23 组合砖	t	15130.53
267	高炉刚玉莫来石砖		t	11367.00
268	高炉陶瓷杯刚玉莫来石砖	不分型	t	7736.43
269	烧成莫来石砖	特型	t	8591.53
270	钢包座砖	QG－BP	t	16644.17
271	高炉炉门砖		t	5928.63
272	进口风口组合砖 高炉		t	31026.77
273	高强硅藻土砖	GG－0.6 标、普型	t	2213.72
274	硅藻土焦炉砖	标型	t	2163.42
275	硅藻土套筒窑砖		t	1623.93
276	红柱石格子砖	SGHD 热风炉	t	4610.26
277	红柱石砖	HS 预混炉	t	4675.21
278	红柱石砖	SGHD 热风炉	t	4269.23
279	红柱石砖	SGHS 热风炉	t	4928.21
280	红柱石组合砖	HS 预混炉	t	8692.31
281	红柱石组合砖	SGHS 热风炉	t	8931.62
282	焦炉半轻质缸砖	不分型	t	1549.53
283	焦炉缸砖	不分型	t	1398.63
284	焦炉漂珠砖	$d=1.0$ 不分型	t	2062.82
285	炉门堇青石衬砖	不分型	t	2404.63

序号	材料名称	规格型号	单位	定额价(元)
286	锚固砖	高铝 热轧	t	3200.00
287	莫来石镶砖	H31S 不分型	t	7585.53
288	莫来石砖	高纯 套筒窑	t	6495.73
289	轻质砖	IA－0.8 不分型	t	3722.72
290	轻质砖	JM－26	t	5700.00
291	轻质砖	JM－28	t	7400.00
292	轻质砖	JM－30	t	12300.00
293	轻质砖	TJM－23	t	7600.00
294	热风炉陶瓷燃烧器砖	XX 不分型	t	2213.49
295	热风炉陶瓷燃烧器砖	XX 格子砖	t	1851.33
296	热风炉陶瓷燃烧器砖	XX 特殊组合砖	t	6579.53
297	热风炉陶瓷燃烧器砖	XX 转折组合砖	t	5372.33
298	热风炉陶瓷燃烧器砖	X 不分型	t	1650.13
299	上水口砖	QG－15	t	11179.98
300	上水口砖	QG－15	t	11179.98
301	水口座砖	QG－45	t	9814.52
302	陶瓷燃烧器砖	H31	t	12615.53
303	陶瓷燃烧器砖	HS 进口	t	53861.53
304	铁口框组合砖	高炉	t	11367.00
305	微孔刚玉砖	不分型	t	9949.63
306	不烧高铝塞头、铸口、座砖		t	3500.00
307	氧化铝空心球砖	C12 不分型	t	18158.82

序号	材料名称	规格型号	单位	定额价(元)
308	黏土组合砖	加工、组装	t	4849.21
309	珍珠岩砖	d =0.35 普型	t	1761.02
310	富铝尖晶石砖		t	5400.00
311	刚玉尖晶石上座砖	炼钢	t	9900.00
312	刚玉尖晶石下座砖	炼钢	t	7650.00
313	刚玉莫来石水口砖	50	t	9900.00
314	底吹垫砖	刚玉	t	9900.00
315	上座砖	刚玉	t	9900.00
316	下座砖	刚玉	t	5850.00
317	复合刚玉上水口砖	45、50、55、60	t	7650.00
318	复合刚玉下水口砖	45、50、55、60	t	7650.00
319	铝碳浸入式水口	QLT－35JX	t	19800.00
320	铝碳浸入下水口	QLT－48	t	19800.00
321	铝碳上水口	QLT－25	t	10800.00
322	硅线石高铝砖	不分型	t	12150.00
323	低水泥烧嘴砖	5511 炉口－18	t	13500.00
324	底吹透气砖		t	3800.00
325	矾混凝土铁水锅砖	石铁 4	t	1350.00
326	矾混凝土砖	出钢槽 $L=1.3$	t	1350.00
327	锅炉砖		t	2070.00
328	中间包砖	CL－75 拐角	t	3600.00
329	浇钢砖	各种规格	t	3780.00

序号	材料名称	规格型号	单位	定额价(元)
330	焦油镁砂砖		t	1493.33
331	风口组合砖	FK	t	8550.00
332	磷酸垫砖	40mm	t	4050.00
333	流钢砖	各种规格	t	3150.00
334	漏斗砖	L2/L3 -300	t	3780.00
335	炉底砖		t	4050.00
336	烤包器烧嘴砖		块	5400.00
337	定径上座砖	复合型	t	1800.00
338	中心砖	各种规格	t	1120.00
339	转炉复吹砖		块	630.00
340	硅藻土隔热砖	GG -0.7	t	898.00
341	硅藻土隔热砖	GG -0.7	m^3	629.00
342	耐火砖碎末		kg	0.50
343	黏土耐火砖碎块		kg	0.52
344	501 铝碳上滑板	50 - SN	t	15750.00
345	501 铝碳下滑板	50 - DF	t	15750.00
346	502 铝碳上滑板	50	t	15750.00
347	502 铝碳下滑板	50	t	15750.00
348	浸入式水口	BK18360	t	60944.50
349	定径水口	85% 16.2 - TH	t	16200.00
350	钢包铝碳上水口	炼钢	t	18000.00
351	铝锆中包水口	复合	t	18000.00

序号	材料名称	规格型号	单位	定额价(元)
352	锆石英复合水口	炼钢	t	5400.00
353	铝镁碳下水口	45	t	5400.00
354	尖晶石下水口	50	t	5400.00
355	莫来石水口	50	t	9000.00
356	石英浸入水口	炼钢	t	2880.00
357	钢包上水口 QG－BP		t	16613.59
358	钢包上水口－QGEQ－VSV		块	689.90
359	钢包下水口－QGEQ－VSV		块	524.28
360	铝碳下水口－QG		t	20939.70
361	铝碳下水口－QG－2		t	11322.88
362	高手特	42－20	t	2880.00
363	粘手特	5343 炉 63－6	t	2520.00
364	铸石板	不分型	m^2	280.00
365	铸石板	180mm×110mm×20mm	m^2	228.13
366	铸石板	180mm×110mm×30mm	m^2	336.69
367	铸石板	300mm×200mm×20mm	m^2	227.13
368	铸石板	300mm×200mm×30mm	m^2	339.68
369	铸石粉		kg	3.10
370	黏土		m^3	25.00
371	膨润土		t	345.00
372	膨润土		kg	0.35
373	菱苦土		kg	0.40

序号	材料名称	规格型号	单位	定额价(元)
374	铁矾土		kg	0.44
375	铁矾土块		kg	0.90
376	硅藻土		kg	0.48
377	浇注料	JR－65	t	2379.92
378	低水泥浇注料	LC－45	t	2210.60
379	低水泥高铝浇注料	DGG－1	t	5786.11
380	刚玉浇注料	KT－3	t	7898.71
381	刚玉浇注料	AL－75	t	3550.00
382	钢纤维浇注料	FHA－70 套筒窑	t	3504.27
383	钢纤维浇注料	FHA－80 套筒窑	t	3589.74
384	高炉渣沟铝碳化硅浇注料		t	3824.41
385	高炉主沟铝碳化硅浇注料		t	8200.51
386	高铝高强浇注料	JD－75 套筒窑	t	2444.44
387	高铝高强浇注料	JD－85 套筒窑	t	4957.26
388	高铝隔热耐火浇注料	CH150S	t	3180.47
389	高铝隔热耐火浇注料	CL－100	t	2275.07
390	高铝隔热耐火浇注料	CL－120	t	2073.87
391	高铝隔热耐火浇注料	CL－80	t	2073.87
392	高铝隔热耐火浇注料	LG－0.6	t	3431.97
393	高铝浇注料	C30	t	1309.41
394	高铝浇注料	ZCH010	t	2365.71
395	高铝浇注料	ZCH027	t	2768.11

序号	材料名称	规格型号	单位	定额价(元)
396	高铝浇注料	高炉	t	2564.10
397	高铝质浇注料	GL－60 套筒窑	t	1965.81
398	高铝质浇注料	GL－70 套筒窑	t	2222.22
399	高铝质自流浇注料	高炉	t	5854.70
400	高强钢纤维浇注料		t	4200.00
401	高强莫来石浇注料	DGG－1	t	11780.00
402	喷涂浇注料	MS3A	t	4050.00
403	钢纤维灌注料		t	5850.00
404	铁沟渣线浇注料		t	4638.60
405	铁沟专用浇注料		t	8658.00
406	铁口泥套浇注料		t	2430.00
407	渣沟浇注料		t	6250.00
408	黏土浇注料	NL1－55	t	1755.00
409	中间包自流浇注料		t	9900.00
410	中间包盖浇注料		t	4500.00
411	中间包开浇环		t	630.00
412	浇口杯	ZG 浇－1A40/2A50	t	2250.00
413	转炉冷补料		t	2700.00
414	高强黏土浇注料	XES 热风炉	t	1282.05
415	铬镁浇注料	MML	t	3550.00
416	红柱石浇注料	CH－150S	t	4075.91
417	红柱石浇注料	HS	t	3170.51

序号	材料名称	规格型号	单位	定额价(元)
418	红柱石浇注料	HSL	t	4679.51
419	红柱石浇注料	HS 热风炉	t	4358.97
420	回转窑用浇注料	FX－140	t	4578.91
421	回转窑用浇注料	FX－150	t	8301.11
422	浇注料	LZ－JZ－1	t	7200.00
423	浇注料	NN－55	t	1600.00
424	焦炉用浇注料	JTN－34	t	1359.71
425	莫来石浇注料	HMC－65	t	6188.51
426	耐热基墩浇注料	高炉	t	1300.00
427	耐热混凝土浇注料	G2L	t	1108.21
428	自流浇注料	中间包	t	4320.00
429	自流浇注料	DGG－Ⅰ	t	2980.00
430	自流浇注料	DGG－Ⅱ 热轧	t	2136.75
431	自流浇注料	SK－70V	t	6416.00
432	轻质隔热耐酸浇注料	SN	t	2580.00
433	轻质浇注料		t	2700.00
434	轻质浇注料	QC－125A	t	3532.57
435	轻质浇注料	TQC－1.0	t	2677.47
436	轻质浇注料	IF 热风炉	t	1085.47
437	轻质浇注料	Insul. Concrete	t	2350.00
438	轻质浇注料	LW－0.8 热轧	t	2300.00
439	轻质浇注料	LW－1.3 热轧	t	2200.00

序号	材料名称	规格型号	单位	定额价(元)
440	轻质浇注料	LW－1.8 热轧	t	2000.00
441	轻质浇注料	LW－1.0	t	2237.65
442	铁沟浇注		t	7200.00
443	铁口泥套浇注料		t	8975.27
444	纤维浇注料	XW－Ⅲ	t	6943.01
445	黏土高强浇注料	NJ－1	t	1560.91
446	黏土高强浇注料	XES	t	1762.11
447	黏土隔热耐火浇注料	CN－120	t	1419.97
448	黏土隔热耐火浇注料	CN－130	t	1520.57
449	黏土隔热耐火浇注料	NG－1.0	t	2425.97
450	黏土隔热耐火浇注料	NG－1.3	t	2275.07
451	黏土隔热耐火浇注料	NG－1.5	t	2174.47
452	黏土浇注料	X	t	957.31
453	黏土浇注料	X－EX 热风炉	t	1282.05
454	黏土浇注料	高炉	t	2094.02
455	黏土轻质浇注料	GN－42 套筒窑	t	1367.52
456	黏土轻质浇注料	WA－18 套筒窑	t	1538.46
457	黏土质浇注料	X 热风炉	t	1111.11
458	致密刚玉浇注料	CL－85G	t	8904.71
459	蛭石浇注料	套筒窑	t	2948.72
460	主沟浇注料		t	8150.00
461	RH 炉浸渍管喷补料		t	2405.79

序号	材料名称	规格型号	单位	定额价(元)
462	出钢口喷补料		t	3777.69
463	耳轴喷补料		t	4116.25
464	轻质渣罐补料		t	1332.45
465	烟囱喷补料	QL-125	t	3170.51
466	高强补炉料	JLGQ-81	t	1550.44
467	无烟补炉料	JLWY-83	t	2727.85
468	转炉自流补炉料		t	3357.06
469	转炉快速补炉料	JLKD	t	6897.93
470	喷涂料	IF 热风炉	t	1085.47
471	喷涂料	X 黏土 热风炉	t	1213.68
472	喷涂料	高炉 CN-140G	t	2400.00
473	喷涂料	高强耐高温	t	4650.00
474	喷涂料	热风炉 高炉上升下降管用	t	4401.71
475	热风管道喷涂料		t	2154.16
476	轻质喷涂料	CL-130G	t	1520.57
477	轻质喷涂料	CN-130	t	1470.27
478	轻质喷涂料	VL-S	t	2325.37
479	轻质黏土喷涂料	LW-1.0	t	2828.37
480	轻质黏土喷涂料	LWI-23	t	2828.37
481	保温涂料	复合硅酸盐	t	1800.00
482	镁铬涂料	MLO-60	t	3723.81
483	纳米陶瓷保温涂料	NC-10	t	14500.00

序号	材料名称	规格型号	单位	定额价(元)
484	远红外涂料	JU – HB – BA	t	15071.49
485	耐火纤维涂抹料	RT – J0.8	t	4202.49
486	高温红外辐射涂料		t	17587.20
487	高温表面涂料	NEOKOTE – SP	kg	110.00
488	高温防氧化涂料		t	15141.91
489	耐酸喷涂料	687G	t	3019.61
490	耐酸喷涂料	MSL – 1	t	2516.61
491	捣打料	高炉 炭素	t	7100.00
492	捣打料	高炉 碳化硅	t	9401.71
493	捣打料	铁沟接头	t	8000.00
494	捣打料	渣铁沟	t	4630.00
495	刚玉捣打料		t	7295.11
496	高铝质捣打料		t	4880.71
497	铝碳化硅免烘烤捣打料		t	4830.41
498	碳化硅捣打料	BSN – 1	t	8502.31
499	碳素捣打料	C – 85	t	7697.51
500	碳素捣打料	S – 10	t	6339.41
501	碳素捣打料	S – 9	t	4377.71
502	铁沟捣打料		t	4722.21
503	铁口泥包铝碳化硅捣打料		t	6087.91
504	填料 高炉	碳化硅	t	8376.07
505	碳素填料		t	3069.91

序号	材料名称	规格型号	单位	定额价(元)
506	铁屑填料	PTT－1	t	2466.31
507	铁屑填料	热风炉	t	3119.66
508	高铝熟料	套筒窑	t	1538.46
509	高铝熟料粉		t	1158.51
510	高铝熟料粉		kg	1.16
511	耐火可塑料	KL－85	t	5875.33
512	耐火可塑料	SG－6A	t	2756.73
513	炉顶可塑料	AB	t	6177.13
514	炉顶烧嘴可塑料	XAB	t	5271.73
515	炉墙烧嘴可塑料	85AB	t	9597.53
516	高铝可塑料－高铝质		t	7787.66
517	可塑料	85 号 AB－C	t	8500.00
518	可塑料	AB 热轧 耐火	t	3100.00
519	可塑料	ALAB－C	t	4600.00
520	可塑料	FAB 高铝 热轧	t	3700.00
521	硅藻土粉 熟料	120 目	kg	0.68
522	混凝土	C25 耐热 600℃	m^3	3850.00
523	混凝土	C30 耐热 1200℃	m^3	6050.00
524	混凝土	C30 耐热 600℃	m^3	3650.00
525	混凝土	C35 耐热 1200℃	m^3	6050.00
526	耐火混凝土	1000℃	m^3	2850.00
527	珍珠岩粉	≤2mm	t	1570.87

序号	材料名称	规格型号	单位	定额价(元)
528	珍珠岩粉		m^3	60.00
529	硅藻土粉		t	1470.27
530	碳化硅粉		kg	9.50
531	氮化硅结合碳化硅泥浆	高炉	t	8376.07
532	低温高强黏土泥浆	DGN－38	t	1661.51
533	刚玉质泥浆	高炉	t	9829.00
534	高铝隔热耐火泥浆	GL－2	t	1671.47
535	高铝泥浆		t	3741.55
536	高铝压入泥浆	A2	t	2667.51
537	高铝质磷酸盐泥浆	高炉	t	3846.15
538	高铝质磷酸盐泥浆	套筒窑	t	3384.62
539	高铝质泥浆	HH 热风炉	t	1880.34
540	硅钙板用泥浆	MA－110	t	2265.11
541	硅质泥浆		t	1607.39
542	缓冲泥浆		t	15777.55
543	磷酸盐高铝泥浆	LP－70	t	2969.31
544	磷酸盐结合刚玉质泥浆	GP－60	t	5383.71
545	磷酸盐结合刚玉质泥浆	GP－70	t	5081.91
546	磷酸盐结合刚玉质泥浆	GP－80	t	7446.01
547	磷酸盐结合刚玉质泥浆	GP－90	t	7596.91
548	磷酸盐结合铝碳质泥浆	Al－C	t	6087.91
549	磷酸盐结合泥浆	高炉	t	3247.86

序号	材料名称	规格型号	单位	定额价(元)
550	磷酸盐黏土泥浆	NP－45	t	1711.81
551	铝碳化硅泥浆	SiC－80	t	6087.91
552	铝碳质无水泥浆	Al－C	t	11922.71
553	镁铝尖晶石泥浆	套筒窑	t	4273.50
554	泥浆	HCN－SiC 高炉 缓冲－2	t	15811.97
555	泥浆	复合－1 高炉	t	10683.76
556	泥浆	复合－2 高炉	t	9829.06
557	轻质高铝耐火泥浆	DMO	t	1922.97
558	轻质高铝耐火泥浆	MA－H50	t	1671.47
559	轻质高铝耐火泥浆	MA－L12	t	1570.87
560	轻质泥浆	IH 热风炉	t	1709.40
561	碳化硅缓冲泥浆	FHCN－SiC	t	14135.91
562	碳化硅泥浆	CG－400	t	8099.91
563	碳化硅泥浆	CG－400	kg	8.10
564	碳化硅泥浆	LG－400	t	9508.31
565	碳化硅泥浆	LG－400	kg	9.51
566	碳质无水压入泥浆	C2	t	8904.71
567	碳砖泥浆(碳素细缝糊)	C－1	t	11620.91
568	无水压入泥浆	SC－8YK 高炉	t	10940.17
569	黏土质耐火泥浆	NN－42	t	1108.21
570	黏土质耐火泥浆	NN－42	kg	1.11
571	黏土质泥浆	XX 热风炉	t	1128.21

序号	材料名称	规格型号	单位	定额价(元)
572	黏土质泥浆	套筒窑	t	940.17
573	高炉用硅火泥	GGN－90	t	1410.01
574	高炉用硅火泥	RGN－94	t	1460.31
575	高铝火泥		t	1350.00
576	刚玉粉	GB180－80	kg	15.78
577	高铝生料粉		kg	0.66
578	硅藻土粉	生料	kg	0.49
579	镁质火泥	MF－82	kg	1.82
580	耐火黏土粉		kg	0.35
581	耐火黏土砂		kg	0.35
582	耐火硬质黏土		kg	0.24
583	黏土熟料粉		kg	0.45
584	黏土瓦	380mm×240mm	千块	867.00
585	制砖镁砂粉	100～200 目	t	765.00
586	高铝细粉	80 目 Al_2O_3 >80%	t	585.00
587	高铝火泥粉	LF－75	t	2520.00
588	电炉盖		t	1800.00
589	电熔镁	MgO >96%	t	2025.00
590	蛭石		m^3	95.00
591	刚玉砂	GB360－80	kg	8.50
592	冶金镁砂	0～10mm	t	1104.00
593	电熔镁砂粒	0～4mm Mg 97%	t	2520.00

序号	材料名称	规格型号	单位	定额价(元)
594	三级电熔镁砂	30～100	t	2268.00
595	低硅高钙电熔镁砂		t	8100.00
596	刚玉质组合泥浆	GP－70	t	8550.00
597	泥套泥		t	3788.00
598	刚玉火泥		kg	1.79
599	高铝质火泥	LF－70 细粒	kg	1.86
600	堇青质火泥		kg	0.58
601	铝碳化硅火泥		kg	1.18
602	硅质火泥	GF－90 不分粒度	kg	0.34
603	铝碳火泥 高炉		t	5299.15
604	镁铬火泥		t	2416.01
605	镁火泥		t	1359.71
606	耐火泥	Blakite	t	3299.17
607	耐热防火泥		kg	11.06
608	黏土火泥		t	859.55
609	黏土火泥	GN－42	t	1108.21
610	黏土火泥	GN－42	kg	1.11
611	黏土火泥	不分牌号	t	957.31
612	黏土火泥	不分牌号	kg	0.96
613	黏土质火泥	NF－40 细粒	t	666.67
614	黏土火泥	NN－38 通用	t	1050.00

序号	材料名称	规格型号	单位	定额价(元)
615	黏土火泥	高炉	t	1400.00
616	焦炉用硅火泥		t	1359.71
617	炭素胶泥	高炉	t	11538.46
618	聚酯树脂耐酸胶泥		m^3	16530.20
619	硫磺胶泥		kg	2.85
620	树脂耐酸胶泥		m^3	16530.20
621	布朗克胶泥 BLANKE		t	9357.41
622	耐酸胶泥		t	1560.91
623	新型无水炮泥	4000 立	t	12595.72
624	耐火纤维绳	≥16	千克	33.47
625	多晶莫来石纤维毡	含锆特	t	110772.10
626	硅酸铝 纤维毡	3600×600×50 热轧 LYGX－253	t	5900.00
627	硅酸铝纤维毡	高纯	t	12727.34
628	硅酸铝纤维毡	高铝	t	16711.10
629	硅酸铝纤维毡	含锆普	t	40352.10
630	硅酸铝纤维毡	普通	t	6248.70
631	纤维毡	3600×600×50 硅酸铝 热轧 LYGX－253	kg	5.90
632	耐火纤维毡	$\delta=10mm$ 硅酸铝	kg	24.00
633	陶瓷纤维毡	各种厚度 1400℃热风炉	kg	21.00
634	纤维毯	$\delta=30mm$ 热轧 硅酸铝	kg	6.00
635	纤维毯	$\delta=50mm$ 热轧 LYGX－212	kg	12.15

序号	材料名称	规格型号	单位	定额价(元)
636	纤维毯	热轧 高纯陶瓷	kg	5.04
637	纤维毯	热轧 含锆陶瓷	kg	16.24
638	陶纤维含铬毯	1425℃	t	48400.10
639	陶瓷纤维毯	CFB10 -8(≤128)	t	6148.10
640	陶瓷纤维毯	CFB12 -8(≤128)	t	8663.10
641	陶瓷纤维毯	CFB14 -8(≤128)	t	20232.10
642	甩丝毯	7200×600×20 高纯陶瓷纤维 热轧 LYG	kg	5.90
643	甩丝毯	7200×600×20 含锆陶瓷纤维 热轧 LYG	kg	18.00
644	甩丝毯	7200×600×25 标准陶瓷纤维 热轧 LYG	kg	4.70
645	甩丝毯	7200×600×25 高纯陶瓷纤维 热轧 LYG	kg	5.04
646	甩丝毯	7200×600×50 高纯陶瓷纤维 热轧 LYG	kg	5.04
647	甩丝毯	$w=120$;$\delta=30$ 高纯陶瓷纤维 热轧 LY	kg	5.90
648	硅酸铝纤维毯	高纯	t	16208.10
649	硅酸铝纤维毯	高铝	t	16711.10
650	硅酸铝纤维毯	含锆普	t	52424.10
651	硅酸铝纤维毯	普通	t	6349.30
652	耐火纤维毯	$\delta=10$mm	kg	8.12
653	耐火纤维毯	$\delta=12$mm	kg	8.12
654	耐火纤维毯	$\delta=15$mm	kg	8.12
655	耐火纤维毯	$\delta=20$mm	kg	8.12
656	耐火纤维毯	$\delta=40$mm	kg	8.12

序号	材料名称	规格型号	单位	定额价(元)
657	耐火纤维毯	δ=50mm	kg	7.65
658	耐火纤维毯	HT	kg	23.63
659	耐火纤维毯	LT5~30	kg	8.30
660	耐火纤维毯	RT15~30	kg	7.38
661	耐火纤维毯	含锆	kg	26.85
662	含锆纤维毯	128	kg	16.52
663	硅酸铝纤维棉	普通	t	3733.70
664	石棉绳 热轧	纤维	kg	37.00
665	陶瓷纤维棉		t	21435.76
666	陶瓷纤维棉	CFV12	t	6148.10
667	陶瓷纤维棉	CFV14	t	18220.10
668	陶瓷纤维模块	CFB12-8	t	10675.10
669	陶瓷纤维模块	CFB14-8	t	22244.10
670	陶瓷纤维甩丝折叠块	LYGX-211	kg	6.50
671	纤维异型件	Ceraboard100	kg	34.00
672	铝锆碳滑板	QG-2	t	23191.23
673	铝锆碳滑板	QG-4	t	36968.00
674	铝锆碳滑板	QGEQ-VSV	块	569.86
675	无石棉硅钙板		t	8160.10
676	高纯陶纤机制板	600×300×40 热轧 LYGX-334	kg	7.10
677	高纯陶纤机制板	600×300×50 热轧 LYGX-334	kg	7.10

序号	材料名称	规格型号	单位	定额价(元)
678	硅钙板	Promasil1000	m^3	1730.00
679	硅钙板	热轧	m^3	1650.00
680	硅钙板	套筒窑	m^3	1850.43
681	陶瓷纤维板	$\delta=50mm$ RH 炉	m^2	697.00
682	陶瓷纤维布	LYGX－208A1	kg	65.00
683	陶瓷纤维隔热板	热轧	kg	7.10
684	陶瓷纤维隔热材料	ISOTAPF14	kg	80.00
685	陶瓷纤维机制板	CFB12－8(≥280)	t	9065.50
686	陶瓷纤维机制板	CFB14－8(≥280)	t	12385.30
687	陶瓷纤维机制板		t	15590.60
688	硅酸铝纤维硬板		m^2	597.00
689	硅酸钙板		m^2	24.00
690	纤维板	Ceraboard100	kg	8.95
691	纤维隔热板	LYGX－534 含锆	kg	20.00
692	水口密封垫	炼钢	个	10.10
693	中间包耐材整体承包		浇次	13598.71
694	石墨电极	$\phi400\times1800$ 进口	t	31500.00
695	石英套管	炼钢	t	18000.00
696	铝碳套管	炼钢 1000	t	18000.00
697	铝锆碳套管	炼钢－SN750	t	3150.00
698	复合保温管		t	10800.00

序号	材料名称	规格型号	单位	定额价(元)
699	石英吹氩套管	炼钢	t	10800.00
700	铝锆碳吹氩套管	炼钢 1245	t	20113.91
701	铝锆碳吹氩套管	炼钢	t	16342.71
702	耐材整体喷枪	QG	t	12612.17
703	浸渍罩(上罩)		套	15291.31
704	浸渍罩(下罩)		套	37888.24
705	云母板	$\delta=0.5$	kg	22.00
706	包底	1 号	t	1800.00
707	粘衬	各种规格	t	18.00
708	粉煤灰		t	14.00
709	粉煤灰三渣		m^3	136.00
710	粗缝糊	BFD - S9	t	4140.00
711	油泥		t	11070.00
712	挡钢圈		t	13500.00
713	挡渣塞		t	2700.00
714	特级电路镁	MgO 398	t	16380.00
715	吹氩枪		t	12960.00
716	脱硫喷枪	炼钢	t	10800.00
717	在线包盖	QG	个	22426.88
718	铁水脱硫包盖	QG	个	14850.99
719	离线包盖	QG	个	22827.11

序号	材料名称	规格型号	单位	定额价(元)
720	精炼包盖	QG	个	43206.61
721	方坯铸机转台包盖	QG≥500 炉	个	48562.61
722	钢包\铁包烘烤包盖	整套	个	21900.06
723	板坯中间包包盖	QG≥25 浇次	个	34356.67
724	板坯铸机中间包包盖	整套	个	33063.03
725	板坯铸机转台包盖	QG≥500 炉	个	48985.16
726	LF 炉小包盖	QG	个	12188.86
727	RH 炉离线烘烤包盖	QG≥6 个月	个	31448.70
728	RH 炉在线烘烤包盖	QG≥6 个月	个	21481.27

十、防水材料

序号	材料名称	规格型号	单位	定额价(元)
1	煤沥青		kg	1.60
2	乳化沥青		kg	3.20
3	软煤沥青	8号	kg	2.65
4	石油沥青	10号	kg	3.80
5	石油沥青	30号	kg	3.80
6	石油沥青	76号	kg	3.80
7	石油沥青		t	3800.00
8	石油沥青玛蹄脂		kg	3.80
9	焦油玛蹄脂		m^3	2905.00
10	再生胶沥青（溶剂型）		kg	2.30
11	再生胶沥青（水乳型）		kg	2.30
12	沥青玛蹄脂胶液		kg	2.40
13	沥青电缆胶		kg	35.00
14	沥青胶泥		m^3	2300.00
15	沥青胶泥灌缝		kg	11.00
16	沥青绝缘胶		kg	4.50
17	沥青砂		m^3	745.00
18	氯丁胶沥青胶液		kg	1.55
19	氯丁胶乳		kg	1.60
20	乳化橡胶沥青		kg	3.10

序号	材料名称	规格型号	单位	定额价(元)
21	氯丁胶黏合剂		kg	15.87
22	氯丁冷胶		kg	10.71
23	氯丁橡胶浆液		kg	8.20
24	阳离子氯丁胶乳沥青	水乳型	kg	5.60
25	阴离子合成胶乳沥青	水乳型	kg	7.50
26	石油沥青油毡	350 号 $20m^2$/卷	卷	51.00
27	石油沥青玛蹄脂		m^3	3800.00
28	石油沥青油毡 350 号		m^2	2.55
29	冷底子油	30∶70	kg	6.30
30	冷底子油	50∶50	kg	6.30
31	氯丹原油		kg	19.40
32	氯丁橡胶卷材		m^2	17.40
33	油毛毡		m^2	2.86
34	再生橡胶卷材		m^2	17.80
35	水性石棉质沥青	水乳型	kg	1.55
36	改性沥青防水卷材	SBS Ⅰ型 PY PE3	m^2	34.65
37	改性沥青防水卷材	SBS Ⅱ型 PY PE3	m^2	37.80
38	改性沥青防水卷材	SBS Ⅰ型 PY PE4	m^2	37.80
39	改性沥青防水卷材	SBS Ⅱ型 PY PE4	m^2	44.55
40	改性沥青防水卷材	SBS Ⅰ型 G PE2	m^2	28.80
41	改性沥青防水卷材	SBS Ⅱ型 G PE2	m^2	31.50

序号	材料名称	规格型号	单位	定额价(元)
42	改性沥青防水卷材	SBS Ⅰ型 G PE3	m^2	31.50
43	改性沥青防水卷材	SBS Ⅱ型 G PE3	m^2	34.20
44	改性沥青防水卷材	SBS Ⅰ型 GM3	m^2	23.76
45	改性沥青防水卷材	SBS Ⅱ型 GM3	m^2	28.08
46	改性沥青防水卷材	SBS Ⅰ型 G PE4	m^2	36.00
47	改性沥青防水卷材	SBS Ⅱ型 G PE4	m^2	37.80
48	改性沥青防水卷材	APP Ⅰ型 PY PE3	m^2	33.75
49	改性沥青防水卷材	APP Ⅱ型 PY PE3	m^2	40.05
50	改性沥青防水卷材	APP Ⅰ型 PY PE4	m^2	40.05
51	改性沥青防水卷材	APP Ⅱ型 PY PE4	m^2	47.25
52	APP 改性沥青油毡防水卷材	5mm	m^2	37.75
53	SBS 改性沥青油毡防水卷材	5mm	m^2	32.26
54	SBS 弹性沥青防水胶		kg	4.20
55	氯丁橡胶防水卷材	1.2	m^2	22.80
56	氯丁橡胶防水卷材	1.5	m^2	27.60
57	聚氯乙烯防水卷材	1.2	m^2	22.00
58	聚氯乙烯防水卷材	1.5	m^2	26.00
59	氯化聚乙烯－橡胶共混卷材	1.5	m^2	28.00
60	氯化聚乙烯－橡胶共混卷材	1.2	m^2	24.00
61	氯化聚乙烯－橡胶共混卷材	1.8	m^2	32.00
62	氯化聚乙烯－橡胶共混卷材	2	m^2	32.00

序号	材料名称	规格型号	单位	定额价(元)
63	彩色氯化聚乙烯防水卷材	1.2	m^2	38.40
64	彩色氯化聚乙烯防水卷材	1.5	m^2	48.00
65	彩色氯化聚乙烯阻燃防水卷材	1.2	m^2	42.00
66	彩色氯化聚乙烯阻燃防水卷材	1.5	m^2	51.60
67	三元乙丙卷材	1.5×1.2	m^2	42.00
68	三元乙丙卷材	1.2×1.2	m^2	39.00
69	三元乙丙卷材	1.0×1.2	m^2	32.50
70	三元乙丙卷材	1.8×1.2	m^2	49.00
71	配套胶黏剂	三元乙丙基层胶	kg	18.00
72	聚乙烯丙纶防水卷材	1150×0.7	m^2	24.00
73	聚乙烯丙纶防水卷材	1150×0.8	m^2	28.00
74	聚乙烯丙纶防水卷材	1150×0.9	m^2	30.00
75	聚乙烯丙纶防水卷材	1150×1.0	m^2	35.00
76	聚乙烯丙纶防水卷材	1150×1.2	m^2	40.00
77	塑料卷材	2.0mm	m^2	16.00
78	PVC 防水卷材		m^2	7.80
79	聚乙烯丙纶双面复合防水卷材		m^2	17.78
80	氯磺化聚乙烯卷材		m^2	29.00
81	配套胶黏剂		kg	8.68
82	橡胶溶解剂油		kg	7.10
83	冷底子油		kg	6.30

序号	材料名称	规格型号	单位	定额价(元)
84	自粘性橡胶带	20mm×5m	卷	3.56
85	CSPE 嵌缝油膏	300mL	支	4.89
86	防水粉		kg	7.70
87	防水剂		kg	16.00
88	界面型建筑胶		kg	1.84
89	抹灰型建筑胶		kg	1.36
90	腻子型建筑胶		kg	1.75
91	粘贴型建筑胶		kg	2.32
92	建筑油膏		kg	1.85
93	磨细粉煤灰		kg	0.14
94	磨细矿渣粉		kg	0.18
95	氯偏共聚乳液		kg	7.20
96	橡胶止水带	5×26×200	m	52.00
97	橡胶止水带	6×26×322	m	57.13
98	橡胶止水带	7×26×350	m	65.60
99	橡胶止水带	8×20×300	m	43.20
100	橡胶止水带	5×250	m	41.60
101	橡胶止水带	6×320	m	48.00
102	橡胶止水带	异型	m	88.00
103	高强 APP－841 冷胶涂料		kg	11.34
104	高强 APP 基底处理剂		kg	3.04

序号	材料名称	规格型号	单位	定额价(元)
105	化纤无纺布		m^2	6.50
106	高强 APP 黏结剂 B 型		kg	5.04
107	氯丁橡胶防水涂料		kg	3.04
108	2 号合成纤维加筋毡		m^2	4.75
109	聚氨酯防水涂料特种		kg	23.00
110	高密度聚乙烯土工膜		m^2	15.00
111	胶黏剂		kg	20.00
112	自粘性防水卷材		m^2	47.00
113	SY 系列聚乙烯丙纶复合卷材		m^2	18.00
114	水泥 801 胶浆结合层		m^3	523.00
115	氯丁橡胶片	2mm 厚	m^2	17.50

十一、油漆及化工原料

序号	材料名称	规格型号	单位	定额价(元)
1	防火漆		kg	15.00
2	防腐油		kg	1.78
3	厚漆		kg	11.30
4	耐酸漆		kg	19.23
5	沥青清漆		kg	12.32
6	醇酸绝缘清漆		kg	13.00
7	酚醛绝缘清漆		kg	14.90
8	硝基清漆		kg	16.56
9	丙烯酸清漆		kg	19.80
10	广(生)漆		kg	27.08
11	醇酸磁漆	C04－42 黑	kg	15.75
12	醇酸磁漆	C04－42 红、白、砂、驼	kg	21.60
13	醇酸磁漆	C04－42 蓝	kg	18.90
14	醇酸磁漆	C04－42 铁红	kg	15.75
15	醇酸磁漆	C04－42 黄、绿、灰	kg	18.90
16	醇酸磁漆	C04－42 青绿	kg	23.94
17	醇酸磁漆	C04－42 艳绿	kg	20.43
18	醇酸半光磁漆	C04－64 草绿	kg	16.56
19	醇酸半光磁漆	C04－83 白	kg	17.37
20	醇酸半光磁漆	C04－83 黄、绿、蓝、灰、黑	kg	16.65
21	醇酸防锈漆	C53－1 灰	kg	19.30

序号	材料名称	规格型号	单位	定额价(元)
22	醇酸防锈漆	C53－1 红丹	kg	16.72
23	醇酸防锈漆	C53－1 铁红	kg	16.72
24	色调和漆		kg	12.30
25	醇酸调和漆	综合	kg	15.20
26	醇酸调和漆	C03－7 红	kg	17.00
27	醇酸调和漆	C03－7 蓝、灰	kg	14.40
28	醇酸调和漆	C03－7 黄、绿	kg	15.20
29	醇酸调和漆	C03－7 白、砂、驼、黑	kg	14.50
30	醇酸调和漆	C03－7 铁红、紫棕	kg	14.90
31	醇酸调和漆	C03－7 浅蓝、艳蓝、艳绿	kg	16.20
32	无光调和漆		kg	12.00
33	醇酸无光调和漆	C03－80 白	kg	12.60
34	醇酸无光调和漆	C03－80 黄、绿	kg	13.50
35	醇酸漆稀释剂	X6	kg	9.63
36	醇酸阻燃漆		kg	17.55
37	醇酸阻燃漆	C 黑、中灰	kg	18.36
38	醇酸阻燃漆稀释剂		kg	9.90
39	醇酸清漆	C01－7	kg	15.20
40	醇酸底漆	C06－1 锌黄	kg	11.04
41	醇酸底漆	C06－1 铁红	kg	11.50
42	酚醛磁漆	各种颜色	kg	16.50
43	酚醛磁漆	F04－1 黑	kg	13.50

序号	材料名称	规格型号	单位	定额价(元)
44	酚醛磁漆	F04－1 绿、黄、蓝、灰	kg	13.05
45	酚醛磁漆	F04－1 白、银	kg	16.50
46	酚醛调和漆	各种颜色	kg	18.00
47	酚醛防锈漆	各种颜色	kg	15.60
48	酚醛防锈漆	F53－31 红丹	kg	16.00
49	酚醛防锈漆	F53－32 灰	kg	14.60
50	酚醛防锈漆	F53－33 铁红	kg	13.20
51	酚醛防锈漆	F53－34 锌黄	kg	16.00
52	酚醛防锈漆	F53－39 灰硼钡	kg	17.00
53	酚醛清漆	F01－1	kg	12.70
54	酚醛耐酸胶泥		m^3	22953.44
55	酚醛树脂漆		kg	17.50
56	酚醛烟囱漆		kg	14.93
57	漆酚树脂漆		kg	22.75
58	防锈漆		kg	13.65
59	聚氨酯磁漆		kg	27.00
60	聚氨酯	甲料	kg	19.00
61	聚氨酯	乙料	kg	16.00
62	聚氨酯弹性地面漆	S100 甲料	kg	25.65
63	聚氨酯弹性地面漆	S100 乙料(绿)	kg	20.25
64	聚氨酯弹性地面漆	S100 乙料(铁红)	kg	14.40
65	聚氨酯弹性地面漆	S100 固化剂	kg	31.50

序号	材料名称	规格型号	单位	定额价(元)
66	弹性聚氨酯磁漆(甲组)		kg	21.72
67	弹性聚氨酯磁漆(乙组)		kg	21.50
68	弹性聚氨酯底漆		kg	22.00
69	聚氨酯清漆	S01 -5	kg	24.30
70	聚氨酯清漆	S01 -5　3.5×6	kg	18.70
71	聚氨酯清漆	S01 -5 固化剂	kg	12.00
72	马路划线漆		kg	42.00
73	过氯乙烯磁漆	G52 -1	kg	18.31
74	过氯乙烯底漆	G06 -4 灰	kg	17.73
75	过氯乙烯底漆	G06 -4 铁红	kg	16.89
76	过氯乙烯胶液		kg	23.50
77	过氯乙烯面漆		kg	15.60
78	过氯乙烯清漆		kg	16.62
79	过氯乙烯稀料	X -29	kg	13.19
80	过氯乙烯中间漆		kg	15.60
81	过氯乙烯腻子		kg	8.82
82	氨基烘干清漆	A01 -1	kg	20.60
83	氨基烘干磁漆	A04 -7/9 红	kg	16.26
84	氨基烘干磁漆	A04 -7/9 蓝	kg	20.97
85	氨基烘干磁漆	A04 -7/9 黄、绿、灰、黑	kg	20.97
86	氨基烘干磁漆	A04 -7/9 白、砂	kg	23.85
87	氨基烘干磁漆	A04 -7/9 铁红、紫棕	kg	19.26

序号	材料名称	规格型号	单位	定额价(元)
88	氨基半光烘干磁漆	A04－60 灰	kg	26.37
89	氨基半光烘干磁漆	A04－60 黑	kg	17.73
90	氨基半光烘干磁漆	A04－80 白、绿	kg	19.44
91	氨基半光烘干磁漆	A04－80 黑	kg	17.64
92	环氧防锈漆	红丹	kg	26.68
93	环氧磁漆		kg	31.50
94	环氧富锌漆		kg	30.00
95	环氧地板漆	H80－30 铁红	kg	36.27
96	环氧地板漆	H80－30 各色	kg	39.60
97	环氧地板漆	H80－30 乙料	kg	22.95
98	环氧树脂自流平涂料		kg	25.00
99	环氧富锌底漆	H06－4 甲料	kg	36.20
100	环氧富锌底漆	H06－4 乙料	kg	35.20
101	环氧饮水管面漆	H55－30 白	kg	25.70
102	环氧饮水管漆组分	H55－30	kg	27.10
103	环氧饮水管底漆	H06－20 铁红	kg	22.00
104	环氧沥青防锈漆		kg	24.30
105	环氧煤沥青底漆		kg	17.00
106	环氧煤沥青面漆		kg	17.00
107	环氧树脂玻璃布板	$\delta=8$	kg	18.00
108	沥青漆		kg	10.00
109	沥青船底漆铝粉		kg	16.15

序号	材料名称	规格型号	单位	定额价(元)
110	沥青绝缘漆		kg	12.56
111	沥青耐酸漆		kg	12.00
112	煤焦油沥青漆	L01-17	kg	7.95
113	氯磺化聚乙烯底漆		kg	16.13
114	氯磺化聚乙烯面漆		kg	16.13
115	氯磺化聚乙烯中间漆		kg	16.13
116	丙烯酸封底漆		kg	5.50
117	喷漆		kg	19.00
118	耐火漆		kg	25.00
119	大白粉		kg	0.19
120	可赛银		kg	1.60
121	银粉		kg	19.00
122	色粉		kg	4.20
123	黑铅粉		kg	1.10
124	红丹粉		kg	12.00
125	耐水腻子	粉状	kg	0.90
126	弹性腻子	粉状	kg	4.50
127	聚氨酯腻子		kg	12.70
128	乳胶漆		kg	7.90
129	银粉漆		kg	19.00
130	水性封底漆	普通	kg	16.50
131	水性耐候面漆	半光型	kg	26.00

序号	材料名称	规格型号	单位	定额价(元)
132	油性透明漆		kg	18.00
133	室内乳胶漆		kg	18.50
134	室外乳胶漆		kg	7.90
135	磷化底漆	X06－1	kg	19.63
136	有光水晶地板漆		kg	13.00
137	有机硅耐热漆	W61－25	kg	70.00
138	漆片	各种规格	kg	39.96
139	单组分纯聚氨酯防水涂料(环保型)	SPU－301	kg	22.00
140	单组分纯聚氨酯防水涂料(环保型)	SPU－311	kg	18.00
141	防火涂料		kg	11.00
142	防火涂料	A60－1	kg	6.00
143	防火涂料	单组分	kg	12.50
144	防火涂料	BA101－1	kg	18.20
145	防火涂料	BA101－2	kg	18.20
146	仿石涂料		kg	13.60
147	涂料	H8701	kg	14.20
148	涂料	KJ－130 ABCD	kg	23.24
149	涂料	106 型	kg	1.50
150	无机涂料		kg	12.00
151	苯乙烯涂料		kg	8.90
152	丙烯酸弹性高级涂料		kg	15.75
153	底涂料		kg	7.60

序号	材料名称	规格型号	单位	定额价(元)
154	特种涂料	NSJ－Ⅱ	kg	14.02
155	密封涂料		m^3	20.35
156	熟桐油		kg	20.00
157	全损耗系统用油(机械油)	32 号	kg	7.18
158	全损耗系统用油(机械油)	15 号	kg	7.65
159	冷冻机油		kg	8.30
160	柴油	0 号	kg	8.70
161	汽油	93 号	kg	10.05
162	溶剂汽油	120 号	kg	5.01
163	工业酒精	99.5%	kg	8.20
164	铅油		kg	8.50
165	清油		kg	8.80
166	溶剂油		kg	3.60
167	润滑油		kg	9.87
168	透平油		kg	7.50
169	液压油		kg	12.15
170	铁路内燃机车油		kg	7.38
171	汽轮机油	各种规格	kg	8.80
172	变压器油		kg	13.30
173	真空泵油		kg	7.60
174	压缩机油		kg	8.50
175	航空汽油		kg	11.25

序号	材料名称	规格型号	单位	定额价(元)
176	齿轮油		kg	12.00
177	锭子油		kg	6.70
178	白铅油		kg	5.90
179	油漆溶剂油		kg	4.87
180	二丁酯		kg	19.14
181	醋酸乙酯		kg	17.65
182	过氯化环乙酮二丁酯糊	50%	kg	16.50
183	三异氰酸酯		kg	21.66
184	电力复合酯	一级	kg	23.00
185	酚醛树脂		kg	16.83
186	呋喃树脂		kg	15.70
187	过氯乙烯树脂		kg	6.96
188	糠醇树脂		kg	15.80
189	环氧树脂	各种规格	kg	28.60
190	聚酰胺树脂	651 号	kg	66.39
191	黄干油 钙基酯		kg	9.78
192	邻苯二甲酸二丁酯		kg	17.42
193	邻苯型不饱和聚酯树脂		kg	14.67
194	双酚 A 型不饱和聚酯树脂		kg	33.45
195	密封填料		kg	17.98
196	CX－401 胶		kg	10.60
197	芯胶	不分型	kg	12.00

序号	材料名称	规格型号	单位	定额价(元)
198	TG 胶		kg	3.30
199	XY401 胶		kg	12.82
200	玻璃胶	350g	支	6.80
201	玻璃腻子		kg	3.77
202	密封胶		支	5.89
203	密封胶		kg	23.40
204	密封胶	KS 型	kg	6.50
205	密封胶	XY02 号	kg	47.70
206	合成树脂密封胶		kg	36.00
207	熟胶		kg	7.88
208	水胶		kg	4.42
209	乳胶		kg	5.80
210	厌氧胶	325 号 200g	瓶	71.92
211	生胶		kg	12.46
212	万能胶		kg	14.50
213	万能胶	环氧树脂	kg	31.00
214	108 胶		kg	2.00
215	303 胶		kg	22.00
216	404 号树脂胶		kg	35.00
217	覆盖胶		kg	23.30
218	聚硫橡胶		kg	11.40
219	AB 结构胶		kg	40.00

序号	材料名称	规格型号	单位	定额价(元)
220	聚氯乙烯热熔密封胶		kg	16.49
221	乳液型建筑胶黏剂		kg	1.85
222	银色着色剂		kg	30.09
223	溶剂		kg	12.50
224	稀释剂		kg	11.00
225	丙烯酸稀释剂		kg	16.50
226	氯磺化聚乙烯漆稀释剂		kg	17.17
227	硝基漆稀释剂		kg	12.00
228	过氯乙烯漆稀释剂	X3	kg	13.50
229	干粉型黏结剂		kg	4.67
230	有机硅漆稀释剂	X13	kg	17.92
231	无机盐铝防水剂		kg	14.00
232	信那水 硝基漆稀释剂		kg	13.00
233	791 黏结剂		kg	3.00
234	792 黏结剂		kg	3.00
235	黏结剂		kg	13.45
236	黏结剂	CX－404	kg	8.20
237	黏结剂	A884	kg	10.65
238	黏结剂	BX－12	kg	18.98
239	黏结剂	XY508	kg	13.45
240	黏结剂	YJ－302	kg	12.87
241	黏结剂	YJ－Ⅲ	kg	16.50

序号	材料名称	规格型号	单位	定额价(元)
242	丁基黏结剂		kg	9.77
243	氯丁橡胶黏结剂		kg	18.00
244	环氧树脂胶合剂		kg	29.00
245	环氧黏结剂		kg	43.70
246	胶合剂		kg	8.64
247	聚氨酯泡沫填充剂		支	16.00
248	促进剂		kg	13.23
249	隔离剂		kg	6.70
250	胶接剂	JHF	kg	13.71
251	密封剂		kg	37.90
252	脱化剂		kg	14.50
253	脱模剂		kg	3.20
254	消泡剂		g	0.06
255	抗渗剂		kg	1.80
256	渗透剂	500mL	瓶	79.59
257	密封带		m	0.56
258	聚氨酯密封膏		kg	36.00
259	环氧树脂固化剂		kg	31.40
260	聚氨酯固化剂		kg	24.50
261	300 号低分子聚酰胺		kg	17.15
262	BX－12 乙组分	880mL	瓶	16.70

序号	材料名称	规格型号	单位	定额价(元)
263	CY409 液		kg	12.00
264	0π－20		mL	0.06
265	可燃气体(丙烷)		kg	8.60
266	氮气		m^3	5.39
267	高纯氮气	40L	瓶	84.00
268	氢气		m^3	5.25
269	氨气		m^3	3.30
270	氩气		m^3	15.00
271	氧气		m^3	3.60
272	乙炔气		m^3	25.20
273	乙炔气		kg	29.50
274	氨水		kg	1.20
275	白铅粉		kg	12.67
276	苯磺酰氯		kg	11.92
277	苯乙烯		kg	10.20
278	冰醋酸	98%	mL	0.08
279	丙酮	95%	kg	10.80
280	纯碱	99%	kg	1.60
281	纯硫酸		kg	1.00
282	低温密封膏		kg	11.60
283	丁醇	95%	kg	8.00

序号	材料名称	规格型号	单位	定额价(元)
284	动力苯		kg	3.57
285	对苯二酚		g	40.00
286	二甲苯		kg	11.40
287	二甲基苯胺		kg	9.40
288	二硫化钼		kg	62.90
289	二硫化钼粉		kg	66.74
290	二氯乙烷		kg	6.30
291	发泡苯乙烯		kg	37.66
292	封铅	含铅 65% 含锡 35%	kg	25.00
293	氟硅酸钠		kg	2.50
294	硅酸钠		kg	1.50
295	过氧化苯甲酰		kg	19.90
296	过氧化环乙酮糊液	50% 固	kg	28.90
297	环烷酸钴苯乙烯		kg	6.38
298	环烷酸钴苯乙烯熔液		kg	6.89
299	甲苯		kg	7.00
300	聚醋酸乙烯乳液		kg	4.10
301	聚乙烯醇溶液	10%	kg	10.90
302	联氨	40%	kg	4.58
303	列克纳		瓶	81.30
304	磷酸	85%	kg	5.91

序号	材料名称	规格型号	单位	定额价(元)
305	磷酸三钠		kg	2.30
306	磷酸三钠溶液	10%	kg	7.82
307	硫代硫酸钠		g	0.03
308	硫磺		kg	1.50
309	硫磺粉		kg	1.50
310	硫酸	38%	kg	0.91
311	硫酸铝钾		g	0.02
312	六氟化硫		kg	56.36
313	氯化镁		kg	0.80
314	氯化钠		kg	0.90
315	氯化锡		kg	9.78
316	氯化锌		kg	9.98
317	硼酸		g	0.09
318	硼酸		kg	90.00
319	氢氟酸	45%	kg	5.50
320	氢氧化铝	38%	kg	6.97
321	氢氧化钠		kg	3.30
322	三氯化铁		kg	4.23
323	三氯乙烯		kg	9.00
324	四氯化碳	95%铁桶装	kg	17.96
325	烧碱		kg	3.89

序号	材料名称	规格型号	单位	定额价(元)
326	无水碳酸钠		g	0.01
327	无水亚硫酸钠		g	0.01
328	香蕉水		kg	7.84
329	硝酸		kg	2.90
330	溴化钾		g	0.02
331	亚硝酸钠		kg	3.10
332	研磨膏		盒	1.12
333	盐酸		kg	0.95
334	盐酸	31% 合成	kg	1.09
335	颜料		kg	7.86
336	氧化铅		kg	4.63
337	氧化铁红		kg	7.60
338	一氧化铅		kg	9.54
339	碳酸氢钠		kg	2.31
340	乙醇		kg	6.50
341	乙二胺		kg	23.60
342	乙酸乙酯		kg	15.32
343	硬脂酸	一级	kg	11.50
344	重铬酸钾	98%	kg	18.00
345	桐油钙松香		kg	7.70
346	聚氯乙烯薄膜		kg	14.00

序号	材料名称	规格型号	单位	定额价(元)
347	聚氯乙烯胶泥		kg	7.50
348	密封塑料带		kg	0.07
349	聚四氟乙烯带	1×30	kg	254.00
350	聚四氟乙烯生料带	20×0.1　180m/kg	m	0.40
351	聚四氟乙烯生料带		kg	67.70
352	聚氯乙烯橡胶带	80×50	kg	15.40
353	聚氯乙烯橡胶粘带	40mm×50mm	卷	7.88
354	四氟乙烯塑料薄膜		kg	73.70
355	聚酯布	100g/m^2	m^2	2.35
356	米吐尔		g	0.11
357	木质素磺酸钙		kg	2.00
358	白石蜡		kg	8.00
359	地板蜡		kg	11.54
360	软蜡		kg	3.18
361	石蜡		kg	5.80
362	砂蜡		kg	4.00
363	上光蜡		kg	11.20
364	黄蜡		kg	15.90
365	石墨粉		kg	0.66
366	石墨块 毛坯		t	2800.00
367	水玻璃		kg	1.10

序号	材料名称	规格型号	单位	定额价(元)
368	油纸		m^2	2.50
369	油麻		kg	5.50
370	酸洗膏		kg	25.00
371	羧甲基纤维素		kg	20.00
372	碳精棒		kg	36.00
373	碳精棒	8～12	根	1.50
374	导火索		m	0.27
375	电雷管		个	1.60
376	纸壳电雷管	8 号	个	1.60
377	雷管	瞬发	个	0.68
378	火雷管	金属壳	个	1.37
379	炸药	硝铵 1 号	kg	3.21
380	炸药	硝铵 2 号	kg	3.34
381	基层处理剂	石油沥青基	kg	3.20
382	钾电池	1.5V	个	6.86
383	石膏腻子		kg	1.52
384	防裂剂		kg	1.60
385	弹性嵌缝膏	HBEW－6	kg	21.60
386	聚蜡酸乙烯乳液		kg	8.50
387	FVC 防腐底漆		kg	17.00
388	FVC 防腐面漆		kg	22.00

序号	材料名称	规格型号	单位	定额价(元)
389	FVC 腻子		kg	12.00
390	环氧玻璃鳞片防锈漆		kg	30.00
391	氯化橡胶铝粉厚浆型防锈漆		kg	24.00
392	氯化橡胶铁红厚浆型防锈漆		kg	24.00
393	氯化橡胶沥青厚浆型防锈漆		kg	24.00
394	氯化橡胶云铁防锈底漆		kg	24.00
395	凉隔热胶底漆		kg	28.00
396	凉隔热胶中间漆		kg	32.00
397	凉隔热胶面漆		kg	32.00
398	TO 树脂		kg	35.00
399	TO 树脂增韧剂稀释剂混合剂		kg	18.00
400	树脂底料		m^3	22.00
401	树脂涂料		m^3	26.00
402	水玻璃砂浆		m^3	1380.00
403	聚合物水泥砂浆		m^3	280.00
404	聚氨酯清漆		kg	26.00
405	聚氨酯腻子		kg	14.00
406	环氧稀释剂		kg	8.66
407	耐高温防腐底涂料		kg	79.00
408	耐高温防腐面涂料		kg	79.00
409	环氧自流平底涂料		kg	25.00

序号	材料名称	规格型号	单位	定额价(元)
410	环氧自流平中间涂料		kg	25.00
411	环氧自流平面涂料		kg	25.00
412	防火圈		个	93.00
413	防火墙料		m^3	39.00
414	防火包		m^3	1200.00
415	偏氯乙烯		kg	9.35
416	色聚氨酯漆		kg	30.00
417	骨胶		kg	11.70
418	泡立水		kg	12.50
419	复层涂料骨浆(喷涂型)		kg	25.00
420	室外用高级乳胶漆		kg	20.00
421	丙烯酸外墙涂料		kg	15.00
422	玻璃腻子		kg	3.78

十二、五金制品及焊接材料

序号	材料名称	规格型号	单位	定额价(元)
1	圆钉	1.2×16	kg	4.32
2	圆钉	1.4×20	kg	4.32
3	圆钉	1.6×25	kg	4.32
4	圆钉	1.8×30	kg	4.32
5	圆钉	2.1×45	kg	4.32
6	圆钉	2.2×40	kg	4.32
7	圆钉	2.5×50	kg	4.32
8	圆钉	2.8×60	kg	4.32
9	圆钉	3.1×65	kg	4.55
10	圆钉	3.1×70	kg	4.55
11	圆钉	3.1×75 以上	kg	4.55
12	马钉		kg	4.50
13	紧钉		个	0.09
14	铁钉		kg	4.86
15	钢钉		kg	6.80
16	鞋钉		kg	5.10
17	射钉		百个	39.00
18	拼钉		kg	3.20
19	扒钉		kg	6.00
20	水泥钉	各种规格	kg	6.00
21	水泥钉	10 号	10 个	1.20

序号	材料名称	规格型号	单位	定额价(元)
22	秋皮钉		kg	6.48
23	铁线钉		kg	4.10
24	铁铆钉	2.5×(4~5)	kg	5.85
25	铁铆钉	3×(5~6)	kg	4.68
26	铁铆钉	(4~5)×(8~12)	kg	7.65
27	铁铆钉	(6~12)×(10~60)	kg	3.96
28	铆钉		10个	0.60
29	拉铆钉	3.2×7	千个	16.74
30	拉铆钉	3.2×9	千个	17.73
31	拉铆钉	3.2×11	千个	19.26
32	拉铆钉	3.2×14	千个	21.42
33	拉铆钉	4×8	千个	21.69
34	拉铆钉	4×10	千个	22.23
35	拉铆钉	4×13	千个	24.12
36	拉铆钉	4×16	千个	28.08
37	拉铆钉	4×18	千个	32.94
38	拉铆钉	5×8	千个	31.50
39	拉铆钉	5×11	千个	34.11
40	拉铆钉	5×13	千个	34.50
41	拉铆钉	5×16	千个	35.82
42	拉铆钉	5×18	千个	45.00
43	铝铆钉		kg	22.50

序号	材料名称	规格型号	单位	定额价(元)
44	紫铜铆钉	M2.5～6	10个	0.22
45	镀锌铆钉	M4	kg	7.50
46	镀锌铆钉	(8～12)×(4～6)	kg	4.70
47	钉书枪钉		盒	22.20
48	方头大钉		个	1.39
49	镀锌穿钉	长50	副	1.68
50	镀锌穿钉	长100	副	3.45
51	镀锌穿钉	长200～260	副	6.69
52	沉头螺钉	M(4～5)×(35～50)	个	0.14
53	沉头螺钉	M6×(55～65)	个	0.28
54	半圆头螺钉	M(6～12)×12×50	个	0.30
55	半圆头螺钉	M4×6	10个	0.47
56	半圆头螺钉	M10×100	10套	12.60
57	圆头螺钉	M4×20	kg	4.60
58	不锈钢钉		kg	19.20
59	木螺丝	3×16	千个	5.85
60	木螺丝	3×18	千个	6.03
61	木螺丝	3×20	千个	6.66
62	木螺丝	3×25	千个	11.61
63	木螺丝	3.5×20	千个	9.54
64	木螺丝	3.5×22	千个	9.81
65	木螺丝	3.5×25	千个	10.17

序号	材料名称	规格型号	单位	定额价(元)
66	木螺丝	3.5×30	千个	13.05
67	木螺丝	3.5×35	千个	14.49
68	木螺丝	3.5×40	千个	15.93
69	木螺丝	4×25	千个	13.05
70	木螺丝	4×30	千个	13.50
71	木螺丝	4×35	千个	14.40
72	木螺丝	4×40	千个	17.28
73	木螺丝	4×50	千个	24.57
74	木螺丝	4×60	千个	29.97
75	木螺丝	5×25	个	0.02
76	木螺丝	5×40	千个	27.90
77	木螺丝	5×50	千个	33.57
78	木螺丝	5×65	千个	51.30
79	木螺丝	5×75	千个	59.40
80	木螺丝	6×40	千个	39.00
81	木螺丝	6×50	千个	54.00
82	木螺丝	6×50	个	0.05
83	木螺丝	6×100	个	0.11
84	木螺丝	6×100 以下	10 个	0.35
85	木螺丝		百个	2.20
86	木螺钉	M(2~4)×(6~65)	10 个	0.14
87	木螺钉	M(4.5~6)×(15~100)	10 个	0.14

序号	材料名称	规格型号	单位	定额价(元)
88	自攻螺丝	3.5×25	千个	14.13
89	自攻螺丝	3.5×30	千个	16.56
90	自攻螺丝	3.5×35	千个	17.28
91	自攻螺丝	3.5×40	千个	18.00
92	自攻螺丝	3.5×50	千个	21.42
93	自攻螺丝	3.5×60	千个	24.66
94	自攻螺丝	4×(8~10)	千个	9.90
95	自攻螺丝	4×12	千个	10.80
96	自攻螺丝	4×14	千个	11.25
97	自攻螺丝	4×16	千个	11.25
98	自攻螺丝	4×20	千个	13.77
99	自攻螺丝	4×25	千个	19.35
100	自攻螺丝	4×30	千个	21.50
101	自攻螺丝	4×35	千个	23.04
102	自攻螺丝	4×40	千个	44.01
103	不锈钢螺丝	4×60	套	0.23
104	半圆头镀锌螺栓	M(6~12)×22	套	1.45
105	半圆头镀锌螺栓	M5×15	套	0.31
106	半圆头带帽铜螺栓	M4×10	套	4.13
107	单头带帽螺栓	16×40	个	1.20
108	单头带帽螺栓	16×80	个	1.30
109	单头带帽螺栓	16×125	个	1.80

序号	材料名称	规格型号	单位	定额价(元)
110	单头带帽螺栓	16×150	个	1.90
111	单头带帽螺栓	16×175	个	2.31
112	单头带帽螺栓	16×200	个	2.65
113	单头带帽螺栓	16×225	个	2.65
114	单头带帽螺栓	16×250	个	2.65
115	单头带帽螺栓	16×275	个	2.65
116	单头带帽螺栓	16×300	个	3.20
117	单头带帽螺栓	16×350	个	3.60
118	单头带帽螺栓	16×400	个	4.10
119	单头带帽螺栓	16×450	个	4.60
120	单头带帽螺栓	16×500	个	5.20
121	双头带帽螺栓	16×200	个	2.30
122	双头带帽螺栓	16×225	个	2.60
123	双头带帽螺栓	16×250	个	3.20
124	双头带帽螺栓	16×275	个	3.50
125	双头带帽螺栓	16×300	个	3.50
126	双头带帽螺栓	16×350	个	4.10
127	双头带帽螺栓	16×400	个	4.60
128	双头带帽螺栓	16×450	个	5.00
129	双头带帽螺栓	16×500	个	5.40
130	双头带帽螺栓	16×600	个	5.40
131	双头带帽螺栓	18×300	个	5.80

序号	材料名称	规格型号	单位	定额价(元)
132	双头带帽螺栓	18×350	个	5.80
133	双头带帽螺栓	18×400	个	6.00
134	双头带帽螺栓	18×450	个	6.00
135	双头带帽螺栓	M10×30	套	0.34
136	对拉螺栓		kg	5.50
137	双头精制螺栓带帽	M16×(100~125)	10套	23.63
138	双头螺栓	M16×150	套	1.18
139	双头螺栓	M16×340	套	1.36
140	平头机螺丝	8mm×40mm	百个	6.67
141	平头螺栓	M4×15	套	0.15
142	平头螺丝		百个	7.40
143	平头圆颈带帽螺栓	M10×14	套	0.89
144	膨胀螺栓(加长)	8×100	百个	20.30
145	膨胀螺栓(加长)	10×120	百个	31.00
146	膨胀螺栓(加长)	12×150	百个	56.00
147	膨胀螺栓(加长)	16×150	百个	105.00
148	膨胀螺栓(A级)	6	百个	12.00
149	膨胀螺栓(A级)	8	百个	19.00
150	膨胀螺栓(A级)	10	百个	31.00
151	膨胀螺栓(A级)	12	百个	50.00
152	膨胀螺栓(A级)	14	百个	92.00
153	膨胀螺栓(A级)	16	百个	122.00

序号	材料名称	规格型号	单位	定额价(元)
154	膨胀螺栓(A 级)	18	百个	145.00
155	膨胀螺栓(A 级)	20	百个	335.00
156	膨胀螺栓(B 级)	6	百个	6.80
157	膨胀螺栓(B 级)	8	百个	12.10
158	膨胀螺栓(B 级)	10	百个	20.40
159	膨胀螺栓(B 级)	12	百个	31.40
160	膨胀螺栓	6mm×22mm	套	1.23
161	膨胀螺栓	M10	套	0.24
162	膨胀螺栓	M10~16(综合)	套	1.20
163	膨胀螺栓	M10×80	套	0.36
164	膨胀螺栓	M12	套	1.20
165	膨胀螺栓	M12×100	10 套	12.00
166	膨胀螺栓	M14	套	1.80
167	膨胀螺栓	M16	套	2.50
168	膨胀螺栓	M18×200	套	3.00
169	膨胀螺栓	M20×160	套	3.50
170	膨胀螺栓	M6	套	0.17
171	膨胀螺栓	M(6~12)×(50~120)	套	0.17
172	膨胀螺栓	M8	套	0.17
173	膨胀螺栓	M8×60	套	0.17
174	内膨胀螺栓	6×60	百个	14.60
175	内膨胀螺栓	6×80	百个	16.80

序号	材料名称	规格型号	单位	定额价(元)
176	内膨胀螺栓	6×100	百个	19.00
177	内膨胀螺栓	8×80	百个	31.30
178	带钩膨胀螺栓	M6	百个	15.10
179	带钩膨胀螺栓	M8	百个	22.30
180	带钩膨胀螺栓	M10	百个	33.10
181	带钩膨胀螺栓	M12	百个	52.30
182	金属膨胀螺栓	M8×80	套	0.70
183	塑料膨胀螺栓	M8×75	套	0.72
184	地脚螺栓	M8×120	套	1.03
185	地脚螺栓	M(6~8)×100	套	1.04
186	地脚螺栓	M10×100	套	1.04
187	地脚螺栓	M12×250 以下	套	1.15
188	地脚螺栓	M12×300	套	1.23
189	地脚螺栓	M12×350	套	1.33
190	地脚螺栓	M14×200	套	1.78
191	地脚螺栓	M16×230	套	1.92
192	地脚螺栓	M16×300	套	2.20
193	地脚螺栓	M24×400	套	9.45
194	地脚螺栓	M24×850	套	21.00
195	六角螺栓	4×16	百个	3.42
196	六角螺栓	4×20	百个	3.80
197	六角螺栓	4×25	百个	4.50

序号	材料名称	规格型号	单位	定额价(元)
198	六角螺栓	4×30	百个	4.77
199	六角螺栓	4×35	百个	5.04
200	六角螺栓	4×40	百个	5.49
201	六角螺栓	4×45	百个	5.85
202	六角螺栓	4×50	百个	6.12
203	六角螺栓	5×16	百个	4.50
204	六角螺栓	5×20	百个	4.87
205	六角螺栓	5×25	百个	5.13
206	六角螺栓	5×30	百个	5.85
207	六角螺栓	5×35	百个	6.12
208	六角螺栓	5×40	百个	6.84
209	六角螺栓	5×45	百个	7.56
210	六角螺栓	5×50	百个	8.55
211	六角螺栓	5×60	百个	10.98
212	六角螺栓	5×70	百个	13.68
213	六角螺栓	5×80	百个	16.70
214	六角螺栓	5×100	百个	9.70
215	六角螺栓	6×16	百个	4.77
216	六角螺栓	6×20	百个	5.13
217	六角螺栓	6×25	百个	5.45
218	六角螺栓	6×30	百个	5.94
219	六角螺栓	6×35	百个	6.48

序号	材料名称	规格型号	单位	定额价(元)
220	六角螺栓	6×40	百个	7.56
221	六角螺栓	6×45	百个	8.55
222	六角螺栓	6×50	百个	9.54
223	六角螺栓	6×60	百个	11.61
224	六角螺栓	6×70	百个	14.40
225	六角螺栓	6×80	百个	21.87
226	六角螺栓	6×100	百个	33.57
227	六角螺栓	6×120	百个	40.76
228	六角螺栓	8×16	百个	8.91
229	六角螺栓	8×20	百个	9.36
230	六角螺栓	8×25	百个	10.62
231	六角螺栓	8×30	百个	11.88
232	六角螺栓	8×35	百个	13.14
233	六角螺栓	8×40	百个	14.40
234	六角螺栓	8×45	百个	16.11
235	六角螺栓	8×50	百个	18.27
236	六角螺栓	8×60	百个	22.86
237	六角螺栓	8×70	百个	28.62
238	六角螺栓	8×80	百个	34.20
239	六角螺栓	8×100	百个	58.41
240	六角螺栓	8×120	百个	73.17
241	六角螺栓	8×150	百个	100.35

序号	材料名称	规格型号	单位	定额价(元)
242	六角螺栓	10×16	百个	14.85
243	六角螺栓	10×20	百个	15.66
244	六角螺栓	10×25	百个	17.37
245	六角螺栓	10×30	百个	19.17
246	六角螺栓	10×35	百个	20.88
247	六角螺栓	10×40	百个	22.50
248	六角螺栓	10×45	百个	24.93
249	六角螺栓	10×50	百个	27.99
250	六角螺栓	10×60	百个	32.67
251	六角螺栓	10×70	百个	40.14
252	六角螺栓	10×80	百个	47.61
253	六角螺栓	10×100	百个	65.25
254	六角螺栓	10×120	百个	86.13
255	六角螺栓	10×150	百个	111.33
256	六角螺栓	12×20	百个	24.30
257	六角螺栓	12×25	百个	26.46
258	六角螺栓	12×30	百个	27.54
259	六角螺栓	12×40	百个	31.68
260	六角螺栓	12×50	百个	36.54
261	六角螺栓	12×60	百个	44.55
262	六角螺栓	12×70	百个	50.40
263	六角螺栓	12×80	百个	63.20

序号	材料名称	规格型号	单位	定额价(元)
264	六角螺栓	12×100	百个	58.00
265	六角螺栓	12×120	百个	69.00
266	六角螺栓	12×150	百个	95.50
267	六角螺栓	12×180	百个	120.40
268	六角螺栓	12×200	百个	134.00
269	六角螺栓	14×30	百个	47.79
270	六角螺栓	14×40	百个	54.00
271	六角螺栓	14×45	百个	57.96
272	六角螺栓	14×50	百个	62.55
273	六角螺栓	14×60	百个	72.54
274	六角螺栓	14×65	百个	78.21
275	六角螺栓	14×70	百个	84.69
276	六角螺栓	14×75	百个	90.54
277	六角螺栓	14×80	百个	96.57
278	六角螺栓	14×85	百个	104.31
279	六角螺栓	14×90	百个	111.96
280	六角螺栓	14×95	百个	120.78
281	六角螺栓	14×100	百个	126.09
282	六角螺栓	14×120	百个	145.71
283	六角螺栓	14×130	百个	156.69
284	六角螺栓	14×140	百个	167.31
285	六角螺栓	14×160	百个	179.02

序号	材料名称	规格型号	单位	定额价(元)
286	六角螺栓	14×180	百个	191.55
287	六角螺栓	16×25	百个	55.53
288	六角螺栓	16×30	百个	57.69
289	六角螺栓	16×35	百个	59.31
290	六角螺栓	16×40	百个	64.08
291	六角螺栓	16×45	百个	68.49
292	六角螺栓	16×50	百个	72.54
293	六角螺栓	16×55	百个	76.95
294	六角螺栓	16×60	百个	81.99
295	六角螺栓	16×65	百个	87.30
296	六角螺栓	16×70	百个	93.24
297	六角螺栓	16×75	百个	99.00
298	六角螺栓	16×80	百个	106.65
299	六角螺栓	16×85	百个	113.49
300	六角螺栓	16×90	百个	120.78
301	六角螺栓	16×95	百个	129.33
302	六角螺栓	16×100	百个	137.16
303	六角螺栓	16×110	百个	147.24
304	六角螺栓	16×120	百个	156.69
305	六角螺栓	16×130	百个	168.84
306	六角螺栓	16×140	百个	182.52
307	六角螺栓	16×150	百个	196.20

序号	材料名称	规格型号	单位	定额价(元)
308	六角螺栓	16×160	百个	279.90
309	六角螺栓	16×180	百个	316.35
310	六角螺栓	16×190	百个	333.09
311	六角螺栓	16×200	百个	357.48
312	六角螺栓	18×20	百个	75.15
313	六角螺栓	18×25	百个	79.38
314	六角螺栓	18×30	百个	83.16
315	六角螺栓	18×35	百个	87.39
316	六角螺栓	18×40	百个	92.16
317	六角螺栓	18×45	百个	97.38
318	六角螺栓	18×50	百个	102.24
319	六角螺栓	18×55	百个	108.00
320	六角螺栓	18×60	百个	113.94
321	六角螺栓	18×65	百个	121.68
322	六角螺栓	18×70	百个	128.70
323	六角螺栓	18×75	百个	136.62
324	六角螺栓	18×80	百个	143.55
325	六角螺栓	18×85	百个	151.65
326	六角螺栓	18×90	百个	158.22
327	六角螺栓	18×95	百个	168.84
328	六角螺栓	18×100	百个	177.93
329	六角螺栓	18×110	百个	193.14

序号	材料名称	规格型号	单位	定额价(元)
330	六角螺栓	18×120	百个	208.35
331	六角螺栓	18×130	百个	223.56
332	六角螺栓	18×140	百个	243.36
333	六角螺栓	18×150	百个	263.16
334	六角螺栓	18×160	百个	304.20
335	六角螺栓	18×170	百个	325.53
336	六角螺栓	18×180	百个	348.30
337	六角螺栓	18×190	百个	369.63
338	六角螺栓	18×200	百个	389.34
339	六角螺栓	20×25	百个	103.86
340	六角螺栓	20×30	百个	109.08
341	六角螺栓	20×35	百个	113.94
342	六角螺栓	20×40	百个	118.80
343	六角螺栓	20×45	百个	123.84
344	六角螺栓	20×50	百个	128.70
345	六角螺栓	20×55	百个	134.64
346	六角螺栓	20×60	百个	140.40
347	六角螺栓	20×65	百个	147.51
348	六角螺栓	20×70	百个	156.69
349	六角螺栓	20×75	百个	164.25
350	六角螺栓	20×80	百个	171.90
351	六角螺栓	20×85	百个	180.99

序号	材料名称	规格型号	单位	定额价(元)
352	六角螺栓	20×90	百个	190.17
353	六角螺栓	20×95	百个	199.26
354	六角螺栓	20×100	百个	208.35
355	六角螺栓	20×110	百个	223.56
356	六角螺栓	20×120	百个	243.36
357	六角螺栓	20×130	百个	263.16
358	六角螺栓	20×140	百个	282.87
359	六角螺栓	20×150	百个	302.67
360	六角螺栓	20×160	百个	348.30
361	六角螺栓	20×170	百个	369.63
362	六角螺栓	20×180	百个	389.34
363	六角螺栓	20×190	百个	410.67
364	六角螺栓	22×40	百个	165.78
365	六角螺栓	22×45	百个	177.93
366	六角螺栓	22×50	百个	190.17
367	六角螺栓	22×55	百个	202.32
368	六角螺栓	22×60	百个	206.82
369	六角螺栓	22×65	百个	209.88
370	六角螺栓	22×70	百个	219.06
371	六角螺栓	22×75	百个	229.68
372	六角螺栓	22×80	百个	241.83
373	六角螺栓	22×85	百个	252.45

序号	材料名称	规格型号	单位	定额价(元)
374	六角螺栓	22×90	百个	264.69
375	六角螺栓	22×95	百个	279.90
376	六角螺栓	22×100	百个	293.58
377	六角螺栓	22×110	百个	317.88
378	六角螺栓	22×120	百个	342.27
379	六角螺栓	22×130	百个	366.57
380	六角螺栓	22×140	百个	396.99
381	六角螺栓	22×150	百个	424.35
382	六角螺栓	22×160	百个	495.81
383	六角螺栓	22×170	百个	526.23
384	六角螺栓	22×180	百个	553.68
385	六角螺栓	22×190	百个	591.66
386	六角螺栓	22×200	百个	623.61
387	六角螺栓	24×45	百个	225.00
388	六角螺栓	24×50	百个	238.77
389	六角螺栓	24×55	百个	251.01
390	六角螺栓	24×60	百个	257.04
391	六角螺栓	24×65	百个	258.57
392	六角螺栓	24×70	百个	269.19
393	六角螺栓	24×75	百个	279.90
394	六角螺栓	24×80	百个	290.52
395	六角螺栓	24×85	百个	301.14

序号	材料名称	规格型号	单位	定额价(元)
396	六角螺栓	24×90	百个	314.82
397	六角螺栓	24×95	百个	325.53
398	六角螺栓	24×100	百个	336.15
399	六角螺栓	24×110	百个	366.57
400	六角螺栓	24×120	百个	396.99
401	六角螺栓	24×130	百个	410.67
402	六角螺栓	24×140	百个	454.77
403	六角螺栓	24×150	百个	485.19
404	六角螺栓	24×160	百个	553.68
405	六角螺栓	24×170	百个	591.66
406	六角螺栓	24×180	百个	623.61
407	六角螺栓	24×190	百个	660.15
408	六角螺栓	24×200	百个	696.60
409	六角螺栓	27×45	百个	316.35
410	六角螺栓	27×50	百个	337.68
411	六角螺栓	27×55	百个	358.92
412	六角螺栓	27×60	百个	377.19
413	六角螺栓	27×65	百个	398.87
414	六角螺栓	27×70	百个	410.67
415	六角螺栓	27×75	百个	422.82
416	六角螺栓	27×80	百个	438.03
417	六角螺栓	27×85	百个	447.21

序号	材料名称	规格型号	单位	定额价(元)
418	六角螺栓	27×90	百个	462.42
419	六角螺栓	27×95	百个	483.66
420	六角螺栓	27×100	百个	504.99
421	六角螺栓	27×110	百个	538.47
422	六角螺栓	27×120	百个	571.86
423	六角螺栓	27×130	百个	605.34
424	六角螺栓	27×140	百个	641.88
425	六角螺栓	27×150	百个	675.36
426	六角螺栓	27×160	百个	798.03
427	六角螺栓	27×170	百个	830.43
428	六角螺栓	27×180	百个	866.97
429	六角螺栓	27×190	百个	912.60
430	六角螺栓	27×200	百个	973.44
431	六角螺栓	30×50	百个	422.82
432	六角螺栓	30×55	百个	459.36
433	六角螺栓	30×60	百个	480.60
434	六角螺栓	30×65	百个	511.02
435	六角螺栓	30×70	百个	532.35
436	六角螺栓	30×75	百个	553.68
437	六角螺栓	30×80	百个	574.92
438	六角螺栓	30×85	百个	593.19
439	六角螺栓	30×90	百个	623.61

序号	材料名称	规格型号	单位	定额价(元)
440	六角螺栓	30×95	百个	629.73
441	六角螺栓	30×100	百个	654.03
442	六角螺栓	30×110	百个	693.54
443	六角螺栓	30×120	百个	754.38
444	六角螺栓	30×130	百个	768.15
445	六角螺栓	30×140	百个	793.98
446	六角螺栓	30×150	百个	850.23
447	六角螺栓	30×160	百个	973.44
448	六角螺栓	30×170	百个	1019.07
449	六角螺栓	30×180	百个	1067.76
450	六角螺栓	30×190	百个	1128.60
451	六角螺栓	30×200	百个	1174.23
452	镀锌六角带帽螺栓	M8×50	百个	49.00
453	镀锌六角带帽螺栓	M8×75	百个	66.15
454	镀锌六角带帽螺栓	M8×100	百个	83.50
455	镀锌六角带帽螺栓	M10×10	百个	75.40
456	镀锌六角带帽螺栓	M10×50	百个	83.20
457	镀锌六角带帽螺栓	M12×10	百个	135.00
458	镀锌六角带帽螺栓	M12×12	百个	144.00
459	镀锌六角带帽螺栓	M12×15	百个	189.00
460	镀锌六角带帽螺栓	M12×20	百个	201.00
461	镀锌六角带帽螺栓	M14×10	百个	164.00

序号	材料名称	规格型号	单位	定额价(元)
462	镀锌六角带帽螺栓	M16×10	百个	186.96
463	镀锌六角带帽螺栓	M16×15	百个	224.35
464	镀锌六角带帽螺栓	M16×20	百个	269.22
465	镀锌六角带帽螺栓	M16×25	百个	323.07
466	镀锌六角带帽螺栓	M18×10	百个	364.00
467	镀锌六角带帽螺栓	M20×10	百个	408.00
468	镀锌六角带帽螺栓	M20×20	百个	452.00
469	镀锌六角带帽螺栓	M22×25	百个	667.00
470	镀锌六角带帽螺栓	M24×30	百个	934.00
471	镀锌滚花膨胀螺栓	M8	百个	70.00
472	镀锌滚花膨胀螺栓	M10	百个	143.00
473	镀锌精制带帽螺栓	M8×100 2平1弹垫	10套	3.42
474	镀锌精制带帽螺栓	M10×50 2平1弹垫	10套	5.72
475	镀锌精制带帽螺栓	M10×100 2平1弹垫	10套	9.50
476	镀锌精制带帽螺栓	M12×100 2平1弹垫	10套	13.14
477	镀锌精制带帽螺栓	M12×150 2平1弹垫	10套	18.36
478	镀锌精制带帽螺栓	M12×200 2平1弹垫	10套	24.20
479	镀锌精制带帽螺栓	M14×100 2平1弹垫	10套	19.58
480	镀锌精制带帽螺栓	M16×100 2平1弹垫	10套	21.18
481	镀锌精制带帽螺栓	M16×150 2平1弹垫	10套	28.55
482	镀锌精制带帽螺栓	M16×200 2平1弹垫	10套	41.88
483	镀锌精制带帽螺栓	M16×250 2平1弹垫	10套	54.39

序号	材料名称	规格型号	单位	定额价(元)
484	镀锌精制带帽螺栓	M18×100 2 平 1 弹垫	10 套	29.94
485	镀锌精制带帽螺栓	M20×100 2 平 1 弹垫	10 套	33.23
486	镀锌精制带帽螺栓	M20×200 2 平 1 弹垫	10 套	55.35
487	镀锌精制带帽螺栓	M22×250 2 平 1 弹垫	10 套	106.29
488	镀锌精制带帽螺栓	M24×300 2 平 1 弹垫	10 套	137.70
489	镀锌六角螺栓	M10×100	10 个	8.10
490	镀锌六角外丝	DN100	个	24.28
491	镀锌六角外丝	DN15	个	0.87
492	镀锌六角外丝	DN50	个	5.00
493	镀锌六角外丝	DN70	个	7.80
494	镀锌六角外丝	DN80	个	11.60
495	镀锌螺钉	带垫	个	0.39
496	镀锌螺栓	M12×50	套	2.50
497	镀锌螺栓	M14×(60～120)	套	2.80
498	镀锌螺栓	M6×(20～30)	套	1.54
499	镀锌螺栓	M8×250	个	1.56
500	镀锌螺栓	M8×250	套	1.58
501	镀锌螺栓	M8×40	套	1.34
502	镀锌螺丝		百个	6.75
503	镀锌锁紧螺母(金属软管用)	15	个	1.40
504	镀锌锁紧螺母(金属软管用)	20	个	1.43
505	镀锌锁紧螺母(金属软管用)	25	个	1.98

序号	材料名称	规格型号	单位	定额价(元)
506	镀锌锁紧螺母(金属软管用)	32	个	0.90
507	镀锌锁紧螺母(金属软管用)	40	个	1.32
508	镀锌锁紧螺母(金属软管用)	50	个	1.93
509	镀锌铁皮		m^2	21.39
510	镀锌铁皮	$\delta=0.8\sim1$	kg	5.89
511	镀锌铁皮	$\delta=0.5$	m^2	23.20
512	镀锌铁丝		kg	6.20
513	镀锌五金铁件		kg	6.60
514	镀锌自攻螺钉	M(4~6)×(20~35)	10个	0.86
515	镀锌自攻螺钉	ϕ(4~6)×(10~16)	10个	0.86
516	花篮螺栓	M6×120	套	4.15
517	花篮螺栓	M12×200	套	10.03
518	花篮螺栓	M14×150	套	10.30
519	花篮螺栓	M14×270	套	10.30
520	花篮螺栓	M16×250	套	12.00
521	花篮螺栓	M20×300	套	18.39
522	钩头螺栓	M18×300	套	2.83
523	钩头螺栓	M22×400	套	4.25
524	钩头螺栓	M10×200	套	0.58
525	钩头螺栓	M12×200	套	1.82
526	钩头螺栓	M12×250	套	2.18
527	钩头螺栓	M14×75	套	1.25

序号	材料名称	规格型号	单位	定额价(元)
528	钩头螺栓	M18×230	套	2.83
529	钩头螺栓	M16×200	套	2.35
530	钩头螺栓	M18×200	套	2.26
531	钩头螺栓	M18×400	套	4.52
532	钩头螺栓	M22×250	套	6.02
533	钩头成对斜垫铁	0~3号钢1号	kg	14.50
534	钩头成对斜垫铁	0~3号钢2号	kg	13.20
535	钩头成对斜垫铁	0~3号钢3号	kg	12.70
536	钩头成对斜垫铁	0~3号钢4号	kg	13.60
537	钩头成对斜垫铁	0~3号钢5号	kg	12.80
538	钩头成对斜垫铁	0~3号钢6号	kg	12.20
539	钩头成对斜垫铁	0~3号钢7号	kg	11.70
540	钩头成对斜垫铁	0~3号钢8号	kg	11.10
541	镀锌螺栓钩	6mm×800mm	个	0.54
542	镀锌螺栓钩	6mm×600mm	个	0.45
543	镀锌扁钢钩	3mm×12mm×400mm	个	4.79
544	镀锌扁钢钩	3mm×12mm×300mm	个	4.35
545	高强螺栓		kg	14.00
546	精制沉头螺栓	M10×20	套	0.98
547	精制沉头螺栓	M10×53	套	0.98
548	精制沉头螺栓	M16×25	套	0.98
549	带母螺栓	M12×50	套	1.02

序号	材料名称	规格型号	单位	定额价(元)
550	带帽螺栓		kg	8.40
551	带帽六角螺栓	>M12	kg	8.90
552	带帽带垫螺栓	M14	kg	8.90
553	蝶形带帽螺栓	M6×30	百个	12.40
554	蝶形带帽螺栓	M10×60	百个	79.80
555	蝶形带帽螺栓	M12×10	百个	78.90
556	蝶形带帽螺栓	M12×18	套	0.96
557	铜精制带帽螺栓	M6×30	套	0.67
558	伞型螺栓	M(6~8)×150	套	0.81
559	精制六角螺母		kg	11.75
560	精制六角螺母	综合	个	0.38
561	精制六角螺母	<M5	10个	0.17
562	精制六角螺母	M(6~10)	10个	0.74
563	精制六角螺母	M10	10个	1.30
564	精制六角螺母	M12~16	10个	3.67
565	精制六角螺母	M18~22	10个	8.82
566	铝蝶形螺母	<M12	10个	2.38
567	六角毛螺母	M16	10个	1.62
568	六角毛螺母	M18	10个	3.26
569	六角毛螺母	M18~22	10个	3.26
570	六角毛螺母	M20	10个	3.26
571	六角毛螺母	M24	10个	8.20

序号	材料名称	规格型号	单位	定额价(元)
572	六角毛螺母	M24～27	10个	8.20
573	毛六角螺栓(不带帽)	M16×(160～260)	kg	8.90
574	毛六角螺栓(不带帽)	M16×(70～140)	kg	8.49
575	毛六角螺栓(不带帽)	M18×(40～100)	10个	6.43
576	毛六角螺栓(不带帽)	M20×(180～300)	10个	25.00
577	毛六角螺栓(不带帽)	M20×(320～400)	10个	39.00
578	毛六角螺栓(不带帽)	M22×(180～300)	10个	31.00
579	毛六角螺栓(不带帽)	M24×(180～300)	10个	31.4
580	毛六角螺栓(不带帽)	M24×350	10个	45.00
581	毛六角螺栓(不带帽)	M24×380	10个	47.00
582	毛六角螺栓(不带帽)	M27×450	10个	59.00
583	镀锌锁紧螺母	M15	个	0.60
584	镀锌锁紧螺母	M20	个	0.60
585	镀锌锁紧螺母	M25	个	1.20
586	镀锌锁紧螺母	M32	个	1.69
587	镀锌锁紧螺母	M40	个	3.38
588	镀锌锁紧螺母	M50	个	3.56
589	镀锌锁紧螺母	M70	个	6.75
590	镀锌锁紧螺母	M80	个	7.65
591	镀锌锁紧螺母	M100	个	13.5
592	六角螺栓带母垫	M10×20	套	1.12
593	精制蝶形带帽螺栓	M10×60	10套	7.98

序号	材料名称	规格型号	单位	定额价(元)
594	精制蝶形带帽螺栓	M12×100	10套	10.78
595	精制蝶形带帽螺栓	M6×30	10套	1.54
596	精制镀锌六角带帽螺栓	M12×(14~75)	10套	17.00
597	精制镀锌六角带帽螺栓	M16×(85~140)	10套	37.90
598	精制镀锌六角带帽螺栓带垫	M10×(14~70)	10套	10.22
599	精制镀锌六角带帽螺栓带垫	M10×35	套	0.91
600	精制镀锌六角带帽螺栓带垫	M12×(14~75)	10套	10.22
601	精制镀锌六角带帽螺栓带垫	M16×(14~60)	10套	17.28
602	精制镀锌六角带帽螺栓带垫	M16×(150~250)	10套	58.52
603	精制镀锌六角带帽螺栓带垫	M16×(400~430)	10套	297.64
604	精制镀锌六角带帽螺栓带垫	M16×(85~140)	10套	113.40
605	精制镀锌六角带帽螺栓带垫	M20×(160~250)	10套	117.04
606	精制镀锌六角带帽螺栓带垫	M20×(85~100)	10套	17.28
607	精制镀锌六角带帽螺栓带垫	M6×75	10套	4.62
608	精制镀锌六角带帽螺栓带垫	M8×(14~75)	10套	4.62
609	精制六角带帽螺栓		kg	6.90
610	精制六角带帽螺栓	M10×260	10套	21.00
611	精制六角带帽螺栓	M10×75	10套	13.58
612	精制六角带帽螺栓	M12×300	套	2.10
613	精制六角带帽螺栓	M12×55	套	1.02
614	精制六角带帽螺栓	M12×75	10套	10.22
615	精制六角带帽螺栓	M12×75 以下	10套	10.22

序号	材料名称	规格型号	单位	定额价(元)
616	精制六角带帽螺栓	M12×(85~100)	套	1.18
617	精制六角带帽螺栓	M14×75	10套	13.02
618	精制六角带帽螺栓	M16×(61~80)	10套	16.24
619	精制六角带帽螺栓	M(2~5)×(22~50)	10套	1.54
620	精制六角带帽螺栓	M(2~5)×(4~20)	10套	1.26
621	精制六角带帽螺栓	M20×(101~150)	10套	41.44
622	精制六角带帽螺栓	M20×80以下	10套	40.18
623	精制六角带帽螺栓	M(6~12)×(12~50)	套	0.15
624	精制六角带帽螺栓	M6×100	套	0.21
625	精制六角带帽螺栓	M6×150	10套	6.44
626	精制六角带帽螺栓	M6×30	10套	1.54
627	精制六角带帽螺栓	M6×75	10套	1.96
628	精制六角带帽螺栓	M8×(14~75)	10套	3.85
629	精制六角带帽螺栓	M8×30	10套	3.50
630	精制六角带帽螺栓	M8×75	10套	10.64
631	精制六角带帽螺栓	M8×75以下	10套	10.64
632	精制六角带帽螺栓带垫	M10×(30~75)	套	1.34
633	精制六角带帽螺栓带垫	M10×(80~120)	套	1.67
634	精制六角带帽螺栓带垫	M10×(80~130)	套	1.67
635	精制六角带帽螺栓带垫	M12×(14~75)	套	1.10
636	精制六角带帽螺栓带垫	M14×(14~75)	套	1.30
637	精制六角带帽螺栓带垫	M14×90	套	1.58

序号	材料名称	规格型号	单位	定额价(元)
638	精制六角带帽螺栓带垫	M16×(65~80)	套	1.62
639	精制六角带帽螺栓带垫	M16×(85~140)	套	2.62
640	精制六角带帽螺栓带垫	M20×(85~100)	套	3.86
641	精制六角带帽螺栓带垫	M22×(90~120)	套	5.80
642	精制六角带帽螺栓带垫	M24×100	套	6.15
643	精制六角带帽螺栓带垫	M27×(120~140)	套	9.20
644	精制六角带帽螺栓带垫	M30×(130~160)	套	11.84
645	精制六角带帽螺栓带垫	M6×(14~75)	套	0.15
646	精制六角带帽螺栓带垫	M8×(14~75)	套	0.35
647	精制六角带帽螺栓带垫	M8×(80~120)	套	1.17
648	精制六角带帽螺栓	M10×(14~70)	10套	11.00
649	精制六角螺母	M8	个	0.07
650	精制六角螺栓		kg	9.66
651	精制六角螺栓	M10×50	个	0.20
652	精制六角螺栓	M10×25	10个	2.56
653	精制六角螺栓	M16×100	个	1.50
654	精制六角螺栓	M16×(65~80)	个	1.09
655	精制六角螺栓	M20×120	个	2.55
656	精制六角螺栓	M20×60	个	1.54
657	精制六角螺栓	M22×200	个	6.54
658	精制六角螺栓	M6×25	10个	0.66
659	精制六角螺栓	M8×20	10个	1.29

序号	材料名称	规格型号	单位	定额价(元)
660	精制六角螺栓	M10×50	个	0.20
661	精制六角螺栓	M20×70	100个	115.50
662	精制六角螺栓	M20×90	100个	146.50
663	精制螺栓	M10×(20~50)	套	0.39
664	精制螺栓	M12×(20~100)	套	0.98
665	精制螺栓	M22×160	10个	50.40
666	精制螺栓	M(6~8)×(20~70)	套	0.36
667	六角带帽螺栓	M12×30	100个	23.24
668	六角带帽螺栓	M12×35	100个	22.72
669	六角带帽螺栓	M14×120	100个	92.84
670	六角带帽螺栓镀锌带弹簧垫	M10×(35~75)	套	0.79
671	六角带帽螺栓镀锌带弹簧垫	M12×(14~75)	套	0.79
672	六角带帽螺栓镀锌带弹簧垫	M20×(110~75)	套	1.12
673	六角螺母	M8	100个	11.74
674	六角螺栓	精制	kg	7.20
675	六角螺栓带帽		kg	7.20
676	六角头螺栓带帽	M16	kg	7.40
677	螺杆	ϕ8×67mm	只	0.90
678	螺杆	加工件	kg	9.52
679	螺帽		千件	206.22
680	螺母		kg	9.66
681	螺母	M10	个	0.13

序号	材料名称	规格型号	单位	定额价(元)
682	螺母	M30	个	2.16
683	螺栓		10 套	17.28
684	螺栓		kg	8.90
685	螺栓		套	1.43
686	螺栓	M16	kg	10.01
687	螺栓	M3 × 20	套	0.05
688	螺栓	ϕ20	个	1.94
689	螺栓	A 型带螺帽 ϕ12	个	5.23
690	螺栓(带帽)	综合	kg	5.50
691	螺栓	M24 × 240	套	3.27
692	螺栓	M6 × 80	100 个	13.60
693	螺栓带帽	M22 × 85	10 套	47.88
694	螺栓道钉及螺母		根	14.70
695	螺丝	M6	个	0.02
696	螺丝	ϕ19 × 310	个	0.56
697	普通螺栓	M8	个	1.26
698	单面固定螺栓	ML－850R	个	0.76
699	单面连接螺栓	R－8	个	0.78
700	T 型螺栓		套	5.76
701	U 型螺栓	2″ × M10	套	2.18
702	U 型螺栓	ϕ108 × M10	套	5.63
703	半圆头镀锌螺栓	(2～5) × (15～50)	套	0.31

序号	材料名称	规格型号	单位	定额价(元)
704	半圆头镀锌螺栓	(6～12)×(22～80)	套	0.39
705	半圆头螺丝		套	0.24
706	不锈钢六角带帽螺栓	M10×20	套	3.45
707	不锈钢螺丝	ϕ6×25mm	套	0.30
708	粗制六角螺母	M20～24	10个	4.89
709	紧固螺丝		套	1.26
710	预埋螺栓		kg	7.15
711	热电偶固定螺母		个	0.70
712	骑马钉	20×2	kg	7.85
713	镀锌垫圈	M2～12	10个	0.48
714	镀锌垫圈	M14～20	10个	0.86
715	钢垫圈	M8.5	个	0.07
716	钢垫圈	M12	个	0.09
717	钢垫圈	M14	个	0.12
718	钢垫圈	M16	个	0.12
719	钢垫圈	M20	个	0.14
720	钢垫圈	M24	个	0.32
721	钢垫圈		kg	8.76
722	中间垫圈		个	0.97
723	防转垫圈		个	1.00
724	弹簧垫圈(双层)	26×44×9	个	0.26
725	弹簧垫圈	M16	10个	1.50

序号	材料名称	规格型号	单位	定额价(元)
726	弹簧垫圈	M2～10	10个	0.60
727	弹簧垫圈	M18～22	10个	1.80
728	弹簧垫圈	M12～22	10个	1.80
729	铸铁雨水漏斗	100 圆形	套	28.40
730	铸铁雨水漏斗	100 方形	套	41.20
731	铸铁雨水口	100 带罩	套	65.50
732	铸铁雨水口	150 带罩	套	106.61
733	铸铁雨水箅子	450×750×30	个	178.00
734	铸铁雨水箅子	370×250×12	个	25.70
735	塑料箅子	宽度 180mm	m	10.00
736	塑料箅子	宽度 300mm	m	15.00
737	不锈钢箅子	宽度 250mm	m	180.00
738	铸铁箅子	25mm 厚	m	60.00
739	铸铁弯头(出水口)	100mm	个	15.80
740	铸铁坨	5kg	个	13.73
741	铸铁水斗(接水口)	100mm	个	18.30
742	铸铁水斗(接水口)	150mm	个	37.00
743	铸铁井盖	轻型 600	套	160.20
744	铸铁井盖	轻型 700	套	209.70
745	铸铁井盖	重型 600	套	260.10
746	铸铁井盖	重型 700	套	319.50
747	铸铁井盖	重型 800	套	495.00

序号	材料名称	规格型号	单位	定额价(元)
748	铸铁井盖座		套	550.00
749	铁丝	8 号	kg	3.50
750	铁丝	10 号	kg	3.50
751	铁丝	12 号	kg	3.80
752	铁丝	14 号	kg	3.80
753	铁丝	16 号	kg	3.90
754	铁丝	18 号	kg	4.00
755	铁丝	20 号	kg	4.50
756	铁丝	22 号	kg	4.80
757	绑铁		kg	5.90
758	火烧丝	8~12 号	kg	4.32
759	火烧丝	13~17 号	kg	4.46
760	火烧丝	18~22 号	kg	5.10
761	火烧丝	23~28 号	kg	5.10
762	镀锌铁丝	8~12 号	kg	5.36
763	镀锌铁丝	13~17 号	kg	5.58
764	镀锌铁丝	18~22 号	kg	5.90
765	镀锌铁丝	20~22 号	kg	5.90
766	高强钢丝	ϕ5(不镀锌)	t	5800.00
767	钢丝网		m^2	6.50
768	钢丝网片		kg	6.20
769	镀锌铁丝网	$\phi3\times5\times5$	m^2	4.20

序号	材料名称	规格型号	单位	定额价(元)
770	镀锌铁丝网	ϕ2.5×0.67×3.6	m^2	5.60
771	镀锌铁丝网	40×40×3.6	m^2	9.90
772	镀锌铁丝网	25×25×0.7m	m^2	10.40
773	镀锌铁丝网	20×20×1.6	m^2	12.92
774	镀锌铁丝网	10×10×0.9	m^2	7.65
775	镀锌铁丝网		m^2	10.40
776	安全网		m^2	9.00
777	密目网		m^2	8.44
778	阻燃网		m^2	11.76
779	防护网		m^2	18.00
780	镀锌铁拉板	50×6×650	块	4.93
781	镀锌铁拉板	40×4×(200~35)	块	3.37
782	镀锌铁丝窗纱		m^2	5.40
783	明装式通长窗帘杆单杆		m	37.00
784	明装式通长窗帘杆		m	50.00
785	明装式窗帘轨	单轨	m	15.00
786	明装式窗帘轨	双轨	m	25.00
787	明装式窗帘杆	单杆	m	24.00
788	明装式窗帘杆	双杆	m	45.00
789	铝合金窗帘轨		m	11.00
790	暗装式窗帘轨	单轨	m	6.80
791	暗装式窗帘轨	双轨	m	13.60

序号	材料名称	规格型号	单位	定额价(元)
792	推拉门滑轨		m	23.00
793	推拉门滑轮		套	13.20
794	壁柜门上滑轨		m	30.00
795	壁柜门下滑轨		m	24.00
796	壁柜门上滑轮		套	6.60
797	壁柜门下滑轮		套	5.30
798	碰珠		个	2.30
799	钢珠	$\phi<10$	个	0.05
800	钢珠	ϕ32.5mm	个	4.20
801	合页	<75	个	0.98
802	白合页	100mm	个	2.10
803	白合页	125mm	个	3.10
804	白合页	63mm	个	0.70
805	白合页	75mm	个	0.90
806	弹簧合页 双弹	L200	副	55.00
807	翻窗合页	75mm	副	2.10
808	合页	150mm	个	8.63
809	暗插销		个	23.00
810	闭门器		个	110.00
811	门镜		个	6.00
812	大拉手		个	23.00
813	门铁件		kg	4.50

序号	材料名称	规格型号	单位	定额价(元)
814	五金铁件		kg	4.56
815	六角钢		kg	4.50
816	铰链		副	1.60
817	角铝		m	2.65
818	护木		m^3	1289.00
819	滚杠		kg	4.38
820	心形环		个	6.66
821	斜探头		个	230.00
822	镀锌扁钢抱箍	40×4	副	7.40
823	沿口包角板	0.8mm	m^2	28.00
824	包角彩板		m^2	34.00
825	檐口堵头板	WD-1	块	7.80
826	屋脊堵头板	WD-2	块	5.80
827	屋脊挡雨板	WD-3	块	4.20
828	屋脊板	2mm	m^2	60.00
829	后封檐板	75mm	m	15.00
830	后封檐板	100mm	m	18.00
831	前侧封檐板	75mm	m	24.00
832	前侧封檐板	100mm	m	25.00
833	泛水板		m	25.00
834	堵头板		块	5.80
835	中间固定架	WG-2	个	4.79

序号	材料名称	规格型号	单位	定额价(元)
836	端部固定架	WG－3	个	3.11
837	固定铁件		kg	5.60
838	固定卡子	3×80	套	1.70
839	固定卡子	1.5×32	个	1.70
840	不锈钢卡口槽		m	17.70
841	不锈钢连接件		只	1.23
842	不锈钢压条	2mm	m	17.90
843	钢爬梯		kg	5.60
844	钢精扎头底板		kg	5.10
845	钢精扎头	1～5号	包	2.50
846	钢精扎头		百个	1.80
847	钢带	20×0.5	m	3.45
848	防爬器		个	13.50
849	圆锥销	3×18	10个	0.62
850	开口销	3×30	百个	0.87
851	开口销	4×40	百个	1.59
852	开口销	5×50	百个	3.23
853	开口销	6×60	百个	5.48
854	开口销	8×80	百个	12.65
855	开口销	10×100	百个	36.74
856	垫片	8	百个	0.40
857	垫片	10	百个	0.70

序号	材料名称	规格型号	单位	定额价(元)
858	垫片	12	百个	1.10
859	垫片	14	百个	1.80
860	垫片	16	百个	2.10
861	垫片	18	百个	3.20
862	垫片	20	百个	4.20
863	垫片	22	百个	4.80
864	垫片	24	百个	6.10
865	单孔固定板钢底板	3 号钢 1 号	块	1.69
866	单孔固定板钢底板	3 号钢 2 号	块	4.33
867	单孔固定板钢底板	3 号钢 3 号	块	4.90
868	单孔固定板钢底板	3 号钢 4 号	块	4.72
869	单孔固定板钢底板	3 号钢 5 号	块	6.72
870	单孔固定板钢底板	3 号钢 6 号	块	7.90
871	钢垫板(一)	3 号钢 1 号	块	26.71
872	钢垫板(一)	3 号钢 5 号	块	37.39
873	钢垫板(一)	3 号钢 6 号	块	30.77
874	钢垫板(一)	3 号钢 7 号	块	51.28
875	接头钢垫板	3 号钢 11 号	块	21.30
876	接头钢垫板	3 号钢 12 号	块	26.62
877	接头钢垫板	3 号钢 13 号	块	27.31
878	接头钢垫板	3 号钢 14 号	块	18.62
879	接头钢垫板	3 号钢 16 号	块	19.54

序号	材料名称	规格型号	单位	定额价(元)
880	接头钢垫板	3 号钢 19 号	块	27.31
881	接头钢垫板	3 号钢 4 号	块	23.21
882	接头钢垫板	3 号钢 5 号	块	19.10
883	接头钢垫板	3 号钢 6 号	块	16.76
884	接头钢垫板	3 号钢 8 号	块	25.94
885	平垫铁	0~3 号钢 1 号	kg	5.22
886	平垫铁	0~3 号钢 2 号	kg	5.22
887	平垫铁	0~3 号钢 3 号	kg	5.22
888	平垫铁	0~3 号钢 4 号	kg	5.22
889	平垫铁	0~3 号钢 5 号	kg	5.22
890	平垫铁	0~3 号钢 6 号	kg	5.22
891	平垫铁	0~3 号钢 7 号	kg	5.22
892	平垫铁	0~3 号钢 8 号	kg	5.22
893	机加工垫铁		kg	6.17
894	双孔固定板	3 号钢 1 号	块	7.36
895	双孔固定板	3 号钢 2 号	块	7.36
896	双孔固定板	3 号钢 8 号	块	16.05
897	双孔固定板	3 号钢 9 号	块	18.62
898	压板(一)	3 号钢 1 号	块	11.8
899	压板(一)	3 号钢 2 号	块	22.63
900	压板(二)	3 号钢 1 号	块	2.02
901	压板(二)	3 号钢 3 号	块	3.81

序号	材料名称	规格型号	单位	定额价(元)
902	压板(二)	3 号钢 4 号	块	4.9
903	压板(二)	3 号钢 7 号	块	6.03
904	压板(二)	3 号钢 8 号	块	6.75
905	压板(三)	3 号钢 11 号	块	11.83
906	压板(三)	3 号钢 13 号	块	14.18
907	压板(三)	3 号钢 14 号	块	15.07
908	压板(三)	3 号钢 15 号	块	17.44
909	压板(三)	3 号钢 16 号	块	18.62
910	压板(三)	3 号钢 18 号	块	27.43
911	压板(三)	3 号钢 9 号	块	8.69
912	压板(四)	3 号钢 2 号	块	8.14
913	压板(四)	3 号钢 3 号	块	8.71
914	压板(四)	3 号钢 4 号	块	11
915	压板(四)	3 号钢 5 号	块	13.8
916	压板(四)	3 号钢 6 号	块	15.38
917	衬垫		块	1.27
918	承压板	100mm × 100mm × 14mm	kg	4.98
919	垫板	钢板 $\delta = 10$	kg	4.56
920	垫圈	10 ~ 20	10 个	0.20
921	垫圈	2 ~ 8	10 个	0.13
922	垫圈	M16	10 个	0.20
923	垫圈	M20	10 个	0.40

序号	材料名称	规格型号	单位	定额价(元)
924	垫圈	M24	10 个	0.80
925	垫铁		kg	4.75
926	方形钢垫圈	$\phi12\times50\times50$	个	0.42
927	钢纸垫		百个	8.40
928	光垫圈		百个	11.50
929	光垫圈	$\phi20$	百个	29.80
930	光垫圈	$\phi12$	百个	11.70
931	光垫圈	$\phi8$	百个	6.20
932	专用螺母垫圈	3 号钢 1 号	块	1.12
933	专用螺母垫圈	3 号钢 2 号	块	1.60
934	专用螺母垫圈	3 号钢 3 号	块	2.13
935	专用螺母垫圈	3 号钢 4 号	块	2.80
936	专用螺母垫圈	3 型	个	0.45
937	止退垫片	3 号钢 1 号	块	4.10
938	止退垫片	3 号钢 2 号	块	4.51
939	止退垫片	3 号钢 5 号	块	4.92
940	地弹簧(铜面)	365mm	个	168.00
941	执手锁		把	44.00
942	弹子锁		把	18.00
943	弹子执勾锁	2103E	把	44.67
944	门锁		把	28.00
945	普通钢门		m^2	220.00

序号	材料名称	规格型号	单位	定额价(元)
946	钢大门		m^2	260.00
947	钢防盗门		m^2	380.00
948	铝合金半玻平开门		m^2	453.60
949	铝合金全玻平开门		m^2	436.50
950	铝合金全玻推拉门		m^2	292.50
951	铝合金半玻推拉门		m^2	337.50
952	铝合金卷帘门		m^2	294.00
953	铝合金自由门		m^2	470.00
954	塑钢单玻平开门		m^2	305.10
955	塑钢单玻推拉门		m^2	302.40
956	塑钢双玻平开门		m^2	341.10
957	塑钢双玻推拉门		m^2	325.80
958	彩板组角平开门		m^2	540.00
959	彩板组角固定门		m^2	312.30
960	彩板组角推拉门		m^2	356.40
961	彩板组角弹簧门		m^2	558.00
962	镀锌钢板卷帘门		m^2	180.00
963	有框玻璃门		m^2	950.00
964	不锈钢卷帘门		m^2	540.00
965	彩板卷帘门		m^2	495.00
966	钢推拉栅栏门		m^2	150.00
967	钢栅栏围墙大门		m^2	290.00

序号	材料名称	规格型号	单位	定额价(元)
968	不锈钢电动伸缩门		m	1600.00
969	无框玻璃门		m^2	980.00
970	纤维板木门		m^2	125.00
971	胶合板木门		m^2	198.00
972	镶板木门		m^2	350.00
973	松木半玻门		m^2	145.00
974	松木全玻门		m^2	175.00
975	松木全玻门带亮		m^2	172.00
976	硬木全玻门		m^2	697.00
977	硬木全玻门带亮		m^2	758.00
978	实木装饰门带门框		m^2	1200.00
979	实木装饰门扇		m^2	698.00
980	多玻木门		m^2	275.00
981	模压门带门框		m^2	336.00
982	模压门扇		m^2	220.00
983	推拉木门		m^2	305.00
984	壁柜推拉门		m^2	127.00
985	榉木贴面装饰门带门框		m^2	600.00
986	榉木贴面装饰门扇		m^2	400.00
987	壁橱门		m^2	179.00
988	阁楼门		m^2	145.00
989	钢木大门		m^2	355.60

序号	材料名称	规格型号	单位	定额价(元)
990	钢框安全户门		m^2	355.00
991	木防火门		m^2	529.00
992	冷弯钢板防火门		m^2	377.00
993	隔声门		m^2	260.00
994	保温门		m^2	354.00
995	变电室门		m^2	198.00
996	防射线门		m^2	755.00
997	冷藏库门		m^2	249.00
998	冷藏冻结间门		m^2	309.00
999	人防钢筋混凝土密闭门		m^2	1000.00
1000	人防钢筋混凝土防密门		m^2	1100.00
1001	人防钢筋混凝土悬板活门		m^2	2500.00
1002	人防钢筋混凝土挡窗板		m^2	560.00
1003	钢制人防密闭门		t	11250.00
1004	钢制人防密闭门		m^2	2010.00
1005	彩板组角悬窗		m^2	392.40
1006	旋转门	ϕ3m	套	60000.00
1007	电子感应横移门		m^2	900.00
1008	普通钢窗		m^2	100.00
1009	钢天窗		m^2	260.00
1010	通风百叶(铁百叶)		kg	5.80

序号	材料名称	规格型号	单位	定额价(元)
1011	组合钢窗		m^2	200.00
1012	铝合金单玻平开窗		m^2	363.60
1013	铝合金单玻推拉窗		m^2	274.50
1014	铝合金固定窗		m^2	260.10
1015	铝合金百叶窗		m^2	349.20
1016	铝合金双玻平开窗		m^2	399.60
1017	铝合金双玻推拉窗		m^2	301.50
1018	塑钢单玻平开窗		m^2	295.20
1019	塑钢双玻平开窗		m^2	331.20
1020	塑钢单玻推拉窗		m^2	266.40
1021	塑钢双玻推拉窗		m^2	302.40
1022	塑钢固定窗		m^2	224.10
1023	彩板组角百叶窗		m^2	364.50
1024	彩板组角固定窗		m^2	243.00
1025	彩板组角平开窗		m^2	356.40
1026	彩板组角推拉窗		m^2	339.30
1027	卷帘门电动装置		套	3800.00
1028	伸缩门电动装置		套	5600.00
1029	平移门自动感应装置		套	15000.00
1030	旋转门自动感应装置		套	150000.00
1031	门磁吸		只	1.73

序号	材料名称	规格型号	单位	定额价(元)
1032	不锈钢防盗链		只	54.00
1033	电子锁		把	200.00
1034	隔热断桥铝合金隐形纱窗		m^2	90.00
1035	电焊条	结 422 ϕ2.5	kg	6.70
1036	电焊条	结 507 ϕ3.2	kg	8.10
1037	电焊条综合		kg	6.60
1038	铸铁电焊条	308 3.2	kg	13.50
1039	铸铁电焊条	308 4.0	kg	13.50
1040	铸铁电焊条	408 3.2	kg	37.80
1041	铸铁电焊条	408 4.0	kg	37.80
1042	合金钢电焊条		kg	25.00
1043	铝焊条	铝 109 ϕ3.2	kg	25.00
1044	铝焊条	铝 109 ϕ4.0	kg	34.20
1045	铜焊条	铜 107 ϕ2.5	kg	45.00
1046	铜焊条	铜 107 ϕ3.2	kg	63.00
1047	银焊条		kg	1680.00
1048	5%低银焊条		kg	162.00
1049	10%低银焊条		kg	306.00
1050	15%银焊条		kg	405.00
1051	25%银焊条		kg	500.00
1052	30%银焊条		kg	765.00

序号	材料名称	规格型号	单位	定额价(元)
1053	40%银焊条		kg	1062.00
1054	50%银焊条		kg	1215.00
1055	70%银焊条		kg	1683.00
1056	塑料焊条		kg	11.00
1057	硬聚氯乙烯焊条	$\phi4$	kg	10.00
1058	不锈钢电焊条	102	kg	37.00
1059	不锈钢电焊条	302	kg	40.00
1060	不锈钢电焊条	402	kg	69.00
1061	聚氯乙烯焊条		kg	23.20
1062	铬不锈钢电焊条		kg	47.25
1063	低合金钢耐热电焊条		kg	47.25
1064	松香焊锡丝	$\phi2$	m	1.20
1065	松香焊锡丝	$\phi2.3$	kg	57.00
1066	电焊条	结 422 $\phi3.2$	kg	6.70
1067	电焊条	结 422 $\phi4$	kg	6.50
1068	气焊条		kg	4.20
1069	铝焊丝	丝 301 $\phi3.0$	kg	32.40
1070	铝合金焊丝	丝 301 $\phi1$ ~6	kg	21.60
1071	合金钢氩弧焊丝		kg	16.20
1072	铜氩弧焊丝		kg	38.00
1073	碳钢焊丝		kg	14.40

序号	材料名称	规格型号	单位	定额价(元)
1074	电焊丝(综合价)		kg	8.20
1075	碳钢气焊条		kg	5.85
1076	铜气焊丝		kg	38.00
1077	铅焊条		kg	30.00
1078	碳钢埋弧焊丝		kg	8.20
1079	碳钢氩弧焊丝		kg	12.80
1080	焊丝	铝 0.8	kg	23.40
1081	焊丝	铝 1	kg	23.40
1082	焊丝	铝 1.2	kg	23.40
1083	焊丝	铝 1.6	kg	23.40
1084	锡黄铜焊丝	丝 221 2.0	kg	50.15
1085	锡黄铜焊丝	丝 221 3.0	kg	46.48
1086	锡黄铜焊丝	丝 221 4.0	kg	46.48
1087	锡黄铜焊丝	丝 221 5.0	kg	45.26
1088	锡黄铜焊丝	丝 221 6.0	kg	45.26
1089	自动焊丝	丝 2.5~5.0	kg	29.70
1090	松香焊锡丝		kg	59.00
1091	高熔点焊锡丝		kg	45.53
1092	不锈钢埋弧焊丝		kg	28.00
1093	不锈钢氩弧焊丝	1Cr18Ni9Ti	kg	32.00
1094	氩弧焊丝		kg	11.25

序号	材料名称	规格型号	单位	定额价(元)
1095	45%银焊料	料303　2.0~4.0	kg	1332.00
1096	焊剂		kg	4.75
1097	银钎焊溶剂	剂101、102 瓶装	kg	78.55
1098	埋弧焊剂		kg	3.20
1099	铜焊粉	气剂301 瓶装	kg	32.40
1100	铝焊粉		kg	25.00
1101	松节油		kg	7.20
1102	松香	特级	kg	8.60
1103	松香水		kg	12.00
1104	钍钨棒		kg	420.00
1105	钍钨棒		g	0.42
1106	铈钨棒		kg	390.00
1107	铈钨棒		g	0.39
1108	钨极		kg	262.50
1109	焊锡		kg	48.00
1110	低熔点焊锡		kg	71.33
1111	焊锡膏	瓶装50g	kg	34.50
1112	铝焊药		kg	30.00
1113	低熔点铅焊料		kg	47.94
1114	搭扣	35×11 铁镀镍	个	0.50
1115	搭扣	43×15 铁镀镍	个	0.54

序号	材料名称	规格型号	单位	定额价(元)
1116	搭扣	85×18	个	0.63
1117	搭扣	41×38	个	0.68
1118	搭扣	120×30	个	1.26
1119	搭扣	50×15 铁	个	1.62
1120	搭扣	75×20 铁镀锌	个	1.80
1121	搭扣	120×24 铁镀镍	个	1.62
1122	搭扣	180×60 铁镀锌	个	1.71
1123	刺铁丝		kg	4.10
1124	黑铁线	$\phi 1$	kg	4.43
1125	黑铁线	$\phi 4$	kg	4.23
1126	花篮螺丝	300	套	18.00
1127	黄铜堵头		个	1.10
1128	黄铜皮	$\delta=0.08\sim0.3$	kg	69.74
1129	黄铜丝		kg	69.28
1130	结构用碳素钢绞线	7×5.5mm	kg	6.50
1131	聚氯乙烯单丝	1	kg	15.40
1132	绝缘子及灌注螺栓	WX-01	套	9.55
1133	均热不锈钢板	1Cr18Ni9Ti $\delta>8$	kg	28.00
1134	铸铁卡箍	25	个	11.02
1135	铸铁卡箍	75	个	18.63
1136	铸铁卡箍	100	个	22.95

序号	材料名称	规格型号	单位	定额价(元)
1137	铸铁卡箍	150	个	43.47
1138	铸铁卡箍	200	个	56.97
1139	铸铁卡箍	250	个	106.47
1140	铸铁卡箍	300	个	122.04
1141	铸铁卡箍	350	个	121.14
1142	铸铁卡箍	400	个	183.60
1143	铸铁卡箍	450	个	203.40
1144	铸铁卡箍	500	个	231.30
1145	铸铁卡箍	600	个	267.30
1146	铸铁卡箍	700	个	292.50
1147	铸铁卡箍	800	个	323.10
1148	卡箍膨胀螺栓	110mm	套	1.34
1149	卡箍膨胀螺栓	160mm	套	1.98
1150	铁绑线	$\phi2$	m	0.19
1151	铝合金封角线	宽 30mm 以内	m	7.10
1152	锰铜丝	$\phi0.21\sim0.4$	kg	77.00
1153	泡钉	20	kg	6.04
1154	平垫圈	$\phi16$	100 个	6.83
1155	熔丝		片	2.60
1156	碳钢平垫铁		kg	4.75
1157	斜垫铁碳钢		kg	6.20

序号	材料名称	规格型号	单位	定额价(元)
1158	铁垫板		t	4000.00
1159	铁件		kg	5.30
1160	铁角	150mm	个	0.19
1161	铁扣板		kg	2.90
1162	铁拉杆		kg	5.10
1163	铁皮管	$\phi50$	m	18.72
1164	铁片	1 号	块	0.95
1165	铁片	2 号	块	0.95
1166	铁砂布	0～2 号	张	1.68
1167	铁梯		kg	6.90
1168	铁楔		kg	4.80
1169	铁座		块	0.66
1170	铜螺栓	M16×15	个	7.41
1171	压顶瓷片		千块	143.00
1172	铝合金方管	25×25	m	7.70
1173	铝合金方管	20×20	m	6.05
1174	铜接地端子带螺栓		套	1.19
1175	铜接管	$240mm^2$	件	21.90
1176	铁枕		kg	5.80
1177	工字钢连接板		kg	6.50
1178	合金工具钢板 空心钢		kg	4.50

序号	材料名称	规格型号	单位	定额价(元)
1179	中空六角钢		kg	10.00
1180	非电毫秒管 15m 脚线		个	7.18
1181	潜孔钻冲击器	HD45	套	7500.00
1182	潜孔钻钻头	ϕ115	个	1200.00
1183	潜孔钻钻杆	ϕ76mm(3m)	根	1000.00
1184	丹麦垫板	ϕ1650	套	58.00
1185	丹麦垫板	ϕ1800	套	64.00
1186	丹麦垫板	ϕ2200	套	85.36
1187	丹麦垫板	ϕ2400	套	92.44
1188	丹麦管 Q 型橡胶圈	ϕ1650	根	208.00
1189	丹麦管 Q 型橡胶圈	ϕ1800	根	230.00
1190	丹麦管 Q 型橡胶圈	ϕ2200	根	335.00
1191	丹麦管 Q 型橡胶圈	ϕ2400	根	365.00
1192	七孔板	ϕ75×20	kg	5.20
1193	盖板		m	7.39
1194	混凝土输送管卡	ϕ150	套	3.30
1195	铜条	2×12	m	9.50
1196	铝合金 U 型	80mm×13mm×1.2mm	m	8.80
1197	铝合金 L 型	30mm×12mm×1mm	m	2.97
1198	不锈钢插棍		个	0.26
1199	防护窗铁栏杆罩		m^2	150.00

序号	材料名称	规格型号	单位	定额价(元)
1200	铝合金靠墙板	FK1 - B	m^2	130.00
1201	胎具加工件		kg	5.20
1202	钢垫板	$\delta=2.5\sim5$	kg	4.60
1203	自攻螺丝带盖	M5.5	个	0.08
1204	垫片(铜)		个	0.35
1205	螺母		个	0.60
1206	螺纹道钉		个	6.68
1207	铜蝶形螺母	M8	个	0.60
1208	铜蝶形螺母	M8	10 个	6.00
1209	开口销	1 ~ 5	个	0.10
1210	开口销	1 ~ 5	10 个	1.00
1211	铸铁垫板		kg	4.50
1212	水银开关	轻 3A2	个	26.70
1213	镀锌带母螺栓	M6 ×(16 ~ 25)	套	0.28
1214	镀锌压盖	DN32	个	0.95
1215	镀锌固定件		个	1.20
1216	彩板组角附框	46 系列	m^2	65.45
1217	铝合金拼管		m	36.00
1218	隔热断桥铝合金平开窗		m^2	580.00
1219	隔热断桥铝合金推拉窗		m^2	490.00
1220	隔热断桥铝合金固定窗		m^2	400.00

序号	材料名称	规格型号	单位	定额价(元)
1221	隔热断桥铝合金平开门		m^2	780.00
1222	隔热断桥铝合金推拉门		m^2	690.00
1223	不锈钢连接件		个	0.60
1224	彩色内外扣槽		m	6.67
1225	塑料堵头		m^2	0.56
1226	固定支板		块	0.84
1227	连接支板		块	0.66
1228	彩钢堵头		m	12.00
1229	钢垫板挡板槽钢连接板	3 号钢 1 号	块	4.15
1230	钢垫板挡板槽钢连接板	3 号钢 5 号	块	25.00
1231	对拉螺栓		kg	5.30
1232	塑料套管		套	4.60

十三、管材

序号	材料名称	规格型号	单位	定额价(元)
1	冷拔无缝钢管	外径 6 ~ 15　壁厚 2 以上	t	6486.00
2	冷拔无缝钢管	外径 16 ~ 25　壁厚 2 以上	t	6157.00
3	冷拔无缝钢管	外径 26 ~ 42　壁厚 2 以上	t	6110.00
4	冷拔无缝钢管	外径 43 ~ 63.5　壁厚 2 以上	t	5734.00
5	冷拔无缝钢管	外径 64 ~ 76　壁厚 2 以上	t	6439.00
6	冷拔无缝钢管	外径 80 ~ 89　壁厚 3 以上	t	5546.00
7	冷拔无缝钢管	外径 90 ~ 108　壁厚 3 以上	t	6439.00
8	冷拔无缝钢管	外径 110 ~ 120　壁厚 4 以上	t	5546.00
9	冷拔无缝钢管	外径 121 ~ 140　壁厚 4 以上	t	6439.00
10	热轧无缝钢管	外径 57 ~ 63.5　壁厚 4 ~ 10	t	5311.00
11	热轧无缝钢管	外径 68 ~ 80　壁厚 4 ~ 12	t	5170.00
12	热轧无缝钢管	外径 83 ~ 102　壁厚 4 ~ 12	t	5123.00
13	热轧无缝钢管	ϕ71 ~ 90	kg	5.12
14	热轧无缝钢管	ϕ91 ~ 115 δ = 4.1 ~ 7	kg	5.12
15	热轧无缝钢管	ϕ203 ~ 245 δ = 7.1 ~ 12	kg	5.45
16	热轧无缝钢管	外径 108 ~ 114　壁厚 4 ~ 12	t	5123.00
17	热轧无缝钢管	外径 121 ~ 159　壁厚 4 ~ 7	t	5452.00
18	热轧无缝钢管	外径 168 ~ 219　壁厚 8 以上	t	5452.00
19	热轧无缝钢管	外径 245 ~ 299　壁厚 8 以上	t	5452.00
20	热轧无缝钢管	外径 325 ~ 402　壁厚 10 以上	t	5640.00
21	热轧无缝钢管	外径 426 ~ 500　壁厚 10 以上	t	6016.00

序号	材料名称	规格型号	单位	定额价(元)
22	热轧无缝钢管	外径530~630　壁厚10以上	t	6110.00
23	无缝钢管综合价		kg	5.80
24	无缝钢管	$\phi16\times2$	m	4.25
25	无缝钢管	$\phi22\times2$	m	6.03
26	无缝钢管	$\phi25\times2$	m	6.98
27	无缝钢管	$\phi22\times2.5$	m	7.40
28	无缝钢管	$\phi38\times2.25$	m	12.12
29	无缝钢管	$\phi25\times4$	m	12.74
30	无缝钢管	$\phi42\times3$	m	17.63
31	无缝钢管	$\phi42.5\times3.5$	m	19.30
32	无缝钢管	$\phi57\times3$	m	22.91
33	无缝钢管	$\phi50\times4$	m	26.02
34	无缝钢管	$\phi57\times4$	m	29.98
35	无缝钢管	$\phi60\times4.5$	m	35.31
36	无缝钢管	$\phi108\times4$	m	52.56
37	无缝钢管	$\phi80\times6$	m	56.61
38	无缝钢管	$\phi108\times6$	m	97.18
39	无缝钢管	$\phi219\times6$	m	171.82
40	无缝钢管	$\phi219\times7$	m	199.52
41	无缝钢管	$\phi273\times7$	m	250.34
42	无缝钢管	$\phi325\times8$	m	352.71
43	焊接钢管	DN15	m	3.77

序号	材料名称	规格型号	单位	定额价(元)
44	焊接钢管	DN20	m	5.31
45	焊接钢管	DN25	m	7.72
46	焊接钢管	DN32	m	10.20
47	焊接钢管	DN40	m	13.77
48	焊接钢管	DN50	m	17.54
49	焊接钢管	DN65	m	18.69
50	焊接钢管	DN80	m	32.77
51	焊接钢管	DN100	m	41.39
52	焊接钢管	DN125	m	59.08
53	焊接钢管	DN150	m	71.33
54	焊接钢管	DN200	m	95.85
55	混凝土输送管	(无缝)$\phi159\times5$	m	102.93
56	养护用无缝钢管	DN40×2.5	m	14.11
57	承插铸铁排水管	DN50	m	24.90
58	承插铸铁排水管	DN75	m	34.80
59	承插铸铁排水管	DN100	m	48.20
60	承插铸铁排水管	DN125	m	77.10
61	承插铸铁排水管	DN150	m	102.00
62	承插铸铁排水管	DN200	m	162.00
63	柔性抗振铸铁排水管	A 型 DN50	m	44.00
64	柔性抗振铸铁排水管	A 型 DN75	m	62.67
65	柔性抗振铸铁排水管	A 型 DN100	m	84.00

序号	材料名称	规格型号	单位	定额价(元)
66	柔性抗振铸铁排水管	A 型 DN125	m	118.67
67	柔性抗振铸铁排水管	A 型 DN150	m	140.00
68	柔性抗振铸铁排水管	A 型 DN200	m	216.67
69	承插铸铁给水管	DN75	m	51.36
70	承插铸铁给水管	DN100	m	66.42
71	承插铸铁给水管	DN150	m	104.40
72	承插铸铁给水管	DN200	m	137.28
73	承插铸铁给水管	DN250	m	188.40
74	承插铸铁给水管	DN300	m	242.00
75	焊接钢管	DN15	t	4540.00
76	焊接钢管	DN15	kg	4.54
77	焊接钢管	DN20	t	4540.00
78	焊接钢管	DN25	t	4427.00
79	焊接钢管	DN25	kg	4.43
80	焊接钢管	DN32	t	4427.00
81	焊接钢管	DN32	kg	4.43
82	焊接钢管	DN40	t	4371.00
83	焊接钢管	DN50	t	4371.00
84	焊接钢管	DN65	t	4371.00
85	焊接钢管	DN80	t	4371.00
86	焊接钢管	DN100	t	4371.00
87	焊接钢管	DN125	t	4418.00

序号	材料名称	规格型号	单位	定额价(元)
88	焊接钢管	DN150	t	4418.00
89	焊接钢管	DN150	kg	4.42
90	焊接钢管	DN200	t	4418.00
91	焊接钢管综合		t	4420.00
92	焊接钢管综合		kg	4.42
93	螺旋埋弧焊管	外径 219　壁厚 5 以上	t	4277.00
94	螺旋埋弧焊管	外径 273　壁厚 5 以上	t	4277.00
95	螺旋埋弧焊管	外径 325　壁厚 6 以上	t	4277.00
96	螺旋埋弧焊管	外径 377　壁厚 6 以上	t	4277.00
97	螺旋埋弧焊管	外径 426　壁厚 6 以上	t	4324.00
98	螺旋埋弧焊管	外径 529　壁厚 6 以上	t	4324.00
99	螺旋埋弧焊管	外径 630　壁厚 6 以上	t	4418.00
100	螺旋埋弧焊管	外径 720　壁厚 6 以上	t	4418.00
101	螺旋埋弧焊管	外径 820　壁厚 7 以上	t	4418.00
102	螺旋埋弧焊管	外径 920　壁厚 8 以上	t	4418.00
103	螺旋埋弧焊管	外径 1020　壁厚 8 以上	t	4418.00
104	螺旋埋弧焊管	外径 1220　壁厚 10 以上	t	4418.00
105	螺旋埋弧焊管	外径 1420　壁厚 10 以上	t	4418.00
106	螺旋埋弧焊管	外径 1620　‘壁厚 10 以上	t	4653.00
107	螺旋埋弧焊管	外径 1820　壁厚 10 以上	t	4653.00
108	螺旋埋弧焊管	外径 2020　壁厚 10 以上	t	4653.00
109	螺旋埋弧焊管	外径 2220　壁厚 10 以上	t	4653.00

序号	材料名称	规格型号	单位	定额价(元)
110	直缝钢管	168～194	t	5100.00
111	直缝钢管	219～273	t	5100.00
112	直缝钢管	299～355	t	5100.00
113	直缝钢管	377～508	t	5100.00
114	直缝钢管	529～610	t	5100.00
115	直缝钢管	630～720	t	5100.00
116	直缝钢管	820～920	t	5170.00
117	直缝钢管	1020～1220	t	5358.00
118	直缝钢管	1420～1820	t	5452.00
119	直缝钢管	2020～2420	t	5452.00
120	直埋保温管	26.8/90	m	35.00
121	直埋保温管	33.5/90	m	45.00
122	直埋保温管	42.3/110	m	58.00
123	直埋保温管	48/110	m	65.00
124	直埋保温管	60/125	m	84.00
125	直埋保温管	75.5/140	m	101.00
126	直埋保温管	88.5/160	m	135.00
127	直埋保温管	114/200	m	162.00
128	直埋保温管	140/225	m	190.00
129	直埋保温管	159/250	m	216.00
130	直埋保温管	219/315	m	329.00
131	直埋保温管	273/400	m	446.00

序号	材料名称	规格型号	单位	定额价(元)
132	直埋保温管	325/450	m	470.00
133	直埋保温管	377/500	m	493.00
134	直埋保温管	426/560	m	553.00
135	直埋保温管	478/600	m	547.00
136	直埋保温管	478/630	m	639.00
137	直埋保温管	529/630	m	553.00
138	直埋保温管	630/760	m	700.00
139	直埋保温管	720/850	m	756.00
140	直埋保温管	820/960	m	850.00
141	直埋保温管	920/1055	m	898.00
142	直埋保温管	1020/1155	m	962.00
143	镀锌钢管	DN15	t	6063.00
144	镀锌钢管	DN15	m	5.04
145	镀锌钢管	DN20	t	6063.00
146	镀锌钢管	DN20	m	7.09
147	镀锌钢管	DN25	t	5687.00
148	镀锌钢管	DN25	m	9.91
149	镀锌钢管	DN32	t	5687.00
150	镀锌钢管	DN32	m	13.10
151	镀锌钢管	DN40	t	5687.00
152	镀锌钢管	DN40	m	17.92
153	镀锌钢管	DN50	t	5640.00

序号	材料名称	规格型号	单位	定额价(元)
154	镀锌钢管	DN50	m	22.54
155	镀锌钢管	DN65	t	5640.00
156	镀锌钢管	DN80	t	5640.00
157	镀锌钢管	DN100	t	5640.00
158	镀锌钢管	DN125	t	5687.00
159	镀锌钢管	DN150	t	5687.00
160	镀锌钢管	DN200	t	5715.00
161	普通混凝土管 国标二级	DN200	m	28.00
162	普通混凝土管 国标二级	DN300	m	40.00
163	普通混凝土管 国标二级	DN400	m	53.75
164	普通混凝土管 国标二级	DN500	m	90.00
165	普通混凝土管 国标二级	DN600	m	120.00
166	普通混凝土管 国标二级	DN700	m	175.00
167	普通混凝土管 国标二级	DN800	m	220.00
168	普通混凝土管 国标二级	DN900	m	275.00
169	普通混凝土管 国标二级	DN1000	m	330.00
170	普通混凝土管 国标二级	DN1200	m	375.00
171	普通混凝土管 国标二级	DN1400	m	525.00
172	普通混凝土管 国标二级	DN1600	m	725.00
173	普通混凝土管 国标二级	DN1800	m	900.00
174	钢筋混凝土管	$\phi \leqslant 1000$	m	320.00
175	钢筋混凝土管	$\phi \leqslant 1500$	m	620.00

序号	材料名称	规格型号	单位	定额价(元)
176	钢筋混凝土管	$\phi \leq 2000$	m	1360.00
177	钢筋混凝土管(平口)	200×30×2000	m	41.00
178	钢筋混凝土管(平口)	250×30×2000	m	45.00
179	钢筋混凝土管(平口)	300×30×2000	m	50.00
180	钢筋混凝土管(平口)	350×30×2000	m	52.00
181	钢筋混凝土管(平口)	400×40×2000	m	56.00
182	钢筋混凝土管(平口)	450×40×2000	m	65.00
183	钢筋混凝土管(平口)	500×42×2000	m	87.00
184	钢筋混凝土管(平口)	600×50×2000	m	98.00
185	钢筋混凝土管(平口)	700×55×2000	m	142.00
186	钢筋混凝土管(平口)	800×65×2000	m	190.00
187	钢筋混凝土管(平口)	900×70×2000	m	211.00
188	钢筋混凝土管(平口)	1000×75×2000	m	257.00
189	钢筋混凝土管(企口)Ⅰ级	800×85×2000	m	315.00
190	钢筋混凝土管(企口)Ⅰ级	1050×117×3020	m	491.00
191	钢筋混凝土管(企口)Ⅰ级	1100×92×3020	m	375.00
192	钢筋混凝土管(企口)Ⅰ级	1150×125×3016	m	561.00
193	钢筋混凝土管(企口)Ⅰ级	1200×100×3016	m	470.00
194	钢筋混凝土管(企口)Ⅰ级	1350×142×3010	m	730.00
195	钢筋混凝土管(企口)Ⅰ级	1400×117×3010	m	670.00
196	钢筋混凝土管(企口)Ⅰ级	1550×160×3090	m	1105.00
197	钢筋混凝土管(企口)Ⅰ级	1600×135×3090	m	990.00

序号	材料名称	规格型号	单位	定额价(元)
198	钢筋混凝土管(企口)Ⅰ级	1750×175×3090	m	1385.00
199	钢筋混凝土管(企口)Ⅰ级	1800×150×3090	m	1250.00
200	钢筋混凝土管(企口)Ⅰ级	1950×190×3085	m	1731.00
201	钢筋混凝土管(企口)Ⅰ级	2000×165×3085	m	1485.00
202	钢筋混凝土管(企口)Ⅰ级	2150×210×3085	m	2127.00
203	钢筋混凝土管(企口)Ⅰ级	2200×185×3085	m	1975.00
204	钢筋混凝土管(企口)Ⅰ级	2350×225×3080	m	4230.00
205	钢筋混凝土管(企口)Ⅰ级	2400×200×3160	m	3885.00
206	钢筋混凝土管(企口)Ⅰ级	2600×230×3080	m	4710.00
207	钢筋混凝土管(企口)Ⅰ级	3000×270×2445	m	6934.00
208	钢筋混凝土管(承插口)Ⅱ级	1000×100×3000	m	393.00
209	钢筋混凝土管(承插口)Ⅱ级	1200×120×3000	m	576.00
210	钢筋混凝土管(承插口)Ⅱ级	1400×140×3000	m	876.00
211	钢筋混凝土管(承插口)Ⅱ级	1600×160×3000	m	1120.00
212	钢筋混凝土管(承插口)Ⅱ级	1800×180×3000	m	1448.00
213	加强钢筋混凝土管	800mm	m	293.00
214	加强钢筋混凝土管	1000mm	m	435.00
215	加强钢筋混凝土管	1100mm	m	585.00
216	加强钢筋混凝土管	1200mm	m	645.00
217	加强钢筋混凝土管	1350mm	m	885.00
218	加强钢筋混凝土管	1500mm	m	1150.00

序号	材料名称	规格型号	单位	定额价(元)
219	加强钢筋混凝土管	1650mm	m	1215.00
220	加强钢筋混凝土管	1800mm	m	1560.00
221	加强钢筋混凝土管	2000mm	m	1935.00
222	加强钢筋混凝土管	2200mm	m	2235.00
223	加强钢筋混凝土管	2400mm	m	4405.00
224	预应力钢筋混凝土管	500×5000 工作压力 2kg	m	220.00
225	预应力钢筋混凝土管	600×5000 工作压力 2kg	m	245.00
226	预应力钢筋混凝土管	700×5000 工作压力 2kg	m	268.00
227	预应力钢筋混凝土管	800×5000 工作压力 2kg	m	310.00
228	预应力钢筋混凝土管	900×5000 工作压力 2kg	m	380.00
229	预应力钢筋混凝土管	1000×5000 工作压力 2kg	m	430.00
230	预应力钢筋混凝土管	1200×5000 工作压力 2kg	m	580.00
231	预应力钢筋混凝土管	1400×5000 工作压力 2kg	m	770.00
232	预应力钢筋混凝土管	1600×5000 工作压力 2kg	m	1100.00
233	预应力钢筋混凝土管	1800×5000 工作压力 2kg	m	1560.00
234	预应力钢筋混凝土管	2000×5000 工作压力 2kg	m	1780.00
235	预应力钢筋混凝土管	500×5000 工作压力 4kg	m	210.00
236	预应力钢筋混凝土管	600×5000 工作压力 2kg	m	240.00
237	预应力钢筋混凝土管	700×5000 工作压力 4kg	m	289.00
238	预应力钢筋混凝土管	800×5000 工作压力 4kg	m	350.00
239	预应力钢筋混凝土管	900×5000 工作压力 4kg	m	380.00

序号	材料名称	规格型号	单位	定额价(元)
240	预应力钢筋混凝土管	1000×5000 工作压力4kg	m	520.00
241	预应力钢筋混凝土管	1200×5000 工作压力4kg	m	640.00
242	预应力钢筋混凝土管	1400×5000 工作压力4kg	m	889.00
243	预应力钢筋混凝土管	1600×5000 工作压力4kg	m	1300.00
244	预应力钢筋混凝土管	1800×5000 工作压力4kg	m	1800.00
245	预应力钢筋混凝土管	2000×5000 工作压力4kg	m	1980.00
246	预应力钢筋混凝土管	500×5000 工作压力6kg	m	230.00
247	预应力钢筋混凝土管	600×5000 工作压力6kg	m	270.00
248	预应力钢筋混凝土管	700×5000 工作压力6kg	m	289.00
249	预应力钢筋混凝土管	800×5000 工作压力6kg	m	360.00
250	预应力钢筋混凝土管	900×5000 工作压力6kg	m	420.00
251	预应力钢筋混凝土管	1000×5000 工作压力6kg	m	510.00
252	预应力钢筋混凝土管	1200×5000 工作压力6kg	m	667.00
253	预应力钢筋混凝土管	1400×5000 工作压力6kg	m	890.00
254	预应力钢筋混凝土管	1600×5000 工作压力6kg	m	1300.00
255	预应力钢筋混凝土管	1800×5000 工作压力6kg	m	1800.00
256	预应力钢筋混凝土管	2000×5000 工作压力6kg	m	2060.00
257	钢套环	1050	个	1290.00
258	钢套环	1150	个	1310.00
259	钢套环	1350	个	1880.00
260	钢套环	1550	个	2490.00

序号	材料名称	规格型号	单位	定额价(元)
261	钢套环	1750	个	2540.00
262	钢套环	1950	个	3380.00
263	钢套环	2150	个	3980.00
264	钢套环	2350	个	4100.00
265	钢套环	2600	个	5123.00
266	陶瓷内衬钢管	D200	m	137.76
267	陶瓷内衬钢管	D300	m	208.23
268	陶瓷内衬钢管	D400	m	278.69
269	陶瓷内衬钢管	D500	m	349.16
270	陶瓷内衬钢管	D600	m	419.62
271	陶瓷内衬钢管	D700	m	490.09
272	陶瓷内衬钢管	D800	m	560.56
273	陶瓷内衬钢管	D900	m	631.02
274	陶瓷内衬钢管	D1000	m	701.49
275	陶瓷内衬钢管	D1100	m	857.34
276	陶瓷内衬钢管	D1200	m	935.63
277	陶瓷内衬钢管	D1300	m	1013.93
278	陶瓷内衬钢管	D1400	m	1092.22
279	陶瓷内衬钢管	D1500	m	1170.52
280	HDPE 排水双壁波纹管	ϕ50 环刚度 8kN/m^2	m	52.00
281	HDPE 排水双壁波纹管	ϕ100 环刚度 8kN/m^2	m	98.00

序号	材料名称	规格型号	单位	定额价(元)
282	HDPE 排水双壁波纹管	ϕ200 环刚度 8kN/m^2	m	125.00
283	HDPE 排水双壁波纹管	ϕ300 环刚度 8kN/m^2	m	238.00
284	HDPE 排水双壁波纹管	ϕ400 环刚度 8kN/m^2	m	409.00
285	HDPE 排水双壁波纹管	ϕ500 环刚度 8kN/m^2	m	610.00
286	HDPE 排水双壁波纹管	ϕ600 环刚度 8kN/m^2	m	840.00
287	HDPE 排水双壁波纹管	ϕ800 环刚度 8kN/m^2	m	1050.00
288	HDPE 排水双壁波纹管	ϕ1000 环刚度 8kN/m^2	m	1664.00
289	HDPE 排水双壁波纹管	ϕ1200 环刚度 8kN/m^2	m	2509.00
290	HDPE 排水双壁波纹管	ϕ1600 环刚度 8kN/m^2	m	3763.00
291	HDPE 排水双壁波纹管	ϕ1800 环刚度 8kN/m^2	m	4516.00
292	HDPE 排水双壁波纹管	ϕ2000 环刚度 8kN/m^2	m	5419.00
293	PPR 冷热水管	ϕ20	m	5.70
294	PPR 冷热水管	ϕ25	m	8.00
295	PPR 冷热水管	ϕ32	m	12.00
296	PPR 冷热水管	ϕ40	m	20.00
297	PPR 冷热水管	ϕ50	m	31.00
298	PPR 冷热水管	ϕ63	m	49.00
299	PPR 冷热水管	ϕ75	m	68.00
300	PPR 冷热水管	ϕ90	m	99.00
301	PPR 冷热水管	ϕ110	m	147.00
302	PPR 冷热水管	ϕ160	m	370.00

序号	材料名称	规格型号	单位	定额价(元)
303	衬塑镀锌管(钢塑复合管)	DN15	m	12.60
304	衬塑镀锌管(钢塑复合管)	DN20	m	16.80
305	衬塑镀锌管(钢塑复合管)	DN25	m	23.10
306	衬塑镀锌管(钢塑复合管)	DN32	m	31.50
307	衬塑镀锌管(钢塑复合管)	DN40	m	45.20
308	衬塑镀锌管(钢塑复合管)	DN50	m	6.00
309	衬塑镀锌管(钢塑复合管)	DN70	m	88.00
310	衬塑镀锌管(钢塑复合管)	DN80	m	111.00
311	衬塑镀锌管(钢塑复合管)	DN100	m	113.00
312	衬塑镀锌管(钢塑复合管)	DN125	m	148.00
313	衬塑镀锌管(钢塑复合管)	DN150	m	160.00
314	PVC－U 排水双壁波纹管	ϕ110	m	15.20
315	PVC－U 排水双壁波纹管	ϕ160	m	26.90
316	PVC－U 排水双壁波纹管	ϕ200	m	59.50
317	PVC－U 排水双壁波纹管	ϕ250	m	72.10
318	PVC－U 排水双壁波纹管	ϕ315	m	96.50
319	PVC－U 排水双壁波纹管	ϕ400	m	136.00
320	PVC－U 排水双壁波纹管	ϕ500	m	242.00
321	PE 给水管	DN20	m	6.00
322	PE 给水管	DN25	m	8.00
323	PE 给水管	DN32	m	15.00

序号	材料名称	规格型号	单位	定额价(元)
324	PE 给水管	DN40	m	21.00
325	PE 给水管	DN50	m	28.00
326	PE 给水管	DN63	m	42.00
327	PE 给水管	DN75	m	61.00
328	PE 给水管	DN90	m	97.00
329	PE 给水管	DN110	m	128.00
330	PE 给水管	DN160	m	134.00
331	PE 给水管	DN200	m	178.00
332	PE 给水管	DN250	m	267.00
333	PE 给水管	DN315	m	386.00
334	PE 给水管	DN355	m	479.00
335	PE 给水管	DN400	m	610.00
336	PE 给水管	DN500	m	772.00
337	PE 给水管	DN560	m	1227.00
338	PE 给水管	DN630	m	1550.00
339	UPVC 实心排水管	DN50	m	3.50
340	UPVC 实心排水管	DN75	m	4.80
341	UPVC 实心排水管	DN110	m	11.80
342	UPVC 实心排水管	DN160	m	20.80
343	UPVC 实心排水管	DN200	m	31.50
344	UPVC 实心排水管	DN250	m	42.00

序号	材料名称	规格型号	单位	定额价(元)
345	合金钢管(16Mn)	DN15	m	5.75
346	合金钢管(16Mn)	DN100	m	50.19
347	合金钢管(16Mn)	DN250	m	128.61
348	合金钢管(16Mn)	DN300	m	154.75
349	合金钢管(16Mn)	DN400	m	207.03
350	合金钢管(16Mn)	DN500	m	259.30
351	波纹管	ϕ50	m	18.00
352	波纹管	ϕ50	kg	4.50
353	玻璃钢排水管	110mm×1500mm	m	55.20
354	玻璃钢排水管	160mm×1500mm	m	100.75
355	孔道成型镀锌钢管		kg	5.50
356	铝合金扁管	100mm×44mm×1.8mm	m	65.00
357	加强板		块	238.89
358	镀铬钢管	ϕ10	m	23.68
359	镀锌扁钢卡子	—25×4	kg	4.50
360	镀锌管堵	DN50	个	2.90
361	钢管卡子	DN50 以下	个	1.20
362	高压风管	ϕ13	m	38.40
363	高压风管	ϕ50	m	54.42
364	管卡子 U 型	DN100 以内	个	2.10
365	管卡子 U 型	DN50 以内	个	0.56

序号	材料名称	规格型号	单位	定额价(元)
366	不锈钢U型卡		个	0.40
367	铝压接连接管(铝扎索管)	$185mm^2$	个	19.07
368	铝压接连接管(铝扎索管)	$25mm^2$	个	4.12
369	铝压接连接管(铝扎索管)	$400mm^2$	个	41.28
370	铝压接连接管(铝扎索管)	$95mm^2$	个	11.51
371	热缩管	ϕ80	m	13.74
372	热缩管	ϕ100	m	24.69
373	热缩管	ϕ165	m	24.68
374	铸铁管	ϕ75mm	kg	3.95
375	铸铁管	ϕ150mm	kg	3.95
376	铸铁管	ϕ200mm	kg	3.95
377	铸铁管	ϕ400mm	kg	3.95
378	不锈钢管	不分规格	kg	31.00
379	不锈钢管	ϕ18mm×2mm×1500mm	根	37.00
380	不锈钢管	ϕ75mm×2.5mm	m	139.00
381	不锈钢管	ϕ32mm×1.5mm	m	35.00
382	不锈钢管	ϕ60mm×2mm	m	89.00
383	冷拔不锈钢管	ϕ25mm×3mm	m	51.00
384	热轧不锈钢管	ϕ108mm×4.5mm	m	356.00
385	预制直埋保温管	无缝钢管 25×2.5	m	66.00
386	预制直埋保温管	无缝钢管 32×2.5	m	78.00

序号	材料名称	规格型号	单位	定额价(元)
387	预制直埋保温管	无缝钢管 57×3.5	m	107.00
388	预制直埋保温管	无缝钢管 76×3.5	m	146.00
389	预制直埋保温管	无缝钢管 89×3.5	m	159.00
390	预制直埋保温管	无缝钢管 108×4	m	188.00
391	预制直埋保温管	无缝管 133×4	m	208.00
392	预制直埋保温管	无缝管 159×4.5	m	252.00
393	预制直埋保温管	无缝管 219×6	m	412.00
394	预制直埋保温管	无缝管 273×8	m	580.00
395	预制直埋保温管	无缝管 325×8	m	815.00
396	预制直埋保温管	无缝管 377×9	m	1045.00
397	预制直埋保温管	无缝管 426×9	m	1256.00
398	90°机制直埋弯头	25×2.5 $R=3D$	个	110.00
399	90°机制直埋弯头	32×2.5 $R=3D$	个	122.00
400	90°机制直埋弯头	57×3.5 $R=3D$	个	158.00
401	90°机制直埋弯头	76×3.5 $R=3D$	个	310.00
402	90°机制直埋弯头	89×3.5 $R=3D$	个	360.00
403	90°机制直埋弯头	108×4 $R=6D$	个	710.00
404	135°机制直埋弯头	108×4 $R=6D$	个	690.00
405	90°机制直埋弯头	108×4 $R=3D$	个	410.00
406	135°机制直埋弯头	108×4 $R=3D$	个	400.00
407	热压弯头	45° DN125 直埋	个	360.00

序号	材料名称	规格型号	单位	定额价(元)
408	热压弯头	90° DN125 直埋	个	430.00
409	热压弯头	45° DN150 直埋	个	470.00
410	热压弯头	90° DN150 直埋	个	645.00
411	热压弯头	37° DN200 直埋	个	710.00
412	热压弯头	53° DN200 直埋	个	877.00
413	热压弯头	60° DN200 直埋	个	892.00
414	热压弯头	90° DN200 直埋	个	1030.00
415	热压弯头	90° DN250 直埋	个	1454.00
416	热压弯头	45° DN300 直埋	个	1500.00
417	热压弯头	45° DN350 直埋	个	1910.00
418	热压弯头	90° DN300 直埋	个	2047.00
419	热压弯头	45° DN400 直埋	个	2075.00
420	热压弯头	90° DN350 直埋	个	2800.00
421	热压弯头	77° DN400 直埋	个	2815.00
422	承插塑料排水管	DN50	m	13.55
423	承插塑料排水管	DN80	m	24.49
424	承插塑料排水管	DN100	m	39.70
425	承插塑料排水管	DN150	m	64.94
426	FRPP 管	DN200 $8kN/m^2$	m	105.00
427	FRPP 管	DN300 $8kN/m^2$	m	124.00
428	FRPP 管	DN400 $8kN/m^2$	m	201.00

序号	材料名称	规格型号	单位	定额价(元)
429	FRPP 管	DN500　8kN/m^2	m	266.00
430	FRPP 管	DN600　8kN/m^2	m	436.00
431	FRPP 管	DN800　8kN/m^2	m	715.00
432	FRPP 管	DN1000　8kN/m^2	m	1126.00
433	FRPP 管	DN1200　8kN/m^2	m	1662.00
434	丹麦管	ϕ1650	m	745.90
435	丹麦管	ϕ1800	m	879.90
436	丹麦管	ϕ2200	m	1219.40
437	丹麦管	ϕ2400	m	1364.00
438	弧形管		套	2.80
439	养护用钢管	DN50	m	29.00
440	铝管	$\phi108\times4.5$	m	490.00
441	不锈钢落水管	ϕ100	m	168.39

十四、阀门及管件

序号	材料名称	规格型号	单位	定额价(元)
1	钢板平焊法兰	1.6MPa DN10	片	9.61
2	钢板平焊法兰	1.6MPa DN15	片	10.62
3	钢板平焊法兰	1.6MPa DN20	片	16.19
4	钢板平焊法兰	1.6MPa DN25	片	16.92
5	钢板平焊法兰	1.6MPa DN32	片	29.58
6	钢板平焊法兰	1.6MPa DN40	片	39.14
7	钢板平焊法兰	1.6MPa DN50	片	46.78
8	钢板平焊法兰	1.6MPa DN65	片	58.51
9	钢板平焊法兰	1.6MPa DN80	片	72.80
10	钢板平焊法兰	1.6MPa DN100	片	85.75
11	钢板平焊法兰	1.6MPa DN125	片	101.50
12	钢板平焊法兰	1.6MPa DN150	片	115.35
13	钢板平焊法兰	1.6MPa DN200	片	146.31
14	钢板平焊法兰	1.6MPa DN250	片	178.48
15	钢板平焊法兰	1.6MPa DN300	片	267.59
16	钢板平焊法兰	1.6MPa DN400	片	448.49
17	钢板平焊法兰	1.6MPa DN500	片	785.75
18	螺纹法兰	DN15 0.6MPa	副	19.54
19	螺纹法兰	DN20 0.6MPa	副	23.28
20	螺纹法兰	DN25 0.6MPa	副	25.22
21	螺纹法兰	DN32 0.6MPa	副	33.72

序号	材料名称	规格型号	单位	定额价(元)
22	螺纹法兰	DN40　0.6MPa	副	34.81
23	螺纹法兰	DN50　0.6MPa	副	39.15
24	螺纹法兰	DN65　0.6MPa	副	55.00
25	螺纹法兰	DN80　0.6MPa	副	58.00
26	螺纹法兰	DN100　0.6MPa	副	76.00
27	螺纹法兰	DN125　0.6MPa	副	78.00
28	螺纹法兰	DN150　0.6MPa	副	96.00
29	铸铁汽包法兰		个	4.80
30	钢制法兰盘	15　压力0.6MPa	个	3.11
31	钢制法兰盘	20　压力0.6MPa	个	5.10
32	钢制法兰盘	25　压力0.6MPa	个	5.97
33	钢制法兰盘	32　压力0.6MPa	个	9.41
34	钢制法兰盘	40　压力0.6MPa	个	10.33
35	钢制法兰盘	50　压力0.6MPa	个	11.12
36	钢制法兰盘	65　压力0.6MPa	个	13.65
37	钢制法兰盘	80　压力0.6MPa	个	19.89
38	钢制法兰盘	100　压力0.6MPa	个	24.90
39	钢制法兰盘	125　压力0.6MPa	个	33.26
40	钢制法兰盘	150　压力0.6MPa	个	37.89
41	钢制法兰盘	200　压力0.6MPa	个	54.85
42	钢制法兰盘	250　压力0.6MPa	个	72.33
43	钢制法兰盘	300　压力0.6MPa	个	100.15

序号	材料名称	规格型号	单位	定额价(元)
44	钢制法兰盘	350 压力 0.6MPa	个	131.29
45	钢制法兰盘	400 压力 0.6MPa	个	158.98
46	钢制法兰盘	450 压力 0.6MPa	个	184.15
47	钢制法兰盘	500 压力 0.6MPa	个	271.58
48	钢制法兰盘	600 压力 0.6MPa	个	307.58
49	钢制法兰盘	700 压力 0.6MPa	个	453.08
50	钢制法兰盘	15 压力 1.0MPa	个	3.98
51	钢制法兰盘	20 压力 1.0MPa	个	6.35
52	钢制法兰盘	25 压力 1.0MPa	个	7.53
53	钢制法兰盘	32 压力 1.0MPa	个	11.86
54	钢制法兰盘	40 压力 1.0MPa	个	14.49
55	钢制法兰盘	50 压力 1.0MPa	个	17.72
56	钢制法兰盘	65 压力 1.0MPa	个	24.08
57	钢制法兰盘	80 压力 1.0MPa	个	27.82
58	钢制法兰盘	100 压力 1.0MPa	个	33.95
59	钢制法兰盘	125 压力 1.0MPa	个	45.77
60	钢制法兰盘	150 压力 1.0MPa	个	48.62
61	钢制法兰盘	200 压力 1.0MPa	个	77.22
62	钢制法兰盘	250 压力 1.0MPa	个	90.90
63	钢制法兰盘	300 压力 1.0MPa	个	109.38
64	钢制法兰盘	350 压力 1.0MPa	个	145.89
65	钢制法兰盘	400 压力 1.0MPa	个	184.81

序号	材料名称	规格型号	单位	定额价(元)
66	钢制法兰盘	450　压力 1.0MPa	个	206.85
67	钢制法兰盘	500　压力 1.0MPa	个	234.32
68	钢制法兰盘	600　压力 1.0MPa	个	333.98
69	钢制法兰盘	700　压力 1.0MPa	个	944.25
70	钢制法兰盘	800　压力 1.0MPa	个	1487.50
71	钢制法兰盘	900　压力 1.0MPa	个	1821.60
72	钢制法兰盘	1000　压力 1.0MPa	个	2070.00
73	钢制法兰盘	15　压力 1.6MPa	个	6.05
74	钢制法兰盘	20　压力 1.6MPa	个	7.38
75	钢制法兰盘	25　压力 1.6MPa	个	9.90
76	钢制法兰盘	32　压力 1.6MPa	个	11.97
77	钢制法兰盘	40　压力 1.6MPa	个	15.35
78	钢制法兰盘	50　压力 1.6MPa	个	19.94
79	钢制法兰盘	65　压力 1.6MPa	个	25.76
80	钢制法兰盘	80　压力 1.6MPa	个	27.48
81	钢制法兰盘	100　压力 1.6MPa	个	37.20
82	钢制法兰盘	125　压力 1.6MPa	个	51.14
83	钢制法兰盘	150　压力 1.6MPa	个	61.17
84	钢制法兰盘	200　压力 1.6MPa	个	81.96
85	钢制法兰盘	250　压力 1.6MPa	个	137.82
86	钢制法兰盘	300　压力 1.6MPa	个	159.57
87	钢制法兰盘	350　压力 1.6MPa	个	221.23

序号	材料名称	规格型号	单位	定额价(元)
88	钢制法兰盘	400 压力 1.6MPa	个	294.97
89	钢制法兰盘	450 压力 1.6MPa	个	383.20
90	钢制法兰盘	500 压力 1.6MPa	个	589.95
91	钢制法兰盘	600 压力 1.6MPa	个	849.84
92	钢制法兰盘	15 压力 2.5MPa	个	9.74
93	钢制法兰盘	20 压力 2.5MPa	个	11.41
94	钢制法兰盘	25 压力 2.5MPa	个	13.55
95	钢制法兰盘	32 压力 2.5MPa	个	22.68
96	钢制法兰盘	40 压力 2.5MPa	个	30.08
97	钢制法兰盘	50 压力 2.5MPa	个	35.76
98	钢制法兰盘	65 压力 2.5MPa	个	44.55
99	钢制法兰盘	80 压力 2.5MPa	个	46.98
100	钢制法兰盘	100 压力 2.5MPa	个	49.50
101	钢制法兰盘	125 压力 2.5MPa	个	95.58
102	钢制法兰盘	150 压力 2.5MPa	个	120.35
103	钢制法兰盘	200 压力 2.5MPa	个	167.80
104	钢制法兰盘	250 压力 2.5MPa	个	218.72
105	钢制法兰盘	300 压力 2.5MPa	个	310.15
106	钢制法兰盘	350 压力 2.5MPa	个	398.10
107	钢制法兰盘	400 压力 2.5MPa	个	519.62
108	钢制法兰盘	450 压力 2.5MPa	个	609.58
109	钢制法兰盘	500 压力 2.5MPa	个	778.86

序号	材料名称	规格型号	单位	定额价(元)
110	镀锌法兰盘	25　压力 1.6MPa	个	4.95
111	镀锌法兰盘	32　压力 1.6MPa	个	6.73
112	镀锌法兰盘	40　压力 1.6MPa	个	8.51
113	镀锌法兰盘	50　压力 1.6MPa	个	11.09
114	镀锌法兰盘	65　压力 1.6MPa	个	14.80
115	镀锌法兰盘	80　压力 1.6MPa	个	15.64
116	镀锌法兰盘	100　压力 1.6MPa	个	20.20
117	镀锌法兰盘	125　压力 1.6MPa	个	27.72
118	镀锌法兰盘	150　压力 1.6MPa	个	33.66
119	镀锌法兰盘	200　压力 1.6MPa	个	43.26
120	玛钢法兰盘	15	个	4.16
121	玛钢法兰盘	20	个	4.95
122	玛钢法兰盘	25	个	5.84
123	玛钢法兰盘	32	个	8.51
124	玛钢法兰盘	40	个	9.50
125	玛钢法兰盘	50	个	10.99
126	玛钢法兰盘	65	个	14.65
127	玛钢法兰盘	80	个	18.71
128	玛钢法兰盘	100	个	28.41
129	蝶阀法兰盘	压力 10kg 50	个	23.94
130	蝶阀法兰盘	压力 10kg 60	个	36.00
131	蝶阀法兰盘	压力 10kg 80	个	37.49

序号	材料名称	规格型号	单位	定额价(元)
132	蝶阀法兰盘	压力 10kg 100	个	49.83
133	蝶阀法兰盘	压力 10kg 125	个	57.15
134	蝶阀法兰盘	压力 10kg 150	个	69.50
135	蝶阀法兰盘	压力 10kg 200	个	116.13
136	蝶阀法兰盘	压力 10kg 250	个	193.84
137	蝶阀法兰盘	压力 10kg 300	个	229.63
138	蝶阀法兰盘	压力 10kg 350	个	318.10
139	蝶阀法兰盘	压力 10kg 400	个	347.47
140	蝶阀法兰盘	压力 16kg 50	个	28.80
141	蝶阀法兰盘	压力 16kg 60	个	32.00
142	蝶阀法兰盘	压力 16kg 80	个	40.01
143	蝶阀法兰盘	压力 16kg 100	个	54.06
144	蝶阀法兰盘	压力 16kg 125	个	57.60
145	蝶阀法兰盘	压力 16kg 150	个	67.21
146	蝶阀法兰盘	压力 16kg 200	个	76.81
147	蝶阀法兰盘	压力 16kg 250	个	131.22
148	蝶阀法兰盘	压力 16kg 300	个	168.03
149	蝶阀法兰盘	压力 16kg 350	个	321.30
150	蝶阀法兰盘	压力 16kg 400	个	346.32
151	蝶阀法兰盘	压力 25kg 50	个	32.81
152	蝶阀法兰盘	压力 25kg 60	个	36.46
153	蝶阀法兰盘	压力 25kg 80	个	46.75

序号	材料名称	规格型号	单位	定额价(元)
154	蝶阀法兰盘	压力 25kg 100	个	62.98
155	蝶阀法兰盘	压力 25kg 125	个	83.66
156	蝶阀法兰盘	压力 25kg 150	个	118.41
157	蝶阀法兰盘	压力 25kg 200	个	159.68
158	蝶阀法兰盘	压力 25kg 250	个	227.00
159	蝶阀法兰盘	压力 25kg 300	个	347.47
160	蝶阀法兰盘	压力 25kg 350	个	428.97
161	蝶阀法兰盘	压力 25kg 400	个	575.50
162	镀锌丝扣法兰盘	压力 10kg 15	个	11.88
163	镀锌丝扣法兰盘	压力 10kg 20	个	12.60
164	镀锌丝扣法兰盘	压力 10kg 25	个	14.63
165	镀锌丝扣法兰盘	压力 10kg 32	个	16.45
166	镀锌丝扣法兰盘	压力 10kg 40	个	18.97
167	镀锌丝扣法兰盘	压力 10kg 50	个	24.23
168	镀锌丝扣法兰盘	压力 10kg 65	个	31.55
169	镀锌丝扣法兰盘	压力 10kg 80	个	35.32
170	镀锌丝扣法兰盘	压力 10kg 100	个	43.43
171	镀锌丝扣法兰盘	压力 10kg 125	个	56.47
172	镀锌丝扣法兰盘	压力 10kg 150	个	60.80
173	不锈钢法兰盘	15	个	11.18
174	不锈钢法兰盘	20	个	13.66
175	不锈钢法兰盘	25	个	14.90

序号	材料名称	规格型号	单位	定额价(元)
176	不锈钢法兰盘	32	个	19.87
177	不锈钢法兰盘	40	个	22.36
178	不锈钢法兰盘	50	个	27.32
179	不锈钢法兰盘	65	个	37.26
180	不锈钢法兰盘	80	个	43.47
181	不锈钢法兰盘	100	个	52.16
182	不锈钢法兰盘	125	个	84.46
183	不锈钢法兰盘	150	个	111.78
184	不锈钢法兰盘	200	个	155.25
185	不锈钢法兰盘	压力 10kg ϕ15	个	20.52
186	不锈钢法兰盘	压力 10kg ϕ20	个	24.84
187	不锈钢法兰盘	压力 10kg ϕ25	个	31.32
188	不锈钢法兰盘	压力 10kg ϕ32	个	41.04
189	不锈钢法兰盘	压力 10kg ϕ40	个	47.52
190	不锈钢法兰盘	压力 10kg ϕ50	个	57.24
191	不锈钢法兰盘	压力 10kg ϕ65	个	79.92
192	不锈钢法兰盘	压力 10kg ϕ80	个	92.88
193	不锈钢法兰盘	压力 10kg ϕ100	个	115.56
194	不锈钢法兰盘	压力 10kg ϕ125	个	147.96
195	不锈钢法兰盘	压力 10kg ϕ150	个	184.68
196	不锈钢法兰盘	压力 10kg ϕ200	个	232.20
197	不锈钢法兰盘	压力 10kg ϕ250	个	293.76

序号	材料名称	规格型号	单位	定额价(元)
198	不锈钢法兰盘	压力 10kg ϕ300	个	356.40
199	不锈钢法兰盘	压力 16kg ϕ15	个	22.68
200	不锈钢法兰盘	压力 16kg ϕ20	个	28.08
201	不锈钢法兰盘	压力 16kg ϕ25	个	35.64
202	不锈钢法兰盘	压力 16kg ϕ40	个	57.24
203	不锈钢法兰盘	压力 16kg ϕ50	个	73.44
204	不锈钢法兰盘	压力 16kg ϕ65	个	97.20
205	不锈钢法兰盘	压力 16kg ϕ80	个	112.32
206	不锈钢法兰盘	压力 16kg ϕ100	个	138.24
207	不锈钢法兰盘	压力 16kg ϕ125	个	182.52
208	不锈钢法兰盘	压力 16kg ϕ150	个	222.48
209	不锈钢法兰盘	压力 16kg ϕ200	个	288.36
210	不锈钢法兰盘	压力 16kg ϕ250	个	460.08
211	不锈钢法兰盘	压力 16kg ϕ300	个	536.76
212	安全阀	A27W－10 DN20	个	53.46
213	安全阀	A27W－10 DN25	个	70.20
214	安全阀	A27W－10 DN32	个	88.56
215	安全阀	A27W－10 DN40	个	108.90
216	安全阀	A27W－10 DN50	个	142.20
217	安全阀	A27W－10 DN70	个	190.40
218	安全阀	A27W－10 DN80	个	275.40
219	调节阀	T40H－16－32	个	298.00

序号	材料名称	规格型号	单位	定额价(元)
220	调节阀	T40H-16-40	个	345.00
221	调节阀	T40H-16-50	个	377.00
222	调节阀	T40H-16-65	个	566.00
223	调节阀	T40H-16-80	个	690.00
224	调节阀	T40H-16-100	个	733.00
225	调节阀	T40H-16-125	个	1063.00
226	调节阀	T40H-16-150	个	1711.00
227	调节阀	T40H-16-200	个	2013.00
228	旋塞阀	DN15	个	20.00
229	减压阀	Y43H-16 DN20	个	265.00
230	减压阀	Y43H-16 DN25	个	286.00
231	减压阀	Y43H-16 DN32	个	297.00
232	减压阀	Y43H-16 DN40	个	327.00
233	减压阀	Y43H-16 DN50	个	367.00
234	减压阀	Y43H-16 DN65	个	423.00
235	减压阀	Y43H-16 DN80	个	598.00
236	减压阀	Y43H-16 DN100	个	654.00
237	减压阀	Y43H-25 DN25	个	1245.00
238	减压阀	Y43H-25 DN32	个	1356.00
239	减压阀	Y43H-25 DN40	个	1450.00
240	减压阀	Y43H-25 DN50	个	1560.00
241	减压阀	Y43H-25 DN65	个	1876.00

序号	材料名称	规格型号	单位	定额价(元)
242	减压阀	Y43H－25 DN80	个	1980.00
243	减压阀	Y43H－25 DN100	个	2031.00
244	止回阀	H41H－16C 25	个	143.00
245	止回阀	H41H－16C 32	个	202.00
246	止回阀	H41H－16C 40	个	235.00
247	止回阀	H41H－16C 50	个	255.00
248	止回阀	H41H－16C 65	个	383.00
249	止回阀	H41H－16C 80	个	455.00
250	止回阀	H41H－16C 100	个	585.00
251	止回阀	H41H－16C 125	个	957.00
252	止回阀	H41H－16C 150	个	1195.00
253	止回阀	H41H－16C 200	个	1985.00
254	止回阀	H41H－25 25	个	265.00
255	止回阀	H41H－25 32	个	306.00
256	止回阀	H41H－25 40	个	315.00
257	止回阀	H41H－25 50	个	360.00
258	止回阀	H41H－25 65	个	540.00
259	止回阀	H41H－25 80	个	612.00
260	止回阀	H41H－25 100	个	810.00
261	止回阀	H41H－25 125	个	1125.00
262	止回阀	H41H－25 150	个	1647.00
263	止回阀	H41H－25 200	个	2466.00

序号	材料名称	规格型号	单位	定额价(元)
264	止回阀	H44H－16C 25	个	248.00
265	止回阀	H44H－16C 32	个	278.00
266	止回阀	H44H－16C 40	个	301.00
267	止回阀	H44H－16C 50	个	323.00
268	止回阀	H44H－16C 65	个	494.00
269	止回阀	H44H－16C 80	个	558.00
270	止回阀	H44H－16C 100	个	752.00
271	止回阀	H44H－16C 125	个	1074.00
272	止回阀	H44H－16C 150	个	1397.00
273	止回阀	H44H－16C 200	个	2210.00
274	止回阀	H44H－16C 250	个	3331.00
275	止回阀	H44H－16C 300	个	5370.00
276	止回阀	H44H－25 25	个	230.00
277	止回阀	H44H－25 32	个	240.00
278	止回阀	H44H－25 40	个	266.00
279	止回阀	H44H－25 50	个	286.00
280	止回阀	H44H－25 65	个	425.00
281	止回阀	H44H－25 80	个	519.00
282	止回阀	H44H－25 100	个	665.00
283	止回阀	H44H－25 125	个	1037.00
284	止回阀	H44H－25 150	个	1275.00
285	止回阀	H44H－25 200	个	1913.00

序号	材料名称	规格型号	单位	定额价(元)
286	止回阀	H44H－25　250	个	2791.00
287	止回阀	H44H－25　300	个	4569.00
288	止回阀	H44T－10　40	个	89.00
289	止回阀	H44T－10　50	个	115.00
290	止回阀	H44T－10　65	个	156.00
291	止回阀	H44T－10　80	个	210.00
292	止回阀	H44T－10　100	个	218.00
293	止回阀	H44T－10　125	个	254.00
294	止回阀	H44T－10　150	个	378.00
295	止回阀	H44T－10　200	个	769.00
296	止回阀	H44T－10　250	个	1254.00
297	止回阀	H44T－10　300	个	1865.00
298	止回阀	H44T－16　40	个	65.00
299	止回阀	H44T－16　50	个	87.00
300	止回阀	H44T－16　65	个	112.00
301	止回阀	H44T－16　80	个	202.00
302	止回阀	H44T－16　100	个	255.00
303	止回阀	H44T－16　125	个	440.00
304	止回阀	H44T－16　150	个	650.00
305	止回阀	H44T－16　200	个	1360.00
306	止回阀	HH44X－16　50	个	1450.00
307	止回阀	HH44X－16　65	个	1543.00

序号	材料名称	规格型号	单位	定额价(元)
308	止回阀	HH44X－16　80	个	1876.00
309	止回阀	HH44X－16　100	个	2034.00
310	止回阀	HH44X－16　125	个	2765.00
311	止回阀	HH44X－16　150	个	2987.00
312	止回阀	HH44X－16　200	个	3879.00
313	止回阀	HH44X－16　250	个	4986.00
314	止回阀	HH44X－16　300	个	6410.00
315	碟型止回阀	DH76X－16　40	个	217.00
316	碟型止回阀	DH76X－16　50	个	287.00
317	碟型止回阀	DH76X－16　65	个	298.00
318	碟型止回阀	DH76X－16　80	个	305.00
319	碟型止回阀	DH76X－16　100	个	387.00
320	碟型止回阀	DH76X－16　125	个	395.00
321	碟型止回阀	DH76X－16　150	个	425.00
322	碟型止回阀	DH76X－16　200	个	587.00
323	碟型止回阀	DH76X－16　250	个	998.00
324	碟型止回阀	DH76X－16　300	个	1567.00
325	碟型止回阀	DH76X－16　350	个	1987.00
326	碟型止回阀	DH76X－16　400	个	2465.00
327	碟型止回阀	DH76X－16　450	个	2789.00
328	碟型止回阀	DH76X－16　500	个	3778.00
329	碟型止回阀	DH76X－16　600	个	4765.00

序号	材料名称	规格型号	单位	定额价(元)
330	截止阀	J41H-16　50	个	145.00
331	截止阀	J41H-16　100	个	595.00
332	截止阀	J41H-16　150	个	741.00
333	截止阀	J41H-16C 15	个	129.00
334	截止阀	J41H-16C 20	个	132.00
335	截止阀	J41H-16C 25	个	139.00
336	截止阀	J41H-16C 32	个	206.00
337	截止阀	J41H-16C 40	个	297.00
338	截止阀	J41H-16C 50	个	467.00
339	截止阀	J41H-16C 65	个	543.00
340	截止阀	J41H-16C 80	个	595.00
341	截止阀	J41H-16C 100	个	754.00
342	截止阀	J41H-16C 125	个	1187.00
343	截止阀	J41H-16C 150	个	1549.00
344	截止阀	J41H-16C 200	个	2720.00
345	截止阀	J41H-25　15	个	178.00
346	截止阀	J41H-25　20	个	198.00
347	截止阀	J41H-25　25	个	201.00
348	截止阀	J41H-25　32	个	218.00
349	截止阀	J41H-25　40	个	357.00
350	截止阀	J41H-25　50	个	365.00
351	截止阀	J41H-25　65	个	567.00

序号	材料名称	规格型号	单位	定额价(元)
352	截止阀	J41H－25　80	个	612.00
353	截止阀	J41H－25　100	个	821.00
354	截止阀	J41H－25　125	个	1365.00
355	截止阀	J41H－25　150	个	1678.00
356	截止阀	J41H－25　200	个	2904.00
357	截止阀	J41H－40　15	个	189.00
358	截止阀	J41H－40　20	个	198.00
359	截止阀	J41H－40　25	个	234.00
360	截止阀	J41H－40　32	个	310.00
361	截止阀	J41H－40　40	个	398.00
362	截止阀	J41H－40　50	个	401.00
363	截止阀	J41H－40　65	个	587.00
364	截止阀	J41H－40　80	个	698.00
365	截止阀	J41H－40　100	个	987.00
366	截止阀	J41H－40　125	个	1207.00
367	截止阀	J41H－40　150	个	1798.00
368	截止阀	J41H－40　200	个	3765.00
369	截止阀	J11T－16　15	个	21.00
370	截止阀	J11T－16　20	个	34.00
371	截止阀	J11T－16　25	个	39.00
372	截止阀	J11T－16　32	个	54.00
373	截止阀	J11T－16　40	个	67.00

序号	材料名称	规格型号	单位	定额价(元)
374	截止阀	J11T-16　50	个	89.00
375	截止阀	J11T-16　100	个	298.00
376	截止阀	J41T-16　20	个	28.00
377	截止阀	J41T-16　25	个	54.00
378	截止阀	J41T-16　32	个	75.00
379	截止阀	J41T-16　40	个	89.00
380	截止阀	J41T-16　50	个	120.00
381	截止阀	J41T-16　65	个	178.00
382	截止阀	J41T-16　80	个	276.00
383	截止阀	J41T-16　100	个	346.00
384	截止阀	J41T-16　125	个	529.00
385	截止阀	J41T-16　150	个	619.00
386	截止阀	J41T-16　200	个	1240.00
387	截止阀	J41W-16P 15	个	220.00
388	截止阀	J41W-16P 20	个	280.00
389	截止阀	J41W-16P 25	个	330.00
390	截止阀	J41W-16P 32	个	420.00
391	截止阀	J41W-16P 40	个	520.00
392	截止阀	J41W-16P 50	个	620.00
393	截止阀	J41W-16P 65	个	860.00
394	截止阀	J41W-16P 80	个	1205.00
395	截止阀	J41W-16P 100	个	1500.00

序号	材料名称	规格型号	单位	定额价(元)
396	截止阀	J41W－16P 125	个	2500.00
397	截止阀	J41W－16P 150	个	3300.00
398	闸阀	Z41H－16C 15	个	165.00
399	闸阀	Z41H－16C 20	个	176.00
400	闸阀	Z41H－16C 25	个	237.00
401	闸阀	Z41H－16C 32	个	287.00
402	闸阀	Z41H－16C 40	个	304.00
403	闸阀	Z41H－16C 50	个	387.00
404	闸阀	Z41H－16C 65	个	495.00
405	闸阀	Z41H－16C 80	个	579.00
406	闸阀	Z41H－16C 100	个	765.00
407	闸阀	Z41H－16C 125	个	1143.00
408	闸阀	Z41H－16C 150	个	1321.00
409	闸阀	Z41H－16C 200	个	1987.00
410	闸阀	Z41H－16C 250	个	2640.00
411	闸阀	Z41H－16C 300	个	3887.00
412	闸阀	Z41H－25 15	个	176.00
413	闸阀	Z41H－25 20	个	185.00
414	闸阀	Z41H－25 25	个	198.00
415	闸阀	Z41H－25 32	个	287.00
416	闸阀	Z41H－25 40	个	378.00
417	闸阀	Z41H－25 50	个	391.00

序号	材料名称	规格型号	单位	定额价(元)
418	闸阀	Z41H－25　65	个	523.00
419	闸阀	Z41H－25　80	个	591.00
420	闸阀	Z41H－25　100	个	778.00
421	闸阀	Z41H－25　125	个	1087.00
422	闸阀	Z41H－25　150	个	1421.00
423	闸阀	Z41H－25　200	个	2098.00
424	闸阀	Z41H－25　250	个	3216.00
425	闸阀	Z41H－25　300	个	4291.00
426	闸阀	Z41H－25　350	个	6501.00
427	闸阀	Z41H－40　15	个	195.00
428	闸阀	Z41H－40　20	个	199.00
429	闸阀	Z41H－40　25	个	219.00
430	闸阀	Z41H－40　32	个	302.00
431	闸阀	Z41H－40　40	个	412.00
432	闸阀	Z41H－40　50	个	524.00
433	闸阀	Z41H－40　65	个	595.00
434	闸阀	Z41H－40　80	个	793.00
435	闸阀	Z41H－40　100	个	978.00
436	闸阀	Z41H－40　125	个	1494.00
437	闸阀	Z41H－40　150	个	2134.00
438	闸阀	Z41H－40　200	个	3210.00
439	闸阀	Z41H－40　250	个	4903.00

序号	材料名称	规格型号	单位	定额价(元)
440	闸阀	Z41H-40　300	个	6849.00
441	闸阀	Z41T-10　40	个	114.00
442	闸阀	Z41T-10　50	个	165.00
443	闸阀	Z41T-10　65	个	197.00
444	闸阀	Z41T-10　80	个	231.00
445	闸阀	Z41T-10　100	个	289.00
446	闸阀	Z41T-10　125	个	498.00
447	闸阀	Z41T-10　150	个	547.00
448	闸阀	Z41T-10　200	个	847.00
449	闸阀	Z41W-16　25	个	465.00
450	闸阀	Z41W-16　32	个	675.00
451	闸阀	Z41W-16　40	个	798.00
452	闸阀	Z41W-16　50	个	981.00
453	闸阀	Z41W-16　65	个	1189.00
454	闸阀	Z41W-16　80	个	1701.00
455	闸阀	Z41W-16　100	个	1978.00
456	闸阀	Z41W-16　125	个	3401.00
457	闸阀	Z41W-16　150	个	4201.00
458	闸阀	Z44T-10　40	个	124.00
459	闸阀	Z44T-10　50	个	187.00
460	闸阀	Z44T-10　65	个	167.00
461	闸阀	Z44T-10　80	个	198.00

序号	材料名称	规格型号	单位	定额价(元)
462	闸阀	Z44T－10　100	个	247.00
463	闸阀	Z44T－10　125	个	302.00
464	闸阀	Z44T－10　150	个	399.00
465	闸阀	Z44T－10　200	个	687.00
466	闸阀	Z44T－10　250	个	1023.00
467	闸阀	Z44W－10　40	个	100.00
468	闸阀	Z44W－10　50	个	118.00
469	闸阀	Z44W－10　65	个	123.00
470	闸阀	Z44W－10　80	个	158.00
471	闸阀	Z44W－10　100	个	176.00
472	闸阀	Z44W－10　125	个	204.00
473	闸阀	Z44W－10　125	个	306.00
474	闸阀	Z44W－10　200	个	398.00
475	闸阀	Z44W－10　250	个	695.00
476	闸阀	Z44W－10　300	个	1024.00
477	闸阀	Z45T－10　50	个	142.00
478	闸阀	Z45T－10　65	个	169.00
479	闸阀	Z45T－10　80	个	193.00
480	闸阀	Z45T－10　100	个	248.00
481	闸阀	Z45T－10　125	个	379.00
482	闸阀	Z45T－10　150	个	498.00
483	闸阀	Z45T－10　200	个	756.00

序号	材料名称	规格型号	单位	定额价(元)
484	闸阀	Z45T－10　250	个	1210.00
485	闸阀	Z45T－10　300	个	1697.00
486	闸阀	Z45W－10　50	个	97.11
487	闸阀	Z45W－10　65	个	105.30
488	闸阀	Z45W－10　80	个	128.70
489	闸阀	Z45W－10　100	个	140.40
490	闸阀	Z45W－10　125	个	245.70
491	闸阀	Z45W－10　150	个	269.10
492	闸阀	Z45W－10　200	个	397.80
493	闸阀	Z45W－10　250	个	987.48
494	闸阀	Z45W－10　300	个	1257.75
495	闸阀	Z15T－10　20	个	15.70
496	闸阀	Z15T－10K 15	个	17.60
497	闸阀	Z15T－10K 20	个	18.80
498	闸阀	Z15T－10K 25	个	24.30
499	闸阀	Z15T－10K 32	个	30.60
500	闸阀	Z15T－10K 40	个	51.30
501	闸阀	Z15T－10K 50	个	70.20
502	闸阀	Z15T－10K 80	个	108.00
503	闸阀	Z15T－10K 100	个	123.00
504	过滤阀	GL41H－16　40	个	87.00
505	过滤阀	GL41H－16　50	个	99.00

序号	材料名称	规格型号	单位	定额价(元)
506	过滤阀	GL41H－16　65	个	114.00
507	过滤阀	GL41H－16　80	个	186.00
508	过滤阀	GL41H－16　100	个	231.00
509	过滤阀	GL41H－16　125	个	398.00
510	过滤阀	GL41H－16　150	个	521.00
511	过滤阀	GL41H－16　200	个	886.00
512	过滤阀	GL41H－16　250	个	1387.00
513	过滤阀	GL41H－16　300	个	1783.00
514	过滤阀	GL41H－16C 40	个	231.30
515	过滤阀	GL41H－16C 50	个	256.50
516	过滤阀	GL41H－16C 65	个	385.20
517	过滤阀	GL41H－16C 80	个	461.70
518	过滤阀	GL41H－16C 100	个	564.30
519	过滤阀	GL41H－16C 125	个	744.30
520	过滤阀	GL41H－16C 150	个	974.70
521	过滤阀	GL41H－16C 200	个	1496.00
522	过滤阀	GL41H－16C 250	个	2387.00
523	球阀	Q41F－16C 20	个	80.00
524	球阀	Q41F－16C 25	个	156.00
525	球阀	Q41F－16C 40	个	275.00
526	球阀	Q41F－16C 65	个	512.00
527	球阀	Q41F－16C 125	个	1469.00

序号	材料名称	规格型号	单位	定额价(元)
528	球阀	Q41F－16C 200	个	3587.00
529	球阀	Q41F－16P 20	个	229.00
530	球阀	Q41F－16P 25	个	278.00
531	球阀	Q41F－16P 32	个	355.00
532	球阀	Q41F－16P 40	个	444.00
533	球阀	Q41F－16P 50	个	557.00
534	球阀	Q41F－16P 65	个	723.00
535	球阀	Q41F－16P 80	个	956.00
536	球阀	Q41F－16P 100	个	1223.00
537	球阀	Q41F－16P 125	个	2186.00
538	球阀	Q41F－16P 150	个	3390.00
539	螺纹球阀	ϕ15	个	176.50
540	螺纹球阀	ϕ20	个	194.00
541	螺纹球阀	ϕ50	个	460.50
542	法兰浮球阀	DN32	个	251.00
543	法兰浮球阀	DN50	个	402.00
544	法兰浮球阀	DN80	个	691.00
545	法兰浮球阀	DN100	个	828.90
546	法兰浮球阀	DN150	个	2148.00
547	黄铜球阀	1/2″	只	24.00
548	黄铜球阀	3/4″	只	33.00
549	黄铜球阀	1″	只	47.00

序号	材料名称	规格型号	单位	定额价(元)
550	铜球阀	15	只	23.00
551	铜球阀	20	只	31.00
552	铜球阀	25	只	46.00
553	铜球阀	40	只	107.00
554	铜球阀	50	只	150.00
555	角型阀(带铜活)	DN15	个	21.00
556	针型阀		个	13.00
557	橡胶密封对夹蝶阀	D341X - 10 80	个	412.00
558	橡胶密封对夹蝶阀	D341X - 10 100	个	454.00
559	橡胶密封对夹蝶阀	D341X - 10 125	个	489.00
560	橡胶密封对夹蝶阀	D341X - 10 150	个	511.00
561	橡胶密封对夹蝶阀	D341X - 10 200	个	699.00
562	橡胶密封对夹蝶阀	D341X - 10 250	个	976.00
563	橡胶密封对夹蝶阀	D341X - 10 300	个	1321.00
564	橡胶密封对夹蝶阀	D341X - 10 350	个	1498.00
565	橡胶密封对夹蝶阀	D341X - 10 400	个	3218.00
566	橡胶密封对夹蝶阀	D341X - 10 450	个	3719.00
567	橡胶密封对夹蝶阀	D341X - 10 500	个	5321.00
568	橡胶密封对夹蝶阀	D341X - 10 600	个	7641.00
569	橡胶密封对夹蝶阀	D341X - 10 700	个	9989.00
570	橡胶密封对夹蝶阀	D341X - 10 800	个	12870.00
571	橡胶密封对夹蝶阀	D341X - 10 900	个	16879.00

序号	材料名称	规格型号	单位	定额价(元)
572	橡胶密封对夹蝶阀	D341X－10　1000	个	19804.00
573	橡胶密封对夹蝶阀	D341X－10　1200	个	26541.00
574	橡胶密封对夹蝶阀	D371X－10　40	个	324.00
575	橡胶密封对夹蝶阀	D371X－10　50	个	398.00
576	橡胶密封对夹蝶阀	D371X－10　65	个	412.00
577	橡胶密封对夹蝶阀	D371X－10　80	个	453.00
578	橡胶密封对夹蝶阀	D371X－10　100	个	512.00
579	橡胶密封对夹蝶阀	D371X－10　125	个	569.00
580	橡胶密封对夹蝶阀	D371X－10　150	个	581.00
581	橡胶密封对夹蝶阀	D371X－10　200	个	691.00
582	橡胶密封对夹蝶阀	D371X－10　250	个	898.00
583	橡胶密封对夹蝶阀	D371X－10　300	个	1279.00
584	橡胶密封对夹蝶阀	D371X－10　350	个	1441.00
585	橡胶密封对夹蝶阀	D371X－10　400	个	2899.00
586	橡胶密封对夹蝶阀	D371X－10　450	个	3567.00
587	橡胶密封对夹蝶阀	D371X－10　500	个	5341.00
588	橡胶密封对夹蝶阀	D371X－10　600	个	7354.00
589	橡胶密封对夹蝶阀	D371X－10　700	个	9765.00
590	橡胶密封对夹蝶阀	D371X－10　800	个	12765.00
591	橡胶密封对夹蝶阀	D371X－10　900	个	14927.00
592	橡胶密封对夹蝶阀	D371X－10　1000	个	18976.00
593	橡胶密封对夹蝶阀	D371X－10　1200	个	24876.00

序号	材料名称	规格型号	单位	定额价(元)
594	橡胶密封对夹蝶阀	D41X－10　80	个	198.00
595	橡胶密封对夹蝶阀	D41X－10　100	个	223.00
596	橡胶密封对夹蝶阀	D41X－10　125	个	289.00
597	橡胶密封对夹蝶阀	D41X－10　150	个	412.00
598	橡胶密封对夹蝶阀	D41X－10　200	个	521.00
599	橡胶密封对夹蝶阀	D71X－10　40	个	139.00
600	橡胶密封对夹蝶阀	D71X－10　50	个	139.00
601	橡胶密封对夹蝶阀	D71X－10　65	个	157.00
602	橡胶密封对夹蝶阀	D71X－10　80	个	187.00
603	橡胶密封对夹蝶阀	D71X－10　100	个	218.00
604	橡胶密封对夹蝶阀	D71X－10　125	个	286.00
605	橡胶密封对夹蝶阀	D71X－10　150	个	416.00
606	橡胶密封对夹蝶阀	D71X－10　200	个	489.00
607	法兰疏水器	CS41H－DN20	个	210.60
608	法兰疏水器	CS41H－DN25	个	248.40
609	法兰疏水器	CS41H－DN32	个	340.20
610	法兰疏水器	CS41H－DN40	个	358.20
611	法兰疏水器	CS41H－DN50	个	417.60
612	黑玛钢弯头	DN15	个	0.61
613	黑玛钢弯头	DN20	个	1.20
614	黑玛钢弯头	DN25	个	1.70
615	黑玛钢弯头	DN32	个	2.80

序号	材料名称	规格型号	单位	定额价(元)
616	黑玛钢弯头	DN40	个	3.70
617	黑玛钢弯头	DN50	个	5.70
618	黑玛钢弯头	DN65	个	9.30
619	黑玛钢弯头	DN80	个	14.40
620	镀锌弯头	DN15	个	0.25
621	镀锌弯头	DN20	个	0.56
622	镀锌弯头	DN25	个	1.28
623	镀锌弯头	DN32	个	2.60
624	镀锌弯头	DN40	个	2.79
625	镀锌弯头	DN50	个	4.80
626	镀锌弯头	DN80	个	11.47
627	冲压弯头 45°	48	个	1.10
628	冲压弯头 45°	57	个	1.60
629	冲压弯头 45°	76	个	2.86
630	冲压弯头 45°	89	个	3.20
631	冲压弯头 45°	108	个	5.30
632	冲压弯头 45°	114	个	5.98
633	冲压弯头 45°	133	个	9.78
634	冲压弯头 45°	159	个	12.98
635	冲压弯头 45°	165	个	17.59
636	冲压弯头 45°	219	个	31.60
637	冲压弯头 45°	273	个	55.80

序号	材料名称	规格型号	单位	定额价(元)
638	柔性下水铸铁弯头 45°	50	件	10.01
639	柔性下水铸铁弯头 45°	75	件	13.53
640	柔性下水铸铁弯头 45°	100	件	19.47
641	柔性下水铸铁弯头 45°	125	件	28.93
642	柔性下水铸铁弯头 45°	150	件	39.16
643	柔性下水铸铁弯头 45°	200	件	61.82
644	直角弯头	FBN15	个	1.31
645	直角弯头	FBN20	个	1.61
646	直角弯头	FBN25	个	2.27
647	直角弯头	FBN32	个	2.96
648	直角弯头	FBN40	个	4.35
649	直角弯头	FBN50	个	5.45
650	直角弯头	FBN70	个	5.99
651	冲压弯头 90°	18	个	0.73
652	冲压弯头 90°	25	个	0.89
653	冲压弯头 90°	32	个	1.43
654	冲压弯头 90°	38	个	1.59
655	冲压弯头 90°	42	个	1.87
656	冲压弯头 90°	45	个	1.95
657	冲压弯头 90°	48	个	2.15
658	冲压弯头 90°	51	个	2.45
659	冲压弯头 90°	57	个	2.98

序号	材料名称	规格型号	单位	定额价(元)
660	冲压弯头 90°	60	个	3.01
661	冲压弯头 90°	76	个	3.45
662	冲压弯头 90°	89	个	3.94
663	冲压弯头 90°	108	个	6.89
664	冲压弯头 90°	114	个	8.23
665	冲压弯头 90°	133	个	10.40
666	冲压弯头 90°	140	个	14.60
667	冲压弯头 90°	159	个	16.40
668	冲压弯头 90°	165	个	18.60
669	冲压弯头 90°	219	个	36.70
670	冲压弯头 90°	273	个	72.10
671	冲压弯头 90°	325	个	123.00
672	冲压弯头 90°	377	个	187.00
673	冲压弯头 90°	426	个	258.00
674	冲压弯头 90°	529	个	498.00
675	冲压弯头 90°	630	个	973.00
676	镀锌冲压弯头 90°	48	个	2.90
677	镀锌冲压弯头 90°	57	个	3.50
678	镀锌冲压弯头 90°	76	个	4.56
679	镀锌冲压弯头 90°	89	个	5.98
680	镀锌冲压弯头 90°	108	个	10.13
681	镀锌冲压弯头 90°	114	个	13.50

序号	材料名称	规格型号	单位	定额价(元)
682	镀锌冲压弯头 90°	133	个	16.80
683	镀锌冲压弯头 90°	140	个	21.80
684	镀锌冲压弯头 90°	159	个	25.70
685	镀锌冲压弯头 90°	165	个	23.45
686	镀锌冲压弯头 90°	219	个	76.80
687	镀锌冲压弯头 90°	273	个	155.60
688	柔性下水铸铁弯头 90°	50	个	11.69
689	柔性下水铸铁弯头 90°	75	个	16.64
690	柔性下水铸铁弯头 90°	100	个	24.31
691	柔性下水铸铁弯头 90°	125	个	33.57
692	柔性下水铸铁弯头 90°	150	个	43.38
693	柔性下水铸铁弯头 90°	200	个	79.92
694	黑玛钢三通	DN15	个	0.89
695	黑玛钢三通	DN20	个	1.23
696	黑玛钢三通	DN25	个	1.54
697	黑玛钢三通	DN32	个	2.05
698	黑玛钢三通	DN40	个	2.78
699	黑玛钢三通	DN50	个	3.98
700	黑玛钢三通	DN65	个	7.67
701	黑玛钢三通	DN80	个	10.40
702	黑玛钢三通	DN100	个	18.40
703	黑玛钢三通	DN125	个	57.10

序号	材料名称	规格型号	单位	定额价(元)
704	黑玛钢三通	DN150	个	72.40
705	变径三通	DN32 ~ DN15	个	0.78
706	铸铁下水 T 型三通	承口 50×50	个	11.70
707	铸铁下水 T 型三通	承口 75×50	个	15.60
708	铸铁下水 T 型三通	承口 75×75	个	17.30
709	铸铁下水 T 型三通	承口 100×50	个	21.60
710	铸铁下水 T 型三通	承口 100×75	个	21.80
711	铸铁下水 T 型三通	承口 100×100	个	24.60
712	铸铁下水 T 型三通	承口 125×50	个	46.70
713	铸铁下水 T 型三通	承口 125×75	个	53.70
714	铸铁下水 T 型三通	承口 125×100	个	53.90
715	铸铁下水 T 型三通	承口 125×125	个	55.50
716	铸铁下水 T 型三通	承口 150×50	个	59.80
717	铸铁下水 T 型三通	承口 150×75	个	61.50
718	铸铁下水 T 型三通	承口 150×100	个	63.70
719	铸铁下水 T 型三通	承口 150×125	个	69.30
720	铸铁下水 T 型三通	承口 150×150	个	70.00
721	铸铁下水 T 型三通	承口 200×100	个	69.60
722	铸铁下水 T 型三通	承口 200×150	个	72.80
723	铸铁下水 T 型三通	承口 200×200	个	81.90
724	铸铁下水 Y 型三通	承口 50×50	个	14.70
725	铸铁下水 Y 型三通	承口 75×50	个	18.10

序号	材料名称	规格型号	单位	定额价(元)
726	铸铁下水 Y 型三通	承口 75×75	个	24.10
727	铸铁下水 Y 型三通	承口 100×50	个	23.70
728	铸铁下水 Y 型三通	承口 100×75	个	25.80
729	铸铁下水 Y 型三通	承口 100×100	个	35.10
730	铸铁下水 Y 型三通	承口 125×50	个	41.20
731	铸铁下水 Y 型三通	承口 125×75	个	42.40
732	铸铁下水 Y 型三通	承口 125×100	个	43.30
733	铸铁下水 Y 型三通	承口 125×125	个	56.80
734	铸铁下水 Y 型三通	承口 150×50	个	42.30
735	铸铁下水 Y 型三通	承口 150×75	个	50.90
736	铸铁下水 Y 型三通	承口 150×100	个	54.10
737	铸铁下水 Y 型三通	承口 150×150	个	60.50
738	铸铁下水 Y 型三通	承口 200×100	个	83.40
739	铸铁下水 Y 型三通	承口 200×150	个	93.00
740	铸铁下水 Y 型三通	承口 200×200	个	98.30
741	铸铁下水 TY 三通	A 型 50×50	件	20.31
742	铸铁下水 TY 三通	A 型 75×75	件	39.45
743	铸铁下水 TY 三通	A 型 100×50	件	51.48
744	铸铁下水 TY 三通	A 型 125×100	件	79.65
745	铸铁下水 TY 三通	A 型 150×125	件	103.50
746	铸铁下水 TY 三通	A 型 200×150	件	154.50
747	铸铁下水 Y 三通	A 型 50×50	件	22.56

序号	材料名称	规格型号	单位	定额价(元)
748	铸铁下水 Y 三通	A 型 75×75	件	33.73
749	铸铁下水 Y 三通	A 型 100×50	件	39.64
750	铸铁下水 Y 三通	A 型 125×100	件	74.98
751	铸铁下水 Y 三通	A 型 150×125	件	94.10
752	铸铁下水 Y 三通	A 型 200×50	个	128.62
753	铸铁下水 Y 三通	A 型 200×75	个	110.10
754	铸铁下水 Y 三通	A 型 200×150	件	148.50
755	铸铁下水 T 三通	承口 50×50	件	11.40
756	铸铁下水 T 三通	承口 75×75	件	17.67
757	铸铁下水 T 三通	承口 100×50	件	21.56
758	铸铁下水 T 三通	承口 125×100	件	53.54
759	铸铁下水 T 三通	承口 150×125	件	67.56
760	铸铁下水 T 三通	承口 200×150	件	73.60
761	镀锌三通	DN15	个	0.42
762	镀锌三通	DN20	个	1.41
763	镀锌三通	DN25	个	2.56
764	镀锌三通	DN32	个	5.86
765	镀锌三通	DN40	个	7.61
766	镀锌三通	DN50	个	11.13
767	玻璃钢三通	110mm×50mm	个	15.06
768	玻璃钢三通	160mm×50mm	个	46.70
769	铸铁下水 TY 四通	A 型 50×50×50	件	35.50

序号	材料名称	规格型号	单位	定额价(元)
770	铸铁下水 TY 四通	A 型 75×75×75	件	58.00
771	铸铁下水 TY 四通	A 型 100×50×50	件	59.20
772	铸铁下水 TY 四通	A 型 100×100×100	件	104.00
773	铸铁下水 TY 四通	A 型 125×100×100	件	109.00
774	铸铁下水 TY 四通	A 型 125×125×125	件	137.00
775	铸铁下水 TY 四通	A 型 150×100×100	件	129.00
776	铸铁下水 TY 四通	A 型 150×125×125	件	148.00
777	铸铁下水 TY 四通	A 型 150×150×150	件	186.00
778	铸铁下水 TY 四通	A 型 200×100×100	件	161.00
779	铸铁下水 TY 四通	A 型 200×125×125	件	182.00
780	铸铁下水 TY 四通	A 型 200×150×150	件	227.00
781	柔性接口铸铁下水 T 四通	50	个	33.80
782	柔性接口铸铁下水 T 四通	75	个	46.90
783	柔性接口铸铁下水 T 四通	100	个	64.00
784	柔性接口铸铁下水 T 四通	125	个	103.00
785	柔性接口铸铁下水 T 四通	150	个	131.00
786	铸铁下水 Y 四通	A 型 75×50×50	个	35.50
787	铸铁下水 Y 四通	A 型 100×50×50	个	38.00
788	铸铁下水 Y 四通	A 型 100×100×50	个	48.20
789	铸铁下水 Y 四通	A 型 125×100×50	个	65.70
790	铸铁下水 Y 四通	A 型 125×100×100	个	69.00
791	铸铁下水 Y 四通	A 型 150×100×50	个	126.00

序号	材料名称	规格型号	单位	定额价(元)
792	铸铁下水 Y 四通	A 型 150×100×100	个	116.00
793	铸铁下水 Y 四通	A 型 200×100×100	个	193.00
794	铸铁下水 Y 四通	A 型 200×150×150	个	248.00
795	钢制盲板	压力 6kg 25	个	6.12
796	钢制盲板	压力 6kg 32	个	7.69
797	钢制盲板	压力 6kg 40	个	10.39
798	钢制盲板	压力 6kg 50	个	13.70
799	钢制盲板	压力 6kg 65	个	16.50
800	钢制盲板	压力 6kg 80	个	19.42
801	钢制盲板	压力 6kg 100	个	26.34
802	钢制盲板	压力 6kg 125	个	34.41
803	钢制盲板	压力 6kg 150	个	48.93
804	钢制盲板	压力 6kg 200	个	72.88
805	钢制盲板	压力 6kg 250	个	129.33
806	钢制盲板	压力 6kg 300	个	201.35
807	钢制盲板	压力 6kg 350	个	299.35
808	钢制盲板	压力 6kg 400	个	433.73
809	钢制盲板	压力 6kg 500	个	843.52
810	钢制盲板	压力 10kg 20	个	5.45
811	钢制盲板	压力 10kg 25	个	5.63
812	钢制盲板	压力 10kg 32	个	6.96
813	钢制盲板	压力 10kg 40	个	9.34

序号	材料名称	规格型号	单位	定额价(元)
814	钢制盲板	压力 10kg 50	个	12.43
815	钢制盲板	压力 10kg 65	个	14.63
816	钢制盲板	压力 10kg 70	个	18.02
817	钢制盲板	压力 10kg 100	个	21.03
818	钢制盲板	压力 10kg 125	个	33.18
819	钢制盲板	压力 10kg 150	个	42.56
820	钢制盲板	压力 10kg 200	个	61.04
821	钢制盲板	压力 10kg 250	个	98.17
822	钢制盲板	压力 10kg 300	个	138.11
823	钢制盲板	压力 10kg 350	个	212.18
824	钢制盲板	压力 10kg 400	个	305.98
825	钢制盲板	压力 10kg 500	个	623.91
826	盲板		kg	10.80
827	黑玛钢管箍	DN15	个	0.38
828	黑玛钢管箍	DN20	个	0.59
829	黑玛钢管箍	DN25	个	0.80
830	黑玛钢管箍	DN32	个	1.14
831	黑玛钢管箍	DN40	个	1.90
832	黑玛钢管箍	DN50	个	2.68
833	黑玛钢管箍	DN65	个	4.24
834	黑玛钢管箍	DN80	个	6.60
835	黑玛钢管箍	DN100	个	10.14

序号	材料名称	规格型号	单位	定额价(元)
836	黑玛钢异径管箍	DN80×40	个	9.60
837	黑玛钢异径管箍	DN100×65	个	15.00
838	黑玛钢异径管箍	DN100×80	个	16.00
839	黑玛钢异径管箍	DN125×100	个	23.00
840	黑玛钢异径管箍	DN150×100	个	32.00
841	熟铁管箍	DN15	个	0.48
842	熟铁管箍	DN20	个	0.76
843	熟铁管箍	DN25	个	1.30
844	熟铁管箍	DN32	个	1.55
845	熟铁管箍	DN40	个	1.89
846	熟铁管箍	DN50	个	2.93
847	熟铁管箍	DN65	个	4.72
848	熟铁管箍	DN80	个	5.89
849	熟铁管箍	DN100	个	7.93
850	双承接口铸铁下水管箍	50×50	个	6.65
851	双承接口铸铁下水管箍	75×50	个	7.58
852	双承接口铸铁下水管箍	75×75	个	9.03
853	双承接口铸铁下水管箍	100×50	个	10.65
854	双承接口铸铁下水管箍	100×75	个	11.34
855	双承接口铸铁下水管箍	100×100	个	12.76
856	双承接口铸铁下水管箍	125×50	个	13.45
857	双承接口铸铁下水管箍	125×75	个	14.56

序号	材料名称	规格型号	单位	定额价(元)
858	双承接口铸铁下水管箍	125×100	个	15.87
859	双承接口铸铁下水管箍	125×125	个	18.56
860	双承接口铸铁下水管箍	150×50	个	16.92
861	双承接口铸铁下水管箍	150×75	个	18.54
862	双承接口铸铁下水管箍	150×100	个	18.96
863	双承接口铸铁下水管箍	150×125	个	19.58
864	双承接口铸铁下水管箍	150×150	个	20.34
865	双承接口铸铁下水管箍	200×100	个	25.67
866	双承接口铸铁下水管箍	200×150	个	28.65
867	双承接口铸铁下水管箍	200×200	个	30.54
868	异径管箍	DN25×20	个	1.96
869	镀锌管箍	DN15	个	0.54
870	镀锌管箍	DN20	个	0.68
871	镀锌管箍	DN25	个	0.99
872	镀锌管箍	DN32	个	1.60
873	镀锌管箍	DN40	个	2.13
874	镀锌管箍	DN50	个	3.50
875	镀锌管箍	DN65	个	7.45
876	镀锌管箍	DN80	个	10.92
877	镀锌管箍	DN100	个	16.84
878	不锈钢管箍	DN50	个	17.00
879	不锈钢管箍	DN75	个	19.21

序号	材料名称	规格型号	单位	定额价(元)
880	不锈钢管箍	DN100	个	22.60
881	不锈钢管箍	DN125	个	33.90
882	不锈钢管箍	DN150	个	45.20
883	不锈钢管箍	DN200	个	58.76
884	管卡子(钢管用)	15	个	0.09
885	管卡子(钢管用)	25	个	0.10
886	管卡子(钢管用)	32	个	0.18
887	管卡子(钢管用)	38	个	0.27
888	管卡子(钢管用)	50	个	0.30
889	管卡子(钢管用)	65	个	0.43
890	管卡子(钢管用)	75	个	0.54
891	管卡子(钢管用)	100	个	0.67
892	管卡子(钢管用)	125	个	0.89
893	管卡子(钢管用)	150	个	1.10
894	镀锌管卡子(钢管用)	20	个	0.40
895	镀锌管卡子(钢管用)	32	个	0.45
896	镀锌管卡子(钢管用)	50	个	0.46
897	黑玛钢六角外丝	DN20	个	0.83
898	黑玛钢六角外丝	DN25	个	1.29
899	黑玛钢六角外丝	DN32	个	1.62
900	黑玛钢六角外丝	DN40	个	1.80
901	黑玛钢六角外丝	DN50	个	2.48

序号	材料名称	规格型号	单位	定额价(元)
902	黑玛钢六角外丝	DN65	个	6.48
903	黑玛钢六角外丝	DN80	个	12.96
904	黑玛钢六角外丝	DN100	个	33.50
905	黑玛钢六角外丝	DN125	个	54.45
906	黑玛钢补芯	DN125	个	18.52
907	黑玛钢补芯	DN150	个	34.91
908	白补芯	25×15	个	2.00
909	白补芯	25×20	个	2.00
910	黑玛钢丝堵(堵头)	DN15	个	0.45
911	黑玛钢丝堵(堵头)	DN20	个	0.51
912	黑玛钢丝堵(堵头)	DN25	个	0.85
913	黑玛钢丝堵(堵头)	DN32	个	1.03
914	镀锌丝堵	DN15	个	0.18
915	镀锌丝堵	DN50	个	9.24
916	镀锌丝堵(堵头)	DN15	个	0.15
917	镀锌丝堵(堵头)	DN20	个	0.18
918	镀锌丝堵(堵头)	DN25	个	0.36
919	镀锌丝堵	DN20	个	0.15
920	镀锌丝堵	DN25	个	0.36
921	镀锌丝堵	DN38 以内	个	1.52
922	活接头	20	个	4.13
923	活接头	25	个	5.10

序号	材料名称	规格型号	单位	定额价(元)
924	活接头	32	个	5.55
925	活接头	40	个	10.35
926	活接头	50	个	13.88
927	活接头	63	个	17.25
928	活接头	75	个	47.25
929	活接头	90	个	65.25
930	活接头	110	个	126.00
931	伸缩接头	FSE15	个	1.09
932	伸缩接头	FSE20	个	1.20
933	伸缩接头	FSE25	个	1.39
934	伸缩接头	FSE32	个	1.67
935	伸缩接头	FSE40	个	2.76
936	伸缩接头	FSE50	个	2.97
937	伸缩接头	FSE70	个	3.72
938	内丝活接头 2.5MPa,1.25	S2.5　25×3/4”	个	37.20
939	内丝活接头 2.5MPa,1.25	S2.5　40×1.1/4”	个	87.75
940	内丝活接头 2.5MPa,1.25	S2.5　50×1.1/2”	个	177.75
941	内丝活接头 2.5MPa,1.25	S2.5　63×2”	个	291.75
942	内丝活接头 2.5MPa,1.25	S2.5　20×1/2”	个	24.00
943	内丝活接头 2.5MPa,1.25	S2.5　32×1”	个	56.18
944	内牙活接头	16×1/2"	个	18.24
945	内牙活接头	20×1/2"	个	21.84

序号	材料名称	规格型号	单位	定额价(元)
946	内牙活接头	25×3/4"	个	23.40
947	内牙活接头	32×1"	个	31.98
948	外牙活接头	16×1/2"	个	19.26
949	外牙活接头	20×1/2"	个	24.18
950	外牙活接头	25×3/4"	个	28.86
951	外牙活接头	32×1"	个	36.66
952	镀锌管接头	1.5×15	个	0.76
953	镀锌管接头	1.5×20	个	0.82
954	镀锌管接头	1.5×25	个	1.56
955	镀锌管接头	1.5×32	个	1.87
956	镀锌管接头	1.5×40	个	2.98
957	镀锌管接头	1.5×50	个	3.01
958	镀锌管接头	5×15	个	0.98
959	镀锌管接头	5×20	个	1.07
960	镀锌管接头	6×25	个	1.65
961	镀锌管接头	6×32	个	2.34
962	镀锌管接头	7×40	个	3.72
963	镀锌管接头	7×50	个	4.76
964	镀锌管接头	8×70	个	5.80
965	镀锌管接头	8×80	个	7.79
966	镀锌管接头	10×100	个	11.32
967	镀锌管接头	10×125	个	14.50

序号	材料名称	规格型号	单位	定额价(元)
968	镀锌管接头	10×150	个	17.30
969	镀锌管接头	FST15	个	0.58
970	镀锌管接头	FST20	个	0.64
971	镀锌管接头	FST25	个	0.65
972	镀锌管接头	FST32	个	0.67
973	镀锌管接头	FST40	个	0.87
974	镀锌管接头	FST50	个	1.32
975	镀锌管接头	FST70	个	1.46
976	镀锌管接头零件	DN50 室内	个	11.00
977	镀锌管接头零件	DN75 室内	个	15.00
978	镀锌管接头零件	DN100 室内	个	23.00
979	镀锌管接头零件	DN150 室内	个	52.00
980	镀锌管接头零件	DN200 室内	个	78.00
981	镀锌管接头零件	DN250 室内	个	105.00
982	承插塑料排水管件	DN50	个	6.30
983	承插塑料排水管件	DN75	个	9.15
984	承插塑料排水管件	DN80	个	12.70
985	承插塑料排水管件	DN100	个	21.00
986	承插塑料排水管件	DN150	个	36.00
987	塑料管件		套	13.00
988	柔性下水铸铁存水弯	PW 型 50	件	21.53
989	柔性下水铸铁存水弯	PW 型 75	件	35.87

序号	材料名称	规格型号	单位	定额价(元)
990	柔性下水铸铁存水弯	PW 型 100	件	63.59
991	柔性下水铸铁存水弯	PW 型 125	件	124.16
992	柔性下水铸铁存水弯	SW 型 50	件	23.00
993	柔性下水铸铁存水弯	SW 型 75	件	41.06
994	柔性下水铸铁存水弯	SW 型 100	件	66.98
995	柔性下水铸铁存水弯	SW 型 125	件	144.56
996	柔性下水铸铁八字返水弯	(P)50	个	15.65
997	柔性下水铸铁八字返水弯	(P)75	个	22.43
998	柔性下水铸铁八字返水弯	(P)100	个	40.23
999	柔性下水铸铁直返水弯	(S)50	个	13.45
1000	柔性下水铸铁直返水弯	(S)75	个	25.34
1001	柔性下水铸铁直返水弯	(S)100	个	36.87
1002	柔性下水铸铁管 H 透气管	100×75	件	67.89
1003	柔性下水铸铁管 H 透气管	100×100	件	78.12
1004	柔性下水铸铁管 H 透气管	150×100	件	134.20
1005	柔性下水铸铁立管检查口	50	件	17.80
1006	柔性下水铸铁立管检查口	75	件	27.30
1007	柔性下水铸铁立管检查口	100	件	39.54
1008	柔性下水铸铁立管检查口	125	件	61.04
1009	柔性下水铸铁立管检查口	150	件	77.65
1010	柔性下水铸铁立管检查口	200	件	98.25
1011	排水管检查口	110mm	个	39.17

序号	材料名称	规格型号	单位	定额价(元)
1012	排水管检查口	160mm	个	60.95
1013	排水管连接件	110mm×115mm	个	13.10
1014	排水管连接件	160mm×135mm	个	18.40
1015	排水管伸缩节	110mm	个	19.75
1016	排水管伸缩节	160mm	个	35.45
1017	排水栓(带链堵)	DN50 铝合金	套	15.00
1018	柔性下水铸铁套轴	50	件	12.00
1019	柔性下水铸铁套轴	75	件	15.20
1020	柔性下水铸铁套轴	100	件	17.90
1021	柔性下水铸铁套轴	125	件	32.40
1022	柔性下水铸铁套轴	150	件	38.90
1023	柔性下水铸铁套轴	200	件	53.40
1024	柔性下水铸铁压盖	50	件	4.50
1025	柔性下水铸铁压盖	75	件	5.30
1026	柔性下水铸铁压盖	100	件	6.40
1027	柔性下水铸铁压盖	125	件	11.34
1028	柔性下水铸铁压盖	150	件	15.60
1029	柔性下水铸铁压盖	200	件	17.50
1030	法兰压盖	DN50 室内排水	个	5.04
1031	法兰压盖	DN75 室内排水	个	6.61
1032	法兰压盖	DN100 室内排水	个	7.74
1033	法兰压盖	DN150 室内排水	个	17.39

序号	材料名称	规格型号	单位	定额价(元)
1034	法兰压盖	DN200 室内排水	个	19.97
1035	铸铁井箅		套	160.00
1036	铸铁井盖座		套	395.00
1037	地漏	DN50	个	38.00
1038	地漏	DN80	个	45.00
1039	地漏	DN100	个	65.00
1040	地漏	DN150	个	90.00
1041	立管扫除口	DN50	个	10.65
1042	立管扫除口	DN80	个	17.43
1043	立管扫除口	DN100	个	24.34
1044	立管扫除口	DN125	个	38.26
1045	立管扫除口	DN150	个	50.31
1046	套管	KT2 型	个	1.15
1047	套管(铅、热缩)		个	8.10
1048	玻璃钢短管	50	个	3.52
1049	铝压接管	$25mm^2$	个	4.31
1050	铝压接管	$95mm^2$	个	8.65
1051	铝压接管	$185mm^2$	个	14.30
1052	铝压接管	$400mm^2$	个	29.34
1053	铝压接管	$\phi10$	个	2.11
1054	铝压接管	$\phi4$	个	0.54
1055	铝压接管	$\phi6$	个	0.68

序号	材料名称	规格型号	单位	定额价(元)
1056	玻璃钢水斗	110 带罩	个	36.45
1057	玻璃钢水斗	160 带罩	个	39.48
1058	不锈钢水斗		个	61.58
1059	透气帽(铅丝球)	DN50	个	2.50
1060	透气帽(铅丝球)	DN75	个	3.50
1061	透气帽(铅丝球)	DN100	个	5.30
1062	透气帽(铅丝球)	DN150	个	9.10
1063	放风阀	25 × 800	个	721.00
1064	泄水阀	40 × 800	个	981.00
1065	自动排气阀	DN15	个	34.00
1066	自动排气阀	DN20	个	56.00
1067	自动排气阀	DN25	个	107.00
1068	合金钢对焊管件(16Mn)	DN15	个	12.00
1069	合金钢对焊管件(16Mn)	DN100	个	80.00
1070	合金钢对焊管件(16Mn)	DN250	个	295.00
1071	合金钢对焊管件(16Mn)	DN300	个	357.00
1072	合金钢对焊管件(16Mn)	DN400	个	860.00
1073	合金钢对焊管件(16Mn)	DN500	个	986.00
1074	塑料管阻火圈	DN20	个	50.00
1075	塑料管阻火圈	DN75	个	90.00
1076	塑料管阻火圈	DN110	个	160.00
1077	塑料管阻火圈	DN160	个	250.00

序号	材料名称	规格型号	单位	定额价(元)
1078	塑料管阻火圈	DN200	个	410.00
1079	螺旋消声管	ϕ75	m	25.50
1080	螺旋消声管	ϕ110	m	26.00
1081	螺旋消声管	ϕ160	m	53.00
1082	螺旋消声管	ϕ200	m	125.00
1083	空心消声管	ϕ75	m	2.20
1084	空心消声管	ϕ110	m	7.40
1085	空心消声管	ϕ160	m	24.00
1086	空心消声管	ϕ200	m	29.00
1087	PPR 塑料法兰	DN40	片	5.07
1088	PPR 塑料法兰	DN50	片	9.09
1089	PPR 塑料法兰	DN63	片	27.76
1090	PPR 塑料法兰	DN75	片	37.52
1091	PPR 塑料法兰	DN110	片	69.54
1092	PPR 截止阀	ϕ20 ~ 110	个	100.00
1093	PPR 球阀	ϕ20	个	12.10
1094	PPR 球阀	ϕ32	个	21.30
1095	PPR 球阀	ϕ40	个	38.00
1096	PPR 球阀	ϕ50	个	57.50
1097	PPR 球阀	ϕ65	个	97.50
1098	PPR 球阀	ϕ80	个	115.00
1099	PPR 球阀	ϕ100	个	155.00

序号	材料名称	规格型号	单位	定额价(元)
1100	PPR 球阀	ϕ150	个	410.00
1101	塑料管伸缩节	DN40	个	19.90
1102	塑料管伸缩节	DN50	个	28.00
1103	塑料管伸缩节	DN63～200	个	38.70
1104	T 型接头	FTE15	个	3.44
1105	T 型接头	FTE20	个	2.76
1106	T 型接头	FTE25	个	3.91
1107	T 型接头	FTE32	个	3.86
1108	T 型接头	FTE40	个	4.73
1109	T 型接头	FTE50	个	3.88
1110	T 型接头	FTE70	个	4.40
1111	玻璃钢弯头	50	个	49.90
1112	单管卡	25mm	个	1.00
1113	镀锌法兰	ϕ50	个	3.60
1114	镀锌管接头(金属软管用)	15	个	0.56
1115	镀锌管接头(金属软管用)	20	个	2.57
1116	镀锌管接头(金属软管用)	25	个	3.41
1117	镀锌管接头(金属软管用)	32	个	5.68
1118	镀锌管接头(金属软管用)	40	个	7.40
1119	镀锌管接头(金属软管用)	50	个	10.70
1120	镀锌弯头	DN40×25	个	3.70
1121	法兰	DN50	片	19.84

序号	材料名称	规格型号	单位	定额价(元)
1122	法兰	PN1.6MPa　DN100	副	135.98
1123	法兰	PN1.6MPa　DN15	副	12.76
1124	法兰	PN1.6MPa　DN150	副	224.79
1125	法兰	PN1.6MPa　DN200	副	285.62
1126	法兰	PN1.6MPa　DN25	副	16.52
1127	法兰	PN1.6MPa　DN300	副	517.18
1128	法兰	PN1.6MPa　DN400	副	874.98
1129	法兰	PN1.6MPa　DN50	副	73.80
1130	法兰	PN1.6MPa　DN500	副	1553.50
1131	法兰盖	DN100	片	27.00
1132	法兰盖	DN150	片	49.00
1133	法兰盖	DN300	片	240.00
1134	法兰盖	DN400	片	900.00
1135	法兰盖	DN50	片	23.00
1136	法兰盖	DN500	片	950.00
1137	法兰减压阀	DN20	个	357.00
1138	法兰减压阀	DN25	个	423.20
1139	法兰减压阀	DN32	个	446.80
1140	法兰减压阀	DN40	个	479.40
1141	法兰减压阀	DN50	个	570.00
1142	法兰减压阀	DN65	个	676.00
1143	法兰减压阀	DN80	个	952.00

序号	材料名称	规格型号	单位	定额价(元)
1144	法兰减压阀	DN100	个	1008.00
1145	法兰截止阀	J11T－16 DN20	个	18.15
1146	法兰截止阀	J41T－16 DN25	个	43.65
1147	法兰截止阀	J41T－16 DN32	个	56.70
1148	法兰截止阀	J41T－16 DN40	个	72.00
1149	法兰截止阀	J41T－16 DN50	个	88.20
1150	法兰截止阀	J41T－16 DN65	个	144.45
1151	法兰截止阀	J41T－16 DN80	个	189.00
1152	法兰截止阀	J41T－16 DN100	个	283.50
1153	法兰截止阀	J41T－16 DN125	个	516.40
1154	法兰截止阀	J41T－16 DN150	个	713.20
1155	法兰闸阀	Z45T－10 DN100	个	274.19
1156	法兰闸阀	Z45T－10 DN150	个	513.94
1157	法兰闸阀	Z45T－10 DN200	个	862.94
1158	法兰闸阀	Z45T－10 DN250	个	1100.00
1159	法兰闸阀	Z45T－10 DN300	个	1624.00
1160	法兰闸阀	Z45T－10 DN40	个	106.00
1161	法兰闸阀	Z45T－10 DN50	个	127.00
1162	法兰闸阀	Z45T－10 DN65	个	152.00
1163	法兰闸阀	Z45T－10 DN80	个	228.00
1164	法兰止回阀	H44T－10 DN50	个	200.00
1165	法兰止回阀	H44T－10 DN80	个	310.00

序号	材料名称	规格型号	单位	定额价(元)
1166	法兰止回阀	H44T－10 DN100	个	276.00
1167	法兰止回阀	H44T－10 DN150	个	586.00
1168	法兰止回阀	H44T－10 DN200	个	766.75
1169	法兰止回阀	H44T－10 DN250	个	876.00
1170	法兰止回阀	H44T－10 DN300	个	1310.00
1171	管接头		kg	9.00
1172	焊接钢管接头零件	DN15 室内	个	0.68
1173	焊接钢管接头零件	DN15 室外	个	0.76
1174	焊接钢管接头零件	DN20 室内	个	0.92
1175	焊接钢管接头零件	DN20 室外	个	0.80
1176	焊接钢管接头零件	DN25 室内	个	1.80
1177	焊接钢管接头零件	DN25 室外	个	1.60
1178	焊接钢管接头零件	DN32 室内	个	2.53
1179	焊接钢管接头零件	DN32 室外	个	1.88
1180	焊接钢管接头零件	DN40 室内	个	3.80
1181	焊接钢管接头零件	DN40 室外	个	3.94
1182	焊接钢管接头零件	DN50 室内	个	5.99
1183	焊接钢管接头零件	DN50 室外	个	5.24
1184	焊接钢管接头零件	DN65 室内	个	9.80
1185	焊接钢管接头零件	DN65 室外	个	8.80
1186	焊接钢管接头零件	DN80 室内	个	15.40
1187	焊接钢管接头零件	DN80 室外	个	13.71

序号	材料名称	规格型号	单位	定额价(元)
1188	焊接钢管接头零件	DN100 室内	个	27.32
1189	焊接钢管接头零件	DN100 室外	个	24.93
1190	焊接钢管接头零件	DN125 室内	个	44.10
1191	焊接钢管接头零件	DN125 室外	个	40.14
1192	焊接钢管接头零件	DN150 室内	个	56.60
1193	焊接钢管接头零件	DN150 室外	个	49.64
1194	黑玛钢补芯	DN25 × 15	个	1.27
1195	黑玛钢补芯	DN32 × 15	个	1.28
1196	黑玛钢补芯	DN40 × 15	个	1.30
1197	黑玛钢六角外螺纹	DN100	个	18.89
1198	黑玛钢六角外螺纹	DN125	个	44.61
1199	滑模油路法兰及套管		kg	8.76
1200	减压阀	GA48Y - 16C　DN100	个	4980.00
1201	角钢立管卡	DN100	副	3.50
1202	角钢立管卡	DN150	副	3.55
1203	角钢立管卡	DN200	副	3.75
1204	角钢立管卡	DN250	副	3.86
1205	角钢立管卡	DN300	副	3.88
1206	角钢立管卡	DN50	副	3.05
1207	角钢立管卡	DN75	副	3.05
1208	螺纹减压阀	DN25	个	300.00
1209	螺纹减压阀	DN32	个	390.00

序号	材料名称	规格型号	单位	定额价(元)
1210	螺纹减压阀	DN40	个	460.00
1211	螺纹减压阀	DN50	个	480.00
1212	螺纹减压阀	DN65	个	658.00
1213	螺纹减压阀	DN80	个	962.00
1214	螺纹减压阀	DN100	个	1108.00
1215	螺纹截止阀	J11T-16 DN15	个	17.85
1216	螺纹截止阀	J11T-16 DN20	个	20.90
1217	螺纹截止阀	J11T-16 DN25	个	25.84
1218	螺纹截止阀	J11T-16 DN32	个	42.93
1219	螺纹截止阀	J11T-16 DN40	个	60.01
1220	螺纹截止阀	J11T-16 DN50	个	81.20
1221	螺纹闸阀	Z15T-10K DN15	个	12.00
1222	螺纹闸阀	Z15T-10K DN20	个	13.80
1223	螺纹闸阀	Z15T-10K DN25	个	16.40
1224	螺纹闸阀	Z15T-10K DN32	个	23.00
1225	螺纹闸阀	Z15T-10K DN40	个	26.00
1226	螺纹闸阀	Z15T-10K DN50	个	47.00
1227	螺纹闸阀	Z15T-10K DN80	个	125.00
1228	螺纹闸阀	Z15T-10K DN100	个	269.00
1229	平焊法兰	1.6MPa DN100	副	132.00
1230	平焊法兰	1.6MPa DN125	副	180.00
1231	平焊法兰	1.6MPa DN150	副	215.00

序号	材料名称	规格型号	单位	定额价(元)
1232	平焊法兰	1.6MPa　DN200	副	220.00
1233	平焊法兰	1.6MPa　DN250	副	330.00
1234	平焊法兰	1.6MPa　DN300	副	489.00
1235	平焊法兰	1.6MPa　DN32	副	43.00
1236	平焊法兰	1.6MPa　DN350	副	676.00
1237	平焊法兰	1.6MPa　DN40	副	66.70
1238	平焊法兰	1.6MPa　DN400	副	987.00
1239	平焊法兰	1.6MPa　DN50	副	75.00
1240	平焊法兰	1.6MPa　DN65	副	111.54
1241	平焊法兰	1.6MPa　DN80	副	124.20
1242	室内镀锌钢管接头零件	DN100	个	32.95
1243	室内镀锌钢管接头零件	DN125	个	45.00
1244	室内镀锌钢管接头零件	DN15	个	1.20
1245	室内镀锌钢管接头零件	DN150	个	64.00
1246	室内镀锌钢管接头零件	DN20	个	1.42
1247	室内镀锌钢管接头零件	DN25	个	2.76
1248	室内镀锌钢管接头零件	DN32	个	3.65
1249	室内镀锌钢管接头零件	DN40	个	4.42
1250	室内镀锌钢管接头零件	DN50	个	7.32
1251	室内镀锌钢管接头零件	DN65	个	13.49
1252	室内镀锌钢管接头零件	DN80	个	17.61
1253	室外镀锌钢管接头零件	DN100	个	27.87

序号	材料名称	规格型号	单位	定额价(元)
1254	室外镀锌钢管接头零件	DN125	个	46.83
1255	室外镀锌钢管接头零件	DN15	个	0.87
1256	室外镀锌钢管接头零件	DN150	个	68.80
1257	室外镀锌钢管接头零件	DN20	个	1.19
1258	室外镀锌钢管接头零件	DN25	个	1.80
1259	室外镀锌钢管接头零件	DN32	个	2.76
1260	室外镀锌钢管接头零件	DN40	个	4.80
1261	室外镀锌钢管接头零件	DN50	个	6.73
1262	室外镀锌钢管接头零件	DN65	个	11.54
1263	室外镀锌钢管接头零件	DN80	个	15.74
1264	熟铁管箍	50mm	只	3.96
1265	熟铁管箍	70mm	只	6.75
1266	塑料管卡子	100	个	2.90
1267	塑料管卡子	15	个	0.47
1268	塑料管卡子	20	个	0.68
1269	塑料管卡子	25	个	0.90
1270	塑料管卡子	32	个	1.20
1271	塑料管卡子	40	个	2.00
1272	塑料管卡子	50	个	2.30
1273	塑料管卡子	70	个	2.80
1274	塑料管卡子	80	个	2.80
1275	塑料管卡子	ϕ200	个	3.00

序号	材料名称	规格型号	单位	定额价(元)
1276	压制弯头	90°　$R=1.5D$　DN100	个	9.91
1277	压制弯头	90°　$R=1.5D$　DN150	个	23.40
1278	压制弯头	90°　$R=1.5D$　DN50	个	2.32
1279	压制弯头	DN65	个	3.45
1280	压制弯头	DN80	个	4.29
1281	压制弯头	DN100	个	9.76
1282	压制弯头	DN125	个	16.99
1283	压制弯头	DN150	个	23.47
1284	压制弯头	DN200	个	41.94
1285	压制弯头	DN250	个	78.85
1286	压制弯头	DN300	个	123.75
1287	压制弯头	DN350	个	183.70
1288	压制弯头	DN400	个	254.70
1289	压制弯头	$\phi108\times7$	个	30.75
1290	压制弯头	$\phi159\times8$	个	86.63
1291	压制弯头	$\phi219\times9$	个	167.92
1292	压制弯头	$\phi273\times8$	个	266.15
1293	压制弯头	$\phi325\times8$	个	465.10
1294	压制弯头	$\phi57\times5$	个	5.46
1295	压制弯头	$\phi89\times6$	个	17.65
1296	铸铁三通	100mm×50mm	个	63.00
1297	铸铁三通	150mm×50mm	个	79.00

序号	材料名称	规格型号	单位	定额价(元)
1298	虾米弯头		kg	6.75
1299	螺纹阀门	DN10	个	14.00
1300	螺纹阀门	DN15	个	16.00
1301	螺纹阀门	DN20	个	18.00
1302	螺纹阀门	DN25	个	21.00
1303	螺纹阀门	DN50	个	41.00
1304	法兰阀门	DN100	个	191.00
1305	中断间	ϕ800	套	7554.50
1306	中断间	ϕ1000	套	8806.20
1307	中断间	ϕ1200	套	9958.70
1308	中断间	ϕ1400	套	12254.30
1309	中断间	ϕ1600	套	18441.10
1310	中断间	ϕ1800	套	19168.20
1311	中断间	ϕ2000	套	21133.40
1312	中断间	ϕ2200	套	23751.90
1313	中断间	ϕ2400	套	25306.70
1314	套筒短管	DN300	个	195.00
1315	套筒短管	DN400	个	220.00
1316	套筒短管	DN500	个	242.00
1317	套筒短管	DN600	个	450.00
1318	套筒短管	DN800	个	568.00
1319	套筒短管	DN1000	个	893.00

序号	材料名称	规格型号	单位	定额价(元)
1320	套筒短管	DN1200	个	1132.00
1321	套筒短管橡胶圈	DN300	个	8.00
1322	套筒短管橡胶圈	DN400	个	14.00
1323	套筒短管橡胶圈	DN500	个	25.00
1324	套筒短管橡胶圈	DN600	个	28.00
1325	套筒短管橡胶圈	DN800	个	36.00
1326	套筒短管橡胶圈	DN1000	个	55.00
1327	套筒短管橡胶圈	DN1200	个	68.00
1328	异径接头	DN15×25	个	4.80
1329	排水铸铁接轮	DN50	个	9.04
1330	排水铸铁接轮	DN75	个	13.32
1331	排水铸铁接轮	DN100	个	19.54
1332	排水铸铁接轮	DN125	个	25.94
1333	排水铸铁接轮	DN150	个	32.74
1334	排水铸铁接轮	DN200	个	55.77
1335	管子托钩	DN15	个	0.66
1336	管子托钩	DN20	个	0.88
1337	管子托钩	DN25	个	1.10
1338	管卡子(单立管)	DN25	个	0.55
1339	管卡子(单立管)	DN50	个	1.32
1340	黑玛钢活接头	DN15	个	2.10
1341	黑玛钢活接头	DN20	个	2.45

序号	材料名称	规格型号	单位	定额价(元)
1342	黑玛钢活接头	DN25	个	3.57
1343	黑玛钢活接头	DN32	个	4.96
1344	黑玛钢活接头	DN40	个	7.05
1345	黑玛钢活接头	DN50	个	10.01
1346	黑玛钢活接头	DN65	个	14.01
1347	黑玛钢活接头	DN80	个	19.62
1348	黑玛钢活接头	DN100	个	27.47
1349	镀锌活接头	DN15	个	2.79
1350	镀锌活接头	DN20	个	3.27
1351	镀锌活接头	DN25	个	4.79
1352	镀锌活接头	DN32	个	6.61
1353	镀锌活接头	DN40	个	9.41
1354	镀锌活接头	DN50	个	13.34
1355	镀锌活接头	DN70	个	33.00
1356	镀锌活接头	DN80	个	42.90
1357	镀锌活接头	DN100	个	55.80
1358	弹簧压力表	Y－100　0～1.6MPa	块	46.00
1359	压力表	0～1.6MPa	块	21.50
1360	压力表气门	DN15	个	7.20
1361	压力表弯管	DN15	个	8.10
1362	压力表接头	M20×1.5	个	3.50
1363	螺纹旋塞(灰铸铁)	X13T－10 DN15	个	43.00

序号	材料名称	规格型号	单位	定额价(元)
1364	螺纹旋塞(灰铸铁)	X13T-10 DN20	个	50.00
1365	铜截止阀	DN15	个	18.00
1366	角式长柄截止阀	DN15	个	35
1367	镀锌铁卡箍	ϕ100	个	2.4
1368	铸铁管接头零件	DN50 室内	个	10.18
1369	铸铁管接头零件	DN75 室内	个	16.29
1370	铸铁管接头零件	DN100 室内	个	26.07
1371	铸铁管接头零件	DN150 室内	个	49.41
1372	铸铁管接头零件	DN200 室内	个	93.87
1373	铸铁管接头零件	DN250 室内排水	个	121.02
1374	柔性铸铁管接头零件	DN50 室内	个	11.95
1375	柔性铸铁管接头零件	DN75 室内	个	19.28
1376	柔性铸铁管接头零件	DN100 室内	个	30.94
1377	柔性铸铁管接头零件	DN150 室内	个	53.12
1378	柔性铸铁管接头零件	DN200 室内	个	102.47

十五、水暖

序号	材料名称	规格型号	单位	定额价(元)
1	钢管散热器	2 柱式 2026	片	82.65
2	钢管散热器	2 柱式 2030	片	83.60
3	钢管散热器	2 柱式 2036	片	85.50
4	钢管散热器	2 柱式 2040	片	85.50
5	钢管散热器	2 柱式 2046	片	86.45
6	钢管散热器	2 柱式 2050	片	87.40
7	钢管散热器	2 柱式 2056	片	90.25
8	钢管散热器	2 柱式 2060	片	90.25
9	钢管散热器	2 柱式 2066	片	92.15
10	钢管散热器	2 柱式 2075	片	98.80
11	钢管散热器	3 柱式 3026	片	99.75
12	钢管散热器	3 柱式 3030	片	100.70
13	钢管散热器	3 柱式 3035	片	101.65
14	钢管散热器	3 柱式 3037	片	102.60
15	钢管散热器	3 柱式 3040	片	102.60
16	钢管散热器	3 柱式 3045	片	103.55
17	钢管散热器	3 柱式 3047	片	104.50
18	钢管散热器	3 柱式 3050	片	105.45
19	钢管散热器	3 柱式 3055	片	106.40
20	钢管散热器	3 柱式 3057	片	107.35
21	钢管散热器	3 柱式 3060	片	108.30

序号	材料名称	规格型号	单位	定额价(元)
22	钢管散热器	2 柱式 2090	片	108.30
23	钢管散热器	3 柱式 3067	片	110.20
24	钢管散热器	2 柱式 2096	片	112.10
25	钢管散热器	2 柱式 2100	片	117.80
26	钢管散热器	3 柱式 3075	片	123.50
27	钢管散热器	2 柱式 2120	片	132.05
28	钢管散热器	3 柱式 3090	片	138.70
29	钢管散热器	3 柱式 3097	片	146.30
30	钢管散热器	3 柱式 3100	片	151.05
31	钢管散热器	2 柱式 2150	片	161.50
32	钢管散热器	3 柱式 3120	片	176.70
33	钢管散热器	2 柱式 2180	片	191.90
34	钢管散热器	3 柱式 3150	片	219.45
35	钢管散热器	2 柱式 2200	片	221.35
36	钢管散热器	2 柱式 2220	片	250.80
37	钢管散热器	3 柱式 3180	片	260.30
38	钢管散热器	2 柱式 2250	片	288.80
39	钢管散热器	3 柱式 3200	片	290.70
40	钢管散热器	2 柱式 2280	片	324.90
41	钢管散热器	2 柱式 2300	片	347.70
42	钢管散热器	3 柱式 3220	片	349.60
43	钢管散热器	3 柱式 3250	片	394.25

序号	材料名称	规格型号	单位	定额价(元)
44	钢管散热器	3 柱式 3280	片	438.90
45	钢管散热器	3 柱式 3300	片	467.40
46	钢管散热器(防腐)	2 柱式 2026	片	96.90
47	钢管散热器(防腐)	2 柱式 2030	片	97.85
48	钢管散热器(防腐)	2 柱式 2036	片	100.70
49	钢管散热器(防腐)	2 柱式 2040	片	100.70
50	钢管散热器(防腐)	2 柱式 2046	片	101.65
51	钢管散热器(防腐)	2 柱式 2050	片	102.60
52	钢管散热器(防腐)	2 柱式 2056	片	106.40
53	钢管散热器(防腐)	2 柱式 2060	片	106.40
54	钢管散热器(防腐)	2 柱式 2066	片	108.30
55	钢管散热器(防腐)	3 柱式 3026	片	114.00
56	钢管散热器(防腐)	3 柱式 3030	片	114.95
57	钢管散热器(防腐)	3 柱式 3035	片	115.90
58	钢管散热器(防腐)	2 柱式 2075	片	115.90
59	钢管散热器(防腐)	3 柱式 3037	片	117.80
60	钢管散热器(防腐)	3 柱式 3040	片	117.80
61	钢管散热器(防腐)	3 柱式 3045	片	118.75
62	钢管散热器(防腐)	3 柱式 3047	片	119.70
63	钢管散热器(防腐)	3 柱式 3050	片	120.65
64	钢管散热器(防腐)	3 柱式 3055	片	121.60
65	钢管散热器(防腐)	3 柱式 3057	片	123.50

序号	材料名称	规格型号	单位	定额价(元)
66	钢管散热器(防腐)	3 柱式 3060	片	124.45
67	钢管散热器(防腐)	3 柱式 3067	片	126.35
68	钢管散热器(防腐)	2 柱式 2090	片	127.30
69	钢管散热器(防腐)	2 柱式 2096	片	132.05
70	钢管散热器(防腐)	3 柱式 3071	片	136.80
71	钢管散热器(防腐)	2 柱式 2100	片	137.75
72	钢管散热器(防腐)	3 柱式 3075	片	138.70
73	钢管散热器(防腐)	2 柱式 2120	片	155.80
74	钢管散热器(防腐)	3 柱式 3090	片	158.65
75	钢管散热器(防腐)	3 柱式 3097	片	167.20
76	钢管散热器(防腐)	3 柱式 3100	片	171.95
77	钢管散热器(防腐)	2 柱式 2150	片	190.00
78	钢管散热器(防腐)	3 柱式 3120	片	202.35
79	钢管散热器(防腐)	2 柱式 2180	片	225.15
80	钢管散热器(防腐)	3 柱式 3150	片	251.75
81	钢管散热器(防腐)	2 柱式 2200	片	260.30
82	钢管散热器(防腐)	2 柱式 2220	片	295.45
83	钢管散热器(防腐)	3 柱式 3180	片	299.25
84	钢管散热器(防腐)	3 柱式 3200	片	333.45
85	钢管散热器(防腐)	2 柱式 2250	片	339.15
86	钢管散热器(防腐)	2 柱式 2280	片	382.85
87	钢管散热器(防腐)	3 柱式 3220	片	401.85

序号	材料名称	规格型号	单位	定额价(元)
88	钢管散热器(防腐)	2 柱式 2300	片	409.45
89	钢管散热器(防腐)	3 柱式 3250	片	452.20
90	钢管散热器(防腐)	3 柱式 3280	片	503.50
91	钢管散热器(防腐)	3 柱式 3300	片	536.75
92	钢制板式散热器	ES – K11 – 300 – 400	组	760.00
93	钢制板式散热器	ES – K11 – 300 – 500	组	836.00
94	钢制板式散热器	ES – K11 – 300 – 600	组	902.50
95	钢制板式散热器	ES – K11 – 300 – 700	组	988.00
96	钢制板式散热器	ES – K11 – 300 – 800	组	1083.00
97	钢制板式散热器	ES – K11 – 300 – 900	组	1178.00
98	钢制板式散热器	ES – K11 – 300 – 1000	组	1292.00
99	钢制板式散热器	ES – K11 – 300 – 1100	组	1406.00
100	钢制板式散热器	ES – K11 – 300 – 1200	组	1539.00
101	钢制板式散热器	ES – K11 – 300 – 1400	组	1681.50
102	钢制板式散热器	ES – K11 – 300 – 1600	组	1843.00
103	钢制板式散热器	ES – K11 – 300 – 1800	组	2023.50
104	钢制板式散热器	ES – K11 – 300 – 2000	组	2213.50
105	钢制板式散热器	ES – K11 – 300 – 2600	组	2660.00
106	钢制板式散热器	ES – K11 – 300 – 3000	组	2916.50
107	钢制板式散热器	ES – K11 – 400 – 400	组	807.50
108	钢制板式散热器	ES – K11 – 400 – 500	组	883.50
109	钢制板式散热器	ES – K11 – 400 – 600	组	959.50

序号	材料名称	规格型号	单位	定额价(元)
110	钢制板式散热器	ES－K11－400－700	组	1054.50
111	钢制板式散热器	ES－K11－400－800	组	1149.50
112	钢制板式散热器	ES－K11－400－900	组	1254.00
113	钢制板式散热器	ES－K11－400－1000	组	1377.50
114	钢制板式散热器	ES－K11－400－1100	组	1501.00
115	钢制板式散热器	ES－K11－400－1200	组	1643.50
116	钢制板式散热器	ES－K11－400－1400	组	1805.00
117	钢制板式散热器	ES－K11－400－1600	组	1976.00
118	钢制板式散热器	ES－K11－400－1800	组	2175.50
119	钢制板式散热器	ES－K11－400－2000	组	2384.50
120	钢制板式散热器	ES－K11－400－2600	组	2869.00
121	钢制板式散热器	ES－K11－400－3000	组	3154.00
122	钢制板式散热器	ES－K11－500－400	组	845.50
123	钢制板式散热器	ES－K11－500－500	组	921.50
124	钢制板式散热器	ES－K11－500－600	组	1007.00
125	钢制板式散热器	ES－K11－500－700	组	1102.00
126	钢制板式散热器	ES－K11－500－800	组	1206.50
127	钢制板式散热器	ES－K11－500－900	组	1330.00
128	钢制板式散热器	ES－K11－500－1000	组	1453.50
129	钢制板式散热器	ES－K11－500－1100	组	1596.00
130	钢制板式散热器	ES－K11－500－1200	组	1748.00
131	钢制板式散热器	ES－K11－500－1400	组	1919.00

序号	材料名称	规格型号	单位	定额价(元)
132	钢制板式散热器	ES－K11－500－1600	组	2109.00
133	钢制板式散热器	ES－K11－500－1800	组	2318.00
134	钢制板式散热器	ES－K11－500－2000	组	2546.00
135	钢制板式散热器	ES－K11－500－2600	组	3078.00
136	钢制板式散热器	ES－K11－500－3000	组	3391.50
137	钢制板式散热器	ES－K11－600－400	组	883.50
138	钢制板式散热器	ES－K11－600－500	组	969.00
139	钢制板式散热器	ES－K11－600－600	组	1064.00
140	钢制板式散热器	ES－K11－600－700	组	1159.00
141	钢制板式散热器	ES－K11－600－800	组	1273.00
142	钢制板式散热器	ES－K11－600－900	组	1396.50
143	钢制板式散热器	ES－K11－600－1000	组	1529.50
144	钢制板式散热器	ES－K11－600－1100	组	1681.50
145	钢制板式散热器	ES－K11－600－1200	组	1843.00
146	钢制板式散热器	ES－K11－600－1400	组	2033.00
147	钢制板式散热器	ES－K11－600－1600	组	2232.50
148	钢制板式散热器	ES－K11－600－1800	组	2451.00
149	钢制板式散热器	ES－K11－600－2000	组	2698.00
150	钢制板式散热器	ES－K11－600－2600	组	3268.00
151	钢制板式散热器	ES－K11－600－3000	组	3600.50
152	钢制板式散热器	ES－K11－900－400	组	1121.00
153	钢制板式散热器	ES－K11－900－500	组	1254.00

序号	材料名称	规格型号	单位	定额价(元)
154	钢制板式散热器	ES－K11－900－600	组	1396.50
155	钢制板式散热器	ES－K11－900－700	组	1529.50
156	钢制板式散热器	ES－K11－900－800	组	1672.00
157	钢制板式散热器	ES－K11－900－900	组	1843.00
158	钢制板式散热器	ES－K11－900－1000	组	2014.00
159	钢制板式散热器	ES－K11－900－1100	组	2204.00
160	钢制板式散热器	ES－K11－900－1200	组	2384.50
161	钢制板式散热器	ES－K11－900－1400	组	2584.00
162	钢制板式散热器	ES－K22－300－400	组	1073.50
163	钢制板式散热器	ES－K22－300－500	组	1178.00
164	钢制板式散热器	ES－K22－300－600	组	1273.00
165	钢制板式散热器	ES－K22－300－700	组	1377.50
166	钢制板式散热器	ES－K22－300－800	组	1482.00
167	钢制板式散热器	ES－K22－300－900	组	1605.50
168	钢制板式散热器	ES－K22－300－1000	组	1738.50
169	钢制板式散热器	ES－K22－300－1100	组	1909.50
170	钢制板式散热器	ES－K22－300－1200	组	2109.00
171	钢制板式散热器	ES－K22－300－1400	组	2327.50
172	钢制板式散热器	ES－K22－300－1600	组	2565.00
173	钢制板式散热器	ES－K22－300－1800	组	2831.00
174	钢制板式散热器	ES－K22－300－2000	组	2270.50
175	钢制板式散热器	ES－K22－300－2600	组	3809.50

序号	材料名称	规格型号	单位	定额价(元)
176	钢制板式散热器	ES－K22－300－3000	组	4208.50
177	钢制板式散热器	ES－K22－400－400	组	1083.00
178	钢制板式散热器	ES－K22－400－500	组	1187.50
179	钢制板式散热器	ES－K22－400－600	组	1282.50
180	钢制板式散热器	ES－K22－400－700	组	1387.00
181	钢制板式散热器	ES－K22－400－800	组	1520.00
182	钢制板式散热器	ES－K22－400－900	组	1672.00
183	钢制板式散热器	ES－K22－400－1000	组	1843.00
184	钢制板式散热器	ES－K22－400－1100	组	2042.50
185	钢制板式散热器	ES－K22－400－1200	组	2251.50
186	钢制板式散热器	ES－K22－400－1400	组	2489.00
187	钢制板式散热器	ES－K22－400－1600	组	2745.50
188	钢制板式散热器	ES－K22－400－1800	组	3030.50
189	钢制板式散热器	ES－K22－400－2000	组	3353.50
190	钢制板式散热器	ES－K22－400－2600	组	4104.00
191	钢制板式散热器	ES－K22－400－3000	组	4541.00
192	钢制板式散热器	ES－K22－500－400	组	1187.50
193	钢制板式散热器	ES－K22－500－500	组	1311.00
194	钢制板式散热器	ES－K22－500－600	组	1415.50
195	钢制板式散热器	ES－K22－500－700	组	1539.00
196	钢制板式散热器	ES－K22－500－800	组	1672.00
197	钢制板式散热器	ES－K22－500－900	组	1805.00

序号	材料名称	规格型号	单位	定额价(元)
198	钢制板式散热器	ES－K22－500－1000	组	1957.00
199	钢制板式散热器	ES－K22－500－1100	组	2166.00
200	钢制板式散热器	ES－K22－500－1200	组	2394.00
201	钢制板式散热器	ES－K22－500－1400	组	2650.50
202	钢制板式散热器	ES－K22－500－1600	组	2926.00
203	钢制板式散热器	ES－K22－500－1800	组	3239.50
204	钢制板式散热器	ES－K22－500－2000	组	3657.50
205	钢制板式散热器	ES－K22－500－2600	组	4655.00
206	钢制板式散热器	ES－K22－500－3000	组	5253.50
207	钢制板式散热器	ES－K22－600－400	组	1206.50
208	钢制板式散热器	ES－K22－600－500	组	1330.00
209	钢制板式散热器	ES－K22－600－600	组	1472.50
210	钢制板式散热器	ES－K22－600－700	组	1624.50
211	钢制板式散热器	ES－K22－600－800	组	1795.50
212	钢制板式散热器	ES－K22－600－900	组	1976.00
213	钢制板式散热器	ES－K22－600－1000	组	2194.50
214	钢制板式散热器	ES－K22－600－1100	组	2422.50
215	钢制板式散热器	ES－K22－600－1200	组	2679.00
216	钢制板式散热器	ES－K22－600－1400	组	2973.50
217	钢制板式散热器	ES－K22－600－1600	组	3287.00
218	钢制板式散热器	ES－K22－600－1800	组	3638.50
219	钢制板式散热器	ES－K22－600－2000	组	4199.00

序号	材料名称	规格型号	单位	定额价(元)
220	钢制板式散热器	ES－K22－600－2600	组	5348.50
221	钢制板式散热器	ES－K22－600－3000	组	6042.00
222	钢制板式散热器	ES－K22－900－400	组	1615.00
223	钢制板式散热器	ES－K22－900－500	组	1786.00
224	钢制板式散热器	ES－K22－900－600	组	2052.00
225	钢制板式散热器	ES－K22－900－700	组	2318.00
226	钢制板式散热器	ES－K22－900－800	组	2669.50
227	钢制板式散热器	ES－K22－900－900	组	2907.00
228	钢制板式散热器	ES－K22－900－1000	组	3173.00
229	钢制板式散热器	ES－K22－900－1100	组	3458.00
230	钢制板式散热器	ES－K22－900－1200	组	3771.50
231	钢制板式散热器	ES－K22－900－1400	组	4104.00
232	钢制板式散热器	ES－K33－900－400	组	2432.00
233	钢制板式散热器	ES－K33－900－500	组	2707.50
234	钢制板式散热器	ES－K33－900－600	组	3011.50
235	钢制板式散热器	ES－K33－900－700	组	3353.50
236	钢制板式散热器	ES－K33－900－800	组	3733.50
237	钢制板式散热器	ES－K33－900－900	组	4085.00
238	钢制板式散热器	ES－K33－900－1000	组	4465.00
239	钢制板式散热器	ES－K33－900－1100	组	4883.00
240	钢制板式散热器	ES－K33－900－1200	组	5329.50
241	钢制板式散热器	ES－K33－900－1400	组	5880.50

序号	材料名称	规格型号	单位	定额价(元)
242	钢制板式散热器	ES－VK33－900－400	组	2812.00
243	钢制板式散热器	ES－VK33－900－500	组	3116.00
244	钢制板式散热器	ES－VK33－900－600	组	3505.50
245	钢制板式散热器	ES－VK33－900－700	组	3809.50
246	钢制板式散热器	ES－VK33－900－800	组	4151.50
247	钢制板式散热器	ES－VK33－900－900	组	4474.50
248	钢制板式散热器	ES－VK33－900－1000	组	4873.50
249	钢制板式散热器	ES－VK33－900－1100	组	5301.00
250	钢制板式散热器	ES－VK33－900－1200	组	5757.00
251	钢制板式散热器	ES－VK33－900－1400	组	6317.50
252	钢制板式散热器(节能)	单板 400×400	片	190.00
253	钢制板式散热器(节能)	单板 400×600	片	234.65
254	钢制板式散热器(节能)	单板 400×800	片	331.55
255	钢制板式散热器(节能)	单板 400×1000	片	390.45
256	钢制板式散热器(节能)	单板 400×1200	片	468.35
257	钢制板式散热器(节能)	单板 400×1400	片	547.20
258	钢制板式散热器(节能)	单板 400×1600	片	625.10
259	钢制板式散热器(节能)	单板 400×1800	片	703.00
260	钢制板式散热器(节能)	单板 400×2000	片	781.85
261	钢制板式散热器(节能)	单板 600×400	片	225.15
262	钢制板式散热器(节能)	单板 600×600	片	301.15
263	钢制板式散热器(节能)	单板 600×800	片	401.85

序号	材料名称	规格型号	单位	定额价(元)
264	钢制板式散热器(节能)	单板 600×1000	片	503.50
265	钢制板式散热器(节能)	单板 600×1200	片	604.20
266	钢制板式散热器(节能)	单板 600×1400	片	704.90
267	钢制板式散热器(节能)	单板 600×1600	片	819.65
268	钢制板式散热器(节能)	单板 600×1800	片	905.35
269	钢制板式散热器(节能)	单板 600×2000	片	1007.00
270	钢制板式散热器(节能)	双板 400×400	片	343.90
271	钢制板式散热器(节能)	双板 400×600	片	422.75
272	钢制板式散热器(节能)	双板 400×800	片	561.45
273	钢制板式散热器(节能)	双板 400×1000	片	703.00
274	钢制板式散热器(节能)	双板 400×1200	片	843.60
275	钢制板式散热器(节能)	双板 400×1400	片	985.15
276	钢制板式散热器(节能)	双板 400×1600	片	1125.75
277	钢制板式散热器(节能)	双板 400×1800	片	1265.40
278	钢制板式散热器(节能)	双板 400×2000	片	1406.00
279	钢制板式散热器(节能)	双板 600×400	片	405.65
280	钢制板式散热器(节能)	双板 600×600	片	542.45
281	钢制板式散热器(节能)	双板 600×800	片	724.85
282	钢制板式散热器(节能)	双板 600×1000	片	905.35
283	钢制板式散热器(节能)	双板 600×1200	片	1087.75
284	钢制板式散热器(节能)	双板 600×1400	片	1268.25
285	钢制板式散热器(节能)	双板 600×1600	片	1448.75

序号	材料名称	规格型号	单位	定额价(元)
286	钢制板式散热器(节能)	双板 600×1800	片	1629.25
287	钢制板式散热器(节能)	双板 600×2000	片	1814.50
288	高频绕片散热器	GRS(GC)-4 带罩 400	片	153.90
289	高频绕片散热器	GRS(GC)-4 带罩 500	片	178.60
290	高频绕片散热器	GRS(GC)-4 带罩 600	片	203.30
291	高频绕片散热器	GRS(GC)-4 带罩 700	片	222.30
292	高频绕片散热器	GRS(GC)-4 带罩 800	片	252.70
293	高频绕片散热器	GRS(GC)-4 带罩 900	片	287.85
294	高频绕片散热器	GRS(GC)-4 带罩 1000	片	313.50
295	高频绕片散热器	GRS(GC)-4 带罩 1100	片	345.80
296	高频绕片散热器	GRS(GC)-4 带罩 1200	片	375.25
297	高频绕片散热器	GRS(GC)-4 带罩 1300	片	406.60
298	高频绕片散热器	GRS(GC)-4 带罩 1400	片	439.85
299	高频绕片散热器	GRS(GC)-4 带罩 1500	片	472.15
300	高频绕片散热器	GRS(GC)-4 带罩 1600	片	503.50
301	高频绕片散热器	GRS(GC)-4 带罩 1700	片	536.75
302	高频绕片散热器	GRS(GC)-4 带罩 1800	片	570.00
303	高频绕片散热器	GRS(GC)-4 带罩 1900	片	603.25
304	高频绕片散热器	GRS(GC)-4 带罩 2000	片	636.50
305	高频绕片散热器	GRS(GC)-4 无罩 400	片	123.50
306	高频绕片散热器	GRS(GC)-4 无罩 500	片	141.55
307	高频绕片散热器	GRS(GC)-4 无罩 600	片	158.65

序号	材料名称	规格型号	单位	定额价(元)
308	高频绕片散热器	GRS(GC)-4 无罩 700	片	170.05
309	高频绕片散热器	GRS(GC)-4 无罩 800	片	193.80
310	高频绕片散热器	GRS(GC)-4 无罩 900	片	220.40
311	高频绕片散热器	GRS(GC)-4 无罩 1000	片	240.35
312	高频绕片散热器	GRS(GC)-4 无罩 1100	片	263.15
313	高频绕片散热器	GRS(GC)-4 无罩 1200	片	286.90
314	高频绕片散热器	GRS(GC)-4 无罩 1300	片	309.70
315	高频绕片散热器	GRS(GC)-4 无罩 1400	片	335.35
316	高频绕片散热器	GRS(GC)-4 无罩 1500	片	360.05
317	高频绕片散热器	GRS(GC)-4 无罩 1600	片	384.75
318	高频绕片散热器	GRS(GC)-4 无罩 1700	片	410.40
319	高频绕片散热器	GRS(GC)-4 无罩 1800	片	435.10
320	高频绕片散热器	GRS(GC)-4 无罩 1900	片	460.75
321	高频绕片散热器	GRS(GC)-4 无罩 2000	片	486.40
322	高频绕片散热器	GRS(GC)-6 带罩 400	片	178.60
323	高频绕片散热器	GRS(GC)-6 带罩 500	片	223.25
324	高频绕片散热器	GRS(GC)-6 带罩 600	片	268.85
325	高频绕片散热器	GRS(GC)-6 带罩 700	片	313.50
326	高频绕片散热器	GRS(GC)-6 带罩 800	片	358.15
327	高频绕片散热器	GRS(GC)-6 带罩 900	片	403.75
328	高频绕片散热器	GRS(GC)-6 带罩 1000	片	447.45
329	高频绕片散热器	GRS(GC)-6 带罩 1100	片	492.10

序号	材料名称	规格型号	单位	定额价(元)
330	高频绕片散热器	GRS(GC)-6 带罩 1200	片	536.75
331	高频绕片散热器	GRS(GC)-6 带罩 1300	片	582.35
332	高频绕片散热器	GRS(GC)-6 带罩 1400	片	627.00
333	高频绕片散热器	GRS(GC)-6 带罩 1500	片	671.65
334	高频绕片散热器	GRS(GC)-6 带罩 1600	片	716.30
335	高频绕片散热器	GRS(GC)-6 带罩 1700	片	760.00
336	高频绕片散热器	GRS(GC)-6 带罩 1800	片	805.60
337	高频绕片散热器	GRS(GC)-6 带罩 1900	片	850.25
338	高频绕片散热器	GRS(GC)-6 带罩 2000	片	895.85
339	高频绕片散热器	GRS(GC)-6 无罩 400	片	149.15
340	高频绕片散热器	GRS(GC)-6 无罩 500	片	186.20
341	高频绕片散热器	GRS(GC)-6 无罩 600	片	223.25
342	高频绕片散热器	GRS(GC)-6 无罩 700	片	261.25
343	高频绕片散热器	GRS(GC)-6 无罩 800	片	299.25
344	高频绕片散热器	GRS(GC)-6 无罩 900	片	336.30
345	高频绕片散热器	GRS(GC)-6 无罩 1000	片	373.35
346	高频绕片散热器	GRS(GC)-6 无罩 1100	片	410.40
347	高频绕片散热器	GRS(GC)-6 无罩 1200	片	447.45
348	高频绕片散热器	GRS(GC)-6 无罩 1300	片	485.45
349	高频绕片散热器	GRS(GC)-6 无罩 1400	片	522.50
350	高频绕片散热器	GRS(GC)-6 无罩 1500	片	559.55
351	高频绕片散热器	GRS(GC)-6 无罩 1600	片	596.60

序号	材料名称	规格型号	单位	定额价(元)
352	高频绕片散热器	GRS(GC)-6 无罩 1700	片	633.65
353	高频绕片散热器	GRS(GC)-6 无罩 1800	片	671.65
354	高频绕片散热器	GRS(GC)-6 无罩 1900	片	708.70
355	高频绕片散热器	GRS(GC)-6 无罩 2000	片	745.75
356	高频绕片散热器	GRS(GC)-8 带罩 400	片	231.80
357	高频绕片散热器	GRS(GC)-8 带罩 500	片	289.75
358	高频绕片散热器	GRS(GC)-8 带罩 600	片	346.75
359	高频绕片散热器	GRS(GC)-8 带罩 700	片	404.70
360	高频绕片散热器	GRS(GC)-8 带罩 800	片	462.65
361	高频绕片散热器	GRS(GC)-8 带罩 900	片	520.60
362	高频绕片散热器	GRS(GC)-8 带罩 1000	片	578.55
363	高频绕片散热器	GRS(GC)-8 带罩 1100	片	636.50
364	高频绕片散热器	GRS(GC)-8 带罩 1200	片	694.45
365	高频绕片散热器	GRS(GC)-8 带罩 1300	片	752.40
366	高频绕片散热器	GRS(GC)-8 带罩 1400	片	809.40
367	高频绕片散热器	GRS(GC)-8 带罩 1500	片	867.35
368	高频绕片散热器	GRS(GC)-8 带罩 1600	片	925.30
369	高频绕片散热器	GRS(GC)-8 带罩 1700	片	983.25
370	高频绕片散热器	GRS(GC)-8 带罩 1800	片	1040.25
371	高频绕片散热器	GRS(GC)-8 带罩 1900	片	1098.20
372	高频绕片散热器	GRS(GC)-8 带罩 2000	片	1156.15
373	高频绕片散热器	GRS(GC)-8 无罩 400	片	194.75

序号	材料名称	规格型号	单位	定额价(元)
374	高频绕片散热器	GRS(GC)-8 无罩 500	片	242.25
375	高频绕片散热器	GRS(GC)-8 无罩 600	片	290.70
376	高频绕片散热器	GRS(GC)-8 无罩 700	片	339.15
377	高频绕片散热器	GRS(GC)-8 无罩 800	片	387.60
378	高频绕片散热器	GRS(GC)-8 无罩 900	片	437.00
379	高频绕片散热器	GRS(GC)-8 无罩 1000	片	485.45
380	高频绕片散热器	GRS(GC)-8 无罩 1100	片	533.90
381	高频绕片散热器	GRS(GC)-8 无罩 1200	片	582.35
382	高频绕片散热器	GRS(GC)-8 无罩 1300	片	630.80
383	高频绕片散热器	GRS(GC)-8 无罩 1400	片	679.25
384	高频绕片散热器	GRS(GC)-8 无罩 1500	片	726.75
385	高频绕片散热器	GRS(GC)-8 无罩 1600	片	776.15
386	高频绕片散热器	GRS(GC)-8 无罩 1700	片	824.60
387	高频绕片散热器	GRS(GC)-8 无罩 1800	片	873.05
388	高频绕片散热器	GRS(GC)-8 无罩 1900	片	921.50
389	高频绕片散热器	GRS(GC)-8 无罩 2000	片	969.00
390	铜铝复合散热器	3 柱 500	片	114.00
391	铜铝复合散热器	3 柱 600	片	152.00
392	铜铝复合散热器	3 柱 1200	片	237.50
393	铜铝复合散热器	3 柱 1500	片	289.75
394	铜铝复合散热器	3 柱 1800	片	332.50
395	铜铝复合散热器	CAJ1035	片	104.50

序号	材料名称	规格型号	单位	定额价(元)
396	铜铝复合散热器	CAJ1037	片	114.00
397	铜铝复合散热器	CAJ1040	片	123.50
398	铜铝复合散热器	CAJ1045	片	123.50
399	铜铝复合散热器	CAJ1047	片	133.00
400	铜铝复合散热器	CAJ1050	片	133.00
401	铜铝复合散热器	CAJ1055	片	142.50
402	铜铝复合散热器	CAJ1057	片	152.00
403	铜铝复合散热器	CAJ1060	片	152.00
404	铜铝复合散热器	CAJ1067	片	161.50
405	铜铝复合散热器	CAJ1075	片	180.50
406	铜铝复合散热器	CAJ1090	片	228.00
407	铜铝复合散热器	CAJ1100	片	237.50
408	铜铝复合散热器	CAJ1120	片	275.50
409	铜铝复合散热器	CAJ1150	片	313.50
410	铜铝复合散热器	CAJ1180	片	370.50
411	铜铝复合散热器	CAJ1200	片	418.00
412	卫浴散热器	AR 50 - 120	组	4683.50
413	卫浴散热器	AR 50 - 180	组	5880.50
414	卫浴散热器	AR 50 - 90	组	4170.50
415	卫浴散热器	ARE 50 - 120	组	9775.50
416	卫浴散热器	ARE 50 - 180	组	11096.00
417	卫浴散热器	ARE 50 - 90	组	8417.00

序号	材料名称	规格型号	单位	定额价(元)
418	卫浴散热器	ARP 50 - 120	组	5367.50
419	卫浴散热器	BZ 081 - 050	组	2242.00
420	卫浴散热器	BZ 133 - 060	组	2517.50
421	卫浴散热器	BZ 185 - 060	组	3182.50
422	卫浴散热器	CT 070 - 050	组	1263.50
423	卫浴散热器	CT 120 - 050	组	1767.00
424	卫浴散热器	CT 120 - 060	组	1976.00
425	卫浴散热器	CT 150 - 050	组	2270.50
426	卫浴散热器	CT 180 - 050	组	2584.00
427	卫浴散热器	CT 180 - 060	组	2897.50
428	卫浴散热器	CW 070 - 045	组	646.00
429	卫浴散热器	CW 120 - 050	组	1026.00
430	卫浴散热器	CW 180 - 060	组	1691.00
431	卫浴散热器	FAI 080 - 050	组	2251.50
432	卫浴散热器	FAI 120 - 050	组	3068.50
433	卫浴散热器	FAI 150 - 050	组	3686.00
434	卫浴散热器	FAI 170 - 035	组	3885.50
435	卫浴散热器	FAI 170 - 060	组	4094.50
436	卫浴散热器	LT 070 - 045	组	522.50
437	卫浴散热器	LT 120 - 050	组	807.50
438	卫浴散热器	LT 180 - 060	组	1387.00
439	卫浴散热器	LW 070 - 045	组	617.50

序号	材料名称	规格型号	单位	定额价(元)
440	卫浴散热器	LW 120 - 050	组	902.50
441	卫浴散热器	LW 180 - 060	组	1501.00
442	卫浴散热器	TE 070 - 050	组	2422.50
443	卫浴散热器	TE 120 - 060	组	3087.50
444	卫浴散热器	TE 180 - 060	组	3458.00
445	卫浴散热器	TG 070 - 045	组	522.50
446	卫浴散热器	TG 120 - 050	组	807.50
447	卫浴散热器	TG 180 - 060	组	1320.50
448	卫浴散热器	TO2 - 070 - 050	组	1577.00
449	卫浴散热器	TO2 - 120 - 050	组	1938.00
450	卫浴散热器	TO2 - 120 - 060	组	2004.50
451	卫浴散热器	TO2 - 120 - 075	组	2204.00
452	卫浴散热器	TO2 - 180 - 050	组	2441.50
453	卫浴散热器	TO2 - 180 - 060	组	2508.00
454	卫浴散热器	TO2 - 180 - 075	组	2802.50
455	卫浴散热器	TP 070 - 050	组	1833.50
456	卫浴散热器	TP 070 - 050 - 9010	组	1463.00
457	卫浴散热器	TP 120 - 060	组	2546.00
458	卫浴散热器	TP 120 - 061 - 9010	组	1995.00
459	卫浴散热器	TP 180 - 060	组	3591.00
460	卫浴散热器	TP 180 - 061 - 9010	组	3040.00
461	卫浴散热器	YA 40 - 130	组	4085.00

序号	材料名称	规格型号	单位	定额价(元)
462	卫浴散热器	YA 50 - 130	组	4256.00
463	卫浴散热器	YA 50 - 170	组	4512.50
464	卫浴散热器	YA 50 - 90	组	3572.00
465	卫浴散热器	YA 60 - 170	组	4598.00
466	卫浴散热器	YAD 60 - 170	组	6308.00
467	卫浴散热器	YAX 080 - 050	组	2242.00
468	卫浴散热器	YAX 120 - 050	组	3125.50
469	卫浴散热器	YAX 180 - 050	组	4408.00
470	卫浴散热器	YE 258 - 177/2 - 1	组	9044.00
471	卫浴散热器	YE 333 - 134 - 1	组	8227.00
472	卫浴散热器	YE 348 - 177 - 1	组	8787.50
473	卫浴散热器	YSC 080 - 050	组	1909.50
474	卫浴散热器	YSC 120 - 050	组	2660.00
475	卫浴散热器	YSC 170 - 050	组	3743.00
476	铸铁散热器	二柱 680 型中片	片	19.00
477	铸铁散热器	二柱 680 型足片	片	19.50
478	铸铁散热器	四柱 780 型中片	片	22.00
479	铸铁散热器	四柱 780 型足片	片	22.50
480	铸铁散热器	四柱 750 型中片	片	26.00
481	铸铁散热器	四柱 750 型足片	片	26.50
482	铸铁散热器	二柱 650 型中片	片	27.00

序号	材料名称	规格型号	单位	定额价(元)
483	铸铁散热器	二柱 650 型足片	片	27.50
484	铸铁散热器	四柱 813 型中片	片	32.00
485	铸铁散热器	四柱 813 型足片	片	32.50
486	铸铁散热器	板翼 560 型	片	49.00
487	暖气片对丝	40	个	0.70
488	暖气片堵头	40	片	0.70
489	暖气片补心	15、20	片	0.70
490	暖气片补心	25	片	1.20
491	暖气片补心	32	片	1.56
492	暖气片炉钩		个	0.91
493	散热器托钩		个	2.34
494	面盆龙头	4″	套	32.00
495	面盆龙头	4″(DN100)红外感应	套	480.00
496	面盆龙头	科勒 K-8600-1-CP 单孔	套	560.00
497	厨房龙头	L200	套	95.00
498	厨房龙头	L250	套	96.00
499	厨房龙头	L300	套	98.00
500	厨房龙头	美标 CF-5626.501 单孔台式	件	440.00
501	淋浴龙头	HCG BF3774 挂墙式	套	370.00
502	淋浴龙头	HCG BF3707 入墙式	套	420.00
503	洗衣机水嘴	半自动	个	42.00

序号	材料名称	规格型号	单位	定额价(元)
504	洗衣机水嘴	自动	个	42.00
505	洗衣机水嘴	07 号 -15	个	25.00
506	洗衣机水嘴	45 号 -115	个	35.00
507	洗衣机水嘴	45 号 -215	个	33.00
508	洗衣机水嘴	美标 CF -46006.405	件	95.00
509	化验水嘴	单联	套	60.00
510	化验水嘴	二联	套	85.00
511	化验水嘴	三联	套	105.00
512	汽水嘴	(全铜磨光)15	个	16.00
513	水箱进水嘴	DN15	个	25.00
514	全铜陶瓷片密封水嘴	08 号 -15	个	16.00
515	全铜陶瓷片密封水嘴	11 号 -15	个	17.00
516	全铜陶瓷片密封水嘴	12 号 -15	个	65.00
517	全铜陶瓷片密封水嘴	32 号 -15	个	24.00
518	全铜陶瓷片密封水嘴	43 号 -15	个	26.00
519	冷水嘴(全铜磨光 15)		个	28.00
520	立式水嘴	DN15	个	85.00
521	喷水鸭嘴	DN15	个	35.00
522	冷水表	15	只	42.30
523	冷水表	20	只	46.80
524	冷水表	25	只	94.50

序号	材料名称	规格型号	单位	定额价(元)
525	冷水表	40	只	213.30
526	冷水表	50	只	244.80
527	冷水表	75	只	460.80
528	冷水表	100	只	536.40
529	冷水表	150	只	978.30
530	冷水表	200	只	1017.00
531	冷水表	300	只	3676.50
532	冷水表	400	只	3856.50
533	热水表	15	只	109.80
534	热水表	20	只	120.60
535	热水表	25	只	168.30
536	热水表	40	只	414.00
537	热水表	50	只	661.50
538	热水表	75	只	819.00
539	热水表	100	只	1026.00
540	水表连接器	75	只	374.40
541	水表连接器	100	只	460.80
542	水表连接器	150	只	532.80
543	水表转换接头	15C	个	32.58
544	水表转换接头	20C	个	41.22
545	水表转换接头	25C	个	60.57

序号	材料名称	规格型号	单位	定额价(元)
546	水表转换接头	32C	个	70.65
547	水表转换接头	40C	个	97.20
548	智能水表	40	只	3960.00
549	智能水表	50	只	4257.00
550	智能水表	75	只	5877.00
551	智能水表	100	只	6957.00
552	智能水表	150	只	8217.00
553	拖布池	TOTO SKW322B	套	1400.00
554	拖布池	HCG S322N	套	680.00
555	面盆立管	波纹镀兰 413×300	根	6.60
556	面盆立管	不锈钢软管长 300	根	9.00
557	面盆八字门	01 型带红头护盘	个	15.00
558	面盆八字门	普通内扣	个	15.00
559	洗涤盆上水	墙式(铜手轮)	套	100.00
560	洗涤盆上水	台式(铜手轮)	套	95.00
561	洗涤盆上水	台式转动	套	66.00
562	洗脸盆托架		付	15.00
563	洗脸盆下水口(塑料)	DN32	个	10.00
564	洗手盆存水弯下水口	DN25	个	85.00
565	脚踏门		套	25.00
566	脚踏门	铜弯管	套	39.00

序号	材料名称	规格型号	单位	定额价(元)
567	蹲便下水管	钢 32×800	套	46.00
568	高箱下水管	钢 30×1850	套	135.00
569	座便下水管	钢 32×400	套	31.00
570	PVC-U S 型存水弯	S2.5 20(2.5MPa $C=1.25$)	个	4.00
571	PVC-U S 型存水弯	S2.5 25(2.5MPa $C=1.25$)	个	4.20
572	PVC-U S 型存水弯	S2.5 32(2.5MPa $C=1.25$)	个	4.50
573	PVC-U P 型存水弯	50	个	5.35
574	PVC-U P 型存水弯	75	个	8.76
575	PVC-U P 型存水弯	110	个	20.96
576	PVC-U S 型存水弯	50	个	6.60
577	PVC-U S 型存水弯	75	个	10.95
578	PVC-U S 型存水弯	110	个	26.80
579	便池存水弯	铜普通 S 型	个	65.00
580	便池存水弯	铜普通 P 型	个	65.00
581	便池存水弯	瓷	个	11.98
582	小便器存水弯	塑料 DN32	个	25.00
583	小便器存水弯	铸铁 DN50	个	98.00
584	大便器胶皮碗		个	1.60
585	水箱自动冲洗阀	DN20	个	42.00
586	水箱自动冲洗阀	DN25	个	61.00
587	水箱自动冲洗阀	DN32	个	78.00

序号	材料名称	规格型号	单位	定额价(元)
588	水箱自动冲洗阀	DN50	个	108.00
589	蹲便冲水阀	HCG　CF637F	套	710.00
590	延时蹲便冲水阀	钻石 DP1－0891	套	350.00
591	脚踏蹲便冲水阀	钻石 DP2－0893	套	480.00
592	高箱配件	钢虹吸式	套	68.00
593	高箱配件	32 塑料虹吸式	套	17.50
594	低箱配件	铜 7301	套	110.00
595	低箱配件	铜普	套	117.00
596	座装式低箱配件	(7301)447 塑料搬把	套	25.20
597	座装式低箱配件	(7301)447 塑料按钮	套	26.30
598	座装式低箱配件	(7301)447 金属搬把	套	38.10
599	座装式低箱配件	(7301)全塑	套	18.45
600	挂装式低箱配件	(普通低箱)447 塑料搬把	套	29.00
601	挂装式低箱配件	(普通低箱)447 塑料按钮	套	28.00
602	挂装式低箱配件	(普通低箱)447 金属搬把	套	31.00
603	挂便配件	610 手动式	套	83.00
604	挂便配件	610 自闭式	套	90.00
605	立便配件	手动	套	83.00
606	立便配件	自闭	套	90.00
607	大便自动冲洗水箱托架	40L	副	25.30
608	大便自动冲洗水箱托架	48L	副	26.70

序号	材料名称	规格型号	单位	定额价(元)
609	大便自动冲洗水箱托架	64L	副	31.20
610	大便自动冲洗水箱托架	67L	副	38.20
611	大便自动冲洗水箱托架	81L	副	39.56
612	大便自动冲洗水箱托架	94L	副	40.56
613	大便自动冲洗水箱托架	108L	副	34.51
614	洗面盆立柱	1号、5号	套	31.00
615	洗涤盆托架	40×5	副	8.00
616	化验盆托架	ϕ12	个	12.00
617	水煤气管	DN15×2.0	支	48.00
618	水煤气管	DN20×2.0	支	60.00
619	汽包补芯	DN38	个	3.20
620	汽包对丝	DN38	个	0.98
621	汽包胶垫	$\delta=3$	个	0.15
622	汽包丝堵	DN38	个	0.89
623	汽包托钩		个	2.69
624	主副点火器		套	3780.00
625	灶具	单眼	台	211.00
626	灶具	双眼铸铁	台	76.00
627	过滤器	50	个	1100.00
628	过滤器	80	个	1430.00
629	过滤器	100	个	2010.00

序号	材料名称	规格型号	单位	定额价(元)
630	过滤器	150	个	2480.00
631	过滤器	200	个	3789.00
632	过滤器	250	个	5200.00
633	过滤器	300	个	5468.00
634	表用整流器	50	台	410.00
635	表用整流器	80	台	490.00
636	表用整流器	100	台	600.00
637	衡量式调压器	50	台	2650.00
638	衡量式调压器	80	台	3210.00
639	衡量式调压器	100	台	3751.00
640	衡量式调压器	150	台	5487.00
641	衡量式调压器	200	台	6120.00
642	锅炉调压器	80	台	3250.00
643	锅炉调压器	100	台	3654.00
644	切断式调压器	25	台	720.00
645	切断式调压器	40	台	750.00
646	切断式调压器	50	台	860.00
647	调压箱(双路)	50	台	24360.00
648	调压箱(双路)	80	台	31920.00
649	调压箱(双路)	100	台	34440.00
650	调压箱(双路)	150	台	41160.00

序号	材料名称	规格型号	单位	定额价(元)
651	调压箱(双路)	200	台	81480.00
652	金属套管温度计	0~150 尾长 80	支	12.00
653	金属套管温度计	0~150 尾长 100	支	15.00
654	金属套管温度计	0~150 尾长 120	支	18.00
655	大便器存水弯	DN100（瓷）	个	12.50
656	小便自动冲洗水箱托架		副	6.70
657	挂式小便器		个	520.00
658	立式小便器		个	580.00
659	小便器角型阀	DN15	个	25.00
660	温度计	0~120℃	套	29.00

十六、电线及电缆

序号	材料名称	规格型号	单位	定额价(元)
1	裸铜线	不分规格	kg	38.32
2	裸铜线	$4mm^2$	m	2.65
3	裸铜线	$6mm^2$	m	3.88
4	裸铜线	$10mm^2$	m	7.10
5	裸铜线	$35mm^2$	m	22.92
6	裸铜线	$95mm^2$	m	64.52
7	裸铜线	$120mm^2$	m	85.65
8	裸铜绞线	不分规格	m	38.00
9	蜡克线	2.5mm;镀锡丝	m	3.00
10	铜母线		kg	56.25
11	铜绞线	$16mm^2$	m	36.00
12	铜绞线	$25mm^2$	m	36.00
13	铜绞线	$120mm^2$	m	38.76
14	镀锡铜绞线	$6mm^2$	m	4.46
15	镀锡铜绞线	$10mm^2$	m	8.17
16	镀锡铜绞线	$16mm^2$	m	14.70
17	铜接线端子	$120mm^2$	个	29.96
18	黑腊带	25mm×50mm	卷	5.76
19	导火线		m	1.80
20	导爆线		m	2.10
21	铝母线		kg	28.55

序号	材料名称	规格型号	单位	定额价(元)
22	补偿导线	EV2 × 1mm^2	m	5.25
23	胶质导线	1.5mm	m	1.58
24	胶质导线	2.5mm	m	2.15
25	塑料绝缘导线	BLV – 35	m	3.50
26	塑料绝缘线	BLV – 2.5mm^2	m	0.33
27	塑料绝缘线	BLV – 6.0mm^2	m	0.67
28	塑料绝缘线	BV – 105℃ – 1.5mm^2	m	1.29
29	塑料绝缘线	BV – 105℃ – 2.5mm^2	m	2.08
30	铜芯聚氯乙烯绝缘软电缆	BVR – 0.75mm	m	0.75
31	铜芯聚氯乙烯绝缘软电缆	BVR – 1.0mm	m	1.01
32	铜芯聚氯乙烯绝缘软电缆	BVR – 1.5mm	m	1.30
33	铜芯聚氯乙烯绝缘软电缆	BVR – 2.5mm	m	2.34
34	铜芯聚氯乙烯绝缘软电缆	BVR – 4mm	m	3.48
35	铜芯聚氯乙烯绝缘软电缆	BVR – 6mm	m	4.93
36	铜芯聚氯乙烯绝缘软电缆	BVR – 10mm	m	8.34
37	铜芯聚氯乙烯绝缘软电缆	BVR – 16mm	m	12.38
38	铜芯聚氯乙烯绝缘软电缆	BVR – 25mm	m	21.26
39	铜芯聚氯乙烯绝缘软电缆	BVR – 35mm	m	28.98
40	橡皮绝缘线	BLX – 2.5	m	0.48
41	橡皮绝缘线	BLX – 4	m	0.64
42	橡皮绝缘线	BLX – 6	m	0.86
43	橡皮绝缘线	BLX – 16	m	2.06

序号	材料名称	规格型号	单位	定额价(元)
44	橡皮绝缘线	BLX－25	m	3.12
45	橡皮绝缘线	BLX－35	m	4.44
46	橡皮绝缘线	BLX－35 双芯	m	6.11
47	橡皮绝缘线	BLX－70	m	8.46
48	橡皮绝缘线	BLX－120	m	14.11
49	橡皮绝缘线	BX－1.5	m	0.87
50	橡皮绝缘线	BX－2.5	m	1.25
51	橡皮绝缘线	BX－4	m	1.92
52	橡皮绝缘线	BX－6	m	2.60
53	重型橡套电缆	YC 3×16＋1×6	m	52.70
54	重型橡套电缆	YC 3×70＋1×25	m	162.70
55	重型橡套电缆	YC 3×50＋1×6	m	120.80
56	电焊线	YH 16	m	9.31
57	电焊线	YH 25	m	14.14
58	电焊线	YH 35	m	19.51
59	电焊线	YH 50	m	27.85
60	电焊线	YH 70	m	39.55
61	电焊线	YH 95	m	53.81
62	电焊线	YH 120	m	75.12
63	电焊线	YH 150	m	94.92
64	电焊线	YH 185	m	119.87
65	铜芯聚氯乙烯绝缘线	BV0.5	km	513.00

序号	材料名称	规格型号	单位	定额价(元)
66	铜芯聚氯乙烯绝缘线	BV0.75	km	663.00
67	铜芯聚氯乙烯绝缘线	BV1	km	831.00
68	铜芯聚氯乙烯绝缘线	BV1.5	km	1201.50
69	铜芯聚氯乙烯绝缘线	BV2.5	km	1873.50
70	铜芯聚氯乙烯绝缘线	BV2.5	m	1.87
71	铜芯聚氯乙烯绝缘线	BV4	km	2899.50
72	铜芯聚氯乙烯绝缘线	BV4	m	2.90
73	铜芯聚氯乙烯绝缘线	BV6	km	4243.50
74	铜芯聚氯乙烯绝缘线	BV6	m	4.24
75	铜芯聚氯乙烯绝缘线	BV10	km	7743.00
76	铜芯聚氯乙烯绝缘线	BV10	m	7.74
77	铜芯聚氯乙烯绝缘线	BV16	km	11782.50
78	铜芯聚氯乙烯绝缘线	BV16	m	11.78
79	铜芯聚氯乙烯绝缘线	BV25	km	18147.00
80	铜芯聚氯乙烯绝缘线	BV25	m	18.15
81	铜芯聚氯乙烯绝缘线	BV35	km	25024.50
82	铜芯聚氯乙烯绝缘线	BV35	m	25.02
83	铜芯聚氯乙烯绝缘线	BV50	km	35994.00
84	铜芯聚氯乙烯绝缘线	BV50	m	35.99
85	铜芯聚氯乙烯绝缘线	BV70	km	51205.50
86	铜芯聚氯乙烯绝缘线	BV70	m	51.21
87	铜芯聚氯乙烯绝缘线	BV95	km	70440.00

序号	材料名称	规格型号	单位	定额价(元)
88	铜芯聚氯乙烯绝缘线	BV95	m	70.44
89	铜芯聚氯乙烯绝缘线	BV120	km	93528.00
90	铜芯聚氯乙烯绝缘线	BV120	m	93.53
91	铜芯聚氯乙烯绝缘线	BV150	km	113496.00
92	铜芯聚氯乙烯绝缘线	BV185	km	141579.00
93	铜芯聚氯乙烯绝缘线	BV240	km	185863.50
94	铜芯耐火聚氯乙烯绝缘电线	NH－BV1.5	km	2625.00
95	铜芯耐火聚氯乙烯绝缘电线	NH－BV2.5	km	3483.00
96	铜芯耐火聚氯乙烯绝缘电线	NH－BV4	km	4543.50
97	铜芯耐火聚氯乙烯绝缘电线	NH－BV6	km	6028.50
98	铜芯耐火聚氯乙烯绝缘电线	NH－BV10	km	10174.50
99	铜芯耐火聚氯乙烯绝缘电线	NH－BV16	km	14788.50
100	铜芯耐火聚氯乙烯绝缘电线	NH－BV25	km	22611.00
101	铜芯耐火聚氯乙烯绝缘电线	NH－BV35	km	30256.50
102	铜芯耐火聚氯乙烯绝缘电线	NH－BV50	km	42295.50
103	铜芯耐火聚氯乙烯绝缘电线	NH－BV70	km	59055.00
104	铜芯耐火聚氯乙烯绝缘电线	NH－BV95	km	80190.00
105	铜芯耐火聚氯乙烯绝缘电线	NH－BV120	km	105160.50
106	铜芯聚氯乙烯绝缘绞型软线	RVS 0.12	km	594.00
107	铜芯聚氯乙烯绝缘绞型软线	RVS 0.2	km	660.00
108	铜芯聚氯乙烯绝缘绞型软线	RVS 0.3	km	770.00
109	铜芯聚氯乙烯绝缘绞型软线	RVS 0.4	km	1012.00

序号	材料名称	规格型号	单位	定额价(元)
110	铜芯聚氯乙烯绝缘绞型软线	RVS 0.5	km	1277.83
111	铜芯聚氯乙烯绝缘绞型软线	RVS 0.5	m	1.28
112	铜芯聚氯乙烯绝缘绞型软线	RVS 0.75	km	2011.67
113	铜芯聚氯乙烯绝缘绞型软线	RVS 1.0	km	2137.75
114	铜芯聚氯乙烯绝缘绞型软线	RVS 1.5	km	2980.67
115	铜芯聚氯乙烯绝缘绞型软线	RVS 2.0	km	4092.00
116	铜芯聚氯乙烯绝缘绞型软线	RVS 2.5	km	4449.75
117	铜芯聚氯乙烯绝缘绞型软线	RVS 4	km	6795.75
118	铜芯聚氯乙烯绝缘平型软线	RVB 0.12	km	540.00
119	铜芯聚氯乙烯绝缘平型软线	RVB 0.2	km	580.00
120	铜芯聚氯乙烯绝缘平型软线	RVB 0.3	km	660.00
121	铜芯聚氯乙烯绝缘平型软线	RVB 0.4	km	860.00
122	铜芯聚氯乙烯绝缘平型软线	RVB 0.5	km	1226.83
123	铜芯聚氯乙烯绝缘平型软线	RVB 0.75	km	1786.42
124	铜芯聚氯乙烯绝缘平型软线	RVB 1.0	km	2037.17
125	铜芯聚氯乙烯绝缘平型软线	RVB 1.5	km	2830.50
126	铜芯聚氯乙烯绝缘平型软线	RVB 2.0	km	3630.00
127	铜芯聚氯乙烯绝缘平型软线	RVB 2.5	km	4216.00
128	铜芯聚氯乙烯绝缘平型软线	RVB 4	km	6411.83
129	铜芯聚氯乙烯绝缘聚氯乙烯护软线	RVV0.12 二椭	km	607.50
130	铜芯聚氯乙烯绝缘聚氯乙烯护软线	RVV0.12 二芯	km	840.00
131	铜芯聚氯乙烯绝缘聚氯乙烯护软线	RVV0.12 三芯	km	990.00

序号	材料名称	规格型号	单位	定额价(元)
132	铜芯聚氯乙烯绝缘聚氯乙烯护软线	RVV0.12 四芯	km	1290.00
133	铜芯聚氯乙烯绝缘聚氯乙烯护软线	RVV0.2 二椭	km	690.00
134	铜芯聚氯乙烯绝缘聚氯乙烯护软线	RVV0.2 二芯	km	915.00
135	铜芯聚氯乙烯绝缘聚氯乙烯护软线	RVV0.2 三芯	km	1140.00
136	铜芯聚氯乙烯绝缘聚氯乙烯护软线	RVV0.2 四芯	km	1680.00
137	铜芯聚氯乙烯绝缘聚氯乙烯护软线	RVV0.3 二椭	km	840.00
138	铜芯聚氯乙烯绝缘聚氯乙烯护软线	RVV0.3 二芯	km	1065.00
139	铜芯聚氯乙烯绝缘聚氯乙烯护软线	RVV0.3 三芯	km	1290.00
140	铜芯聚氯乙烯绝缘聚氯乙烯护软线	RVV0.3 四芯	km	1830.00
141	铜芯聚氯乙烯绝缘聚氯乙烯护软线	RVV0.4 二椭	km	1125.00
142	铜芯聚氯乙烯绝缘聚氯乙烯护软线	RVV0.4 二芯	km	1290.00
143	铜芯聚氯乙烯绝缘聚氯乙烯护软线	RVV0.4 三芯	km	1680.00
144	铜芯聚氯乙烯绝缘聚氯乙烯护软线	RVV0.4 四芯	km	2295.00
145	铜芯聚氯乙烯绝缘聚氯乙烯护软线	RVV0.5 二椭	km	1183.00
146	铜芯聚氯乙烯绝缘聚氯乙烯护软线	RVV0.5 二芯	km	1298.50
147	铜芯聚氯乙烯绝缘聚氯乙烯护软线	RVV0.5 三芯	km	2310.00
148	铜芯聚氯乙烯绝缘聚氯乙烯护软线	RVV0.5 四芯	km	2592.00
149	铜芯聚氯乙烯绝缘聚氯乙烯护软线	RVV0.75 二椭	km	1663.67
150	铜芯聚氯乙烯绝缘聚氯乙烯护软线	RVV0.75 二芯	km	1785.00
151	铜芯聚氯乙烯绝缘聚氯乙烯护软线	RVV0.75 三芯	km	3087.00
152	铜芯聚氯乙烯绝缘聚氯乙烯护软线	RVV0.75 四芯	km	3341.33
153	铜芯聚氯乙烯绝缘聚氯乙烯护软线	RVV1.0 二椭	km	1905.00

序号	材料名称	规格型号	单位	定额价(元)
154	铜芯聚氯乙烯绝缘聚氯乙烯护软线	RVV1.0 二芯	km	2804.67
155	铜芯聚氯乙烯绝缘聚氯乙烯护软线	RVV1.0 三芯	km	3533.83
156	铜芯聚氯乙烯绝缘聚氯乙烯护软线	RVV1.0 四芯	km	4042.50
157	铜芯聚氯乙烯绝缘聚氯乙烯护软线	RVV1.5 二椭	km	3217.67
158	铜芯聚氯乙烯绝缘聚氯乙烯护软线	RVV1.5 二芯	km	3316.93
159	铜芯聚氯乙烯绝缘聚氯乙烯护软线	RVV1.5 三芯	km	4482.33
160	铜芯聚氯乙烯绝缘聚氯乙烯护软线	RVV1.5 四芯	km	5183.50
161	铜芯聚氯乙烯绝缘聚氯乙烯护软线	RVV2.0 二椭	km	3345.00
162	铜芯聚氯乙烯绝缘聚氯乙烯护软线	RVV2.0 二芯	km	3952.50
163	铜芯聚氯乙烯绝缘聚氯乙烯护软线	RVV2.0 三芯	km	5775.00
164	铜芯聚氯乙烯绝缘聚氯乙烯护软线	RVV2.0 四芯	km	7755.00
165	铜芯聚氯乙烯绝缘聚氯乙烯护软线	RVV2.5 二椭	km	3952.50
166	铜芯聚氯乙烯绝缘聚氯乙烯护软线	RVV2.5 二芯	km	4545.00
167	铜芯聚氯乙烯绝缘聚氯乙烯护软线	RVV2.5 三芯	km	4938.75
168	铜芯聚氯乙烯绝缘聚氯乙烯护软线	RVV2.5 四芯	km	5671.50
169	铜芯聚氯乙烯绝缘聚氯乙烯护软线	RVV4.0 二椭	km	5625.00
170	铜芯聚氯乙烯绝缘聚氯乙烯护软线	RVV4.0 二芯	km	6240.00
171	铜芯聚氯乙烯绝缘聚氯乙烯护软线	RVV4.0 三芯	km	8805.00
172	铜芯聚氯乙烯绝缘聚氯乙烯护软线	RVV4.0 四芯	km	11850.00
173	铜芯聚氯乙烯绝缘聚氯乙烯护软线	RVV6.0 二椭	km	8055.00
174	铜芯聚氯乙烯绝缘聚氯乙烯护软线	RVV6.0 二芯	km	8805.00
175	铜芯聚氯乙烯绝缘聚氯乙烯护软线	RVV6.0 三芯	km	12465.00

序号	材料名称	规格型号	单位	定额价(元)
176	铜芯聚氯乙烯绝缘聚氯乙烯护软线	RVV6.0 四芯	km	15960.00
177	铜芯聚氯乙烯绝缘聚氯乙烯护软线	RVV 五芯 0.75	km	4056.50
178	铜芯聚氯乙烯绝缘聚氯乙烯护软线	RVV 五芯 1	km	5176.50
179	铜芯聚氯乙烯绝缘聚氯乙烯护软线	RVV 五芯 1.5	km	6737.50
180	铜芯聚氯乙烯绝缘聚氯乙烯护软线	RVV 五芯 2.5	km	9769.67
181	聚氯乙烯绝缘、屏蔽、聚氯乙烯护套软电缆	RVVP 二芯 0.2	km	1414.67
182	聚氯乙烯绝缘、屏蔽、聚氯乙烯护套软电缆	RVVP 二芯 0.3	km	1948.00
183	聚氯乙烯绝缘、屏蔽、聚氯乙烯护套软电缆	RVVP 二芯 0.4	km	2341.33
184	聚氯乙烯绝缘、屏蔽、聚氯乙烯护套软电缆	RVVP 二芯 0.5	km	2632.00
185	聚氯乙烯绝缘、屏蔽、聚氯乙烯护套软电缆	RVVP 二芯 0.75	km	3284.00
186	聚氯乙烯绝缘、屏蔽、聚氯乙烯护套软电缆	RVVP 二芯 1	km	3857.33
187	聚氯乙烯绝缘、屏蔽、聚氯乙烯护套软电缆	RVVP 二芯 1.5	km	4777.33
188	聚氯乙烯绝缘、屏蔽、聚氯乙烯护套软电缆	RVVP 二芯 2.5	km	8426.00
189	聚氯乙烯绝缘、屏蔽、聚氯乙烯护套软电缆	RVVP 三芯 0.12	km	1422.67
190	聚氯乙烯绝缘、屏蔽、聚氯乙烯护套软电缆	RVVP 三芯 0.2	km	2050.67
191	聚氯乙烯绝缘、屏蔽、聚氯乙烯护套软电缆	RVVP 三芯 0.3	km	2294.67
192	聚氯乙烯绝缘、屏蔽、聚氯乙烯护套软电缆	RVVP 三芯 0.4	km	2429.33
193	聚氯乙烯绝缘、屏蔽、聚氯乙烯护套软电缆	RVVP 三芯 0.5	km	2805.33
194	聚氯乙烯绝缘、屏蔽、聚氯乙烯护套软电缆	RVVP 三芯 0.75	km	3968.00
195	聚氯乙烯绝缘、屏蔽、聚氯乙烯护套软电缆	RVVP 三芯 1	km	4722.67
196	聚氯乙烯绝缘、屏蔽、聚氯乙烯护套软电缆	RVVP 三芯 1.5	km	6034.67
197	聚氯乙烯绝缘、屏蔽、聚氯乙烯护套软电缆	RVVP 三芯 2.5	km	9328.00

序号	材料名称	规格型号	单位	定额价(元)
198	聚氯乙烯绝缘、屏蔽、聚氯乙烯护套软电缆	RVVP 四芯 0.12	km	2026.67
199	聚氯乙烯绝缘、屏蔽、聚氯乙烯护套软电缆	RVVP 四芯 0.2	km	2404.00
200	聚氯乙烯绝缘、屏蔽、聚氯乙烯护套软电缆	RVVP 四芯 0.3	km	2710.67
201	聚氯乙烯绝缘、屏蔽、聚氯乙烯护套软电缆	RVVP 四芯 0.4	km	3332.00
202	聚氯乙烯绝缘、屏蔽、聚氯乙烯护套软电缆	RVVP 四芯 0.5	km	3637.33
203	聚氯乙烯绝缘、屏蔽、聚氯乙烯护套软电缆	RVVP 四芯 0.75	km	4674.67
204	聚氯乙烯绝缘、屏蔽、聚氯乙烯护套软电缆	RVVP 四芯 1	km	5958.33
205	聚氯乙烯绝缘、屏蔽、聚氯乙烯护套软电缆	RVVP 四芯 1.5	km	7782.50
206	聚氯乙烯绝缘、屏蔽、聚氯乙烯护套软电缆	RVVP 四芯 2.5	km	12309.00
207	聚氯乙烯绝缘、屏蔽、聚氯乙烯护套软电缆	RVVP 五芯 0.12	km	2341.33
208	聚氯乙烯绝缘、屏蔽、聚氯乙烯护套软电缆	RVVP 五芯 0.2	km	2781.33
209	聚氯乙烯绝缘、屏蔽、聚氯乙烯护套软电缆	RVVP 五芯 0.3	km	3158.67
210	聚氯乙烯绝缘、屏蔽、聚氯乙烯护套软电缆	RVVP 五芯 0.4	km	3897.33
211	聚氯乙烯绝缘、屏蔽、聚氯乙烯护套软电缆	RVVP 五芯 0.5	km	4242.67
212	聚氯乙烯绝缘、屏蔽、聚氯乙烯护套软电缆	RVVP 五芯 0.75	km	5546.67
213	聚氯乙烯绝缘、屏蔽、聚氯乙烯护套软电缆	RVVP 六芯 0.5	km	5635.00
214	聚氯乙烯绝缘、屏蔽、聚氯乙烯护套软电缆	RVVP 八芯 0.5	km	9384.00
215	聚氯乙烯绝缘、屏蔽、聚氯乙烯护套软电缆	RVVP 八芯 1.0	km	10695.00
216	聚氯乙烯绝缘、屏蔽、聚氯乙烯护套软电缆	RVVP 十芯 1.0	km	14467.00
217	阻燃聚氯乙烯绝缘、屏蔽、聚氯乙烯护套软电缆	ZR－RVVP 2×1.5	km	4734.17
218	阻燃聚氯乙烯绝缘、屏蔽、聚氯乙烯护套软电缆	ZR－RVVP 2×2.5	km	7015.00
219	阻燃聚氯乙烯绝缘、屏蔽、聚氯乙烯护套软电缆	ZR－RVVP 3×2×1.5	km	12684.50

序号	材料名称	规格型号	单位	定额价(元)
220	阻燃聚氯乙烯绝缘、屏蔽、聚氯乙烯护套软电缆	ZR－RVVP 4×1.5	km	7628.33
221	阻燃聚氯乙烯绝缘、屏蔽、聚氯乙烯护套软电缆	ZR－RVVP 6×2×1.5	km	24541.00
222	阻燃聚氯乙烯绝缘、屏蔽、聚氯乙烯护套软电缆	ZR－RVVP 7×1.5	km	12765.00
223	阻燃聚氯乙烯绝缘、屏蔽、聚氯乙烯护套软电缆	ZR－RVVP 8×1.5	km	14605.00
224	阻燃聚氯乙烯绝缘、屏蔽、聚氯乙烯护套软电缆	ZR－RVVP 10×1.5	km	19090.00
225	阻燃聚氯乙烯绝缘、屏蔽、聚氯乙烯护套软电缆	ZR－RVVP 16×1.5	km	27830.00
226	铜芯聚氯乙烯绝缘聚氯乙烯护套线	BVV0.75 一芯	km	708.17
227	铜芯聚氯乙烯绝缘聚氯乙烯护套线	BVV0.75 二芯	km	2179.33
228	铜芯聚氯乙烯绝缘聚氯乙烯护套线	BVV0.75 三芯	km	2818.67
229	铜芯聚氯乙烯绝缘聚氯乙烯护套线	BVV1.0 一芯	km	852.83
230	铜芯聚氯乙烯绝缘聚氯乙烯护套线	BVV1.0 二芯	km	2516.50
231	铜芯聚氯乙烯绝缘聚氯乙烯护套线	BVV1.0 三芯	km	3279.50
232	铜芯聚氯乙烯绝缘聚氯乙烯护套线	BVV1.5 一芯	km	1202.83
233	铜芯聚氯乙烯绝缘聚氯乙烯护套线	BVV1.5 二芯	km	2915.50
234	铜芯聚氯乙烯绝缘聚氯乙烯护套线	BVV1.5 三芯	km	4166.17
235	铜芯聚氯乙烯绝缘聚氯乙烯护套线	BVV2.5 一芯	km	1877.17
236	铜芯聚氯乙烯绝缘聚氯乙烯护套线	BVV2.5 二芯	km	4263.00
237	铜芯聚氯乙烯绝缘聚氯乙烯护套线	BVV2.5 三芯	km	6174.00
238	铜芯聚氯乙烯绝缘聚氯乙烯护套线	BVV4.0 一芯	km	2811.67
239	铜芯聚氯乙烯绝缘聚氯乙烯护套线	BVV4.0 二芯	km	5919.67
240	铜芯聚氯乙烯绝缘聚氯乙烯护套线	BVV4.0 三芯	km	8745.33
241	铜芯聚氯乙烯绝缘聚氯乙烯护套线	BVV6.0 一芯	km	3994.67

序号	材料名称	规格型号	单位	定额价(元)
242	铜芯聚氯乙烯绝缘聚氯乙烯护套线	BVV6.0 二芯	km	8256.50
243	铜芯聚氯乙烯绝缘聚氯乙烯护套线	BVV6.0 三芯	km	12175.33
244	铜芯聚氯乙烯绝缘聚氯乙烯护套线	BVV10 一芯	km	6462.17
245	耐火铜芯聚氯乙烯绝缘聚氯乙烯护套电力电缆	0.6/1kV N-VV 一芯 1.5	km	3534.00
246	耐火铜芯聚氯乙烯绝缘聚氯乙烯护套电力电缆	0.6/1kV N-VV 一芯 2.5	km	4315.20
247	耐火铜芯聚氯乙烯绝缘聚氯乙烯护套电力电缆	0.6/1kV N-VV 一芯 4	km	5557.68
248	耐火铜芯聚氯乙烯绝缘聚氯乙烯护套电力电缆	0.6/1kV N-VV 一芯 6	km	7082.88
249	耐火铜芯聚氯乙烯绝缘聚氯乙烯护套电力电缆	0.6/1kV N-VV 一芯 10	km	11204.64
250	耐火铜芯聚氯乙烯绝缘聚氯乙烯护套电力电缆	0.6/1kV N-VV 一芯 16	km	15549.60
251	耐火铜芯聚氯乙烯绝缘聚氯乙烯护套电力电缆	0.6/1kV N-VV 一芯 25	km	22372.08
252	耐火铜芯聚氯乙烯绝缘聚氯乙烯护套电力电缆	0.6/1kV N-VV 一芯 35	km	29358.24
253	耐火铜芯聚氯乙烯绝缘聚氯乙烯护套电力电缆	0.6/1kV N-VV 一芯 50	km	39156.72
254	耐火铜芯聚氯乙烯绝缘聚氯乙烯护套电力电缆	0.6/1kV N-VV 一芯 70	km	53731.68
255	耐火铜芯聚氯乙烯绝缘聚氯乙烯护套电力电缆	0.6/1kV N-VV 一芯 95	km	72264.72
256	耐火铜芯聚氯乙烯绝缘聚氯乙烯护套电力电缆	0.6/1kV N-VV 一芯 120	km	91125.12
257	耐火铜芯聚氯乙烯绝缘聚氯乙烯护套电力电缆	0.6/1kV N-VV 一芯 150	km	110506.32
258	耐火铜芯聚氯乙烯绝缘聚氯乙烯护套电力电缆	0.6/1kV N-VV 一芯 185	km	143123.28
259	耐火铜芯聚氯乙烯绝缘聚氯乙烯护套电力电缆	0.6/1kV N-VV 一芯 240	km	178173.12
260	耐火铜芯聚氯乙烯绝缘聚氯乙烯护套电力电缆	0.6/1kV N-VV 二芯 1.5	km	8139.36
261	耐火铜芯聚氯乙烯绝缘聚氯乙烯护套电力电缆	0.6/1kV N-VV 二芯 2.5	km	9724.08
262	耐火铜芯聚氯乙烯绝缘聚氯乙烯护套电力电缆	0.6/1kV N-VV 二芯 4	km	12491.76
263	耐火铜芯聚氯乙烯绝缘聚氯乙烯护套电力电缆	0.6/1kV N-VV 二芯 6	km	15549.60

序号	材料名称	规格型号	单位	定额价(元)
264	耐火铜芯聚氯乙烯绝缘聚氯乙烯护套电力电缆	0.6/1kV　N - VV 二芯 10	km	24328.80
265	耐火铜芯聚氯乙烯绝缘聚氯乙烯护套电力电缆	0.6/1kV　N - VV 二芯 16	km	33264.24
266	耐火铜芯聚氯乙烯绝缘聚氯乙烯护套电力电缆	0.6/1kV　N - VV 二芯 25	km	47630.88
267	耐火铜芯聚氯乙烯绝缘聚氯乙烯护套电力电缆	0.6/1kV　N - VV 二芯 35	km	61997.52
268	耐火铜芯聚氯乙烯绝缘聚氯乙烯护套电力电缆	0.6/1kV　N - VV 二芯 50	km	78938.40
269	耐火铜芯聚氯乙烯绝缘聚氯乙烯护套电力电缆	0.6/1kV　N - VV 二芯 70	km	108214.80
270	耐火铜芯聚氯乙烯绝缘聚氯乙烯护套电力电缆	0.6/1kV　N - VV 二芯 95	km	145429.68
271	耐火铜芯聚氯乙烯绝缘聚氯乙烯护套电力电缆	0.6/1kV　N - VV 二芯 120	km	183433.20
272	耐火铜芯聚氯乙烯绝缘聚氯乙烯护套电力电缆	0.6/1kV　N - VV 二芯 150	km	223043.76
273	耐火铜芯聚氯乙烯绝缘聚氯乙烯护套电力电缆	0.6/1kV　N - VV 二芯 185	km	274662.48
274	耐火铜芯聚氯乙烯绝缘聚氯乙烯护套电力电缆	0.6/1kV　N - VV 二芯 240	km	356867.04
275	耐火铜芯聚氯乙烯绝缘聚氯乙烯护套电力电缆	0.6/1kV　N - VV 三芯 1.5	km	10572.24
276	耐火铜芯聚氯乙烯绝缘聚氯乙烯护套电力电缆	0.6/1kV　N - VV 三芯 2.5	km	12967.92
277	耐火铜芯聚氯乙烯绝缘聚氯乙烯护套电力电缆	0.6/1kV　N - VV 三芯 4	km	19038.96
278	耐火铜芯聚氯乙烯绝缘聚氯乙烯护套电力电缆	0.6/1kV　N - VV 三芯 6	km	23473.20
279	耐火铜芯聚氯乙烯绝缘聚氯乙烯护套电力电缆	0.6/1kV　N - VV 三芯 10	km	34759.68
280	耐火铜芯聚氯乙烯绝缘聚氯乙烯护套电力电缆	0.6/1kV　N - VV 三芯 16	km	47988.00
281	耐火铜芯聚氯乙烯绝缘聚氯乙烯护套电力电缆	0.6/1kV　N - VV 三芯 25	km	69050.64
282	耐火铜芯聚氯乙烯绝缘聚氯乙烯护套电力电缆	0.6/1kV　N - VV 三芯 35	km	90381.12
283	耐火铜芯聚氯乙烯绝缘聚氯乙烯护套电力电缆	0.6/1kV　N - VV 三芯 50	km	116294.64
284	耐火铜芯聚氯乙烯绝缘聚氯乙烯护套电力电缆	0.6/1kV　N - VV 三芯 70	km	160384.08
285	耐火铜芯聚氯乙烯绝缘聚氯乙烯护套电力电缆	0.6/1kV　N - VV 三芯 95	km	217009.92

序号	材料名称	规格型号	单位	定额价(元)
286	耐火铜芯聚氯乙烯绝缘聚氯乙烯护套电力电缆	0.6/1kV N-VV 三芯 120	km	272088.24
287	耐火铜芯聚氯乙烯绝缘聚氯乙烯护套电力电缆	0.6/1kV N-VV 三芯 150	km	331452.00
288	耐火铜芯聚氯乙烯绝缘聚氯乙烯护套电力电缆	0.6/1kV N-VV 三芯 185	km	410040.72
289	耐火铜芯聚氯乙烯绝缘聚氯乙烯护套电力电缆	0.6/1kV N-VV 三芯 240	km	533395.92
290	耐火铜芯聚氯乙烯绝缘聚氯乙烯护套电力电缆	0.6/1kV N-VV 四芯 1.5	km	13637.52
291	耐火铜芯聚氯乙烯绝缘聚氯乙烯护套电力电缆	0.6/1kV N-VV 四芯 2.5	km	16792.08
292	耐火铜芯聚氯乙烯绝缘聚氯乙烯护套电力电缆	0.6/1kV N-VV 四芯 4	km	21650.40
293	耐火铜芯聚氯乙烯绝缘聚氯乙烯护套电力电缆	0.6/1kV N-VV 四芯 6	km	27580.08
294	耐火铜芯聚氯乙烯绝缘聚氯乙烯护套电力电缆	0.6/1kV N-VV 四芯 10	km	44945.04
295	耐火铜芯聚氯乙烯绝缘聚氯乙烯护套电力电缆	0.6/1kV N-VV 四芯 16	km	62748.96
296	耐火铜芯聚氯乙烯绝缘聚氯乙烯护套电力电缆	0.6/1kV N-VV 四芯 25	km	90113.28
297	耐火铜芯聚氯乙烯绝缘聚氯乙烯护套电力电缆	0.6/1kV N-VV 四芯 35	km	120007.20
298	耐火铜芯聚氯乙烯绝缘聚氯乙烯护套电力电缆	0.6/1kV N-VV 四芯 50	km	153769.92
299	耐火铜芯聚氯乙烯绝缘聚氯乙烯护套电力电缆	0.6/1kV N-VV 四芯 70	km	213788.40
300	耐火铜芯聚氯乙烯绝缘聚氯乙烯护套电力电缆	0.6/1kV N-VV 四芯 95	km	289081.20
301	耐火铜芯聚氯乙烯绝缘聚氯乙烯护套电力电缆	0.6/1kV N-VV 四芯 120	km	360959.04
302	耐火铜芯聚氯乙烯绝缘聚氯乙烯护套电力电缆	0.6/1kV N-VV 四芯 150	km	440113.20
303	耐火铜芯聚氯乙烯绝缘聚氯乙烯护套电力电缆	0.6/1kV N-VV 四芯 185	km	546988.80
304	耐火铜芯聚氯乙烯绝缘聚氯乙烯护套电力电缆	0.6/1kV N-VV 四芯 240	km	708563.28
305	耐火铜芯聚氯乙烯绝缘聚氯乙烯护套电力电缆	0.6/1kV N-VV 五芯 1.5	km	16390.32
306	耐火铜芯聚氯乙烯绝缘聚氯乙烯护套电力电缆	0.6/1kV N-VV 五芯 2.5	km	20251.68
307	耐火铜芯聚氯乙烯绝缘聚氯乙烯护套电力电缆	0.6/1kV N-VV 五芯 4	km	26322.72

序号	材料名称	规格型号	单位	定额价(元)
308	耐火铜芯聚氯乙烯绝缘聚氯乙烯护套电力电缆	0.6/1kV N-VV 五芯 6	km	33755.28
309	耐火铜芯聚氯乙烯绝缘聚氯乙烯护套电力电缆	0.6/1kV N-VV 五芯 10	km	55785.12
310	耐火铜芯聚氯乙烯绝缘聚氯乙烯护套电力电缆	0.6/1kV N-VV 五芯 16	km	77524.80
311	耐火铜芯聚氯乙烯绝缘聚氯乙烯护套电力电缆	0.6/1kV N-VV 五芯 25	km	111183.36
312	耐火铜芯聚氯乙烯绝缘聚氯乙烯护套电力电缆	0.6/1kV N-VV 五芯 35	km	146575.44
313	耐火铜芯聚氯乙烯绝缘聚氯乙烯护套电力电缆	0.6/1kV N-VV 五芯 50	km	193551.60
314	耐火铜芯聚氯乙烯绝缘聚氯乙烯护套电力电缆	0.6/1kV N-VV 五芯 70	km	264090.24
315	耐火铜芯聚氯乙烯绝缘聚氯乙烯护套电力电缆	0.6/1kV N-VV 五芯 95	km	358451.76
316	耐火铜芯聚氯乙烯绝缘聚氯乙烯护套电力电缆	0.6/1kV N-VV 五芯 120	km	448624.56
317	耐火铜芯聚氯乙烯绝缘聚氯乙烯护套电力电缆	0.6/1kV N-VV 五芯 150	km	547658.40
318	耐火铜芯聚氯乙烯绝缘聚氯乙烯护套电力电缆	0.6/1kV N-VV 五芯 185	km	678520.56
319	耐火铜芯聚氯乙烯绝缘聚氯乙烯护套电力电缆	0.6/1kV N-VV 五芯 240	km	882302.16
320	耐火铜芯聚氯乙烯绝缘聚氯乙烯护套电力电缆	0.6/1kV N-VV 3×4+1×2.5	km	20355.84
321	耐火铜芯聚氯乙烯绝缘聚氯乙烯护套电力电缆	0.6/1kV N-VV 3×6+1×4	km	25987.92
322	耐火铜芯聚氯乙烯绝缘聚氯乙烯护套电力电缆	0.6/1kV N-VV 3×10+1×6	km	38725.20
323	耐火铜芯聚氯乙烯绝缘聚氯乙烯护套电力电缆	0.6/1kV N-VV 3×16+1×10	km	57176.40
324	耐火铜芯聚氯乙烯绝缘聚氯乙烯护套电力电缆	0.6/1kV N-VV 3×25+1×16	km	82777.44
325	耐火铜芯聚氯乙烯绝缘聚氯乙烯护套电力电缆	0.6/1kV N-VV 3×35+1×16	km	103765.68
326	耐火铜芯聚氯乙烯绝缘聚氯乙烯护套电力电缆	0.6/1kV N-VV 3×50+1×25	km	134723.52
327	耐火铜芯聚氯乙烯绝缘聚氯乙烯护套电力电缆	0.6/1kV N-VV 3×70+1×35	km	187153.20
328	耐火铜芯聚氯乙烯绝缘聚氯乙烯护套电力电缆	0.6/1kV N-VV 3×95+1×50	km	257141.28
329	耐火铜芯聚氯乙烯绝缘聚氯乙烯护套电力电缆	0.6/1kV N-VV 3×120+1×70	km	324994.08

序号	材料名称	规格型号	单位	定额价(元)
330	耐火铜芯聚氯乙烯绝缘聚氯乙烯护套电力电缆	0.6/1kV　N－VV 3×150+1×70	km	384640.56
331	耐火铜芯聚氯乙烯绝缘聚氯乙烯护套电力电缆	0.6/1kV　N－VV 3×185+1×95	km	483116.40
332	耐火铜芯聚氯乙烯绝缘聚氯乙烯护套电力电缆	0.6/1kV　N－VV 3×240+1×120	km	625004.64
333	耐火铜芯聚氯乙烯绝缘聚氯乙烯护套电力电缆	0.6/1kV　N－VV 3×4+2×2.5	km	23986.56
334	耐火铜芯聚氯乙烯绝缘聚氯乙烯护套电力电缆	0.6/1kV　N－VV 3×6+2×4	km	30816.48
335	耐火铜芯聚氯乙烯绝缘聚氯乙烯护套电力电缆	0.6/1kV　N－VV 3×10+2×6	km	47132.40
336	耐火铜芯聚氯乙烯绝缘聚氯乙烯护套电力电缆	0.6/1kV　N－VV 3×16+2×10	km	67547.76
337	耐火铜芯聚氯乙烯绝缘聚氯乙烯护套电力电缆	0.6/1kV　N－VV 3×25+2×16	km	96541.44
338	耐火铜芯聚氯乙烯绝缘聚氯乙烯护套电力电缆	0.6/1kV　N－VV 3×35+2×16	km	118236.48
339	耐火铜芯聚氯乙烯绝缘聚氯乙烯护套电力电缆	0.6/1kV　N－VV 3×50+2×25	km	158181.84
340	耐火铜芯聚氯乙烯绝缘聚氯乙烯护套电力电缆	0.6/1kV　N－VV 3×70+2×35	km	216883.44
341	耐火铜芯聚氯乙烯绝缘聚氯乙烯护套电力电缆	0.6/1kV　N－VV 3×95+2×50	km	293470.80
342	耐火铜芯聚氯乙烯绝缘聚氯乙烯护套电力电缆	0.6/1kV　N－VV 3×120+2×70	km	376597.92
343	耐火铜芯聚氯乙烯绝缘聚氯乙烯护套电力电缆	0.6/1kV　N－VV 3×150+2×70	km	432836.88
344	耐火铜芯聚氯乙烯绝缘聚氯乙烯护套电力电缆	0.6/1kV　N－VV 3×185+2×95	km	556400.40
345	耐火铜芯聚氯乙烯绝缘聚氯乙烯护套电力电缆	0.6/1kV　N－VV 3×240+2×120	km	713004.96
346	耐火铜芯聚氯乙烯绝缘聚氯乙烯护套电力电缆	0.6/1kV　N－VV 4×4+1×2.5	km	24648.72
347	耐火铜芯聚氯乙烯绝缘聚氯乙烯护套电力电缆	0.6/1kV　N－VV 4×6+1×4	km	32140.80
348	耐火铜芯聚氯乙烯绝缘聚氯乙烯护套电力电缆	0.6/1kV　N－VV 4×10+1×6	km	50770.56
349	耐火铜芯聚氯乙烯绝缘聚氯乙烯护套电力电缆	0.6/1kV　N－VV 4×16+1×10	km	72301.92
350	耐火铜芯聚氯乙烯绝缘聚氯乙烯护套电力电缆	0.6/1kV　N－VV 4×25+1×16	km	103765.68
351	耐火铜芯聚氯乙烯绝缘聚氯乙烯护套电力电缆	0.6/1kV　N－VV 4×35+1×16	km	132030.24

序号	材料名称	规格型号	单位	定额价(元)
352	耐火铜芯聚氯乙烯绝缘聚氯乙烯护套电力电缆	0.6/1kV N－VV 4×50＋1×25	km	176766.96
353	耐火铜芯聚氯乙烯绝缘聚氯乙烯护套电力电缆	0.6/1kV N－VV 4×70＋1×35	km	240579.84
354	耐火铜芯聚氯乙烯绝缘聚氯乙烯护套电力电缆	0.6/1kV N－VV 4×95＋1×50	km	329383.68
355	耐火铜芯聚氯乙烯绝缘聚氯乙烯护套电力电缆	0.6/1kV N－VV 4×120＋1×70	km	413381.28
356	耐火铜芯聚氯乙烯绝缘聚氯乙烯护套电力电缆	0.6/1kV N－VV 4×150＋1×70	km	492602.40
357	耐火铜芯聚氯乙烯绝缘聚氯乙烯护套电力电缆	0.6/1kV N－VV 4×185＋1×95	km	618078.00
358	耐火铜芯聚氯乙烯绝缘聚氯乙烯护套电力电缆	0.6/1kV N－VV 4×240＋1×120	km	798051.60
359	耐火铜芯聚氯乙烯绝缘钢带铠装聚氯乙烯护套电力电缆	0.6/1kV N－VV22 二芯 4	km	15475.20
360	耐火铜芯聚氯乙烯绝缘钢带铠装聚氯乙烯护套电力电缆	0.6/1kV N－VV22 二芯 6	km	18466.08
361	耐火铜芯聚氯乙烯绝缘钢带铠装聚氯乙烯护套电力电缆	0.6/1kV N－VV22 二芯 10	km	26315.23
362	耐火铜芯聚氯乙烯绝缘钢带铠装聚氯乙烯护套电力电缆	0.6/1kV N－VV22 二芯 16	km	35429.28
363	耐火铜芯聚氯乙烯绝缘钢带铠装聚氯乙烯护套电力电缆	0.6/1kV N－VV22 二芯 25	km	50212.56
364	耐火铜芯聚氯乙烯绝缘钢带铠装聚氯乙烯护套电力电缆	0.6/1kV N－VV22 二芯 35	km	64802.40
365	耐火铜芯聚氯乙烯绝缘钢带铠装聚氯乙烯护套电力电缆	0.6/1kV N－VV22 二芯 50	km	80805.84
366	耐火铜芯聚氯乙烯绝缘钢带铠装聚氯乙烯护套电力电缆	0.6/1kV N－VV22 二芯 70	km	113564.16
367	耐火铜芯聚氯乙烯绝缘钢带铠装聚氯乙烯护套电力电缆	0.6/1kV N－VV22 二芯 95	km	151456.08
368	耐火铜芯聚氯乙烯绝缘钢带铠装聚氯乙烯护套电力电缆	0.6/1kV N－VV22 二芯 120	km	190218.48
369	耐火铜芯聚氯乙烯绝缘钢带铠装聚氯乙烯护套电力电缆	0.6/1kV N－VV22 二芯 150	km	231302.16
370	耐火铜芯聚氯乙烯绝缘钢带铠装聚氯乙烯护套电力电缆	0.6/1kV N－VV22 二芯 185	km	283173.84
371	耐火铜芯聚氯乙烯绝缘钢带铠装聚氯乙烯护套电力电缆	0.6/1kV N－VV22 二芯 240	km	366948.24
372	耐火铜芯聚氯乙烯绝缘钢带铠装聚氯乙烯护套电力电缆	0.6/1kV N－VV22 三芯 4	km	18622.32
373	耐火铜芯聚氯乙烯绝缘钢带铠装聚氯乙烯护套电力电缆	0.6/1kV N－VV22 三芯 6	km	23153.28

序号	材料名称	规格型号	单位	定额价(元)
374	耐火铜芯聚氯乙烯绝缘钢带铠装聚氯乙烯护套电力电缆	0.6/1kV N-VV22 三芯 10	km	37624.08
375	耐火铜芯聚氯乙烯绝缘钢带铠装聚氯乙烯护套电力电缆	0.6/1kV N-VV22 三芯 16	km	51068.16
376	耐火铜芯聚氯乙烯绝缘钢带铠装聚氯乙烯护套电力电缆	0.6/1kV N-VV22 三芯 25	km	72592.08
377	耐火铜芯聚氯乙烯绝缘钢带铠装聚氯乙烯护套电力电缆	0.6/1kV N-VV22 三芯 35	km	94569.84
378	耐火铜芯聚氯乙烯绝缘钢带铠装聚氯乙烯护套电力电缆	0.6/1kV N-VV22 三芯 50	km	124724.16
379	耐火铜芯聚氯乙烯绝缘钢带铠装聚氯乙烯护套电力电缆	0.6/1kV N-VV22 三芯 70	km	169669.20
380	耐火铜芯聚氯乙烯绝缘钢带铠装聚氯乙烯护套电力电缆	0.6/1kV N-VV22 三芯 95	km	229003.20
381	耐火铜芯聚氯乙烯绝缘钢带铠装聚氯乙烯护套电力电缆	0.6/1kV N-VV22 三芯 120	km	284200.56
382	耐火铜芯聚氯乙烯绝缘钢带铠装聚氯乙烯护套电力电缆	0.6/1kV N-VV22 三芯 150	km	345759.12
383	耐火铜芯聚氯乙烯绝缘钢带铠装聚氯乙烯护套电力电缆	0.6/1kV N-VV22 三芯 185	km	425649.84
384	耐火铜芯聚氯乙烯绝缘钢带铠装聚氯乙烯护套电力电缆	0.6/1kV N-VV22 三芯 240	km	551683.44
385	耐火铜芯聚氯乙烯绝缘钢带铠装聚氯乙烯护套电力电缆	0.6/1kV N-VV22 四芯 4	km	23279.76
386	耐火铜芯聚氯乙烯绝缘钢带铠装聚氯乙烯护套电力电缆	0.6/1kV N-VV22 四芯 6	km	29343.36
387	耐火铜芯聚氯乙烯绝缘钢带铠装聚氯乙烯护套电力电缆	0.6/1kV N-VV22 四芯 10	km	47705.28
388	耐火铜芯聚氯乙烯绝缘钢带铠装聚氯乙烯护套电力电缆	0.6/1kV N-VV22 四芯 16	km	65851.44
389	耐火铜芯聚氯乙烯绝缘钢带铠装聚氯乙烯护套电力电缆	0.6/1kV N-VV22 四芯 25	km	94160.64
390	耐火铜芯聚氯乙烯绝缘钢带铠装聚氯乙烯护套电力电缆	0.6/1kV N-VV22 四芯 35	km	124314.96
391	耐火铜芯聚氯乙烯绝缘钢带铠装聚氯乙烯护套电力电缆	0.6/1kV N-VV22 四芯 50	km	162139.92
392	耐火铜芯聚氯乙烯绝缘钢带铠装聚氯乙烯护套电力电缆	0.6/1kV N-VV22 四芯 70	km	221168.88
393	耐火铜芯聚氯乙烯绝缘钢带铠装聚氯乙烯护套电力电缆	0.6/1kV N-VV22 四芯 95	km	298321.68
394	耐火铜芯聚氯乙烯绝缘钢带铠装聚氯乙烯护套电力电缆	0.6/1kV N-VV22 四芯 120	km	370802.16
395	耐火铜芯聚氯乙烯绝缘钢带铠装聚氯乙烯护套电力电缆	0.6/1kV N-VV22 四芯 150	km	451102.08

序号	材料名称	规格型号	单位	定额价(元)
396	耐火铜芯聚氯乙烯绝缘钢带铠装聚氯乙烯护套电力电缆	0.6/1kV N-VV22 四芯 185	km	559197.84
397	耐火铜芯聚氯乙烯绝缘钢带铠装聚氯乙烯护套电力电缆	0.6/1kV N-VV22 四芯 240	km	722052.00
398	耐火铜芯聚氯乙烯绝缘钢带铠装聚氯乙烯护套电力电缆	0.6/1kV N-VV22 五芯 4	km	28145.52
399	耐火铜芯聚氯乙烯绝缘钢带铠装聚氯乙烯护套电力电缆	0.6/1kV N-VV22 五芯 6	km	35637.60
400	耐火铜芯聚氯乙烯绝缘钢带铠装聚氯乙烯护套电力电缆	0.6/1kV N-VV22 五芯 10	km	58061.76
401	耐火铜芯聚氯乙烯绝缘钢带铠装聚氯乙烯护套电力电缆	0.6/1kV N-VV22 五芯 16	km	79980.00
402	耐火铜芯聚氯乙烯绝缘钢带铠装聚氯乙烯护套电力电缆	0.6/1kV N-VV22 五芯 25	km	114270.96
403	耐火铜芯聚氯乙烯绝缘钢带铠装聚氯乙烯护套电力电缆	0.6/1kV N-VV22 五芯 35	km	155109.12
404	耐火铜芯聚氯乙烯绝缘钢带铠装聚氯乙烯护套电力电缆	0.6/1kV N-VV22 五芯 50	km	198618.24
405	耐火铜芯聚氯乙烯绝缘钢带铠装聚氯乙烯护套电力电缆	0.6/1kV N-VV22 五芯 70	km	272326.32
406	耐火铜芯聚氯乙烯绝缘钢带铠装聚氯乙烯护套电力电缆	0.6/1kV N-VV22 五芯 95	km	367059.84
407	耐火铜芯聚氯乙烯绝缘钢带铠装聚氯乙烯护套电力电缆	0.6/1kV N-VV22 五芯 120	km	457954.32
408	耐火铜芯聚氯乙烯绝缘钢带铠装聚氯乙烯护套电力电缆	0.6/1kV N-VV22 五芯 150	km	557933.04
409	耐火铜芯聚氯乙烯绝缘钢带铠装聚氯乙烯护套电力电缆	0.6/1kV N-VV22 五芯 185	km	690112.08
410	耐火铜芯聚氯乙烯绝缘钢带铠装聚氯乙烯护套电力电缆	0.6/1kV N-VV22 五芯 240	km	895567.68
411	耐火铜芯聚氯乙烯绝缘钢带铠装聚氯乙烯护套电力电缆	0.6/1kV N-VV22 3×4+1×2.5	km	22000.08
412	耐火铜芯聚氯乙烯绝缘钢带铠装聚氯乙烯护套电力电缆	0.6/1kV N-VV22 3×6+1×4	km	27825.60
413	耐火铜芯聚氯乙烯绝缘钢带铠装聚氯乙烯护套电力电缆	0.6/1kV N-VV22 3×10+1×6	km	42980.88
414	耐火铜芯聚氯乙烯绝缘钢带铠装聚氯乙烯护套电力电缆	0.6/1kV N-VV22 3×16+1×10	km	61045.20
415	耐火铜芯聚氯乙烯绝缘钢带铠装聚氯乙烯护套电力电缆	0.6/1kV N-VV22 3×25+1×16	km	86222.16
416	耐火铜芯聚氯乙烯绝缘钢带铠装聚氯乙烯护套电力电缆	0.6/1kV N-VV22 3×35+1×16	km	107842.80
417	耐火铜芯聚氯乙烯绝缘钢带铠装聚氯乙烯护套电力电缆	0.6/1kV N-VV22 3×50+1×25	km	145013.04

序号	材料名称	规格型号	单位	定额价(元)
418	耐火铜芯聚氯乙烯绝缘钢带铠装聚氯乙烯护套电力电缆	0.6/1kV N-VV22 3×70+1×35	km	198588.48
419	耐火铜芯聚氯乙烯绝缘钢带铠装聚氯乙烯护套电力电缆	0.6/1kV N-VV22 3×95+1×50	km	265913.04
420	耐火铜芯聚氯乙烯绝缘钢带铠装聚氯乙烯护套电力电缆	0.6/1kV N-VV22 3×120+1×70	km	334472.64
421	耐火铜芯聚氯乙烯绝缘钢带铠装聚氯乙烯护套电力电缆	0.6/1kV N-VV22 3×150+1×70	km	394863.12
422	耐火铜芯聚氯乙烯绝缘钢带铠装聚氯乙烯护套电力电缆	0.6/1kV N-VV22 3×185+1×95	km	494529.36
423	耐火铜芯聚氯乙烯绝缘钢带铠装聚氯乙烯护套电力电缆	0.6/1kV N-VV22 3×240+1×120	km	635948.88
424	耐火铜芯聚氯乙烯绝缘钢带铠装聚氯乙烯护套电力电缆	0.6/1kV N-VV22 3×4+2×2.5	km	25720.08
425	耐火铜芯聚氯乙烯绝缘钢带铠装聚氯乙烯护套电力电缆	0.6/1kV N-VV22 3×6+2×4	km	32706.24
426	耐火铜芯聚氯乙烯绝缘钢带铠装聚氯乙烯护套电力电缆	0.6/1kV N-VV22 3×10+2×6	km	49356.96
427	耐火铜芯聚氯乙烯绝缘钢带铠装聚氯乙烯护套电力电缆	0.6/1kV N-VV22 3×16+2×10	km	71357.04
428	耐火铜芯聚氯乙烯绝缘钢带铠装聚氯乙烯护套电力电缆	0.6/1kV N-VV22 3×25+2×16	km	100767.36
429	耐火铜芯聚氯乙烯绝缘钢带铠装聚氯乙烯护套电力电缆	0.6/1kV N-VV22 3×35+2×16	km	122856.72
430	耐火铜芯聚氯乙烯绝缘钢带铠装聚氯乙烯护套电力电缆	0.6/1kV N-VV22 3×50+2×25	km	165845.04
431	耐火铜芯聚氯乙烯绝缘钢带铠装聚氯乙烯护套电力电缆	0.6/1kV N-VV22 3×70+2×35	km	226354.56
432	耐火铜芯聚氯乙烯绝缘钢带铠装聚氯乙烯护套电力电缆	0.6/1kV N-VV22 3×95+2×50	km	304050.48
433	耐火铜芯聚氯乙烯绝缘钢带铠装聚氯乙烯护套电力电缆	0.6/1kV N-VV22 3×120+2×70	km	387199.92
434	耐火铜芯聚氯乙烯绝缘钢带铠装聚氯乙烯护套电力电缆	0.6/1kV N-VV22 3×150+2×70	km	443297.52
435	耐火铜芯聚氯乙烯绝缘钢带铠装聚氯乙烯护套电力电缆	0.6/1kV N-VV22 3×185+2×95	km	568386.24
436	耐火铜芯聚氯乙烯绝缘钢带铠装聚氯乙烯护套电力电缆	0.6/1kV N-VV22 3×240+2×120	km	726181.20
437	耐火铜芯聚氯乙烯绝缘钢带铠装聚氯乙烯护套电力电缆	0.6/1kV N-VV22 4×4+1×2.5	km	26806.32
438	耐火铜芯聚氯乙烯绝缘钢带铠装聚氯乙烯护套电力电缆	0.6/1kV N-VV22 4×6+1×4	km	34536.48
439	耐火铜芯聚氯乙烯绝缘钢带铠装聚氯乙烯护套电力电缆	0.6/1kV N-VV22 4×10+1×6	km	54312.00

序号	材料名称	规格型号	单位	定额价(元)
440	耐火铜芯聚氯乙烯绝缘钢带铠装聚氯乙烯护套电力电缆	0.6/1kV N－VV22 4×16＋1×10	km	75620.16
441	耐火铜芯聚氯乙烯绝缘钢带铠装聚氯乙烯护套电力电缆	0.6/1kV N－VV22 4×25＋1×16	km	107880.00
442	耐火铜芯聚氯乙烯绝缘钢带铠装聚氯乙烯护套电力电缆	0.6/1kV N－VV22 4×35＋1×16	km	140080.32
443	耐火铜芯聚氯乙烯绝缘钢带铠装聚氯乙烯护套电力电缆	0.6/1kV N－VV22 4×50＋1×25	km	183693.60
444	耐火铜芯聚氯乙烯绝缘钢带铠装聚氯乙烯护套电力电缆	0.6/1kV N－VV22 4×70＋1×35	km	248049.60
445	耐火铜芯聚氯乙烯绝缘钢带铠装聚氯乙烯护套电力电缆	0.6/1kV N－VV22 4×95＋1×50	km	338386.08
446	耐火铜芯聚氯乙烯绝缘钢带铠装聚氯乙烯护套电力电缆	0.6/1kV N－VV22 4×120＋1×70	km	423209.52
447	耐火铜芯聚氯乙烯绝缘钢带铠装聚氯乙烯护套电力电缆	0.6/1kV N－VV22 4×150＋1×70	km	503316.00
448	耐火铜芯聚氯乙烯绝缘钢带铠装聚氯乙烯护套电力电缆	0.6/1kV N－VV22 4×185＋1×95	km	629959.68
449	耐火铜芯聚氯乙烯绝缘钢带铠装聚氯乙烯护套电力电缆	0.6/1kV N－VV22 4×240＋1×120	km	811220.40
450	铜芯聚氯乙烯绝缘聚氯乙烯护套电力电缆	0.6/1kV VV 一芯 1.5	km	1651.68
451	铜芯聚氯乙烯绝缘聚氯乙烯护套电力电缆	0.6/1kV VV 一芯 2.5	km	2298.96
452	铜芯聚氯乙烯绝缘聚氯乙烯护套电力电缆	0.6/1kV VV 一芯 4	km	3348.00
453	铜芯聚氯乙烯绝缘聚氯乙烯护套电力电缆	0.6/1kV VV 一芯 6	km	4672.32
454	铜芯聚氯乙烯绝缘聚氯乙烯护套电力电缆	0.6/1kV VV 一芯 10	km	7655.76
455	铜芯聚氯乙烯绝缘聚氯乙烯护套电力电缆	0.6/1kV VV 一芯 16	km	11517.12
456	铜芯聚氯乙烯绝缘聚氯乙烯护套电力电缆	0.6/1kV VV 一芯 25	km	17476.56
457	铜芯聚氯乙烯绝缘聚氯乙烯护套电力电缆	0.6/1kV VV 一芯 35	km	23688.96
458	铜芯聚氯乙烯绝缘聚氯乙烯护套电力电缆	0.6/1kV VV 一芯 50	km	32698.80
459	铜芯聚氯乙烯绝缘聚氯乙烯护套电力电缆	0.6/1kV VV 一芯 70	km	45741.12
460	铜芯聚氯乙烯绝缘聚氯乙烯护套电力电缆	0.6/1kV VV 一芯 95	km	62555.52
461	铜芯聚氯乙烯绝缘聚氯乙烯护套电力电缆	0.6/1kV VV 一芯 120	km	79466.64

序号	材料名称	规格型号	单位	定额价(元)
462	铜芯聚氯乙烯绝缘聚氯乙烯护套电力电缆	0.6/1kV　VV 一芯150	km	97010.16
463	铜芯聚氯乙烯绝缘聚氯乙烯护套电力电缆	0.6/1kV　VV 一芯185	km	120550.32
464	铜芯聚氯乙烯绝缘聚氯乙烯护套电力电缆	0.6/1kV　VV 一芯240	km	158390.16
465	铜芯聚氯乙烯绝缘聚氯乙烯护套电力电缆	0.6/1kV　VV 二芯1.5	km	4374.72
466	铜芯聚氯乙烯绝缘聚氯乙烯护套电力电缆	0.6/1kV　VV 二芯2.5	km	5713.92
467	铜芯聚氯乙烯绝缘聚氯乙烯护套电力电缆	0.6/1kV　VV 二芯4	km	8057.52
468	铜芯聚氯乙烯绝缘聚氯乙烯护套电力电缆	0.6/1kV　VV 二芯6	km	10713.60
469	铜芯聚氯乙烯绝缘聚氯乙烯护套电力电缆	0.6/1kV　VV 二芯10	km	17231.04
470	铜芯聚氯乙烯绝缘聚氯乙烯护套电力电缆	0.6/1kV　VV 二芯16	km	25162.08
471	铜芯聚氯乙烯绝缘聚氯乙烯护套电力电缆	0.6/1kV　VV 二芯25	km	36746.16
472	铜芯聚氯乙烯绝缘聚氯乙烯护套电力电缆	0.6/1kV　VV 二芯35	km	49364.40
473	铜芯聚氯乙烯绝缘聚氯乙烯护套电力电缆	0.6/1kV　VV 二芯50	km	66826.08
474	铜芯聚氯乙烯绝缘聚氯乙烯护套电力电缆	0.6/1kV　VV 二芯70	km	93647.28
475	铜芯聚氯乙烯绝缘聚氯乙烯护套电力电缆	0.6/1kV　VV 二芯95	km	127335.60
476	铜芯聚氯乙烯绝缘聚氯乙烯护套电力电缆	0.6/1kV　VV 二芯120	km	161961.36
477	铜芯聚氯乙烯绝缘聚氯乙烯护套电力电缆	0.6/1kV　VV 二芯150	km	198462.00
478	铜芯聚氯乙烯绝缘聚氯乙烯护套电力电缆	0.6/1kV　VV 二芯185	km	242715.12
479	铜芯聚氯乙烯绝缘聚氯乙烯护套电力电缆	0.6/1kV　VV 二芯240	km	317263.92
480	铜芯聚氯乙烯绝缘聚氯乙烯护套电力电缆	0.6/1kV　VV 三芯1.5	km	5639.52
481	铜芯聚氯乙烯绝缘聚氯乙烯护套电力电缆	0.6/1kV　VV 三芯2.5	km	7715.28
482	铜芯聚氯乙烯绝缘聚氯乙烯护套电力电缆	0.6/1kV　VV 三芯4	km	10624.32
483	铜芯聚氯乙烯绝缘聚氯乙烯护套电力电缆	0.6/1kV　VV 三芯6	km	14433.60

序号	材料名称	规格型号	单位	定额价(元)
484	铜芯聚氯乙烯绝缘聚氯乙烯护套电力电缆	0.6/1kV VV 三芯 10	km	24046.08
485	铜芯聚氯乙烯绝缘聚氯乙烯护套电力电缆	0.6/1kV VV 三芯 16	km	35719.44
486	铜芯聚氯乙烯绝缘聚氯乙烯护套电力电缆	0.6/1kV VV 三芯 25	km	53954.88
487	铜芯聚氯乙烯绝缘聚氯乙烯护套电力电缆	0.6/1kV VV 三芯 35	km	72830.16
488	铜芯聚氯乙烯绝缘聚氯乙烯护套电力电缆	0.6/1kV VV 三芯 50	km	97776.48
489	铜芯聚氯乙烯绝缘聚氯乙烯护套电力电缆	0.6/1kV VV 三芯 70	km	137826.00
490	铜芯聚氯乙烯绝缘聚氯乙烯护套电力电缆	0.6/1kV VV 三芯 95	km	188938.80
491	铜芯聚氯乙烯绝缘聚氯乙烯护套电力电缆	0.6/1kV VV 三芯 120	km	238890.96
492	铜芯聚氯乙烯绝缘聚氯乙烯护套电力电缆	0.6/1kV VV 三芯 150	km	293091.36
493	铜芯聚氯乙烯绝缘聚氯乙烯护套电力电缆	0.6/1kV VV 三芯 185	km	361896.48
494	铜芯聚氯乙烯绝缘聚氯乙烯护套电力电缆	0.6/1kV VV 三芯 240	km	473689.92
495	铜芯聚氯乙烯绝缘聚氯乙烯护套电力电缆	0.6/1kV VV 四芯 1.5	km	7529.28
496	铜芯聚氯乙烯绝缘聚氯乙烯护套电力电缆	0.6/1kV VV 四芯 2.5	km	10296.96
497	铜芯聚氯乙烯绝缘聚氯乙烯护套电力电缆	0.6/1kV VV 四芯 4	km	13339.92
498	铜芯聚氯乙烯绝缘聚氯乙烯护套电力电缆	0.6/1kV VV 四芯 6	km	18443.76
499	铜芯聚氯乙烯绝缘聚氯乙烯护套电力电缆	0.6/1kV VV 四芯 10	km	31121.52
500	铜芯聚氯乙烯绝缘聚氯乙烯护套电力电缆	0.6/1kV VV 四芯 16	km	46819.92
501	铜芯聚氯乙烯绝缘聚氯乙烯护套电力电缆	0.6/1kV VV 四芯 25	km	70642.80
502	铜芯聚氯乙烯绝缘聚氯乙烯护套电力电缆	0.6/1kV VV 四芯 35	km	97084.56
503	铜芯聚氯乙烯绝缘聚氯乙烯护套电力电缆	0.6/1kV VV 四芯 50	km	129046.80
504	铜芯聚氯乙烯绝缘聚氯乙烯护套电力电缆	0.6/1kV VV 四芯 70	km	183351.36
505	铜芯聚氯乙烯绝缘聚氯乙烯护套电力电缆	0.6/1kV VV 四芯 95	km	251278.56

序号	材料名称	规格型号	单位	定额价(元)
506	铜芯聚氯乙烯绝缘聚氯乙烯护套电力电缆	0.6/1kV VV 四芯 120	km	316452.96
507	铜芯聚氯乙烯绝缘聚氯乙烯护套电力电缆	0.6/1kV VV 四芯 150	km	388152.24
508	铜芯聚氯乙烯绝缘聚氯乙烯护套电力电缆	0.6/1kV VV 四芯 185	km	482796.48
509	铜芯聚氯乙烯绝缘聚氯乙烯护套电力电缆	0.6/1kV VV 四芯 240	km	629751.36
510	铜芯聚氯乙烯绝缘聚氯乙烯护套电力电缆	0.6/1kV VV 五芯 1.5	km	8928.00
511	铜芯聚氯乙烯绝缘聚氯乙烯护套电力电缆	0.6/1kV VV 五芯 2.5	km	12298.32
512	铜芯聚氯乙烯绝缘聚氯乙烯护套电力电缆	0.6/1kV VV 五芯 4	km	16152.24
513	铜芯聚氯乙烯绝缘聚氯乙烯护套电力电缆	0.6/1kV VV 五芯 6	km	23622.00
514	铜芯聚氯乙烯绝缘聚氯乙烯护套电力电缆	0.6/1kV VV 五芯 10	km	38539.20
515	铜芯聚氯乙烯绝缘聚氯乙烯护套电力电缆	0.6/1kV VV 五芯 16	km	57674.88
516	铜芯聚氯乙烯绝缘聚氯乙烯护套电力电缆	0.6/1kV VV 五芯 25	km	87315.84
517	铜芯聚氯乙烯绝缘聚氯乙烯护套电力电缆	0.6/1kV VV 五芯 35	km	118757.28
518	铜芯聚氯乙烯绝缘聚氯乙烯护套电力电缆	0.6/1kV VV 五芯 50	km	161946.48
519	铜芯聚氯乙烯绝缘聚氯乙烯护套电力电缆	0.6/1kV VV 五芯 70	km	225915.60
520	铜芯聚氯乙烯绝缘聚氯乙烯护套电力电缆	0.6/1kV VV 五芯 95	km	310858.08
521	铜芯聚氯乙烯绝缘聚氯乙烯护套电力电缆	0.6/1kV VV 五芯 120	km	392400.48
522	铜芯聚氯乙烯绝缘聚氯乙烯护套电力电缆	0.6/1kV VV 五芯 150	km	481918.56
523	铜芯聚氯乙烯绝缘聚氯乙烯护套电力电缆	0.6/1kV VV 五芯 185	km	598287.60
524	铜芯聚氯乙烯绝缘聚氯乙烯护套电力电缆	0.6/1kV VV 五芯 240	km	783238.56
525	铜芯聚氯乙烯绝缘聚氯乙烯护套电力电缆	0.6/1kV VV 3×4+1×2.5	km	13280.40
526	铜芯聚氯乙烯绝缘聚氯乙烯护套电力电缆	0.6/1kV VV 3×6+1×4	km	18242.88
527	铜芯聚氯乙烯绝缘聚氯乙烯护套电力电缆	0.6/1kV VV 3×10+1×6	km	26404.56

序号	材料名称	规格型号	单位	定额价(元)
528	铜芯聚氯乙烯绝缘聚氯乙烯护套电力电缆	0.6/1kV VV 3×16+1×10	km	41894.64
529	铜芯聚氯乙烯绝缘聚氯乙烯护套电力电缆	0.6/1kV VV 3×25+1×16	km	64110.48
530	铜芯聚氯乙烯绝缘聚氯乙烯护套电力电缆	0.6/1kV VV 3×35+1×16	km	82926.24
531	铜芯聚氯乙烯绝缘聚氯乙烯护套电力电缆	0.6/1kV VV 3×50+1×25	km	114814.08
532	铜芯聚氯乙烯绝缘聚氯乙烯护套电力电缆	0.6/1kV VV 3×70+1×35	km	162459.84
533	铜芯聚氯乙烯绝缘聚氯乙烯护套电力电缆	0.6/1kV VV 3×95+1×50	km	222292.32
534	铜芯聚氯乙烯绝缘聚氯乙烯护套电力电缆	0.6/1kV VV 3×120+1×70	km	283865.76
535	铜芯聚氯乙烯绝缘聚氯乙烯护套电力电缆	0.6/1kV VV 3×150+1×70	km	325574.40
536	铜芯聚氯乙烯绝缘聚氯乙烯护套电力电缆	0.6/1kV VV 3×185+1×95	km	425106.72
537	铜芯聚氯乙烯绝缘聚氯乙烯护套电力电缆	0.6/1kV VV 3×240+1×120	km	553536.00
538	铜芯聚氯乙烯绝缘聚氯乙烯护套电力电缆	0.6/1kV VV 3×4+2×2.5	km	15207.36
539	铜芯聚氯乙烯绝缘聚氯乙烯护套电力电缆	0.6/1kV VV 3×6+2×4	km	21166.80
540	铜芯聚氯乙烯绝缘聚氯乙烯护套电力电缆	0.6/1kV VV 3×10+2×6	km	32401.20
541	铜芯聚氯乙烯绝缘聚氯乙烯护套电力电缆	0.6/1kV VV 3×16+2×10	km	50175.36
542	铜芯聚氯乙烯绝缘聚氯乙烯护套电力电缆	0.6/1kV VV 3×25+2×16	km	75419.28
543	铜芯聚氯乙烯绝缘聚氯乙烯护套电力电缆	0.6/1kV VV 3×35+2×16	km	94837.68
544	铜芯聚氯乙烯绝缘聚氯乙烯护套电力电缆	0.6/1kV VV 3×50+2×25	km	130951.44
545	铜芯聚氯乙烯绝缘聚氯乙烯护套电力电缆	0.6/1kV VV 3×70+2×35	km	184564.08
546	铜芯聚氯乙烯绝缘聚氯乙烯护套电力电缆	0.6/1kV VV 3×95+2×50	km	253026.96
547	铜芯聚氯乙烯绝缘聚氯乙烯护套电力电缆	0.6/1kV VV 3×120+2×70	km	328037.04
548	铜芯聚氯乙烯绝缘聚氯乙烯护套电力电缆	0.6/1kV VV 3×150+2×70	km	379707.84
549	铜芯聚氯乙烯绝缘聚氯乙烯护套电力电缆	0.6/1kV VV 3×185+2×95	km	488458.32

序号	材料名称	规格型号	单位	定额价(元)
550	铜芯聚氯乙烯绝缘聚氯乙烯护套电力电缆	0.6/1kV　VV 3×240+2×120	km	630681.36
551	铜芯聚氯乙烯绝缘聚氯乙烯护套电力电缆	0.6/1kV　VV 4×4+1×2.5	km	15988.56
552	铜芯聚氯乙烯绝缘聚氯乙烯护套电力电缆	0.6/1kV　VV 4×6+1×4	km	22595.28
553	铜芯聚氯乙烯绝缘聚氯乙烯护套电力电缆	0.6/1kV　VV 4×10+1×6	km	35503.68
554	铜芯聚氯乙烯绝缘聚氯乙烯护套电力电缆	0.6/1kV　VV 4×16+1×10	km	53746.56
555	铜芯聚氯乙烯绝缘聚氯乙烯护套电力电缆	0.6/1kV　VV 4×25+1×16	km	81654.00
556	铜芯聚氯乙烯绝缘聚氯乙烯护套电力电缆	0.6/1kV　VV 4×35+1×16	km	106897.92
557	铜芯聚氯乙烯绝缘聚氯乙烯护套电力电缆	0.6/1kV　VV 4×50+1×25	km	145243.68
558	铜芯聚氯乙烯绝缘聚氯乙烯护套电力电缆	0.6/1kV　VV 4×70+1×35	km	204897.60
559	铜芯聚氯乙烯绝缘聚氯乙烯护套电力电缆	0.6/1kV　VV 4×95+1×50	km	284051.76
560	铜芯聚氯乙烯绝缘聚氯乙烯护套电力电缆	0.6/1kV　VV 4×120+1×70	km	359716.56
561	铜芯聚氯乙烯绝缘聚氯乙烯护套电力电缆	0.6/1kV　VV 4×150+1×70	km	431304.24
562	铜芯聚氯乙烯绝缘聚氯乙烯护套电力电缆	0.6/1kV　VV 4×185+1×95	km	545099.04
563	铜芯聚氯乙烯绝缘聚氯乙烯护套电力电缆	0.6/1kV　VV 4×240+1×120	km	708466.56
564	铜芯聚氯乙烯绝缘钢带铠装聚氯乙烯护套电力电缆	0.6/1kV　VV22 一芯4	km	4530.96
565	铜芯聚氯乙烯绝缘钢带铠装聚氯乙烯护套电力电缆	0.6/1kV　VV22 一芯6	km	5922.24
566	铜芯聚氯乙烯绝缘钢带铠装聚氯乙烯护套电力电缆	0.6/1kV　VV22 一芯10	km	9195.84
567	铜芯聚氯乙烯绝缘钢带铠装聚氯乙烯护套电力电缆	0.6/1kV　VV22 二芯4	km	10393.68
568	铜芯聚氯乙烯绝缘钢带铠装聚氯乙烯护套电力电缆	0.6/1kV　VV22 三芯4	km	11963.52
569	铜芯聚氯乙烯绝缘钢带铠装聚氯乙烯护套电力电缆	0.6/1kV　VV22 二芯6	km	12975.36
570	铜芯聚氯乙烯绝缘钢带铠装聚氯乙烯护套电力电缆	0.6/1kV　VV22 一芯16	km	13139.04
571	铜芯聚氯乙烯绝缘钢带铠装聚氯乙烯护套电力电缆	0.6/1kV　VV22 3×4+1×2.5	km	13682.16

序号	材料名称	规格型号	单位	定额价(元)
572	铜芯聚氯乙烯绝缘钢带铠装聚氯乙烯护套电力电缆	0.6/1kV VV22 四芯 4	km	14746.08
573	铜芯聚氯乙烯绝缘钢带铠装聚氯乙烯护套电力电缆	0.6/1kV VV22 3×4+2×2.5	km	15631.44
574	铜芯聚氯乙烯绝缘钢带铠装聚氯乙烯护套电力电缆	0.6/1kV VV22 三芯 6	km	15929.04
575	铜芯聚氯乙烯绝缘钢带铠装聚氯乙烯护套电力电缆	0.6/1kV VV22 4×4+1×2.5	km	16390.32
576	铜芯聚氯乙烯绝缘钢带铠装聚氯乙烯护套电力电缆	0.6/1kV VV22 五芯 4	km	17684.88
577	铜芯聚氯乙烯绝缘钢带铠装聚氯乙烯护套电力电缆	0.6/1kV VV22 二芯 10	km	18622.32
578	铜芯聚氯乙烯绝缘钢带铠装聚氯乙烯护套电力电缆	0.6/1kV VV22 3×6+1×4	km	18726.48
579	铜芯聚氯乙烯绝缘钢带铠装聚氯乙烯护套电力电缆	0.6/1kV VV22 一芯 25	km	19358.38
580	铜芯聚氯乙烯绝缘钢带铠装聚氯乙烯护套电力电缆	0.6/1kV VV22 四芯 6	km	20021.04
581	铜芯聚氯乙烯绝缘钢带铠装聚氯乙烯护套电力电缆	0.6/1kV VV22 3×6+2×4	km	21680.16
582	铜芯聚氯乙烯绝缘钢带铠装聚氯乙烯护套电力电缆	0.6/1kV VV22 4×6+1×4	km	22997.04
583	铜芯聚氯乙烯绝缘钢带铠装聚氯乙烯护套电力电缆	0.6/1kV VV22 五芯 6	km	24187.44
584	铜芯聚氯乙烯绝缘钢带铠装聚氯乙烯护套电力电缆	0.6/1kV VV22 一芯 35	km	25630.80
585	铜芯聚氯乙烯绝缘钢带铠装聚氯乙烯护套电力电缆	0.6/1kV VV22 三芯 10	km	26650.08
586	铜芯聚氯乙烯绝缘钢带铠装聚氯乙烯护套电力电缆	0.6/1kV VV22 二芯 16	km	26657.52
587	铜芯聚氯乙烯绝缘钢带铠装聚氯乙烯护套电力电缆	0.6/1kV VV22 3×10+1×6	km	30213.84
588	铜芯聚氯乙烯绝缘钢带铠装聚氯乙烯护套电力电缆	0.6/1kV VV22 四芯 10	km	33725.52
589	铜芯聚氯乙烯绝缘钢带铠装聚氯乙烯护套电力电缆	0.6/1kV VV22 3×10+2×6	km	34454.64
590	铜芯聚氯乙烯绝缘钢带铠装聚氯乙烯护套电力电缆	0.6/1kV VV22 一芯 50	km	35220.96
591	铜芯聚氯乙烯绝缘钢带铠装聚氯乙烯护套电力电缆	0.6/1kV VV22 4×10+1×6	km	37274.40
592	铜芯聚氯乙烯绝缘钢带铠装聚氯乙烯护套电力电缆	0.6/1kV VV22 三芯 16	km	38509.44
593	铜芯聚氯乙烯绝缘钢带铠装聚氯乙烯护套电力电缆	0.6/1kV VV22 二芯 25	km	39714.72

序号	材料名称	规格型号	单位	定额价(元)
594	铜芯聚氯乙烯绝缘钢带铠装聚氯乙烯护套电力电缆	0.6/1kV　VV22 五芯 10	km	40644.72
595	铜芯聚氯乙烯绝缘钢带铠装聚氯乙烯护套电力电缆	0.6/1kV　VV22 3×16+1×10	km	45562.56
596	铜芯聚氯乙烯绝缘钢带铠装聚氯乙烯护套电力电缆	0.6/1kV　VV22 一芯 70	km	48486.48
597	铜芯聚氯乙烯绝缘钢带铠装聚氯乙烯护套电力电缆	0.6/1kV　VV22 四芯 16	km	49803.36
598	铜芯聚氯乙烯绝缘钢带铠装聚氯乙烯护套电力电缆	0.6/1kV　VV22 3×16+2×10	km	52682.64
599	铜芯聚氯乙烯绝缘钢带铠装聚氯乙烯护套电力电缆	0.6/1kV　VV22 二芯 35	km	52719.84
600	铜芯聚氯乙烯绝缘钢带铠装聚氯乙烯护套电力电缆	0.6/1kV　VV22 4×16+1×10	km	55755.36
601	铜芯聚氯乙烯绝缘钢带铠装聚氯乙烯护套电力电缆	0.6/1kV　VV22 三芯 25	km	58493.28
602	铜芯聚氯乙烯绝缘钢带铠装聚氯乙烯护套电力电缆	0.6/1kV　VV22 五芯 16	km	59944.08
603	铜芯聚氯乙烯绝缘钢带铠装聚氯乙烯护套电力电缆	0.6/1kV　VV22 一芯 95	km	65643.12
604	铜芯聚氯乙烯绝缘钢带铠装聚氯乙烯护套电力电缆	0.6/1kV　VV22 3×25+1×16	km	67711.44
605	铜芯聚氯乙烯绝缘钢带铠装聚氯乙烯护套电力电缆	0.6/1kV　VV22 二芯 50	km	68023.92
606	铜芯聚氯乙烯绝缘钢带铠装聚氯乙烯护套电力电缆	0.6/1kV　VV22 四芯 25	km	74697.60
607	铜芯聚氯乙烯绝缘钢带铠装聚氯乙烯护套电力电缆	0.6/1kV　VV22 三芯 35	km	77383.44
608	铜芯聚氯乙烯绝缘钢带铠装聚氯乙烯护套电力电缆	0.6/1kV　VV22 3×25+2×16	km	78536.64
609	铜芯聚氯乙烯绝缘钢带铠装聚氯乙烯护套电力电缆	0.6/1kV　VV22 一芯 120	km	83878.56
610	铜芯聚氯乙烯绝缘钢带铠装聚氯乙烯护套电力电缆	0.6/1kV　VV22 4×25+1×16	km	84942.48
611	铜芯聚氯乙烯绝缘钢带铠装聚氯乙烯护套电力电缆	0.6/1kV　VV22 3×35+1×16	km	87003.36
612	铜芯聚氯乙烯绝缘钢带铠装聚氯乙烯护套电力电缆	0.6/1kV　VV22 五芯 25	km	90343.92
613	铜芯聚氯乙烯绝缘钢带铠装聚氯乙烯护套电力电缆	0.6/1kV　VV22 二芯 70	km	95194.80
614	铜芯聚氯乙烯绝缘钢带铠装聚氯乙烯护套电力电缆	0.6/1kV　VV22 3×35+2×16	km	98215.44
615	铜芯聚氯乙烯绝缘钢带铠装聚氯乙烯护套电力电缆	0.6/1kV　VV22 四芯 35	km	101496.48

序号	材料名称	规格型号	单位	定额价(元)
616	铜芯聚氯乙烯绝缘钢带铠装聚氯乙烯护套电力电缆	0.6/1kV　VV22 一芯 150	km	101942.88
617	铜芯聚氯乙烯绝缘钢带铠装聚氯乙烯护套电力电缆	0.6/1kV　VV22 三芯 50	km	102255.36
618	铜芯聚氯乙烯绝缘钢带铠装聚氯乙烯护套电力电缆	0.6/1kV　VV22 4×35+1×16	km	109687.92
619	铜芯聚氯乙烯绝缘钢带铠装聚氯乙烯护套电力电缆	0.6/1kV　VV22 3×50+1×25	km	118764.72
620	铜芯聚氯乙烯绝缘钢带铠装聚氯乙烯护套电力电缆	0.6/1kV　VV22 一芯 185	km	125230.08
621	铜芯聚氯乙烯绝缘钢带铠装聚氯乙烯护套电力电缆	0.6/1kV　VV22 五芯 35	km	126420.48
622	铜芯聚氯乙烯绝缘钢带铠装聚氯乙烯护套电力电缆	0.6/1kV　VV22 二芯 95	km	129188.16
623	铜芯聚氯乙烯绝缘钢带铠装聚氯乙烯护套电力电缆	0.6/1kV　VV22 四芯 50	km	134916.96
624	铜芯聚氯乙烯绝缘钢带铠装聚氯乙烯护套电力电缆	0.6/1kV　VV22 3×50+2×25	km	136479.36
625	铜芯聚氯乙烯绝缘钢带铠装聚氯乙烯护套电力电缆	0.6/1kV　VV22 三芯 70	km	142483.44
626	铜芯聚氯乙烯绝缘钢带铠装聚氯乙烯护套电力电缆	0.6/1kV　VV22 4×50+1×25	km	150950.16
627	铜芯聚氯乙烯绝缘钢带铠装聚氯乙烯护套电力电缆	0.6/1kV　VV22 一芯 240	km	163791.60
628	铜芯聚氯乙烯绝缘钢带铠装聚氯乙烯护套电力电缆	0.6/1kV　VV22 二芯 120	km	163791.60
629	铜芯聚氯乙烯绝缘钢带铠装聚氯乙烯护套电力电缆	0.6/1kV　VV22 五芯 50	km	166187.28
630	铜芯聚氯乙烯绝缘钢带铠装聚氯乙烯护套电力电缆	0.6/1kV　VV22 3×70+1×35	km	166819.68
631	铜芯聚氯乙烯绝缘钢带铠装聚氯乙烯护套电力电缆	0.6/1kV　VV22 四芯 70	km	187979.04
632	铜芯聚氯乙烯绝缘钢带铠装聚氯乙烯护套电力电缆	0.6/1kV　VV22 3×70+2×35	km	190478.88
633	铜芯聚氯乙烯绝缘钢带铠装聚氯乙烯护套电力电缆	0.6/1kV　VV22 三芯 95	km	195597.60
634	铜芯聚氯乙烯绝缘钢带铠装聚氯乙烯护套电力电缆	0.6/1kV　VV22 二芯 150	km	203684.88
635	铜芯聚氯乙烯绝缘钢带铠装聚氯乙烯护套电力电缆	0.6/1kV　VV22 4×70+1×35	km	211236.48
636	铜芯聚氯乙烯绝缘钢带铠装聚氯乙烯护套电力电缆	0.6/1kV　VV22 3×95+1×50	km	228140.16
637	铜芯聚氯乙烯绝缘钢带铠装聚氯乙烯护套电力电缆	0.6/1kV　VV22 五芯 70	km	232433.04

序号	材料名称	规格型号	单位	定额价(元)
638	铜芯聚氯乙烯绝缘钢带铠装聚氯乙烯护套电力电缆	0.6/1kV VV22 三芯 120	km	245043.84
639	铜芯聚氯乙烯绝缘钢带铠装聚氯乙烯护套电力电缆	0.6/1kV VV22 二芯 185	km	250765.20
640	铜芯聚氯乙烯绝缘钢带铠装聚氯乙烯护套电力电缆	0.6/1kV VV22 四芯 95	km	258547.44
641	铜芯聚氯乙烯绝缘钢带铠装聚氯乙烯护套电力电缆	0.6/1kV VV22 3×95+2×50	km	260734.80
642	铜芯聚氯乙烯绝缘钢带铠装聚氯乙烯护套电力电缆	0.6/1kV VV22 3×120+1×70	km	289706.16
643	铜芯聚氯乙烯绝缘钢带铠装聚氯乙烯护套电力电缆	0.6/1kV VV22 4×95+1×50	km	291595.92
644	铜芯聚氯乙烯绝缘钢带铠装聚氯乙烯护套电力电缆	0.6/1kV VV22 三芯 150	km	300315.60
645	铜芯聚氯乙烯绝缘钢带铠装聚氯乙烯护套电力电缆	0.6/1kV VV22 五芯 95	km	317747.52
646	铜芯聚氯乙烯绝缘钢带铠装聚氯乙烯护套电力电缆	0.6/1kV VV22 四芯 120	km	325574.40
647	铜芯聚氯乙烯绝缘钢带铠装聚氯乙烯护套电力电缆	0.6/1kV VV22 二芯 240	km	326712.72
648	铜芯聚氯乙烯绝缘钢带铠装聚氯乙烯护套电力电缆	0.6/1kV VV22 3×120+2×70	km	335506.80
649	铜芯聚氯乙烯绝缘钢带铠装聚氯乙烯护套电力电缆	0.6/1kV VV22 3×150+1×70	km	344323.20
650	铜芯聚氯乙烯绝缘钢带铠装聚氯乙烯护套电力电缆	0.6/1kV VV22 4×120+1×70	km	368384.16
651	铜芯聚氯乙烯绝缘钢带铠装聚氯乙烯护套电力电缆	0.6/1kV VV22 三芯 185	km	372297.60
652	铜芯聚氯乙烯绝缘钢带铠装聚氯乙烯护套电力电缆	0.6/1kV VV22 3×150+2×70	km	387549.60
653	铜芯聚氯乙烯绝缘钢带铠装聚氯乙烯护套电力电缆	0.6/1kV VV22 四芯 150	km	397660.56
654	铜芯聚氯乙烯绝缘钢带铠装聚氯乙烯护套电力电缆	0.6/1kV VV22 五芯 120	km	399438.72
655	铜芯聚氯乙烯绝缘钢带铠装聚氯乙烯护套电力电缆	0.6/1kV VV22 3×185+1×95	km	434220.72
656	铜芯聚氯乙烯绝缘钢带铠装聚氯乙烯护套电力电缆	0.6/1kV VV22 4×150+1×70	km	440738.16
657	铜芯聚氯乙烯绝缘钢带铠装聚氯乙烯护套电力电缆	0.6/1kV VV22 三芯 240	km	485951.04
658	铜芯聚氯乙烯绝缘钢带铠装聚氯乙烯护套电力电缆	0.6/1kV VV22 五芯 150	km	489604.08
659	铜芯聚氯乙烯绝缘钢带铠装聚氯乙烯护套电力电缆	0.6/1kV VV22 四芯 185	km	495600.72

序号	材料名称	规格型号	单位	定额价(元)
660	铜芯聚氯乙烯绝缘钢带铠装聚氯乙烯护套电力电缆	0.6/1kV VV22 3×185+2×95	km	499432.32
661	铜芯聚氯乙烯绝缘钢带铠装聚氯乙烯护套电力电缆	0.6/1kV VV22 4×185+1×95	km	555291.84
662	铜芯聚氯乙烯绝缘钢带铠装聚氯乙烯护套电力电缆	0.6/1kV VV22 3×240+1×120	km	562203.60
663	铜芯聚氯乙烯绝缘钢带铠装聚氯乙烯护套电力电缆	0.6/1kV VV22 五芯 185	km	609038.40
664	铜芯聚氯乙烯绝缘钢带铠装聚氯乙烯护套电力电缆	0.6/1kV VV22 3×240+2×120	km	642592.80
665	铜芯聚氯乙烯绝缘钢带铠装聚氯乙烯护套电力电缆	0.6/1kV VV22 四芯 240	km	642972.24
666	铜芯聚氯乙烯绝缘钢带铠装聚氯乙烯护套电力电缆	0.6/1kV VV22 4×240+1×120	km	719864.64
667	铜芯聚氯乙烯绝缘钢带铠装聚氯乙烯护套电力电缆	0.6/1kV VV22 五芯 240	km	794919.36
668	电力软电缆	2×16VVR-1kV	km	15900.00
669	电力软电缆	2×50VVR-1kV	km	47910.00
670	电力软电缆	2×6VVR-1kV	km	7470.00
671	电力软电缆	2×70VVR-1kV	km	66440.00
672	电力软电缆	4×25VVR-1kV	km	51190.00
673	电力软电缆	4×35VVR-1kV	km	70780.00
674	交联聚乙烯绝缘聚氯乙烯护套电力电缆	0.6/1kV YJV 一芯 1.5	km	1607.04
675	交联聚乙烯绝缘聚氯乙烯护套电力电缆	0.6/1kV YJV 一芯 2.5	km	2373.36
676	交联聚乙烯绝缘聚氯乙烯护套电力电缆	0.6/1kV YJV 一芯 4	km	3444.72
677	交联聚乙烯绝缘聚氯乙烯护套电力电缆	0.6/1kV YJV 一芯 6	km	4843.44
678	交联聚乙烯绝缘聚氯乙烯护套电力电缆	0.6/1kV YJV 一芯 10	km	7990.56
679	交联聚乙烯绝缘聚氯乙烯护套电力电缆	0.6/1kV YJV 一芯 16	km	12067.68
680	交联聚乙烯绝缘聚氯乙烯护套电力电缆	0.6/1kV YJV 一芯 25	km	18428.88
681	交联聚乙烯绝缘聚氯乙烯护套电力电缆	0.6/1kV YJV 一芯 35	km	24738.00

序号	材料名称	规格型号	单位	定额价(元)
682	交联聚乙烯绝缘聚氯乙烯护套电力电缆	0.6/1kV YJV 一芯 50	km	33480.00
683	交联聚乙烯绝缘聚氯乙烯护套电力电缆	0.6/1kV YJV 一芯 70	km	46991.04
684	交联聚乙烯绝缘聚氯乙烯护套电力电缆	0.6/1kV YJV 一芯 95	km	65018.16
685	交联聚乙烯绝缘聚氯乙烯护套电力电缆	0.6/1kV YJV 一芯 120	km	82219.44
686	交联聚乙烯绝缘聚氯乙烯护套电力电缆	0.6/1kV YJV 一芯 150	km	101102.16
687	交联聚乙烯绝缘聚氯乙烯护套电力电缆	0.6/1kV YJV 一芯 185	km	125773.20
688	交联聚乙烯绝缘聚氯乙烯护套电力电缆	0.6/1kV YJV 一芯 240	km	164729.04
689	交联聚乙烯绝缘聚氯乙烯护套电力电缆	0.6/1kV YJV 二芯 1.5	km	4389.60
690	交联聚乙烯绝缘聚氯乙烯护套电力电缆	0.6/1kV YJV 二芯 2.5	km	5899.92
691	交联聚乙烯绝缘聚氯乙烯护套电力电缆	0.6/1kV YJV 二芯 4	km	8094.72
692	交联聚乙烯绝缘聚氯乙烯护套电力电缆	0.6/1kV YJV 二芯 6	km	10884.72
693	交联聚乙烯绝缘聚氯乙烯护套电力电缆	0.6/1kV YJV 二芯 10	km	17893.20
694	交联聚乙烯绝缘聚氯乙烯护套电力电缆	0.6/1kV YJV 二芯 16	km	26188.80
695	交联聚乙烯绝缘聚氯乙烯护套电力电缆	0.6/1kV YJV 二芯 25	km	39558.48
696	交联聚乙烯绝缘聚氯乙烯护套电力电缆	0.6/1kV YJV 二芯 35	km	52675.20
697	交联聚乙烯绝缘聚氯乙烯护套电力电缆	0.6/1kV YJV 二芯 50	km	68767.92
698	交联聚乙烯绝缘聚氯乙烯护套电力电缆	0.6/1kV YJV 二芯 70	km	96794.40
699	交联聚乙烯绝缘聚氯乙烯护套电力电缆	0.6/1kV YJV 二芯 95	km	122477.28
700	交联聚乙烯绝缘聚氯乙烯护套电力电缆	0.6/1kV YJV 二芯 120	km	154089.84
701	交联聚乙烯绝缘聚氯乙烯护套电力电缆	0.6/1kV YJV 二芯 150	km	189385.20
702	交联聚乙烯绝缘聚氯乙烯护套电力电缆	0.6/1kV YJV 二芯 185	km	237484.80
703	交联聚乙烯绝缘聚氯乙烯护套电力电缆	0.6/1kV YJV 二芯 240	km	311021.76

序号	材料名称	规格型号	单位	定额价(元)
704	交联聚乙烯绝缘聚氯乙烯护套电力电缆	0.6/1kV　YJV 三芯 1.5	km	5602.32
705	交联聚乙烯绝缘聚氯乙烯护套电力电缆	0.6/1kV　YJV 三芯 2.5	km	7715.28
706	交联聚乙烯绝缘聚氯乙烯护套电力电缆	0.6/1kV　YJV 三芯 4	km	10654.08
707	交联聚乙烯绝缘聚氯乙烯护套电力电缆	0.6/1kV　YJV 三芯 6	km	14768.40
708	交联聚乙烯绝缘聚氯乙烯护套电力电缆	0.6/1kV　YJV 三芯 10	km	25214.16
709	交联聚乙烯绝缘聚氯乙烯护套电力电缆	0.6/1kV　YJV 三芯 16	km	37311.60
710	交联聚乙烯绝缘聚氯乙烯护套电力电缆	0.6/1kV　YJV 三芯 25	km	56930.88
711	交联聚乙烯绝缘聚氯乙烯护套电力电缆	0.6/1kV　YJV 三芯 35	km	76200.48
712	交联聚乙烯绝缘聚氯乙烯护套电力电缆	0.6/1kV　YJV 三芯 50	km	101548.56
713	交联聚乙烯绝缘聚氯乙烯护套电力电缆	0.6/1kV　YJV 三芯 70	km	143904.48
714	交联聚乙烯绝缘聚氯乙烯护套电力电缆	0.6/1kV　YJV 三芯 95	km	198447.12
715	交联聚乙烯绝缘聚氯乙烯护套电力电缆	0.6/1kV　YJV 三芯 120	km	249232.56
716	交联聚乙烯绝缘聚氯乙烯护套电力电缆	0.6/1kV　YJV 三芯 150	km	305449.20
717	交联聚乙烯绝缘聚氯乙烯护套电力电缆	0.6/1kV　YJV 三芯 185	km	380124.48
718	交联聚乙烯绝缘聚氯乙烯护套电力电缆	0.6/1kV　YJV 三芯 240	km	497252.40
719	交联聚乙烯绝缘聚氯乙烯护套电力电缆	0.6/1kV　YJV 四芯 1.5	km	7454.88
720	交联聚乙烯绝缘聚氯乙烯护套电力电缆	0.6/1kV　YJV 四芯 2.5	km	9768.72
721	交联聚乙烯绝缘聚氯乙烯护套电力电缆	0.6/1kV　YJV 四芯 4	km	13734.24
722	交联聚乙烯绝缘聚氯乙烯护套电力电缆	0.6/1kV　YJV 四芯 6	km	19105.92
723	交联聚乙烯绝缘聚氯乙烯护套电力电缆	0.6/1kV　YJV 四芯 10	km	32386.32
724	交联聚乙烯绝缘聚氯乙烯护套电力电缆	0.6/1kV　YJV 四芯 16	km	48865.92
725	交联聚乙烯绝缘聚氯乙烯护套电力电缆	0.6/1kV　YJV 四芯 25	km	74444.64

序号	材料名称	规格型号	单位	定额价(元)
726	交联聚乙烯绝缘聚氯乙烯护套电力电缆	0.6/1kV　YJV 四芯 35	km	100231.68
727	交联聚乙烯绝缘聚氯乙烯护套电力电缆	0.6/1kV　YJV 四芯 50	km	134076.24
728	交联聚乙烯绝缘聚氯乙烯护套电力电缆	0.6/1kV　YJV 四芯 70	km	190285.44
729	交联聚乙烯绝缘聚氯乙烯护套电力电缆	0.6/1kV　YJV 四芯 95	km	260764.56
730	交联聚乙烯绝缘聚氯乙烯护套电力电缆	0.6/1kV　YJV 四芯 120	km	330425.28
731	交联聚乙烯绝缘聚氯乙烯护套电力电缆	0.6/1kV　YJV 四芯 150	km	405874.32
732	交联聚乙烯绝缘聚氯乙烯护套电力电缆	0.6/1kV　YJV 四芯 185	km	507489.84
733	交联聚乙烯绝缘聚氯乙烯护套电力电缆	0.6/1kV　YJV 四芯 240	km	660999.36
734	交联聚乙烯绝缘聚氯乙烯护套电力电缆	0.6/1kV　YJV 五芯 1.5	km	8243.52
735	交联聚乙烯绝缘聚氯乙烯护套电力电缆	0.6/1kV　YJV 五芯 2.5	km	11591.52
736	交联聚乙烯绝缘聚氯乙烯护套电力电缆	0.6/1kV　YJV 五芯 4	km	16613.52
737	交联聚乙烯绝缘聚氯乙烯护套电力电缆	0.6/1kV　YJV 五芯 6	km	23316.96
738	交联聚乙烯绝缘聚氯乙烯护套电力电缆	0.6/1kV　YJV 五芯 10	km	39394.80
739	交联聚乙烯绝缘聚氯乙烯护套电力电缆	0.6/1kV　YJV 五芯 16	km	60397.92
740	交联聚乙烯绝缘聚氯乙烯护套电力电缆	0.6/1kV　YJV 五芯 25	km	91683.12
741	交联聚乙烯绝缘聚氯乙烯护套电力电缆	0.6/1kV　YJV 五芯 35	km	124188.48
742	交联聚乙烯绝缘聚氯乙烯护套电力电缆	0.6/1kV　YJV 五芯 50	km	166797.36
743	交联聚乙烯绝缘聚氯乙烯护套电力电缆	0.6/1kV　YJV 五芯 70	km	235178.40
744	交联聚乙烯绝缘聚氯乙烯护套电力电缆	0.6/1kV　YJV 五芯 95	km	324175.68
745	交联聚乙烯绝缘聚氯乙烯护套电力电缆	0.6/1kV　YJV 五芯 120	km	411007.92
746	交联聚乙烯绝缘聚氯乙烯护套电力电缆	0.6/1kV　YJV 五芯 150	km	505585.20
747	交联聚乙烯绝缘聚氯乙烯护套电力电缆	0.6/1kV　YJV 五芯 185	km	630301.92

序号	材料名称	规格型号	单位	定额价(元)
748	交联聚乙烯绝缘聚氯乙烯护套电力电缆	0.6/1kV　YJV 五芯 240	km	823965.12
749	交联聚乙烯绝缘聚氯乙烯护套电力电缆	0.6/1kV　YJV 3×4+1×2.5	km	12893.52
750	交联聚乙烯绝缘聚氯乙烯护套电力电缆	0.6/1kV　YJV 3×6+1×4	km	17930.40
751	交联聚乙烯绝缘聚氯乙烯护套电力电缆	0.6/1kV　YJV 3×10+1×6	km	29730.24
752	交联聚乙烯绝缘聚氯乙烯护套电力电缆	0.6/1kV　YJV 3×16+1×10	km	45458.40
753	交联聚乙烯绝缘聚氯乙烯护套电力电缆	0.6/1kV　YJV 3×25+1×16	km	68700.96
754	交联聚乙烯绝缘聚氯乙烯护套电力电缆	0.6/1kV　YJV 3×35+1×16	km	87821.76
755	交联聚乙烯绝缘聚氯乙烯护套电力电缆	0.6/1kV　YJV 3×50+1×25	km	119501.28
756	交联聚乙烯绝缘聚氯乙烯护套电力电缆	0.6/1kV　YJV 3×70+1×35	km	169453.44
757	交联聚乙烯绝缘聚氯乙烯护套电力电缆	0.6/1kV　YJV 3×95+1×50	km	231622.08
758	交联聚乙烯绝缘聚氯乙烯护套电力电缆	0.6/1kV　YJV 3×120+1×70	km	295859.04
759	交联聚乙烯绝缘聚氯乙烯护套电力电缆	0.6/1kV　YJV 3×150+1×70	km	352678.32
760	交联聚乙烯绝缘聚氯乙烯护套电力电缆	0.6/1kV　YJV 3×185+1×95	km	446057.76
761	交联聚乙烯绝缘聚氯乙烯护套电力电缆	0.6/1kV　YJV 3×240+1×120	km	580684.56
762	交联聚乙烯绝缘聚氯乙烯护套电力电缆	0.6/1kV　YJV 3×4+2×2.5	km	14820.48
763	交联聚乙烯绝缘聚氯乙烯护套电力电缆	0.6/1kV　YJV 3×6+2×4	km	20913.84
764	交联聚乙烯绝缘聚氯乙烯护套电力电缆	0.6/1kV　YJV 3×10+2×6	km	33331.20
765	交联聚乙烯绝缘聚氯乙烯护套电力电缆	0.6/1kV　YJV 3×16+2×10	km	51536.88
766	交联聚乙烯绝缘聚氯乙烯护套电力电缆	0.6/1kV　YJV 3×25+2×16	km	78722.64
767	交联聚乙烯绝缘聚氯乙烯护套电力电缆	0.6/1kV　YJV 3×35+2×16	km	98022.00
768	交联聚乙烯绝缘聚氯乙烯护套电力电缆	0.6/1kV　YJV 3×50+2×25	km	137327.52
769	交联聚乙烯绝缘聚氯乙烯护套电力电缆	0.6/1kV　YJV 3×70+2×35	km	193231.68

序号	材料名称	规格型号	单位	定额价(元)
770	交联聚乙烯绝缘聚氯乙烯护套电力电缆	0.6/1kV YJV 3×95+2×50	km	264544.08
771	交联聚乙烯绝缘聚氯乙烯护套电力电缆	0.6/1kV YJV 3×120+2×70	km	342470.64
772	交联聚乙烯绝缘聚氯乙烯护套电力电缆	0.6/1kV YJV 3×150+2×70	km	401321.04
773	交联聚乙烯绝缘聚氯乙烯护套电力电缆	0.6/1kV YJV 3×185+2×95	km	512549.04
774	交联聚乙烯绝缘聚氯乙烯护套电力电缆	0.6/1kV YJV 3×240+2×120	km	662658.48
775	交联聚乙烯绝缘聚氯乙烯护套电力电缆	0.6/1kV YJV 4×4+1×2.5	km	15177.60
776	交联聚乙烯绝缘聚氯乙烯护套电力电缆	0.6/1kV YJV 4×6+1×4	km	21903.36
777	交联聚乙烯绝缘聚氯乙烯护套电力电缆	0.6/1kV YJV 4×10+1×6	km	36746.16
778	交联聚乙烯绝缘聚氯乙烯护套电力电缆	0.6/1kV YJV 4×16+1×10	km	56097.60
779	交联聚乙烯绝缘聚氯乙烯护套电力电缆	0.6/1kV YJV 4×25+1×16	km	85299.60
780	交联聚乙烯绝缘聚氯乙烯护套电力电缆	0.6/1kV YJV 4×35+1×16	km	111235.44
781	交联聚乙烯绝缘聚氯乙烯护套电力电缆	0.6/1kV YJV 4×50+1×25	km	151686.72
782	交联聚乙烯绝缘聚氯乙烯护套电为电缆	0.6/1kV YJV 4×70+1×35	km	213952.08
783	交联聚乙烯绝缘聚氯乙烯护套电力电缆	0.6/1kV YJV 4×95+1×50	km	295680.48
784	交联聚乙烯绝缘聚氯乙烯护套电力电缆	0.6/1kV YJV 4×120+1×70	km	376047.36
785	交联聚乙烯绝缘聚氯乙烯护套电力电缆	0.6/1kV YJV 4×150+1×70	km	451898.16
786	交联聚乙烯绝缘聚氯乙烯护套电力电缆	0.6/1kV YJV 4×185+1×95	km	570930.72
787	交联聚乙烯绝缘聚氯乙烯护套电力电缆	0.6/1kV YJV 4×240+1×120	km	743590.80
788	交联聚乙烯绝缘聚氯乙烯护套电力电缆	6/6kV YJV 一芯 25	km	44245.68
789	交联聚乙烯绝缘聚氯乙烯护套电力电缆	6/6kV YJV 一芯 35	km	51596.40
790	交联聚乙烯绝缘聚氯乙烯护套电力电缆	6/6kV YJV 一芯 50	km	58939.68
791	交联聚乙烯绝缘聚氯乙烯护套电力电缆	6/6kV YJV 一芯 70	km	71669.52

序号	材料名称	规格型号	单位	定额价(元)
792	交联聚乙烯绝缘聚氯乙烯护套电力电缆	6/6kV YJV 一芯 95	km	88714.56
793	交联聚乙烯绝缘聚氯乙烯护套电力电缆	6/6kV YJV 一芯 120	km	100172.16
794	交联聚乙烯绝缘聚氯乙烯护套电力电缆	6/6kV YJV 一芯 150	km	120892.56
795	交联聚乙烯绝缘聚氯乙烯护套电力电缆	6/6kV YJV 一芯 185	km	140325.84
796	交联聚乙烯绝缘聚氯乙烯护套电力电缆	6/6kV YJV 一芯 240	km	164543.04
797	交联聚乙烯绝缘聚氯乙烯护套电力电缆	6/6kV YJV 一芯 300	km	201333.84
798	交联聚乙烯绝缘聚氯乙烯护套电力电缆	6/6kV YJV 三芯 25	km	126152.64
799	交联聚乙烯绝缘聚氯乙烯护套电力电缆	6/6kV YJV 三芯 35	km	146121.60
800	交联聚乙烯绝缘聚氯乙烯护套电力电缆	6/6kV YJV 三芯 50	km	173136.24
801	交联聚乙烯绝缘聚氯乙烯护套电力电缆	6/6kV YJV 三芯 70	km	203238.48
802	交联聚乙烯绝缘聚氯乙烯护套电力电缆	6/6kV YJV 三芯 95	km	251598.48
803	交联聚乙烯绝缘聚氯乙烯护套电力电缆	6/6kV YJV 三芯 120	km	293054.16
804	交联聚乙烯绝缘聚氯乙烯护套电力电缆	6/6kV YJV 三芯 150	km	343147.68
805	交联聚乙烯绝缘聚氯乙烯护套电力电缆	6/6kV YJV 三芯 185	km	397906.08
806	交联聚乙烯绝缘聚氯乙烯护套电力电缆	6/6kV YJV 三芯 240	km	481992.96
807	交联聚乙烯绝缘聚氯乙烯护套电力电缆	6/6kV YJV 三芯 300	km	571689.60
808	交联聚乙烯绝缘聚氯乙烯护套电力电缆	8.7/15kV YJV 一芯 25	km	47199.36
809	交联聚乙烯绝缘聚氯乙烯护套电力电缆	8.7/15kV YJV 一芯 35	km	54520.32
810	交联聚乙烯绝缘聚氯乙烯护套电力电缆	8.7/15kV YJV 一芯 50	km	62451.36
811	交联聚乙烯绝缘聚氯乙烯护套电力电缆	8.7/15kV YJV 一芯 70	km	72376.32
812	交联聚乙烯绝缘聚氯乙烯护套电力电缆	8.7/15kV YJV 一芯 95	km	93736.56
813	交联聚乙烯绝缘聚氯乙烯护套电力电缆	8.7/15kV YJV 一芯 120	km	106020.00

序号	材料名称	规格型号	单位	定额价(元)
814	交联聚乙烯绝缘聚氯乙烯护套电力电缆	8.7/15kV YJV 一芯 150	km	127863.84
815	交联聚乙烯绝缘聚氯乙烯护套电力电缆	8.7/15kV YJV 一芯 185	km	148271.76
816	交联聚乙烯绝缘聚氯乙烯护套电力电缆	8.7/15kV YJV 一芯 240	km	175390.56
817	交联聚乙烯绝缘聚氯乙烯护套电力电缆	8.7/15kV YJV 一芯 300	km	213141.12
818	交联聚乙烯绝缘聚氯乙烯护套电力电缆	8.7/15kV YJV 三芯 25	km	136390.08
819	交联聚乙烯绝缘聚氯乙烯护套电力电缆	8.7/15kV YJV 三芯 35	km	158070.24
820	交联聚乙烯绝缘聚氯乙烯护套电力电缆	8.7/15kV YJV 三芯 50	km	177354.72
821	交联聚乙烯绝缘聚氯乙烯护套电力电缆	8.7/15kV YJV 三芯 70	km	219918.96
822	交联聚乙烯绝缘聚氯乙烯护套电力电缆	8.7/15kV YJV 三芯 95	km	272490.00
823	交联聚乙烯绝缘聚氯乙烯护套电力电缆	8.7/15kV YJV 三芯 120	km	301171.20
824	交联聚乙烯绝缘聚氯乙烯护套电力电缆	8.7/15kV YJV 三芯 150	km	371308.08
825	交联聚乙烯绝缘聚氯乙烯护套电力电缆	8.7/15kV YJV 三芯 185	km	430277.52
826	交联聚乙烯绝缘聚氯乙烯护套电力电缆	8.7/15kV YJV 三芯 240	km	494001.12
827	交联聚乙烯绝缘聚氯乙烯护套电力电缆	8.7/15kV YJV 三芯 300	km	617200.08
828	交联聚乙烯绝缘聚氯乙烯护套电力电缆	12/20kV YJV 一芯 35	km	63768.24
829	交联聚乙烯绝缘聚氯乙烯护套电力电缆	12/20kV YJV 一芯 50	km	73090.56
830	交联聚乙烯绝缘聚氯乙烯护套电力电缆	12/20kV YJV 一芯 70	km	84644.88
831	交联聚乙烯绝缘聚氯乙烯护套电力电缆	12/20kV YJV 一芯 95	km	109695.36
832	交联聚乙烯绝缘聚氯乙烯护套电力电缆	12/20kV YJV 一芯 120	km	123957.84
833	交联聚乙烯绝缘聚氯乙烯护套电力电缆	12/20kV YJV 一芯 150	km	149499.36
834	交联聚乙烯绝缘聚氯乙烯护套电力电缆	12/20kV YJV 一芯 185	km	173441.28
835	交联聚乙烯绝缘聚氯乙烯护套电力电缆	12/20kV YJV 一芯 240	km	205172.88

序号	材料名称	规格型号	单位	定额价(元)
836	交联聚乙烯绝缘聚氯乙烯护套电力电缆	12/20kV YJV 一芯 300	km	249292.08
837	交联聚乙烯绝缘聚氯乙烯护套电力电缆	12/20kV YJV 三芯 35	km	185010.48
838	交联聚乙烯绝缘聚氯乙烯护套电力电缆	12/20kV YJV 三芯 50	km	207516.48
839	交联聚乙烯绝缘聚氯乙烯护套电力电缆	12/20kV YJV 三芯 70	km	257357.04
840	交联聚乙烯绝缘聚氯乙烯护套电力电缆	12/20kV YJV 三芯 95	km	318841.20
841	交联聚乙烯绝缘聚氯乙烯护套电力电缆	12/20kV YJV 三芯 120	km	352410.48
842	交联聚乙烯绝缘聚氯乙烯护套电力电缆	12/20kV YJV 三芯 150	km	415881.12
843	交联聚乙烯绝缘聚氯乙烯护套电力电缆	12/20kV YJV 三芯 185	km	503435.04
844	交联聚乙烯绝缘聚氯乙烯护套电力电缆	12/20kV YJV 三芯 240	km	578021.04
845	交联聚乙烯绝缘聚氯乙烯护套电力电缆	12/20kV YJV 三芯 300	km	722238.00
846	交联聚乙烯绝缘钢带铠装聚氯乙烯护套电力电缆	0.6/1kV YJV22 一芯 10	km	9924.96
847	交联聚乙烯绝缘钢带铠装聚氯乙烯护套电力电缆	0.6/1kV YJV22 一芯 16	km	14083.92
848	交联聚乙烯绝缘钢带铠装聚氯乙烯护套电力电缆	0.6/1kV YJV22 一芯 25	km	20817.12
849	交联聚乙烯绝缘钢带铠装聚氯乙烯护套电力电缆	0.6/1kV YJV22 一芯 35	km	27371.76
850	交联聚乙烯绝缘钢带铠装聚氯乙烯护套电力电缆	0.6/1kV YJV22 一芯 50	km	36753.60
851	交联聚乙烯绝缘钢带铠装聚氯乙烯护套电力电缆	0.6/1kV YJV22 一芯 70	km	49803.36
852	交联聚乙烯绝缘钢带铠装聚氯乙烯护套电力电缆	0.6/1kV YJV22 一芯 95	km	68403.36
853	交联聚乙烯绝缘钢带铠装聚氯乙烯护套电力电缆	0.6/1kV YJV22 一芯 120	km	86095.68
854	交联聚乙烯绝缘钢带铠装聚氯乙烯护套电力电缆	0.6/1kV YJV22 一芯 150	km	105395.04
855	交联聚乙烯绝缘钢带铠装聚氯乙烯护套电力电缆	0.6/1kV YJV22 一芯 185	km	130490.16
856	交联聚乙烯绝缘钢带铠装聚氯乙烯护套电力电缆	0.6/1kV YJV22 一芯 240	km	170041.20
857	交联聚乙烯绝缘钢带铠装聚氯乙烯护套电力电缆	0.6/1kV YJV22 二芯 4	km	10371.36

序号	材料名称	规格型号	单位	定额价(元)
858	交联聚乙烯绝缘钢带铠装聚氯乙烯护套电力电缆	0.6/1kV　YJV22 二芯 6	km	13258.08
859	交联聚乙烯绝缘钢带铠装聚氯乙烯护套电力电缆	0.6/1kV　YJV22 二芯 10	km	19083.60
860	交联聚乙烯绝缘钢带铠装聚氯乙烯护套电力电缆	0.6/1kV　YJV22 二芯 16	km	27416.40
861	交联聚乙烯绝缘钢带铠装聚氯乙烯护套电力电缆	0.6/1kV　YJV22 二芯 25	km	41187.84
862	交联聚乙烯绝缘钢带铠装聚氯乙烯护套电力电缆	0.6/1kV　YJV22 二芯 35	km	54445.92
863	交联聚乙烯绝缘钢带铠装聚氯乙烯护套电力电缆	0.6/1kV　YJV22 二芯 50	km	71267.76
864	交联聚乙烯绝缘钢带铠装聚氯乙烯护套电力电缆	0.6/1kV　YJV22 二芯 70	km	101838.72
865	交联聚乙烯绝缘钢带铠装聚氯乙烯护套电力电缆	0.6/1kV　YJV22 二芯 95	km	137543.28
866	交联聚乙烯绝缘钢带铠装聚氯乙烯护套电力电缆	0.6/1kV　YJV22 二芯 120	km	174840.00
867	交联聚乙烯绝缘钢带铠装聚氯乙烯护套电力电缆	0.6/1kV　YJV22 二芯 150	km	213654.48
868	交联聚乙烯绝缘钢带铠装聚氯乙烯护套电力电缆	0.6/1kV　YJV22 二芯 185	km	264916.08
869	交联聚乙烯绝缘钢带铠装聚氯乙烯护套电力电缆	0.6/1kV　YJV22 二芯 240	km	342552.48
870	交联聚乙烯绝缘钢带铠装聚氯乙烯护套电力电缆	0.6/1kV　YJV22 三芯 4	km	13674.72
871	交联聚乙烯绝缘钢带铠装聚氯乙烯护套电力电缆	0.6/1kV　YJV22 三芯 6	km	18339.60
872	交联聚乙烯绝缘钢带铠装聚氯乙烯护套电力电缆	0.6/1kV　YJV22 三芯 10	km	27542.88
873	交联聚乙烯绝缘钢带铠装聚氯乙烯护套电力电缆	0.6/1kV　YJV22 三芯 16	km	39848.64
874	交联聚乙烯绝缘钢带铠装聚氯乙烯护套电力电缆	0.6/1kV　YJV22 三芯 25	km	59877.12
875	交联聚乙烯绝缘钢带铠装聚氯乙烯护套电力电缆	0.6/1kV　YJV22 三芯 35	km	79258.32
876	交联聚乙烯绝缘钢带铠装聚氯乙烯护套电力电缆	0.6/1kV　YJV22 三芯 50	km	104651.04
877	交联聚乙烯绝缘钢带铠装聚氯乙烯护套电力电缆	0.6/1kV　YJV22 三芯 70	km	148926.48
878	交联聚乙烯绝缘钢带铠装聚氯乙烯护套电力电缆	0.6/1kV　YJV22 三芯 95	km	205968.96
879	交联聚乙烯绝缘钢带铠装聚氯乙烯护套电力电缆	0.6/1kV　YJV22 三芯 120	km	257989.44

序号	材料名称	规格型号	单位	定额价(元)
880	交联聚乙烯绝缘钢带铠装聚氯乙烯护套电力电缆	0.6/1kV YJV22 三芯 150	km	313923.36
881	交联聚乙烯绝缘钢带铠装聚氯乙烯护套电力电缆	0.6/1kV YJV22 三芯 185	km	389900.64
882	交联聚乙烯绝缘钢带铠装聚氯乙烯护套电力电缆	0.6/1kV YJV22 三芯 240	km	509275.44
883	交联聚乙烯绝缘钢带铠装聚氯乙烯护套电力电缆	0.6/1kV YJV22 四芯 4	km	16315.92
884	交联聚乙烯绝缘钢带铠装聚氯乙烯护套电力电缆	0.6/1kV YJV22 四芯 6	km	22089.36
885	交联聚乙烯绝缘钢带铠装聚氯乙烯护套电力电缆	0.6/1kV YJV22 四芯 10	km	34320.72
886	交联聚乙烯绝缘钢带铠装聚氯乙烯护套电力电缆	0.6/1kV YJV22 四芯 16	km	51023.52
887	交联聚乙烯绝缘钢带铠装聚氯乙烯护套电力电缆	0.6/1kV YJV22 四芯 25	km	77502.48
888	交联聚乙烯绝缘钢带铠装聚氯乙烯护套电力电缆	0.6/1kV YJV22 四芯 35	km	103319.28
889	交联聚乙烯绝缘钢带铠装聚氯乙烯护套电力电缆	0.6/1kV YJV22 四芯 50	km	141374.88
890	交联聚乙烯绝缘钢带铠装聚氯乙烯护套电力电缆	0.6/1kV YJV22 四芯 70	km	196587.12
891	交联聚乙烯绝缘钢带铠装聚氯乙烯护套电力电缆	0.6/1kV YJV22 四芯 95	km	270875.52
892	交联聚乙烯绝缘钢带铠装聚氯乙烯护套电力电缆	0.6/1kV YJV22 四芯 120	km	342500.40
893	交联聚乙烯绝缘钢带铠装聚氯乙烯护套电力电缆	0.6/1kV YJV22 四芯 150	km	418715.76
894	交联聚乙烯绝缘钢带铠装聚氯乙烯护套电力电缆	0.6/1kV YJV22 四芯 185	km	521625.84
895	交联聚乙烯绝缘钢带铠装聚氯乙烯护套电力电缆	0.6/1kV YJV22 四芯 240	km	677389.68
896	交联聚乙烯绝缘钢带铠装聚氯乙烯护套电力电缆	0.6/1kV YJV22 五芯 4	km	19239.84
897	交联聚乙烯绝缘钢带铠装聚氯乙烯护套电力电缆	0.6/1kV YJV22 五芯 6	km	26434.32
898	交联聚乙烯绝缘钢带铠装聚氯乙烯护套电力电缆	0.6/1kV YJV22 五芯 10	km	41931.84
899	交联聚乙烯绝缘钢带铠装聚氯乙烯护套电力电缆	0.6/1kV YJV22 五芯 16	km	62086.80
900	交联聚乙烯绝缘钢带铠装聚氯乙烯护套电力电缆	0.6/1kV YJV22 五芯 25	km	93870.48
901	交联聚乙烯绝缘钢带铠装聚氯乙烯护套电力电缆	0.6/1kV YJV22 五芯 35	km	129999.12

序号	材料名称	规格型号	单位	定额价(元)
902	交联聚乙烯绝缘钢带铠装聚氯乙烯护套电力电缆	0.6/1kV YJV22 五芯 50	km	173210.64
903	交联聚乙烯绝缘钢带铠装聚氯乙烯护套电力电缆	0.6/1kV YJV22 五芯 70	km	243994.80
904	交联聚乙烯绝缘钢带铠装聚氯乙烯护套电力电缆	0.6/1kV YJV22 五芯 95	km	332954.88
905	交联聚乙烯绝缘钢带铠装聚氯乙烯护套电力电缆	0.6/1kV YJV22 五芯 120	km	420233.52
906	交联聚乙烯绝缘钢带铠装聚氯乙烯护套电力电缆	0.6/1kV YJV22 五芯 150	km	515167.92
907	交联聚乙烯绝缘钢带铠装聚氯乙烯护套电力电缆	0.6/1kV YJV22 五芯 185	km	641008.08
908	交联聚乙烯绝缘钢带铠装聚氯乙烯护套电力电缆	0.6/1kV YJV22 五芯 240	km	835913.76
909	交联聚乙烯绝缘钢带铠装聚氯乙烯护套电力电缆	0.6/1kV YJV22 3×4+1×2.5	km	15475.20
910	交联聚乙烯绝缘钢带铠装聚氯乙烯护套电力电缆	0.6/1kV YJV22 3×6+1×4	km	20623.68
911	交联聚乙烯绝缘钢带铠装聚氯乙烯护套电力电缆	0.6/1kV YJV22 3×10+1×6	km	31136.40
912	交联聚乙烯绝缘钢带铠装聚氯乙烯护套电力电缆	0.6/1kV YJV22 3×16+1×10	km	47087.76
913	交联聚乙烯绝缘钢带铠装聚氯乙烯护套电力电缆	0.6/1kV YJV22 3×25+1×16	km	70613.04
914	交联聚乙烯绝缘钢带铠装聚氯乙烯护套电力电缆	0.6/1kV YJV22 3×35+1×16	km	90596.88
915	交联聚乙烯绝缘钢带铠装聚氯乙烯护套电力电缆	0.6/1kV YJV22 3×50+1×25	km	121919.28
916	交联聚乙烯绝缘钢带铠装聚氯乙烯护套电力电缆	0.6/1kV YJV22 3×70+1×35	km	175777.44
917	交联聚乙烯绝缘钢带铠装聚氯乙烯护套电力电缆	0.6/1kV YJV22 3×95+1×50	km	238585.92
918	交联聚乙烯绝缘钢带铠装聚氯乙烯护套电力电缆	0.6/1kV YJV22 3×120+1×70	km	303477.60
919	交联聚乙烯绝缘钢带铠装聚氯乙烯护套电力电缆	0.6/1kV YJV22 3×150+1×70	km	361725.36
920	交联聚乙烯绝缘钢带铠装聚氯乙烯护套电力电缆	0.6/1kV YJV22 3×185+1×95	km	455528.88
921	交联聚乙烯绝缘钢带铠装聚氯乙烯护套电力电缆	0.6/1kV YJV22 3×240+1×120	km	591160.08
922	交联聚乙烯绝缘钢带铠装聚氯乙烯护套电力电缆	0.6/1kV YJV22 3×4+2×2.5	km	17402.16
923	交联聚乙烯绝缘钢带铠装聚氯乙烯护套电力电缆	0.6/1kV YJV22 3×6+2×4	km	23718.72

序号	材料名称	规格型号	单位	定额价(元)
924	交联聚乙烯绝缘钢带铠装聚氯乙烯护套电力电缆	0.6/1kV YJV22 3×10+2×6	km	34923.36
925	交联聚乙烯绝缘钢带铠装聚氯乙烯护套电力电缆	0.6/1kV YJV22 3×16+2×10	km	53590.32
926	交联聚乙烯绝缘钢带铠装聚氯乙烯护套电力电缆	0.6/1kV YJV22 3×25+2×16	km	80776.08
927	交联聚乙烯绝缘钢带铠装聚氯乙烯护套电力电缆	0.6/1kV YJV22 3×35+2×16	km	100246.56
928	交联聚乙烯绝缘钢带铠装聚氯乙烯护套电力电缆	0.6/1kV YJV22 3×50+2×25	km	143465.52
929	交联聚乙烯绝缘钢带铠装聚氯乙烯护套电力电缆	0.6/1kV YJV22 3×70+2×35	km	200582.40
930	交联聚乙烯绝缘钢带铠装聚氯乙烯护套电力电缆	0.6/1kV YJV22 3×95+2×50	km	272906.64
931	交联聚乙烯绝缘钢带铠装聚氯乙烯护套电力电缆	0.6/1kV YJV22 3×120+2×70	km	352224.48
932	交联聚乙烯绝缘钢带铠装聚氯乙烯护套电力电缆	0.6/1kV YJV22 3×150+2×70	km	411513.84
933	交联聚乙烯绝缘钢带铠装聚氯乙烯护套电力电缆	0.6/1kV YJV22 3×185+2×95	km	523969.44
934	交联聚乙烯绝缘钢带铠装聚氯乙烯护套电力电缆	0.6/1kV YJV22 3×240+2×120	km	675291.60
935	交联聚乙烯绝缘钢带铠装聚氯乙烯护套电力电缆	0.6/1kV YJV22 4×4+1×2.5	km	18034.56
936	交联聚乙烯绝缘钢带铠装聚氯乙烯护套电力电缆	0.6/1kV YJV22 4×6+1×4	km	25675.44
937	交联聚乙烯绝缘钢带铠装聚氯乙烯护套电力电缆	0.6/1kV YJV22 4×10+1×6	km	38271.36
938	交联聚乙烯绝缘钢带铠装聚氯乙烯护套电力电缆	0.6/1kV YJV22 4×16+1×10	km	57689.76
939	交联聚乙烯绝缘钢带铠装聚氯乙烯护套电力电缆	0.6/1kV YJV22 4×25+1×16	km	87204.24
940	交联聚乙烯绝缘钢带铠装聚氯乙烯护套电力电缆	0.6/1kV YJV22 4×35+1×16	km	113586.48
941	交联聚乙烯绝缘钢带铠装聚氯乙烯护套电力电缆	0.6/1kV YJV22 4×50+1×25	km	157809.84
942	交联聚乙烯绝缘钢带铠装聚氯乙烯护套电力电缆	0.6/1kV YJV22 4×70+1×35	km	220848.96
943	交联聚乙烯绝缘钢带铠装聚氯乙烯护套电力电缆	0.6/1kV YJV22 4×95+1×50	km	303507.36
944	交联聚乙烯绝缘钢带铠装聚氯乙烯护套电力电缆	0.6/1kV YJV22 4×120+1×70	km	385101.84
945	交联聚乙烯绝缘钢带铠装聚氯乙烯护套电力电缆	0.6/1kV YJV22 4×150+1×70	km	461012.16

序号	材料名称	规格型号	单位	定额价(元)
946	交联聚乙烯绝缘钢带铠装聚氯乙烯护套电力电缆	0.6/1kV　YJV22 4×185+1×95	km	581354.16
947	交联聚乙烯绝缘钢带铠装聚氯乙烯护套电力电缆	0.6/1kV　YJV22 4×240+1×120	km	756737.28
948	交联聚乙烯绝缘钢带铠装聚氯乙烯护套电力电缆	6/6kV　YJV22 三芯 25	km	140727.60
949	交联聚乙烯绝缘钢带铠装聚氯乙烯护套电力电缆	6/6kV　YJV22 三芯 35	km	160406.40
950	交联聚乙烯绝缘钢带铠装聚氯乙烯护套电力电缆	6/6kV　YJV22 三芯 50	km	190687.20
951	交联聚乙烯绝缘钢带铠装聚氯乙烯护套电力电缆	6/6kV　YJV22 三芯 70	km	222076.56
952	交联聚乙烯绝缘钢带铠装聚氯乙烯护套电力电缆	6/6kV　YJV22 三芯 95	km	272549.52
953	交联聚乙烯绝缘钢带铠装聚氯乙烯护套电力电缆	6/6kV　YJV22 三芯 120	km	310753.92
954	交联聚乙烯绝缘钢带铠装聚氯乙烯护套电力电缆	6/6kV　YJV22 三芯 150	km	364002.00
955	交联聚乙烯绝缘钢带铠装聚氯乙烯护套电力电缆	6/6kV　YJV22 三芯 185	km	423209.52
956	交联聚乙烯绝缘钢带铠装聚氯乙烯护套电力电缆	6/6kV　YJV22 三芯 240	km	510503.04
957	交联聚乙烯绝缘钢带铠装聚氯乙烯护套电力电缆	6/6kV　YJV22 三芯 300	km	573839.76
958	交联聚乙烯绝缘钢带铠装聚氯乙烯护套电力电缆	8.7/15kV　YJV22 三芯 25	km	149439.84
959	交联聚乙烯绝缘钢带铠装聚氯乙烯护套电力电缆	8.7/15kV　YJV22 三芯 35	km	170175.12
960	交联聚乙烯绝缘钢带铠装聚氯乙烯护套电力电缆	8.7/15kV　YJV22 三芯 50	km	201780.24
961	交联聚乙烯绝缘钢带铠装聚氯乙烯护套电力电缆	8.7/15kV　YJV22 三芯 70	km	235282.56
962	交联聚乙烯绝缘钢带铠装聚氯乙烯护套电力电缆	8.7/15kV　YJV22 三芯 95	km	288575.28
963	交联聚乙烯绝缘钢带铠装聚氯乙烯护套电力电缆	8.7/15kV　YJV22 三芯 120	km	331444.56
964	交联聚乙烯绝缘钢带铠装聚氯乙烯护套电力电缆	8.7/15kV　YJV22 三芯 150	km	384722.40
965	交联聚乙烯绝缘钢带铠装聚氯乙烯护套电力电缆	8.7/15kV　YJV22 三芯 185	km	448364.16
966	交联聚乙烯绝缘钢带铠装聚氯乙烯护套电力电缆	8.7/15kV　YJV22 三芯 240	km	540099.36
967	交联聚乙烯绝缘钢带铠装聚氯乙烯护套电力电缆	8.7/15kV　YJV22 三芯 300	km	633344.88

序号	材料名称	规格型号	单位	定额价(元)
968	交联聚乙烯绝缘钢带铠装聚氯乙烯护套电力电缆	12/20kV YJV22 三芯 35	km	200106.24
969	交联聚乙烯绝缘钢带铠装聚氯乙烯护套电力电缆	12/20kV YJV22 三芯 50	km	237559.20
970	交联聚乙烯绝缘钢带铠装聚氯乙烯护套电力电缆	12/20kV YJV22 三芯 70	km	276663.84
971	交联聚乙烯绝缘钢带铠装聚氯乙烯护套电力电缆	12/20kV YJV22 三芯 95	km	339308.64
972	交联聚乙烯绝缘钢带铠装聚氯乙烯护套电力电缆	12/20kV YJV22 三芯 120	km	389751.84
973	交联聚乙烯绝缘钢带铠装聚氯乙烯护套电力电缆	12/20kV YJV22 三芯 150	km	452493.36
974	交联聚乙烯绝缘钢带铠装聚氯乙烯护套电力电缆	12/20kV YJV22 三芯 185	km	527257.92
975	交联聚乙烯绝缘钢带铠装聚氯乙烯护套电力电缆	12/20kV YJV22 三芯 240	km	635152.80
976	交联聚乙烯绝缘钢带铠装聚氯乙烯护套电力电缆	12/20kV YJV22 三芯 300	km	744766.32
977	铜芯聚氯乙烯绝缘聚氯乙烯护套控制电缆	450/750V KVV 二芯 0.75	km	2291.52
978	铜芯聚氯乙烯绝缘聚氯乙烯护套控制电缆	450/750V KVV 二芯 1	km	2685.84
979	铜芯聚氯乙烯绝缘聚氯乙烯护套控制电缆	450/750V KVV 二芯 1.5	km	3586.08
980	铜芯聚氯乙烯绝缘聚氯乙烯护套控制电缆	450/750V KVV 二芯 2.5	km	5185.68
981	铜芯聚氯乙烯绝缘聚氯乙烯护套控制电缆	450/750V KVV 二芯 4	km	7506.96
982	铜芯聚氯乙烯绝缘聚氯乙烯护套控制电缆	450/750V KVV 二芯 6	km	10222.56
983	铜芯聚氯乙烯绝缘聚氯乙烯护套控制电缆	450/750V KVV 二芯 10	km	17231.04
984	铜芯聚氯乙烯绝缘聚氯乙烯护套控制电缆	450/750V KVV 三芯 0.75	km	3400.08
985	铜芯聚氯乙烯绝缘聚氯乙烯护套控制电缆	450/750V KVV 三芯 1	km	3980.40
986	铜芯聚氯乙烯绝缘聚氯乙烯护套控制电缆	450/750V KVV 三芯 1.5	km	5267.52
987	铜芯聚氯乙烯绝缘聚氯乙烯护套控制电缆	450/750V KVV 三芯 2.5	km	7447.44
988	铜芯聚氯乙烯绝缘聚氯乙烯护套控制电缆	450/750V KVV 三芯 4	km	10363.92
989	铜芯聚氯乙烯绝缘聚氯乙烯护套控制电缆	450/750V KVV 三芯 6	km	14560.08

序号	材料名称	规格型号	单位	定额价(元)
990	铜芯聚氯乙烯绝缘聚氯乙烯护套控制电缆	450/750V KVV 三芯 10	km	24388.32
991	铜芯聚氯乙烯绝缘聚氯乙烯护套控制电缆	450/750V KVV 四芯 0.75	km	4359.84
992	铜芯聚氯乙烯绝缘聚氯乙烯护套控制电缆	450/750V KVV 四芯 1	km	4947.60
993	铜芯聚氯乙烯绝缘聚氯乙烯护套控制电缆	450/750V KVV 四芯 1.5	km	6569.52
994	铜芯聚氯乙烯绝缘聚氯乙烯护套控制电缆	450/750V KVV 四芯 2.5	km	9456.24
995	铜芯聚氯乙烯绝缘聚氯乙烯护套控制电缆	450/750V KVV 四芯 4	km	13563.12
996	铜芯聚氯乙烯绝缘聚氯乙烯护套控制电缆	450/750V KVV 四芯 6	km	19344.00
997	铜芯聚氯乙烯绝缘聚氯乙烯护套控制电缆	450/750V KVV 四芯 10	km	32133.36
998	铜芯聚氯乙烯绝缘聚氯乙烯护套控制电缆	450/750V KVV 五芯 0.75	km	4731.84
999	铜芯聚氯乙烯绝缘聚氯乙烯护套控制电缆	450/750V KVV 五芯 1	km	5758.56
1000	铜芯聚氯乙烯绝缘聚氯乙烯护套控制电缆	450/750V KVV 五芯 1.5	km	7506.96
1001	铜芯聚氯乙烯绝缘聚氯乙烯护套控制电缆	450/750V KVV 五芯 2.5	km	11829.60
1002	铜芯聚氯乙烯绝缘聚氯乙烯护套控制电缆	450/750V KVV 五芯 4	km	16740.00
1003	铜芯聚氯乙烯绝缘聚氯乙烯护套控制电缆	450/750V KVV 五芯 6	km	23540.16
1004	铜芯聚氯乙烯绝缘聚氯乙烯护套控制电缆	450/750V KVV 五芯 10	km	39365.04
1005	铜芯聚氯乙烯绝缘聚氯乙烯护套控制电缆	450/750V KVV 七芯 0.75	km	5914.80
1006	铜芯聚氯乙烯绝缘聚氯乙烯护套控制电缆	450/750V KVV 七芯 1	km	7335.84
1007	铜芯聚氯乙烯绝缘聚氯乙烯护套控制电缆	450/750V KVV 七芯 1.5	km	9768.72
1008	铜芯聚氯乙烯绝缘聚氯乙烯护套控制电缆	450/750V KVV 七芯 2.5	km	15080.88
1009	铜芯聚氯乙烯绝缘聚氯乙烯护套控制电缆	450/750V KVV 七芯 4	km	21933.12
1010	铜芯聚氯乙烯绝缘聚氯乙烯护套控制电缆	450/750V KVV 七芯 6	km	31567.92
1011	铜芯聚氯乙烯绝缘聚氯乙烯护套控制电缆	450/750V KVV 七芯 10	km	52608.24

序号	材料名称	规格型号	单位	定额价(元)
1012	铜芯聚氯乙烯绝缘聚氯乙烯护套控制电缆	450/750V KVV 八芯 0.75	km	6748.08
1013	铜芯聚氯乙烯绝缘聚氯乙烯护套控制电缆	450/750V KVV 八芯 1	km	8332.80
1014	铜芯聚氯乙烯绝缘聚氯乙烯护套控制电缆	450/750V KVV 八芯 1.5	km	11539.44
1015	铜芯聚氯乙烯绝缘聚氯乙烯护套控制电缆	450/750V KVV 八芯 2.5	km	17424.48
1016	铜芯聚氯乙烯绝缘聚氯乙烯护套控制电缆	450/750V KVV 八芯 4	km	25057.92
1017	铜芯聚氯乙烯绝缘聚氯乙烯护套控制电缆	450/750V KVV 八芯 6	km	35987.28
1018	铜芯聚氯乙烯绝缘聚氯乙烯护套控制电缆	450/750V KVV 八芯 10	km	60479.76
1019	铜芯聚氯乙烯绝缘聚氯乙烯护套控制电缆	450/750V KVV 十芯 0.75	km	8563.44
1020	铜芯聚氯乙烯绝缘聚氯乙烯护套控制电缆	450/750V KVV 十芯 1	km	10475.52
1021	铜芯聚氯乙烯绝缘聚氯乙烯护套控制电缆	450/750V KVV 十芯 1.5	km	14210.40
1022	铜芯聚氯乙烯绝缘聚氯乙烯护套控制电缆	450/750V KVV 十芯 2.5	km	21047.76
1023	铜芯聚氯乙烯绝缘聚氯乙烯护套控制电缆	450/750V KVV 十芯 4	km	31151.28
1024	铜芯聚氯乙烯绝缘聚氯乙烯护套控制电缆	450/750V KVV 十芯 6	km	44781.36
1025	铜芯聚氯乙烯绝缘聚氯乙烯护套控制电缆	450/750V KVV 十芯 10	km	75367.20
1026	铜芯聚氯乙烯绝缘聚氯乙烯护套控制电缆	450/750V KVV 十二芯 0.75	km	9627.36
1027	铜芯聚氯乙烯绝缘聚氯乙烯护套控制电缆	450/750V KVV 十二芯 1	km	11896.56
1028	铜芯聚氯乙烯绝缘聚氯乙烯护套控制电缆	450/750V KVV 十二芯 1.5	km	16427.52
1029	铜芯聚氯乙烯绝缘聚氯乙烯护套控制电缆	450/750V KVV 十二芯 2.5	km	24745.44
1030	铜芯聚氯乙烯绝缘聚氯乙烯护套控制电缆	450/750V KVV 十二芯 4	km	36887.52
1031	铜芯聚氯乙烯绝缘聚氯乙烯护套控制电缆	450/750V KVV 十二芯 6	km	52786.80
1032	铜芯聚氯乙烯绝缘聚氯乙烯护套控制电缆	450/750V KVV 十四芯 0.75	km	10609.44
1033	铜芯聚氯乙烯绝缘聚氯乙烯护套控制电缆	450/750V KVV 十四芯 1	km	13429.20

序号	材料名称	规格型号	单位	定额价(元)
1034	铜芯聚氯乙烯绝缘聚氯乙烯护套控制电缆	450/750V KVV 十四芯 1.5	km	18771.12
1035	铜芯聚氯乙烯绝缘聚氯乙烯护套控制电缆	450/750V KVV 十四芯 2.5	km	28524.96
1036	铜芯聚氯乙烯绝缘聚氯乙烯护套控制电缆	450/750V KVV 十四芯 4	km	42497.28
1037	铜芯聚氯乙烯绝缘聚氯乙烯护套控制电缆	450/750V KVV 十四芯 6	km	61156.80
1038	铜芯聚氯乙烯绝缘聚氯乙烯护套控制电缆	450/750V KVV 十六芯 0.75	km	11747.76
1039	铜芯聚氯乙烯绝缘聚氯乙烯护套控制电缆	450/750V KVV 十六芯 1	km	14880.00
1040	铜芯聚氯乙烯绝缘聚氯乙烯护套控制电缆	450/750V KVV 十六芯 1.5	km	20891.52
1041	铜芯聚氯乙烯绝缘聚氯乙烯护套控制电缆	450/750V KVV 十六芯 2.5	km	32349.12
1042	铜芯聚氯乙烯绝缘聚氯乙烯护套控制电缆	450/750V KVV 十九芯 0.75	km	12960.48
1043	铜芯聚氯乙烯绝缘聚氯乙烯护套控制电缆	450/750V KVV 十九芯 1	km	16487.04
1044	铜芯聚氯乙烯绝缘聚氯乙烯护套控制电缆	450/750V KVV 十九芯 1.5	km	23130.96
1045	铜芯聚氯乙烯绝缘聚氯乙烯护套控制电缆	450/750V KVV 十九芯 2.5	km	36456.00
1046	铜芯聚氯乙烯绝缘聚氯乙烯护套控制电缆	450/750V KVV 二十四芯 0.75	km	16948.32
1047	铜芯聚氯乙烯绝缘聚氯乙烯护套控制电缆	450/750V KVV 二十四芯 1	km	21501.60
1048	铜芯聚氯乙烯绝缘聚氯乙烯护套控制电缆	450/750V KVV 二十四芯 1.5	km	30191.52
1049	铜芯聚氯乙烯绝缘聚氯乙烯护套控制电缆	450/750V KVV 二十四芯 2.5	km	46812.48
1050	铜芯聚氯乙烯绝缘聚氯乙烯护套控制电缆	450/750V KVV 二十七芯 0.75	km	18488.40
1051	铜芯聚氯乙烯绝缘聚氯乙烯护套控制电缆	450/750V KVV 二十七芯 1	km	23354.16
1052	铜芯聚氯乙烯绝缘聚氯乙烯护套控制电缆	450/750V KVV 二十七芯 1.5	km	33301.44
1053	铜芯聚氯乙烯绝缘聚氯乙烯护套控制电缆	450/750V KVV 二十七芯 2.5	km	51774.96
1054	铜芯聚氯乙烯绝缘聚氯乙烯护套控制电缆	450/750V KVV 三十芯 0.75	km	20326.08
1055	铜芯聚氯乙烯绝缘聚氯乙烯护套控制电缆	450/750V KVV 三十芯 1	km	26054.88

序号	材料名称	规格型号	单位	定额价(元)
1056	铜芯聚氯乙烯绝缘聚氯乙烯护套控制电缆	450/750V KVV 三十芯 1.5	km	36828.00
1057	铜芯聚氯乙烯绝缘聚氯乙烯护套控制电缆	450/750V KVV 三十芯 2.5	km	57354.96
1058	铜芯聚氯乙烯绝缘聚氯乙烯护套控制电缆	450/750V KVV 三十七芯 0.75	km	24797.52
1059	铜芯聚氯乙烯绝缘聚氯乙烯护套控制电缆	450/750V KVV 三十七芯 1	km	31515.84
1060	铜芯聚氯乙烯绝缘聚氯乙烯护套控制电缆	450/750V KVV 三十七芯 1.5	km	44573.04
1061	铜芯聚氯乙烯绝缘聚氯乙烯护套控制电缆	450/750V KVV 三十七芯 2.5	km	69928.56
1062	铜芯聚氯乙烯绝缘聚氯乙烯护套控制电缆	450/750V KVV 四十四芯 0.75	km	29834.40
1063	铜芯聚氯乙烯绝缘聚氯乙烯护套控制电缆	450/750V KVV 四十四芯 1	km	37772.88
1064	铜芯聚氯乙烯绝缘聚氯乙烯护套控制电缆	450/750V KVV 四十四芯 1.5	km	53530.80
1065	铜芯聚氯乙烯绝缘聚氯乙烯护套控制电缆	450/750V KVV 四十四芯 2.5	km	84191.04
1066	铜芯聚氯乙烯绝缘聚氯乙烯护套控制电缆	450/750V KVV 四十八芯 0.75	km	32490.48
1067	铜芯聚氯乙烯绝缘聚氯乙烯护套控制电缆	450/750V KVV 四十八芯 1	km	41046.48
1068	铜芯聚氯乙烯绝缘聚氯乙烯护套控制电缆	450/750V KVV 四十八芯 1.5	km	58203.12
1069	铜芯聚氯乙烯绝缘聚氯乙烯护套控制电缆	450/750V KVV 四十八芯 2.5	km	91437.60
1070	铜芯聚氯乙烯绝缘聚氯乙烯护套控制电缆	450/750V KVV 五十二芯 0.75	km	34915.92
1071	铜芯聚氯乙烯绝缘聚氯乙烯护套控制电缆	450/750V KVV 五十二芯 1	km	44082.00
1072	铜芯聚氯乙烯绝缘聚氯乙烯护套控制电缆	450/750V KVV 五十二芯 1.5	km	62927.52
1073	铜芯聚氯乙烯绝缘聚氯乙烯护套控制电缆	450/750V KVV 五十二芯 2.5	km	98870.16
1074	铜芯聚氯乙烯绝缘聚氯乙烯护套控制电缆	450/750V KVV 六十一芯 0.75	km	40838.16
1075	铜芯聚氯乙烯绝缘聚氯乙烯护套控制电缆	450/750V KVV 六十一芯 1	km	51760.08
1076	铜芯聚氯乙烯绝缘聚氯乙烯护套控制电缆	450/750V KVV 六十一芯 1.5	km	74028.00
1077	铜芯聚氯乙烯绝缘聚氯乙烯护套控制电缆	450/750V KVV 六十一芯 2.5	km	115952.40

序号	材料名称	规格型号	单位	定额价(元)
1078	铜芯聚氯乙烯绝缘聚氯乙烯护套钢带铠装控制电缆	450/750V KVV22 四芯 2.5	km	13049.76
1079	铜芯聚氯乙烯绝缘聚氯乙烯护套钢带铠装控制电缆	450/750V KVV22 四芯 4	km	17097.12
1080	铜芯聚氯乙烯绝缘聚氯乙烯护套钢带铠装控制电缆	450/750V KVV22 四芯 6	km	23064.00
1081	铜芯聚氯乙烯绝缘聚氯乙烯护套钢带铠装控制电缆	450/750V KVV22 四芯 10	km	36664.32
1082	铜芯聚氯乙烯绝缘聚氯乙烯护套钢带铠装控制电缆	450/750V KVV22 五芯 2.5	km	15333.84
1083	铜芯聚氯乙烯绝缘聚氯乙烯护套钢带铠装控制电缆	450/750V KVV22 五芯 4	km	20393.04
1084	铜芯聚氯乙烯绝缘聚氯乙烯护套钢带铠装控制电缆	450/750V KVV22 五芯 6	km	27520.56
1085	铜芯聚氯乙烯绝缘聚氯乙烯护套钢带铠装控制电缆	450/750V KVV22 五芯 10	km	43717.44
1086	铜芯聚氯乙烯绝缘聚氯乙烯护套钢带铠装控制电缆	450/750V KVV22 七芯 0.75	km	9262.80
1087	铜芯聚氯乙烯绝缘聚氯乙烯护套钢带铠装控制电缆	450/750V KVV22 七芯 1	km	10840.08
1088	铜芯聚氯乙烯绝缘聚氯乙烯护套钢带铠装控制电缆	450/750V KVV22 七芯 1.5	km	13384.56
1089	铜芯聚氯乙烯绝缘聚氯乙烯护套钢带铠装控制电缆	450/750V KVV22 七芯 2.5	km	18748.80
1090	铜芯聚氯乙烯绝缘聚氯乙烯护套钢带铠装控制电缆	450/750V KVV22 七芯 4	km	25772.16
1091	铜芯聚氯乙烯绝缘聚氯乙烯护套钢带铠装控制电缆	450/750V KVV22 七芯 6	km	35890.56
1092	铜芯聚氯乙烯绝缘聚氯乙烯护套钢带铠装控制电缆	450/750V KVV22 七芯 10	km	57273.12
1093	铜芯聚氯乙烯绝缘聚氯乙烯护套钢带铠装控制电缆	450/750V KVV22 八芯 0.75	km	10304.40
1094	铜芯聚氯乙烯绝缘聚氯乙烯护套钢带铠装控制电缆	450/750V KVV22 八芯 1	km	11993.28
1095	铜芯聚氯乙烯绝缘聚氯乙烯护套钢带铠装控制电缆	450/750V KVV22 八芯 1.5	km	15118.08
1096	铜芯聚氯乙烯绝缘聚氯乙烯护套钢带铠装控制电缆	450/750V KVV22 八芯 2.5	km	21189.12
1097	铜芯聚氯乙烯绝缘聚氯乙烯护套钢带铠装控制电缆	450/750V KVV22 八芯 4	km	29358.24
1098	铜芯聚氯乙烯绝缘聚氯乙烯护套钢带铠装控制电缆	450/750V KVV22 八芯 6	km	40399.20
1099	铜芯聚氯乙烯绝缘聚氯乙烯护套钢带铠装控制电缆	450/750V KVV22 八芯 10	km	65829.12

序号	材料名称	规格型号	单位	定额价(元)
1100	铜芯聚氯乙烯绝缘聚氯乙烯护套钢带铠装控制电缆	450/750V KVV22 十芯 0.75	km	12290.88
1101	铜芯聚氯乙烯绝缘聚氯乙烯护套钢带铠装控制电缆	450/750V KVV22 十芯 1	km	14091.36
1102	铜芯聚氯乙烯绝缘聚氯乙烯护套钢带铠装控制电缆	450/750V KVV22 十芯 1.5	km	18071.76
1103	铜芯聚氯乙烯绝缘聚氯乙烯护套钢带铠装控制电缆	450/750V KVV22 十芯 2.5	km	25437.36
1104	铜芯聚氯乙烯绝缘聚氯乙烯护套钢带铠装控制电缆	450/750V KVV22 十芯 4	km	35674.80
1105	铜芯聚氯乙烯绝缘聚氯乙烯护套钢带铠装控制电缆	450/750V KVV22 十芯 6	km	49609.92
1106	铜芯聚氯乙烯绝缘聚氯乙烯护套钢带铠装控制电缆	450/750V KVV22 十芯 10	km	81453.12
1107	铜芯聚氯乙烯绝缘聚氯乙烯护套钢带铠装控制电缆	450/750V KVV22 十二芯 0.75	km	13183.68
1108	铜芯聚氯乙烯绝缘聚氯乙烯护套钢带铠装控制电缆	450/750V KVV22 十二芯 1	km	15542.16
1109	铜芯聚氯乙烯绝缘聚氯乙烯护套钢带铠装控制电缆	450/750V KVV22 十二芯 1.5	km	20348.40
1110	铜芯聚氯乙烯绝缘聚氯乙烯护套钢带铠装控制电缆	450/750V KVV22 十二芯 2.5	km	29261.52
1111	铜芯聚氯乙烯绝缘聚氯乙烯护套钢带铠装控制电缆	450/750V KVV22 十二芯 4	km	41507.76
1112	铜芯聚氯乙烯绝缘聚氯乙烯护套钢带铠装控制电缆	450/750V KVV22 十二芯 6	km	57689.76
1113	铜芯聚氯乙烯绝缘聚氯乙烯护套钢带铠装控制电缆	450/750V KVV22 十四芯 0.75	km	14240.16
1114	铜芯聚氯乙烯绝缘聚氯乙烯护套钢带铠装控制电缆	450/750V KVV22 十四芯 1	km	17149.20
1115	铜芯聚氯乙烯绝缘聚氯乙烯护套钢带铠装控制电缆	450/750V KVV22 十四芯 1.5	km	23049.12
1116	铜芯聚氯乙烯绝缘聚氯乙烯护套钢带铠装控制电缆	450/750V KVV22 十四芯 2.5	km	33182.40
1117	铜芯聚氯乙烯绝缘聚氯乙烯护套钢带铠装控制电缆	450/750V KVV22 十四芯 4	km	47258.88
1118	铜芯聚氯乙烯绝缘聚氯乙烯护套钢带铠装控制电缆	450/750V KVV22 十四芯 6	km	66163.92
1119	铜芯聚氯乙烯绝缘聚氯乙烯护套钢带铠装控制电缆	450/750V KVV22 十六芯 0.75	km	15408.24
1120	铜芯聚氯乙烯绝缘聚氯乙烯护套钢带铠装控制电缆	450/750V KVV22 十六芯 1	km	18637.20
1121	铜芯聚氯乙烯绝缘聚氯乙烯护套钢带铠装控制电缆	450/750V KVV22 十六芯 1.5	km	25236.48

序号	材料名称	规格型号	单位	定额价(元)
1122	铜芯聚氯乙烯绝缘聚氯乙烯护套钢带铠装控制电缆	450/750V KVV22 十六芯 2.5	km	36880.08
1123	铜芯聚氯乙烯绝缘聚氯乙烯护套钢带铠装控制电缆	450/750V KVV22 十九芯 0.75	km	16635.84
1124	铜芯聚氯乙烯绝缘聚氯乙烯护套钢带铠装控制电缆	450/750V KVV22 十九芯 1	km	20482.32
1125	铜芯聚氯乙烯绝缘聚氯乙烯护套钢带铠装控制电缆	450/750V KVV22 十九芯 1.5	km	27550.32
1126	铜芯聚氯乙烯绝缘聚氯乙烯护套钢带铠装控制电缆	450/750V KVV22 十九芯 2.5	km	41053.92
1127	铜芯聚氯乙烯绝缘聚氯乙烯护套钢带铠装控制电缆	450/750V KVV22 二十四芯 0.75	km	21337.92
1128	铜芯聚氯乙烯绝缘聚氯乙烯护套钢带铠装控制电缆	450/750V KVV22 二十四芯 1	km	26025.12
1129	铜芯聚氯乙烯绝缘聚氯乙烯护套钢带铠装控制电缆	450/750V KVV22 二十四芯 1.5	km	35005.20
1130	铜芯聚氯乙烯绝缘聚氯乙烯护套钢带铠装控制电缆	450/750V KVV22 二十四芯 2.5	km	52228.80
1131	铜芯聚氯乙烯绝缘聚氯乙烯护套钢带铠装控制电缆	450/750V KVV22 二十七芯 0.75	km	22855.68
1132	铜芯聚氯乙烯绝缘聚氯乙烯护套钢带铠装控制电缆	450/750V KVV22 二十七芯 1	km	27944.64
1133	铜芯聚氯乙烯绝缘聚氯乙烯护套钢带铠装控制电缆	450/750V KVV22 二十七芯 1.5	km	38167.20
1134	铜芯聚氯乙烯绝缘聚氯乙烯护套钢带铠装控制电缆	450/750V KVV22 二十七芯 2.5	km	57168.96
1135	铜芯聚氯乙烯绝缘聚氯乙烯护套钢带铠装控制电缆	450/750V KVV22 三十芯 0.75	km	24819.84
1136	铜芯聚氯乙烯绝缘聚氯乙烯护套钢带铠装控制电缆	450/750V KVV22 三十芯 1	km	30593.28
1137	铜芯聚氯乙烯绝缘聚氯乙烯护套钢带铠装控制电缆	450/750V KVV22 三十芯 1.5	km	41864.88
1138	铜芯聚氯乙烯绝缘聚氯乙烯护套钢带铠装控制电缆	450/750V KVV22 三十芯 2.5	km	62972.16
1139	铜芯聚氯乙烯绝缘聚氯乙烯护套钢带铠装控制电缆	450/750V KVV22 三十七芯 0.75	km	29380.56
1140	铜芯聚氯乙烯绝缘聚氯乙烯护套钢带铠装控制电缆	450/750V KVV22 三十七芯 1	km	36292.32
1141	铜芯聚氯乙烯绝缘聚氯乙烯护套钢带铠装控制电缆	450/750V KVV22 三十七芯 1.5	km	49922.40
1142	铜芯聚氯乙烯绝缘聚氯乙烯护套钢带铠装控制电缆	450/750V KVV22 三十七芯 2.5	km	79169.04
1143	铜芯聚氯乙烯绝缘聚氯乙烯护套钢带铠装控制电缆	450/750V KVV22 四十四芯 0.75	km	34856.40

序号	材料名称	规格型号	单位	定额价(元)
1144	铜芯聚氯乙烯绝缘聚氯乙烯护套钢带铠装控制电缆	450/750V KVV22 四十四芯1	km	43099.92
1145	铜芯聚氯乙烯绝缘聚氯乙烯护套钢带铠装控制电缆	450/750V KVV22 四十四芯1.5	km	60025.92
1146	铜芯聚氯乙烯绝缘聚氯乙烯护套钢带铠装控制电缆	450/750V KVV22 四十四芯2.5	km	94629.36
1147	铜芯聚氯乙烯绝缘聚氯乙烯护套钢带铠装控制电缆	450/750V KVV22 四十八芯0.75	km	37638.96
1148	铜芯聚氯乙烯绝缘聚氯乙烯护套钢带铠装控制电缆	450/750V KVV22 四十八芯1	km	46529.76
1149	铜芯聚氯乙烯绝缘聚氯乙烯护套钢带铠装控制电缆	450/750V KVV22 四十八芯1.5	km	67681.68
1150	铜芯聚氯乙烯绝缘聚氯乙烯护套钢带铠装控制电缆	450/750V KVV22 四十八芯2.5	km	102091.68
1151	铜芯聚氯乙烯绝缘聚氯乙烯护套钢带铠装控制电缆	450/750V KVV22 五十二芯0.75	km	40205.76
1152	铜芯聚氯乙烯绝缘聚氯乙烯护套钢带铠装控制电缆	450/750V KVV22 五十二芯1	km	49721.52
1153	铜芯聚氯乙烯绝缘聚氯乙烯护套钢带铠装控制电缆	450/750V KVV22 五十二芯1.5	km	72681.36
1154	铜芯聚氯乙烯绝缘聚氯乙烯护套钢带铠装控制电缆	450/750V KVV22 五十二芯2.5	km	109911.12
1155	铜芯聚氯乙烯绝缘聚氯乙烯护套钢带铠装控制电缆	450/750V KVV22 六十一芯0.75	km	46455.36
1156	铜芯聚氯乙烯绝缘聚氯乙烯护套钢带铠装控制电缆	450/750V KVV22 六十一芯1	km	57823.68
1157	铜芯聚氯乙烯绝缘聚氯乙烯护套钢带铠装控制电缆	450/750V KVV22 六十一芯1.5	km	83945.52
1158	铜芯聚氯乙烯绝缘聚氯乙烯护套钢带铠装控制电缆	450/750V KVV22 六十一芯2.5	km	127365.36
1159	变频电缆	BPGVF－P2R 3×95+1×50	km	166580.00
1160	变频电缆	BPGVF－P2R 3×185+1×95	km	318220.00
1161	变频电缆	BPGVF－P2R－1kV 3×185	km	392280.00
1162	变频电缆	BPYJVP－1kV 3×6+3×1.5	km	27180.00
1163	变频电缆	BPYJVP－1kV 3×50+1×25	km	174340.00
1164	变频电缆	BPYJVP－1kV 3×50+3×10	km	179790.00
1165	变频电缆	POTOFLEX－PUR－10kV 3×95+3×16	km	960000.00

序号	材料名称	规格型号	单位	定额价(元)
1166	变频电缆	ZR – BPGVFP 3 ×70 +3 ×10	km	188010.00
1167	变频电缆	ZR – BPJYVP – 1kV 3 ×25 +3 ×4	km	99810.00
1168	变频电缆	ZR – BPJYVP – 1kV 3 ×120 +3 ×35	km	403550.00
1169	变频电缆	ZR – BPPYJVT 4 ×1.5	km	12700.00
1170	变频电缆	ZR – BPPYJVT 4 ×2.5	km	18240.00
1171	变频电缆	ZR – BPPYJVT 4 ×10	km	37610.00
1172	变频电缆	ZR – BPYJVP – 1kV 3 ×35 +1 ×16	km	129770.00
1173	变频电缆	ZR – BPYJVP – 1kV 3 ×50 +1 ×25	km	171420.00
1174	变频电缆	ZR – BPYJVP – 1kV 3 ×95 +1 ×50	km	269780.00
1175	变频电缆	ZR – BPYJVP – 1kV 3 ×120 +1 ×70	km	403550.00
1176	变频电缆	ZR – BPYJVP – 1kV 3 ×150 +1 ×70	km	428440.00
1177	变频电缆	ZR – BPYJVP – 1kV 3 ×185 +1 ×95	km	682440.00
1178	变频电缆	ZR – BPYJVP – 1kV 3 ×240 +1 ×120	km	735320.00
1179	变频电缆	ZR – BPYJVP – 1kV 4 ×1.5	km	8590.00
1180	变频电缆	ZR – BPYJVP – 1kV 4 ×2.5	km	12520.00
1181	变频电缆	ZR – BPYJVP – 1kV 4 ×4	km	18080.00
1182	变频电缆	ZR – BPYJVP – 1kV 4 ×6	km	25330.00
1183	变频电缆	ZR – BPYJVP – 1kV 4 ×10	km	39490.00
1184	变频电缆	ZR – BPYJVP – 1kV 4 ×16	km	61380.00
1185	变频电缆	ZR – BPYJVP – 1kV 4 ×25	km	105090.00
1186	变频电缆	ZR – BPYJVP – 1kV 4 ×95	km	367220.00
1187	变频电缆	ZR – BPYJVRP2 – 1kV 3 ×1.5	km	8120.00

序号	材料名称	规格型号	单位	定额价(元)
1188	变频电缆	ZR－BPYJVRP2　3×2.5	km	10860.00
1189	变频电缆	ZR－BPYJVRP2　3×4	km	15990.00
1190	变频电缆	ZR－BPYJVRP2　3×50	km	162620.00
1191	变频电缆	ZR－BPYJVRP2　3×95	km	240350.00
1192	变频电缆	ZR－BPYJVRP2　3×120	km	369560.00
1193	变频电缆	ZR－BPYJVP－1kV 3×240	km	676850.00
1194	变频电缆	ZR－FCkmC－PFZ－1kV 3×2.5+3×0.5	km	11210.00
1195	变频电缆	ZR－FCkmC－PFZ－1kV 3×10+3×1.5	km	21930.00
1196	变频电缆	ZR－FCkmC－PFZ－1kV 3×6+3×1.3	km	30510.00
1197	变频电缆	ZR－FCkmC－PFZ－1kV 3×16+3×3.3	km	48025.00
1198	变频电缆	ZR－FCkmC－PFZ－1kV 3×16+3×3.3	km	60170.00
1199	变频电缆	ZR－FCkmC－PFZ－1kV 3×16+3×4	km	78300.00
1200	变频电缆	ZR－FCkmC－PFZ－1kV 3×25+3×5.5	km	92510.00
1201	变频电缆	ZR－FCkmC－PFZ－1kV 3×50+3×10	km	133690.00
1202	变频电缆	ZR－FCkmC－PFZ－1kV 3×50+3×10	km	169920.00
1203	变频电缆	ZR－FCkmC－PFZ－1kV 3×120+3×25	km	381570.00
1204	变频电缆	ZR－FCkmC－PFZ－1kV 3×150+3×25	km	454400.00
1205	变频电缆	ZR－FCkmC－PFZ－1kV 3×185+3×35	km	707490.00
1206	变频电缆	ZR－FCkmC－PFZ－1kV 3×240+3×50	km	729400.00
1207	变频电缆	ZR－FCkmC－PFZ－1kV 3×300+3×50	km	1290800.00
1208	阻燃硅橡胶屏蔽软电缆	ZR－YGCP－1kV 4×2.5	km	23560.00
1209	阻燃硅橡胶屏蔽软电缆	ZR－YGCP－1kV 4×4	km	32780.00

序号	材料名称	规格型号	单位	定额价(元)
1210	阻燃高压电力屏蔽电缆	ZR－YJVP2－1.8/3kV 1×400	km	155690.00
1211	阻燃高压电力屏蔽电缆	ZR－YJVP2－1.8/3kV 3×240	km	287000.00
1212	阻燃高压电力屏蔽电缆	ZR－YJVP2－6/6kV 3×120	km	202200.00
1213	阻燃高压电力屏蔽电缆	ZR－YJVP2－6/6kV 3×95	km	291627.43
1214	阻燃高压交联电力电缆	ZR－YJV－1.8/3kV 1×400	km	190790.00
1215	阻燃高压交联电力电缆	ZR－YJV－1.8/3kV 1×6	km	8000.00
1216	阻燃高压交联电力电缆	ZR－YJV－26/35kV 3×95	km	331995.00
1217	阻燃高压交联电力电缆	ZR－YJV－26/35kV 3×120	km	496850.00
1218	阻燃高压交联电力电缆	ZR－YJV－26/35kV 3×240	km	716530.00
1219	阻燃高压交联电力电缆	ZR－YJV－3.6/6kV 3×150	km	367167.29
1220	阻燃高压交联电力电缆	ZR－YJV－3.6/6kV 3×185	km	452543.33
1221	阻燃高压交联电力电缆	ZR－YJV－3.6/6kV 3×240	km	586363.33
1222	阻燃高压交联电力电缆	ZR－YJV－3.6/6kV 3×300	km	608300.00
1223	阻燃高压交联电力电缆	ZR－YJV－6/6kV 1×185	km	158043.33
1224	阻燃高压交联电力电缆	ZR－YJV－6/6kV 1×240	km	217465.17
1225	阻燃高压交联电力电缆	ZR－YJV－6/6kV 3×70	km	237621.32
1226	阻燃高压交联电力电缆	ZR－YJV－6/6kV 3×185	km	473525.00
1227	阻燃高压交联电力电缆	ZR－YJV－6/6kV 3×240	km	613013.33
1228	阻燃高压交联电力电缆	ZR－YJV－8.7/15kV 1×95	km	92200.00
1229	阻燃高压交联电力电缆	ZR－YJV－8.7/15kV 1×185	km	168800.00
1230	阻燃高压交联电力电缆	ZR－YJV－8.7/15kV 1×300	km	237165.00
1231	阻燃高压交联电力电缆	ZR－YJV－8.7/15kV 3×95	km	269479.33

序号	材料名称	规格型号	单位	定额价(元)
1232	阻燃高压交联电力电缆	ZR – YJV – 8.7/15kV 3 ×120	km	323610.00
1233	阻燃高压交联电力电缆	ZR – YJV – 8.7/15kV 3 ×185	km	507150.00
1234	阻燃高压交联电力电缆	ZR – YJV – 8.7/15kV 3 ×240	km	614164.29
1235	阻燃高压交联电力电缆	ZR – YJV – 8.7/15kV 3 ×300	km	739170.00
1236	阻燃高压铠装交联电力电缆	ZR – YJV22 – 0.6/1kV 3 ×185	km	410000.00
1237	阻燃高压铠装交联电力电缆	ZR – YJV22 – 0.6/1kV 3 ×240	km	544924.25
1238	阻燃高压铠装交联电力电缆	ZR – YJV22 – 8.7/15kV 3 ×240	km	603340.00
1239	阻燃高压铠装交联电力电缆	ZR – YJV22 – 8 – 0.6/1kV 3 ×95	km	221000.00
1240	阻燃高压铠装交联电力电缆	ZR – YJV22 – 8 – 8.7/15kV 3 ×95	km	301000.00
1241	阻燃高压铝电缆	ZR – YJLV22 – 8.7/15kV 3 ×35	km	51300.00
1242	阻燃高压铝电缆	ZR – YJLV22 – 8.7/15kV 3 ×300	km	140600.00
1243	阻燃高压铝电缆	ZR – YJLV22 – 8.7/15kV 3 ×400	km	188100.00
1244	阻燃交联电力电缆	ZR – YGYJ – 1kV 1 ×150	km	121690.00
1245	阻燃交联电力电缆	ZR – YGYJ – 1kV 1 ×185	km	140880.00
1246	阻燃交联电力电缆	ZR – YJV – 1kV 1 ×35	km	25670.00
1247	阻燃交联电力电缆	ZR – YJV – 1kV 2 ×50	km	73581.67
1248	阻燃交联电力电缆	ZR – YJV – 1kV 3 ×70	km	141220.00
1249	阻燃交联电力电缆	ZR – YJV – 1kV 2 ×120	km	164876.13
1250	阻燃交联电力电缆	ZR – YJV – 1kV 2 ×150	km	202642.16
1251	阻燃交联电力电缆	ZR – YJV – 1kV 2 ×240 + 1 ×120	km	268225.00
1252	阻燃交联电力电缆	ZR – YJV – 1kV 3 ×120 + 1 ×70	km	333342.00
1253	阻燃交联电力电缆	ZR – YJV – 1kV 3 ×120 + 2 ×70	km	385580.00

序号	材料名称	规格型号	单位	定额价(元)
1254	阻燃交联电力电缆	ZR－YJV－1kV 3×150＋1×70	km	401822.22
1255	阻燃交联电力电缆	ZR－YJV－1kV 3×150＋1×95	km	454030.00
1256	阻燃交联电力电缆	ZR－YJV－1kV 3×150＋2×70	km	421556.00
1257	阻燃交联电力电缆	ZR－YJV－1kV 3×150＋2×95	km	466000.00
1258	阻燃交联电力电缆	ZR－YJV－1kV 3×185＋1×95	km	501649.23
1259	阻燃交联电力电缆	ZR－YJV－1kV 3×185＋2×95	km	566895.00
1260	阻燃交联电力电缆	ZR－YJV－1kV 3×240＋1×120	km	640276.25
1261	阻燃交联电力电缆	ZR－YJV－1kV 3×240＋2×120	km	745450.00
1262	阻燃交联电力电缆	ZR－YJV－1kV 4×1.5	km	7976.72
1263	阻燃交联电力电缆	ZR－YJV－1kV 4×150＋1×70	km	415900.00
1264	阻燃交联电力电缆	ZR－YJV－1kV 4×150＋1×95	km	473590.00
1265	阻燃交联电力电缆	ZR－YJV－1kV 4×185＋1×95	km	601150.00
1266	阻燃交联电力电缆	ZR－YJV－1kV 1×16	km	12911.69
1267	阻燃交联电力电缆	ZR－YJV－1kV 1×25	km	19630.00
1268	阻燃交联电力电缆	ZR－YJV－1kV 1×70	km	51870.00
1269	阻燃交联电力电缆	ZR－YJV－1kV 1×95	km	80720.00
1270	阻燃交联电力电缆	ZR－YJV－1kV 1×120	km	93016.36
1271	阻燃交联电力电缆	ZR－YJV－1kV 1×150	km	108179.14
1272	阻燃交联电力电缆	ZR－YJV－1kV 1×240	km	190759.09
1273	阻燃交联电力电缆	ZR－YJV－1kV 1×300	km	227070.00
1274	阻燃交联电力电缆	ZR－YJV－1kV 1×400	km	253596.00
1275	阻燃交联电力电缆	ZR－YJV－1kV 2×1.5	km	4696.87

序号	材料名称	规格型号	单位	定额价(元)
1276	阻燃交联电力电缆	ZR－YJV－1kV 2×2.5	km	6312.91
1277	阻燃交联电力电缆	ZR－YJV－1kV 2×4	km	8661.35
1278	阻燃交联电力电缆	ZR－YJV－1kV 2×6	km	11440.00
1279	阻燃交联电力电缆	ZR－YJV－1kV 2×10	km	19145.72
1280	阻燃交联电力电缆	ZR－YJV－1kV 2×16	km	27090.00
1281	阻燃交联电力电缆	ZR－YJV－1kV 2×25	km	42150.00
1282	阻燃交联电力电缆	ZR－YJV－1kV 2×35	km	56362.46
1283	阻燃交联电力电缆	ZR－YJV－1kV 2×70	km	106950.00
1284	阻燃交联电力电缆	ZR－YJV－1kV 2×185	km	219800.00
1285	阻燃交联电力电缆	ZR－YJV－1kV 3×1.5	km	5994.48
1286	阻燃交联电力电缆	ZR－YJV－1kV 3×2.5	km	8255.35
1287	阻燃交联电力电缆	ZR－YJV－1kV 3×4	km	11399.87
1288	阻燃交联电力电缆	ZR－YJV－1kV 3×4＋1×2.5	km	13206.67
1289	阻燃交联电力电缆	ZR－YJV－1kV 3×6	km	15570.00
1290	阻燃交联电力电缆	ZR－YJV－1kV 3×6＋1×4	km	18633.33
1291	阻燃交联电力电缆	ZR－YJV－1kV 3×6＋2×4	km	20900.00
1292	阻燃交联电力电缆	ZR－YJV－1kV 3×10	km	26979.15
1293	阻燃交联电力电缆	ZR－YJV－1kV 3×10＋1×6	km	30683.33
1294	阻燃交联电力电缆	ZR－YJV－1kV 3×16	km	39960.00
1295	阻燃交联电力电缆	ZR－YJV－1kV 3×16＋1×10	km	48315.00
1296	阻燃交联电力电缆	ZR－YJV－1kV 3×25	km	62580.00
1297	阻燃交联电力电缆	ZR－YJV－1kV 3×25＋1×16	km	74075.00

序号	材料名称	规格型号	单位	定额价(元)
1298	阻燃交联电力电缆	ZR－YJV－1kV 3×25＋2×10	km	67740.00
1299	阻燃交联电力电缆	ZR－YJV－1kV 3×25＋2×16	km	84590.00
1300	阻燃交联电力电缆	ZR－YJV－1kV 3×35	km	81534.51
1301	阻燃交联电力电缆	ZR－YJV－1kV 3×35＋1×16	km	79652.73
1302	阻燃交联电力电缆	ZR－YJV－1kV 3×35＋1×25	km	90681.18
1303	阻燃交联电力电缆	ZR－YJV－1kV 3×35＋2×16	km	109321.67
1304	阻燃交联电力电缆	ZR－YJV－1kV 3×35＋2×25	km	121640.00
1305	阻燃交联电力电缆	ZR－YJV－1kV 3×50	km	106940.00
1306	阻燃交联电力电缆	ZR－YJV－1kV 3×50＋1×25	km	138200.00
1307	阻燃交联电力电缆	ZR－YJV－1kV 3×50＋1×35	km	158400.00
1308	阻燃交联电力电缆	ZR－YJV－1kV 3×50＋2×35	km	176000.00
1309	阻燃交联电力电缆	ZR－YJV－1kV 3×70＋1×35	km	193732.22
1310	阻燃交联电力电缆	ZR－YJV－1kV 3×70＋1×50	km	126085.00
1311	阻燃交联电力电缆	ZR－YJV－1kV 3×70＋2×35	km	218140.00
1312	阻燃交联电力电缆	ZR－YJV－1kV 3×95	km	220850.00
1313	阻燃交联电力电缆	ZR－YJV－1kV 3×95＋1×50	km	262348.00
1314	阻燃交联电力电缆	ZR－YJV－1kV 3×95＋1×70	km	284300.00
1315	阻燃交联电力电缆	ZR－YJV－1kV 3×95＋2×50	km	282455.00
1316	阻燃交联电力电缆	ZR－YJV－1kV 3×95＋2×70	km	335780.00
1317	阻燃交联电力电缆	ZR－YJV－1kV 3×120	km	283552.50
1318	阻燃交联电力电缆	ZR－YJV－1kV 3×150	km	340400.00
1319	阻燃交联电力电缆	ZR－YJV－1kV 3×185	km	406733.19

序号	材料名称	规格型号	单位	定额价(元)
1320	阻燃交联电力电缆	ZR－YJV－1kV 3×240	km	554788.33
1321	阻燃交联电力电缆	ZR－YJV－1kV 3×300	km	597860.00
1322	阻燃交联电力电缆	ZR－YJV－1kV 4×2.5	km	10452.53
1323	阻燃交联电力电缆	ZR－YJV－1kV 4×4	km	16670.00
1324	阻燃交联电力电缆	ZR－YJV－1kV 4×6	km	20310.00
1325	阻燃交联电力电缆	ZR－YJV－1kV 4×10	km	34653.36
1326	阻燃交联电力电缆	ZR－YJV－1kV 4×16	km	52960.00
1327	阻燃交联电力电缆	ZR－YJV－1kV 4×25	km	78600.00
1328	阻燃交联电力电缆	ZR－YJV－1kV 4×25＋1×16	km	96860.00
1329	阻燃交联电力电缆	ZR－YJV－1kV 4×35＋1×25	km	105170.00
1330	阻燃交联电力电缆	ZR－YJV－1kV 4×35	km	107247.90
1331	阻燃交联电力电缆	ZR－YJV－1kV 4×35＋1×16	km	119021.92
1332	阻燃交联电力电缆	ZR－YJV－1kV 4×50	km	143461.58
1333	阻燃交联电力电缆	ZR－YJV－1kV 4×50＋1×25	km	183000.00
1334	阻燃交联电力电缆	ZR－YJV－1kV 4×70	km	224250.00
1335	阻燃交联电力电缆	ZR－YJV－1kV 4×120	km	364575.00
1336	阻燃交联电力电缆	ZR－YJV－1kV 4×150	km	448707.69
1337	阻燃交联电力电缆	ZR－YJV－1kV 4×185	km	586630.00
1338	阻燃交联电力电缆	ZR－YJV－1kV 5×2.5	km	12013.33
1339	阻燃交联电力电缆	ZR－YJV－1kV 5×4	km	17520.00
1340	阻燃交联电力电缆	ZR－YJV－1kV 5×6	km	24931.00
1341	阻燃交联电力电缆	ZR－YJV－1kV 5×10	km	37206.32

序号	材料名称	规格型号	单位	定额价(元)
1342	阻燃交联电力电缆	ZR - YJV - 1kV 5×16	km	57204.24
1343	阻燃交联电力电缆	ZR - YJV - 1kV 5×25	km	98100.81
1344	阻燃交联电力电缆	ZR - YJV - 1kV 5×35	km	132881.16
1345	阻燃交联电力电缆	ZR - YJV - 1kV 6×2.5	km	14800.00
1346	阻燃交联电力电缆	ZR - YJV - 1kV 7×2.5	km	15910.00
1347	阻燃交联电力电缆	ZR - YJV - 3kV 2×95	km	133690.00
1348	阻燃铠装交联电力电缆	ZR - YJV22 3×16+1×10	km	51300.00
1349	阻燃铠装交联电力电缆	ZR - YJV22 3×25+2×16	km	89340.00
1350	阻燃铠装交联电力电缆	ZR - YJV22 3×35+1×25	km	97350.00
1351	阻燃铠装交联电力电缆	ZR - YJV22 3×35+2×16	km	113360.00
1352	阻燃铠装交联电力电缆	ZR - YJV22 3×50+1×25	km	139870.00
1353	阻燃铠装交联电力电缆	ZR - YJV22 3×35+2×25	km	126905.00
1354	阻燃铠装交联电力电缆	ZR - YJV22 3×70+1×35	km	207040.00
1355	阻燃铠装交联电力电缆	ZR - YJV22 3×50+2×25	km	150040.00
1356	阻燃铠装交联电力电缆	ZR - YJV22 3×70+2×35	km	240000.00
1357	阻燃铠装交联电力电缆	ZR - YJV22 3×95+2×50	km	312870.00
1358	阻燃铠装交联电力电缆	ZR - YJV22 3×120+1×70	km	335790.00
1359	阻燃铠装交联电力电缆	ZR - YJV22 3×185+1×95	km	463300.00
1360	阻燃铠装交联电力电缆	ZR - YJV22 3×150+2×70	km	469640.00
1361	阻燃铠装交联电力电缆	ZR - YJV22 3×185+2×95	km	557890.00
1362	阻燃铠装交联电力电缆	ZR - YJV2 3×240+1×120	km	654500.00
1363	阻燃铠装交联电力电缆	ZR - YJV2 3×240+2×120	km	714740.00

序号	材料名称	规格型号	单位	定额价(元)
1364	阻燃铠装交联电力电缆	ZR – YJV22　4 × 25 + 1 × 16	km	91500.00
1365	阻燃铠装交联电力电缆	ZR – YJV22 – 1kV 1 × 70	km	53740.00
1366	阻燃铠装交联电力电缆	ZR – YJV22 – 1kV 2 × 4	km	11800.00
1367	阻燃铠装交联电力电缆	ZR – YJV22 – 1kV 2 × 6	km	14500.00
1368	阻燃铠装交联电力电缆	ZR – YJV22 – 1kV 3 × 2.5	km	9380.00
1369	阻燃铠装交联电力电缆	ZR – YJV22 – 1kV 3 × 4	km	14096.97
1370	阻燃铠装交联电力电缆	ZR – YJV22 – 1kV 3 × 10	km	29350.00
1371	阻燃铠装交联电力电缆	ZR – YJV22 – 1kV 3 × 16	km	42010.00
1372	阻燃铠装交联电力电缆	ZR – YJV22 – 1kV 3 × 25	km	67260.00
1373	阻燃铠装交联电力电缆	ZR – YJV22 – 1kV 3 × 50 + 2 × 35	km	180700.00
1374	阻燃铠装交联电力电缆	ZR – YJV22 – 1kV 4 × 2.5	km	10900.00
1375	阻燃铠装交联电力电缆	ZR – YJV22 – 1kV 4 × 4	km	17160.00
1376	阻燃铠装交联电力电缆	ZR – YJV22 – 1kV 4 × 6	km	22872.50
1377	阻燃铠装交联电力电缆	ZR – YJV22 – 1kV 4 × 10	km	36150.00
1378	阻燃铠装交联电力电缆	ZR – YJV22 – 1kV 4 × 16	km	55040.00
1379	阻燃铠装交联电力电缆	ZR – YJV22 – 1kV 4 × 25	km	86300.00
1380	阻燃铠装交联电力电缆	ZR – YJV22 – 1kV 4 × 35 + 1 × 25	km	137650.00
1381	阻燃铠装交联电力电缆	ZR – YJV22 – 1kV 5 × 2.5	km	13290.00
1382	阻燃铠装交联电力电缆	ZR – YJV22 – 1kV 5 × 4	km	20160.00
1383	阻燃铠装交联电力电缆	ZR – YJV22 – 1kV 5 × 6	km	27820.00
1384	阻燃铠装交联电力电缆	ZR – YJV22 – 1kV 5 × 10	km	46390.00
1385	阻燃铠装交联电力电缆	ZR – YJV22 – 1kV 5 × 16	km	69885.00

序号	材料名称	规格型号	单位	定额价(元)
1386	阻燃铠装交联电力电缆	ZR－YJV22－1kV 5×25	km	100440.90
1387	阻燃交联电力软电缆	ZR－YJVR－1kV 1×120	km	95530.00
1388	阻燃交联电力软电缆	ZR－YJVR－1kV 1×150	km	111480.00
1389	阻燃交联电力软电缆	ZR－YJVR－1kV 1×185	km	148155.00
1390	阻燃交联电力软电缆	ZR－YJVR－1kV 1×400	km	314970.00
1391	阻燃交联电力软电缆	ZR－YJVR－1kV 2×120	km	152780.00
1392	阻燃交联电力软电缆	ZR－YJVR－1kV 3×6＋1×2.5	km	20000.00
1393	阻燃交联电力软电缆	ZR－YJVR－1kV 3×120＋1×70	km	334600.00
1394	阻燃交联电力软电缆	ZR－YJVR－1kV 3×185＋1×95	km	517740.00
1395	阻燃交联电力软电缆	ZR－YJVR－1kV 4×10	km	34653.02
1396	阻燃交联电力软电缆	ZR－YJVR－1kV 3×35＋1×16	km	108300.00
1397	阻燃交联控制电缆	ZR－KJV－500V 10×1.5	km	15710.00
1398	阻燃交联控制电缆	ZR－KYJV－1kV 6×4	km	18540.00
1399	阻燃交联控制电缆	ZR－KYJV－500V 2×2.0	km	4190.00
1400	阻燃交联控制电缆	ZR－KYJV－500V 2×2×1.5	km	4920.00
1401	阻燃交联控制电缆	ZR－KYJV－500V 2×4	km	5650.00
1402	阻燃交联控制电缆	ZR－KYJV－500V 20×4	km	45790.00
1403	阻燃交联控制电缆	ZR－KYJV－500V 33×1.5	km	29870.00
1404	阻燃交联控制电缆	ZR－KYJV－500V 4×2×1.5	km	9610.00
1405	阻燃交联控制电缆	ZR－KYJV－500V 8×4	km	23500.00
1406	阻燃交联控制电缆	ZR－KYJV－500V 10×1.5	km	11148.33
1407	阻燃交联控制电缆	ZR－KYJV－500V 10×2.5	km	22040.00

序号	材料名称	规格型号	单位	定额价(元)
1408	阻燃交联控制电缆	ZR－KYJV－500V 10×4	km	25210.00
1409	阻燃交联控制电缆	ZR－KYJV－500V 11×1.5	km	13370.00
1410	阻燃交联控制电缆	ZR－KYJV－500V 12×1.5	km	15855.00
1411	阻燃交联控制电缆	ZR－KYJV－500V 12×2.5	km	28900.00
1412	阻燃交联控制电缆	ZR－KYJV－500V 14×1.5	km	19533.33
1413	阻燃交联控制电缆	ZR－KYJV－500V 14×2.5	km	30175.00
1414	阻燃交联控制电缆	ZR－KYJV－500V 15×2.5	km	34500.00
1415	阻燃交联控制电缆	ZR－KYJV－500V 16×1.5	km	21880.00
1416	阻燃交联控制电缆	ZR－KYJV－500V 16×2.5	km	37730.00
1417	阻燃交联控制电缆	ZR－KYJV－500V 16×4	km	39400.00
1418	阻燃交联控制电缆	ZR－KYJV－500V 17×1.5	km	24865.00
1419	阻燃交联控制电缆	ZR－KYJV－500V 17×2.5	km	38760.00
1420	阻燃交联控制电缆	ZR－KYJV－500V 19×1.5	km	27285.00
1421	阻燃交联控制电缆	ZR－KYJV－500V 19×2.5	km	41537.50
1422	阻燃交联控制电缆	ZR－KYJV－500V 2×1.5	km	2810.00
1423	阻燃交联控制电缆	ZR－KYJV－500V 2×2.5	km	4700.00
1424	阻燃交联控制电缆	ZR－KYJV－500V 3×1.5	km	3500.00
1425	阻燃交联控制电缆	ZR－KYJV－500V 3×2.5	km	5180.00
1426	阻燃交联控制电缆	ZR－KYJV－500V 3×4	km	9145.00
1427	阻燃交联控制电缆	ZR－KYJV－500V 4×1.5	km	4975.78
1428	阻燃交联控制电缆	ZR－KYJV－500V 4×2.5	km	9660.00
1429	阻燃交联控制电缆	ZR－KYJV－500V 4×4	km	14695.38

序号	材料名称	规格型号	单位	定额价(元)
1430	阻燃交联控制电缆	ZR – KYJV – 500V 4 ×6	km	20442.35
1431	阻燃交联控制电缆	ZR – KYJV – 500V 5 ×1.5	km	5820.01
1432	阻燃交联控制电缆	ZR – KYJV – 500V 5 ×2.5	km	10451.76
1433	阻燃交联控制电缆	ZR – KYJV – 500V 5 ×4	km	16520.00
1434	阻燃交联控制电缆	ZR – KYJV – 500V 6 ×1.5	km	8083.33
1435	阻燃交联控制电缆	ZR – KYJV – 500V 6 ×2.5	km	11330.00
1436	阻燃交联控制电缆	ZR – KYJV – 500V 7 ×1.5	km	9244.00
1437	阻燃交联控制电缆	ZR – KYJV – 500V 7 ×2.5	km	15273.75
1438	阻燃交联控制电缆	ZR – KYJV – 500V 7 ×4	km	24410.00
1439	阻燃交联控制电缆	ZR – KYJV – 500V 8 ×1.5	km	10745.00
1440	阻燃交联控制电缆	ZR – KYJV – 500V 8 ×2.5	km	17500.00
1441	阻燃交联控制电缆	ZR – KYJV – 500V 9 ×1.5	km	11313.33
1442	阻燃交联控制电缆	ZR – KYJV – 500V 20 ×1.5	km	25040.00
1443	阻燃交联控制电缆	ZR – KYJV – 500V 20 ×2.5	km	29040.00
1444	阻燃交联控制电缆	ZR – KYJV – 500V 24 ×1.5	km	31700.00
1445	阻燃交联控制电缆	ZR – KYJV – 500V 24 ×2.5	km	32765.00
1446	阻燃交联控制电缆	ZR – KYJV – 500V 30 ×1.5	km	24370.00
1447	阻燃交联控制电缆	ZR – KYJV – 500V 30 ×2.5	km	41510.00
1448	阻燃交联控制软电缆	ZR – KYJVR – 500V 2 ×1.5	km	3415.00
1449	阻燃交联控制软电缆	ZR – KYJVR – 500V 2 ×4	km	5610.00
1450	阻燃交联控制软电缆	ZR – KYJVR – 500V 3 ×1.5	km	4142.50
1451	阻燃交联控制软电缆	ZR – KYJVR – 500V 3 ×2.5	km	7120.00

序号	材料名称	规格型号	单位	定额价(元)
1452	阻燃交联控制软电缆	ZR－KYJVR－500V 4×1.5	km	6280.00
1453	阻燃交联控制软电缆	ZR－KYJVR－500V 4×2.5	km	9220.00
1454	阻燃交联控制软电缆	ZR－KYJVR－500V 4×4	km	10660.00
1455	阻燃交联控制软电缆	ZR－KYJVR－500V 5×1.5	km	7039.09
1456	阻燃交联控制软电缆	ZR－KYJVR－500V 5×2.5	km	10900.00
1457	阻燃交联控制软电缆	ZR－KYJVR－500V 5×4	km	17230.00
1458	阻燃交联控制软电缆	ZR－KYJVR－500V 6×1.0	km	6630.00
1459	阻燃交联控制软电缆	ZR－KYJVR－500V 6×1.5	km	8670.00
1460	阻燃交联控制软电缆	ZR－KYJVR－500V 7×1.5	km	9856.67
1461	阻燃交联控制软电缆	ZR－KYJVR－500V 7×2.5	km	17060.00
1462	阻燃交联控制软电缆	ZR－KYJVR－500V 8×1.0	km	8520.00
1463	阻燃交联控制软电缆	ZR－KYJVR－500V 8×1.5	km	11645.00
1464	阻燃交联控制软电缆	ZR－KYJVR－500V 8×2.5	km	19470.00
1465	阻燃交联控制软电缆	ZR－KYJVR－500V 10×1.0	km	10370.00
1466	阻燃交联控制软电缆	ZR－KYJVR－500V 10×1.5	km	14775.71
1467	阻燃交联控制软电缆	ZR－KYJVR－500V 10×2.5	km	25672.00
1468	阻燃交联控制软电缆	ZR－KYJVR－500V 12×1.5	km	16621.67
1469	阻燃交联控制软电缆	ZR－KYJVR－500V 14×1.5	km	18250.00
1470	阻燃交联控制软电缆	ZR－KYJVR－500V 14×2.5	km	34400.00
1471	阻燃交联控制软电缆	ZR－KYJVR－500V 18×1.5	km	26922.50
1472	阻燃交联控制软电缆	ZR－KYJVR－500V 19×1.0	km	19270.00
1473	阻燃交联控制软电缆	ZR－KYJVR－500V 19×1.5	km	27350.00

序号	材料名称	规格型号	单位	定额价(元)
1474	阻燃交联控制软电缆	ZR－KYJVR－500V 20×1.5	km	28680.00
1475	阻燃交联控制软电缆	ZR－KYJVR－500V 24×1.5	km	34000.00
1476	阻燃交联控制软电缆	ZR－KYJVR－500V 25×1.5	km	35735.00
1477	阻燃交联电力屏蔽电缆	ZR－YJVP－1kV 5×16	km	37600.00
1478	阻燃交联电力屏蔽电缆	ZR－YJVP2－6/6kV 3×300	km	606000.00
1479	阻燃交联电力软屏蔽电缆	ZR－YJVRP2－5　12×2.5	km	15230.00
1480	阻燃交联电力软屏蔽电缆	ZR－YJVRP2－50　5×1.5	km	8820.01
1481	阻燃交联电力软屏蔽电缆	ZR－YJVRP2－50　7×2.5	km	13385.00
1482	阻燃交联控制屏蔽电缆	ZR－KYJVP－50　2(2×2.5)	km	9755.00
1483	阻燃交联控制屏蔽电缆	ZR－KYJVP－50　3(2×1.5)	km	10803.33
1484	阻燃交联控制屏蔽电缆	ZR－KYJVP－50　5(2×1.5)	km	16840.00
1485	阻燃交联控制屏蔽电缆	ZR－KYJVP－500V 1×4	km	3900.00
1486	阻燃交联控制屏蔽电缆	ZR－KYJVP－500V 2×2.5	km	5850.00
1487	阻燃交联控制屏蔽电缆	ZR－KYJVP－500V 3×1.5	km	5832.50
1488	阻燃交联控制屏蔽电缆	ZR－KYJVP－500V 3×4	km	10085.00
1489	阻燃交联控制屏蔽电缆	ZR－KYJVP－500V 4×1.5	km	6385.00
1490	阻燃交联控制屏蔽电缆	ZR－KYJVP－500V 4×2.5	km	11580.00
1491	阻燃交联控制屏蔽电缆	ZR－KYJVP－500V 4×4	km	18265.00
1492	阻燃交联控制屏蔽电缆	ZR－KYJVP－500V 5×1.5	km	8300.00
1493	阻燃交联控制屏蔽电缆	ZR－KYJVP－500V 5×2.5	km	13364.00
1494	阻燃交联控制屏蔽电缆	ZR－KYJVP－500V 5×4	km	21545.00
1495	阻燃交联控制屏蔽电缆	ZR－KYJVP－500V 5×6	km	25720.00

序号	材料名称	规格型号	单位	定额价(元)
1496	阻燃交联控制屏蔽电缆	ZR－KYJVP－500V 6×1.5	km	10550.00
1497	阻燃交联控制屏蔽电缆	ZR－KYJVP－500V 6×2.5	km	14600.00
1498	阻燃交联控制屏蔽电缆	ZR－KYJVP－500V 6×4	km	22593.33
1499	阻燃交联控制屏蔽电缆	ZR－KYJVP－500V 7×1.5	km	13672.00
1500	阻燃交联控制屏蔽电缆	ZR－KYJVP－500V 7×2.5	km	21940.00
1501	阻燃交联控制屏蔽电缆	ZR－KYJVP－500V 7×4	km	23190.00
1502	阻燃交联控制屏蔽电缆	ZR－KYJVP－500V 8×1.5	km	14400.00
1503	阻燃交联控制屏蔽电缆	ZR－KYJVP－500V 8×2.5	km	22116.67
1504	阻燃交联控制屏蔽电缆	ZR－KYJVP－500V 8×4	km	28600.00
1505	阻燃交联控制屏蔽电缆	ZR－KYJVP－500V 10×1.5	km	18210.00
1506	阻燃交联控制屏蔽电缆	ZR－KYJVP－500V 10×2.5	km	26436.00
1507	阻燃交联控制屏蔽电缆	ZR－KYJVP－500V 10×4	km	36585.00
1508	阻燃交联控制屏蔽电缆	ZR－KYJVP－500V 12×1.5	km	19430.00
1509	阻燃交联控制屏蔽电缆	ZR－KYJVP－500V 12×2.5	km	29716.67
1510	阻燃交联控制屏蔽电缆	ZR－KYJVP－500V 14×1.5	km	21220.00
1511	阻燃交联控制屏蔽电缆	ZR－KYJVP－500V 14×2.5	km	32220.00
1512	阻燃交联控制屏蔽电缆	ZR－KYJVP－500V 16×1.5	km	23548.00
1513	阻燃交联控制屏蔽电缆	ZR－KYJVP－500V 19×1.5	km	25700.00
1514	阻燃交联控制屏蔽电缆	ZR－KYJVP－500V 22×1.5	km	31505.00
1515	阻燃交联控制屏蔽电缆	ZR－KYJVP－500V 24×2.5	km	51870.00
1516	阻燃交联控制屏蔽电缆	ZR－KYJVP－500V 30×1.5	km	36170.00
1517	阻燃交联控制屏蔽电缆	ZR－KYJVP－500V 37×1.5	km	42580.00

序号	材料名称	规格型号	单位	定额价(元)
1518	阻燃交联控制屏蔽软电缆	ZR－KYJVRP2－5　5×2.5	km	7580.00
1519	阻燃交联控制屏蔽软电缆	ZR－KYJVRP2－5　7×1.5	km	6755.00
1520	阻燃交联控制屏蔽软电缆	ZR－KYJVRP2－5　7×2.5	km	10430.00
1521	阻燃交联控制屏蔽软电缆	ZR－KYJVRP2－50　12×1.5	km	13190.00
1522	阻燃交联控制屏蔽软电缆	ZR－KYJVRP2－500V 3×1.5	km	5900.00
1523	阻燃交联控制屏蔽软电缆	ZR－KYJVRP－5　12×1.5	km	19900.00
1524	阻燃交联控制软屏蔽电缆	ZR－KYJVRP－50　6×0.5	km	5990.00
1525	阻燃交联控制软屏蔽电缆	ZR－KYJVRP－50　6×1.5	km	8920.00
1526	阻燃交联控制软屏蔽电缆	ZR－KYJVRP－50　7×1.5	km	10320.00
1527	阻燃交联控制软屏蔽电缆	ZR－KYJVRP－500V 2×1.5	km	5050.00
1528	阻燃交联控制软屏蔽电缆	ZR－KYJVRP－500V 4×1.5	km	8658.57
1529	阻燃交联控制软屏蔽电缆	ZR－KYJVRP－500V 8×1.5	km	14360.00
1530	阻燃交联屏蔽电力电缆	ZR－YJVP－1kV 3×35＋1×16	km	73500.00
1531	阻燃交联屏蔽电力电缆	ZR－YJVP－1kV 3×50＋1×25	km	122980.00
1532	阻燃交联屏蔽电力电缆	ZR－YJVP－1kV 3×70＋1×35	km	170640.00
1533	阻燃交联屏蔽电力电缆	ZR－YJVP－1kV 4×4	km	15100.00
1534	阻燃交联屏蔽电力电缆	ZR－YJVP－500V 14×2.5	km	22980.00
1535	阻燃交联屏蔽电力电缆	ZR－YJVP－500V 3×4	km	12120.00
1536	阻燃交联屏蔽电力电缆	ZR－YJVP－500V 4×1.5	km	5190.00
1537	阻燃交联屏蔽电力电缆	ZR－YJVP－500V 4×2.5	km	5750.00
1538	阻燃交联屏蔽电力电缆	ZR－YJVP－500V 5×4	km	17790.00
1539	阻燃交联屏蔽电力电缆	ZR－YJVP－500V 8×2.5	km	13960.00

序号	材料名称	规格型号	单位	定额价(元)
1540	阻燃交联屏蔽控制电缆	ZR－KYJVP－500V 2×1.5	km	4175.00
1541	阻燃交联屏蔽控制软屏蔽电缆	ZR－KYJV 14×1.5	km	7730.00
1542	阻燃交联屏蔽控制软屏蔽电缆	ZR－KYJV 15×1.5	km	18346.67
1543	阻燃交联软屏蔽电缆	ZR－YJVRP2－500V 5×2.5	km	5970.00
1544	阻燃交联软屏蔽电缆	ZR－YJVRP2－500V 7×2.5	km	16680.00
1545	阻燃交联软屏蔽控制电缆	ZR－KYJVRP－50 3×1.5	km	6590.00
1546	阻燃交联软屏蔽控制电缆	ZR－KYJVRP－50 3×2.5	km	7430.00
1547	阻燃交联软屏蔽控制电缆	ZR－KYJVRP－50 4×1.5	km	8345.00
1548	阻燃交联软屏蔽控制电缆	ZR－KYJVRP－50 4×2.5	km	12880.00
1549	阻燃交联软屏蔽控制电缆	ZR－KYJVRP－50 7×1.5	km	10780.00
1550	阻燃交联软屏蔽控制电缆	ZR－KYJVRP－50 10×1.5	km	17780.00
1551	阻燃铠装交联控制电缆	ZR－KYJV22－500V 5×2.5	km	7665.00
1552	阻燃铠装交联控制电缆	ZR－KYJV22－500V 6×2.5	km	13600.00
1553	阻燃铠装交联控制电缆	ZR－KYJV22－500V 8×2.5	km	15370.00
1554	阻燃铠装交联控制电缆	ZR－KYJV22－500V 10×1.5	km	15280.00
1555	阻燃铠装交联控制电缆	ZR－KYJV22－500V 12×1.5	km	17655.00
1556	阻燃铠装交联控制电缆	ZR－KYJV22－500V 14×1.5	km	18800.00
1557	阻燃铠装交联控制屏蔽电缆	ZR－KYJVP 14×2.5	km	21310.00
1558	阻燃铠装屏蔽控制电缆	ZR－KVVRP2－22－500V 2×1.5	km	5636.67
1559	阻燃铠装屏蔽控制电缆	ZR－KVVRP2－22－500V 7×1.5	km	12933.33
1560	阻燃铠装屏蔽控制电缆	ZR－KVVRP2－22－500V 3×1.5	km	6553.33
1561	阻燃控制电缆	ZR－KVV－500V 2×1.0	km	1670.00

序号	材料名称	规格型号	单位	定额价(元)
1562	阻燃控制电缆	ZR－KVV－500V 2×1.5	km	2350.00
1563	阻燃控制电缆	ZR－KVV－500V 2×2.5	km	4300.00
1564	阻燃控制电缆	ZR－KVV－500V 2×4	km	5050.00
1565	阻燃控制电缆	ZR－KVV－500V 3×2.5	km	5295.00
1566	阻燃控制电缆	ZR－KVV－500V 4×1.0	km	3100.00
1567	阻燃控制电缆	ZR－KVV－500V 4×1.5	km	4250.00
1568	阻燃控制电缆	ZR－KVV－500V 4×2.5	km	5640.00
1569	阻燃控制电缆	ZR－KVV－500V 4×6	km	13300.00
1570	阻燃控制电缆	ZR－KVV－500V 4×25	km	50090.00
1571	阻燃控制电缆	ZR－KVV－500V 5×1.5	km	4835.00
1572	阻燃控制电缆	ZR－KVV－500V 6×1.0	km	3700.00
1573	阻燃控制电缆	ZR－KVV－500V 6×1.5	km	5400.00
1574	阻燃控制电缆	ZR－KVV－500V 6×2.5	km	8620.00
1575	阻燃控制电缆	ZR－KVV－500V 7×2.5	km	10000.00
1576	阻燃控制电缆	ZR－KVV－500V 8×1.5	km	6890.00
1577	阻燃控制电缆	ZR－KVV－500V 8×2.5	km	11010.00
1578	阻燃控制电缆	ZR－KVV－500V 9×1.5	km	7780.00
1579	阻燃控制电缆	ZR－KVV－500V 10×1.0	km	6000.00
1580	阻燃控制电缆	ZR－KVV－500V 10×1.5	km	9710.00
1581	阻燃控制电缆	ZR－KVV－500V 12×1.5	km	13400.00
1582	阻燃控制电缆	ZR－KVV－500V 14×1.5	km	14900.00
1583	阻燃控制电缆	ZR－KVV－500V 19×1.0	km	11400.00

序号	材料名称	规格型号	单位	定额价(元)
1584	阻燃控制电缆	ZR－KVV－500V 19×1.5	km	18300.00
1585	阻燃控制屏蔽电缆	ZR－KVVP2－22－500V 4×1.5	km	7460.00
1586	阻燃控制屏蔽电缆	ZR－KVVP2－500V 2×4	km	6020.00
1587	阻燃控制屏蔽电缆	ZR－KVVP2－500V 3×1.5	km	7200.00
1588	阻燃控制屏蔽电缆	ZR－KVVP2－500V 4×1.5	km	4665.00
1589	阻燃控制屏蔽电缆	ZR－KVVP2－500V 9×1.5	km	13500.00
1590	阻燃控制屏蔽电缆	ZR－KVVP2－500V 12×1.5	km	20200.00
1591	阻燃控制屏蔽电缆	ZR－KVVP2－B－750V 3×1.5	km	4700.00
1592	阻燃控制屏蔽电缆	ZR－KVVP2－B－750V 4×1.5	km	5500.00
1593	阻燃控制屏蔽电缆	ZR－KVVP－500V 2×1.0	km	2630.00
1594	阻燃控制屏蔽电缆	ZR－KVVP－500V 2×1.5	km	4280.00
1595	阻燃控制屏蔽电缆	ZR－KVVP－500V 2×3.0	km	6240.00
1596	阻燃控制屏蔽电缆	ZR－KVVP－500V 2×6.0	km	13730.00
1597	阻燃控制屏蔽电缆	ZR－KVVP－500V 3×1.5	km	5270.00
1598	阻燃控制屏蔽电缆	ZR－KVVP－500V 3×2×1.0	km	8600.00
1599	阻燃控制屏蔽电缆	ZR－KVVP－500V 4×1.0	km	3865.00
1600	阻燃控制屏蔽电缆	ZR－KVVP－500V 4×1.5	km	5900.00
1601	阻燃控制软电缆	ZR－KVVR－500V 2×2.5	km	4760.00
1602	阻燃控制软电缆	ZR－KVVR－500V 3×2.5	km	7640.00
1603	阻燃控制软电缆	ZR－KVVR－500V 4×2.5	km	9840.00
1604	阻燃控制软电缆	ZR－KVVR－500V 5×2.5	km	12060.00
1605	阻燃控制软电缆	ZR－KVVR－500V 7×2.5	km	14485.00

序号	材料名称	规格型号	单位	定额价(元)
1606	阻燃控制软电缆	ZR－KVVR－500V 9×2.5	km	16180.00
1607	阻燃控制软电缆	ZR－KVVR－500V 10×2.5	km	17950.00
1608	阻燃控制软电缆	ZR－KVVR－500V 12×2.5	km	19200.00
1609	阻燃控制软电缆	ZR－KVVR－500V 16×2.5	km	20980.00
1610	阻燃控制软电缆	ZR－KVVR－500V 19×2.5	km	27960.00
1611	阻燃控制软电缆	ZR－KVVR－500V 24×2.5	km	34890.00
1612	阻燃控制屏蔽电缆	ZR－KVVP－500V 4×2.5	km	9600.00
1613	阻燃控制屏蔽电缆	ZR－KVVP－500V 5×1.0	km	4650.00
1614	阻燃控制屏蔽电缆	ZR－KVVP－500V 6×1.0	km	6270.00
1615	阻燃控制屏蔽电缆	ZR－KVVP－500V 6×2.0	km	10920.00
1616	阻燃控制屏蔽电缆	ZR－KVVP－500V 8×1.0	km	6700.00
1617	阻燃控制屏蔽电缆	ZR－KVVP－500V 8×2.5	km	19040.00
1618	阻燃控制屏蔽电缆	ZR－KVVP－500V 10×1.0	km	8222.50
1619	阻燃控制屏蔽电缆	ZR－KVVP－500V 10×1.5	km	10910.00
1620	阻燃控制屏蔽电缆	ZR－KVVP－500V 14×1.0	km	10840.00
1621	阻燃控制屏蔽电缆	ZR－KVVP－500V 14×1.5	km	14350.00
1622	阻燃控制屏蔽电缆	ZR－KVVP－500V 16×1.0	km	12150.00
1623	阻燃控制屏蔽电缆	ZR－KVVP－500V 30×1.0	km	20020.00
1624	阻燃控制屏蔽电缆	ZR－KVVP－500V 40×1.0	km	26560.00
1625	阻燃控制屏蔽电缆	ZR－KVVP－B－750V 2×1.5	km	4650.00
1626	阻燃控制屏蔽电缆	ZR－KVVP－B－750V 3×1.5	km	6160.00
1627	阻燃控制屏蔽软电缆	ZR－KVVP2R－500V 2×1.5	km	2790.00

序号	材料名称	规格型号	单位	定额价(元)
1628	阻燃控制屏蔽软电缆	ZR－KVVP2R－500V 3×1.5	km	3210.00
1629	阻燃控制屏蔽软电缆	ZR－KVVP2R－500V 4×1.5	km	4000.00
1630	阻燃控制屏蔽软电缆	ZR－KVVP2R－500V 7×1.5	km	6680.00
1631	阻燃控制屏蔽软电缆	ZR－KVVP2R－500V 9×1.5	km	8610.00
1632	阻燃控制软电缆	ZR－KVVR－500V 2×1.0	km	2300.00
1633	阻燃控制软电缆	ZR－KVVR－500V 2×1.5	km	3327.14
1634	阻燃控制软电缆	ZR－KVVR－500V 2×4.0	km	6440.00
1635	阻燃控制软电缆	ZR－KVVR－500V 2×6.0	km	10400.00
1636	阻燃控制软电缆	ZR－KVVR－500V 3×0.75	km	2650.00
1637	阻燃控制软电缆	ZR－KVVR－500V 3×1.5	km	4906.67
1638	阻燃控制软电缆	ZR－KVVR－500V 3×6	km	17270.00
1639	阻燃控制软电缆	ZR－KVVR－500V 4×1.0	km	3225.00
1640	阻燃控制软电缆	ZR－KVVR－500V 4×1.5	km	6341.67
1641	阻燃控制软电缆	ZR－KVVR－500V 4×4	km	15610.00
1642	阻燃控制软电缆	ZR－KVVR－500V 4×10	km	25950.00
1643	阻燃控制软电缆	ZR－KVVR－500V 5×0.75	km	4105.00
1644	阻燃控制软电缆	ZR－KVVR－500V 5×1.5	km	7027.50
1645	阻燃控制软电缆	ZR－KVVR－500V 5×4	km	22200.00
1646	阻燃控制软电缆	ZR－KVVR－500V 7×1.5	km	10000.00
1647	阻燃控制软电缆	ZR－KVVR－500V 7×4	km	25300.00
1648	阻燃控制软电缆	ZR－KVVR－500V 8×1.0	km	6700.00
1649	阻燃控制软电缆	ZR－KVVR－500V 8×1.5	km	12680.00

序号	材料名称	规格型号	单位	定额价(元)
1650	阻燃控制软电缆	ZR－KVVR－500V 9×1.5	km	7580.00
1651	阻燃控制软电缆	ZR－KVVR－500V 10×1.0	km	8460.00
1652	阻燃控制软电缆	ZR－KVVR－500V 10×1.5	km	14145.00
1653	阻燃控制软电缆	ZR－KVVR－500V 12×0.75	km	9220.00
1654	阻燃控制软电缆	ZR－KVVR－500V 12×1.5	km	18095.00
1655	阻燃控制软电缆	ZR－KVVR－500V 14×1.0	km	10495.00
1656	阻燃控制软电缆	ZR－KVVR－500V 14×1.5	km	14810.00
1657	阻燃控制软电缆	ZR－KVVR－500V 16×1.5	km	19445.00
1658	阻燃控制软电缆	ZR－KVVR－500V 19×0.75	km	14770.00
1659	阻燃控制软电缆	ZR－KVVR－500V 19×1.0	km	15570.00
1660	阻燃控制软电缆	ZR－KVVR－500V 19×1.5	km	25110.00
1661	阻燃控制软电缆	ZR－KVVR－500V 24×1.5	km	30720.00
1662	阻燃控制软电缆	ZR－KVVR－500V 30×1.5	km	46500.00
1663	阻燃控制软屏蔽电缆	ZR－KVVRP2－500V 2×1.5	km	4244.00
1664	阻燃控制软屏蔽电缆	ZR－KVVRP2－500V 2×4	km	7220.00
1665	阻燃控制软屏蔽电缆	ZR－KVVRP2－500V 3×1.5	km	4746.67
1666	阻燃控制软屏蔽电缆	ZR－KVVRP2－500V 4×1.5	km	6736.00
1667	阻燃控制软屏蔽电缆	ZR－KVVRP2－500V 5×1.5	km	7096.00
1668	阻燃控制软屏蔽电缆	ZR－KVVRP2－500V 5×2.5	km	7610.00
1669	阻燃控制软屏蔽电缆	ZR－KVVRP2－500V 7×1.5	km	10890.00
1670	阻燃控制软屏蔽电缆	ZR－KVVRP2－500V 9×1.5	km	11110.00
1671	阻燃控制软屏蔽电缆	ZR－KVVRP2－500V 10×1.5	km	12850.00

序号	材料名称	规格型号	单位	定额价(元)
1672	阻燃控制软屏蔽电缆	ZR－KVVRP2－500V 10×2.5	km	15890.00
1673	阻燃控制软屏蔽电缆	ZR－KVVRP2－500V 12×2.5	km	16090.00
1674	阻燃控制软屏蔽电缆	ZR－KVVRP2－500V 16×1.5	km	23256.67
1675	阻燃控制软屏蔽电缆	ZR－KVVRP2－500V 24×1.5	km	34647.50
1676	阻燃控制软屏蔽电缆	ZR－KVVRP2－500V 30×1.5	km	39565.00
1677	阻燃控制软屏蔽电缆	ZR－KVVRP－500V 1×10	km	8010.00
1678	阻燃控制软屏蔽电缆	ZR－KVVRP－500V 2×1.5	km	5155.00
1679	阻燃控制软屏蔽电缆	ZR－KVVRP－500V 2×2×2.5	km	9080.00
1680	阻燃控制软屏蔽电缆	ZR－KVVRP－500V 3×0.75	km	5210.00
1681	阻燃控制软屏蔽电缆	ZR－KVVRP－500V 3×1.0	km	6100.00
1682	阻燃控制软屏蔽电缆	ZR－KVVRP－500V 3×1.5	km	6222.50
1683	阻燃控制软屏蔽电缆	ZR－KVVRP－500V 3×2.5	km	6493.33
1684	阻燃控制软屏蔽电缆	ZR－KVVRP－500V 3×6	km	8140.00
1685	阻燃控制软屏蔽电缆	ZR－KVVRP－500V 4×0.5	km	3300.00
1686	阻燃控制软屏蔽电缆	ZR－KVVRP－500V 4×1.0	km	6925.00
1687	阻燃控制软屏蔽电缆	ZR－KVVRP－500V 4×1.5	km	8220.00
1688	阻燃控制软屏蔽电缆	ZR－KVVRP－500V 4×2.5	km	9190.00
1689	阻燃控制软屏蔽电缆	ZR－KVVRP－500V 4×4	km	11650.00
1690	阻燃控制软屏蔽电缆	ZR－KVVRP－500V 4×16	km	46680.00
1691	阻燃控制软屏蔽电缆	ZR－KVVRP－500V 4×25	km	60700.00
1692	阻燃控制软屏蔽电缆	ZR－KVVRP－500V 5×0.5	km	3850.00
1693	阻燃控制软屏蔽电缆	ZR－KVVRP－500V 5×1.5	km	9260.00

序号	材料名称	规格型号	单位	定额价(元)
1694	阻燃控制软屏蔽电缆	ZR－KVVRP－500V 6×0.5	km	4200.00
1695	阻燃控制软屏蔽电缆	ZR－KVVRP－500V 7×1.5	km	12250.00
1696	阻燃控制软屏蔽电缆	ZR－KVVRP－500V 8×1.0	km	9720.00
1697	阻燃控制软屏蔽电缆	ZR－KVVRP－500V 8×1.5	km	14720.00
1698	阻燃控制软屏蔽电缆	ZR－KVVRP－500V 10×1.0	km	12000.00
1699	阻燃控制软屏蔽电缆	ZR－KVVRP－500V 10×1.5	km	17650.00
1700	阻燃控制软屏蔽电缆	ZR－KVVRP－500V 10×2.5	km	23100.00
1701	阻燃控制软屏蔽电缆	ZR－KVVRP－500V 12×1.5	km	18300.00
1702	阻燃控制软屏蔽电缆	ZR－KVVRP－500V 16×1.5	km	21100.00
1703	阻燃控制软屏蔽电缆	ZR－KVVRP－500V 19×1.5	km	28780.00
1704	阻燃控制软屏蔽电缆	ZR－KVVRP－500V 24×1.5	km	35225.00
1705	阻燃耐热丁腈软电缆	ZR－YVFR 1×70	km	66300.00
1706	阻燃屏蔽电力电缆	ZR－YJVP2－1kV 3×4	km	12200.00
1707	阻燃屏蔽电力电缆	ZR－YJVP2－1kV 3×10	km	28666.67
1708	阻燃屏蔽电力电缆	ZR－YJVP2－1kV 3×16	km	37673.33
1709	阻燃屏蔽电力电缆	ZR－YJVP2－1kV 3×25	km	55560.00
1710	阻燃屏蔽电力电缆	ZR－YJVP2－1kV 3×95	km	195345.00
1711	阻燃屏蔽电力电缆	ZR－YJVP2－1kV 3×120	km	240965.00
1712	阻燃屏蔽电力电缆	ZR－YJVP2－1kV 3×150	km	302505.00
1713	阻燃屏蔽电力电缆	ZR－YJVP2－1kV 3×185	km	369003.33
1714	阻燃屏蔽电力电缆	ZR－YJVP2－1kV 3×240	km	544924.25
1715	阻燃屏蔽控制电缆	ZR－DKVVP 2×1.5	km	5190.00

序号	材料名称	规格型号	单位	定额价(元)
1716	阻燃屏蔽控制电缆	ZR－DKVVP 4×2×0.5	km	7335.00
1717	阻燃屏蔽控制电缆	ZR－DKVVP 4×2×1.5	km	15944.00
1718	阻燃橡套电缆	ZR－YCW－500V 6×1.5	km	11520.00
1719	阻燃电力屏蔽软电缆	ZR－YJVRP2－1kV 5×2.5	km	5970.00
1720	阻燃硅橡胶软电缆	ZR－YGCR－1kV 1×70	km	101540.00
1721	硅橡胶控制屏蔽软电缆	YGCRP 2×0.25	km	5540.00
1722	硅橡胶控制屏蔽软电缆	YGCRP 3×0.5	km	6410.00
1723	硅橡胶控制屏蔽软电缆	YGCRP 3×1.0	km	8290.00
1724	硅橡胶控制屏蔽软电缆	YGCRP 3×1.5	km	10460.00
1725	硅橡胶控制屏蔽软电缆	YGCRP 3×2.5	km	10930.00
1726	硅橡胶控制屏蔽软电缆	YGCRP 4×0.34	km	7620.00
1727	硅橡胶控制屏蔽软电缆	YGCRP 4×1.0	km	10020.00
1728	硅橡胶控制屏蔽软电缆	YGCRP 4×1.5	km	12760.00
1729	硅橡胶控制屏蔽软电缆	YGCRP 5×1.5	km	14960.00
1730	硅橡胶控制屏蔽软电缆	YGCRP 7×0.25	km	9220.00
1731	硅橡胶控制屏蔽软电缆	YGCRP 7×0.5	km	10420.00
1732	硅橡胶控制屏蔽软电缆	YGCRP 7×0.75	km	12150.00
1733	硅橡胶控制屏蔽软电缆	YGCRP 7×1.0	km	14210.00
1734	硅橡胶控制屏蔽软电缆	YGCRP 7×1.5	km	18970.00
1735	硅橡胶控制屏蔽软电缆	YGCRP 10×1.5	km	26780.00
1736	硅橡胶控制屏蔽软电缆	YGCRP 12×0.5	km	16340.00
1737	硅橡胶控制屏蔽软电缆	YGCRP 12×1.5	km	30300.00

序号	材料名称	规格型号	单位	定额价(元)
1738	硅橡胶控制屏蔽软电缆	YGCRP 18×1.5	km	35020.00
1739	硅橡胶控制屏蔽软电缆	YGCRP 25×1.5	km	57780.00
1740	交联控制屏蔽电缆	KYJVP－500V 10×1.5	km	12200.00
1741	交联控制屏蔽电缆	KYJVP－500V 3×1.5	km	3850.00
1742	交联控制屏蔽电缆	KYJVP－500V 5×1.5	km	6400.00
1743	控制屏蔽电缆	KVVP－500V 2×1.0	km	2470.00
1744	控制屏蔽电缆	KVVP－500V 2×2.0	km	5070.00
1745	控制屏蔽电缆	KVVP－500V 2×25	km	33060.00
1746	控制屏蔽电缆	KVVP－500V 3×2.5	km	5930.00
1747	控制屏蔽电缆	KVVP－500V 4×0.75	km	3260.00
1748	控制屏蔽电缆	KVVP－500V 4×1.5	km	4900.00
1749	控制屏蔽电缆	KVVP－500V 4×10	km	22490.00
1750	控制屏蔽电缆	KVVP－500V 4×16	km	47150.00
1751	控制屏蔽电缆	KVVP－500V 4×2.5	km	10300.00
1752	控制屏蔽电缆	KVVP－500V 5×1.5	km	5950.00
1753	控制屏蔽电缆	KVVP－500V 6×1.0	km	5950.00
1754	控制屏蔽电缆	KVVP－500V 6×1.5	km	6820.00
1755	控制屏蔽电缆	KVVP－500V 6×2.0	km	11740.00
1756	控制屏蔽电缆	KVVP－500V 7×1.5	km	8720.00
1757	控制屏蔽电缆	KVVP－500V 7×2.5	km	16700.00
1758	控制屏蔽电缆	KVVP－500V 8×1.5	km	10870.00
1759	控制屏蔽电缆	KVVP－500V 10×1.5	km	12630.00

序号	材料名称	规格型号	单位	定额价(元)
1760	控制屏蔽电缆	KVVP－500V 12×1.0	km	8340.00
1761	控制屏蔽电缆	KVVP－500V 12×1.5	km	14300.00
1762	控制屏蔽电缆	KVVP－500V 14×1.5	km	20550.00
1763	控制屏蔽电缆	KVVP－500V 15×0.75	km	14490.00
1764	控制屏蔽电缆	KVVP－500V 16×1.0	km	11410.00
1765	控制屏蔽电缆	KVVP－500V 16×1.5	km	26370.00
1766	控制屏蔽电缆	KVVP－500V 18×1.0	km	12480.00
1767	控制屏蔽电缆	KVVP－500V 18×1.5	km	29670.00
1768	控制屏蔽电缆	KVVP－500V 19×1.5	km	30620.00
1769	控制屏蔽电缆	KVVP－500V 20×1.0	km	13870.00
1770	控制屏蔽电缆	KVVP－500V 20×1.5	km	31070.00
1771	控制屏蔽电缆	KVVP－500V 22×1.0	km	15250.00
1772	控制屏蔽电缆	KVVP－500V 22×1.5	km	32600.00
1773	控制屏蔽电缆	KVVP－500V 24×1.0	km	16410.00
1774	控制屏蔽电缆	KVVP－500V 24×1.5	km	33470.00
1775	控制屏蔽电缆	KVVP－500V 26×1.0	km	17770.00
1776	控制屏蔽电缆	KVVP－500V 30×1.5	km	35480.00
1777	控制屏蔽软电缆	KVVPR－500V 2×1.5	km	3430.00
1778	控制屏蔽软电缆	KVVPR－500V 24×1.5	km	24960.00
1779	控制软电缆	KVVR－500V 2×1	km	1880.00
1780	控制软电缆	KVVR－500V 2×1.5	km	2000.00
1781	控制软电缆	KVVR－500V 2×10.0	km	14040.00

序号	材料名称	规格型号	单位	定额价(元)
1782	控制软电缆	KVVR－500V 2×2.5	km	4260.00
1783	控制软电缆	KVVR－500V 2×4	km	4400.00
1784	控制软电缆	KVVR－500V 2×6.0	km	9380.00
1785	控制软电缆	KVVR－500V 4×1.0	km	3060.00
1786	控制软电缆	KVVR－500V 4×1.5	km	4000.00
1787	控制软电缆	KVVR－500V 4×2.5	km	6820.00
1788	控制软电缆	KVVR－500V 7×1.5	km	6700.00
1789	控制软电缆	KVVR－500V 10×1.0	km	6690.00
1790	控制软电缆	KVVR－500V 12×1.5	km	11450.00
1791	控制软电缆	KVVR－500V 15×1.0	km	9010.00
1792	控制软电缆	KVVR－500V 17×1.5	km	16300.00
1793	耐高温电力电缆	FF46－0.6/1kV 4×2.5	km	40040.00
1794	耐高温控制电缆	KFFR－500V 4×1.5	km	32550.00
1795	耐高温计算机屏蔽电缆	DJFPVP－500V 1×2×1.5	km	3600.00
1796	耐高温计算机屏蔽电缆	DJFPVP－500V 1×2×2.5	km	5150.00
1797	耐高温屏蔽电缆	DJFPVP－500V 2×2×1.0	km	7780.00
1798	耐高温屏蔽电缆	DJFPVP－500V 2×2×1.5	km	11175.00
1799	耐高温屏蔽电缆	DJFPVP－500V 3×2×1.0	km	11616.67
1800	耐高温屏蔽电缆	DJFPVP－500V 5×2×1.0	km	15820.00
1801	耐高温屏蔽电缆	DJFPVP－500V 7×2×1.0	km	21130.00
1802	耐高温屏蔽电缆	DJFPVP－500V 9×2×1.0	km	26920.00
1803	耐高温屏蔽电缆	DJFPVP－500V 12×2×1.0	km	41390.00

序号	材料名称	规格型号	单位	定额价(元)
1804	耐高温屏蔽电缆	DJFPVP 4×2×1.0	km	13050.00
1805	耐高温屏蔽控制电缆	KHF4P－500V 4×1.0	km	6270.00
1806	耐高温屏蔽控制电缆	KHF4P－500V 4×1.5	km	10340.00
1807	耐高温屏蔽控制电缆	KHF4P－500V 4×2.5	km	11390.00
1808	耐高温屏蔽控制电缆	KHF4P－500V 4×10.0	km	23520.00
1809	耐高温屏蔽控制电缆	KHF4P－500V 5×1.5	km	14610.00
1810	耐高温屏蔽控制电缆	KHF4P－500V 8×1.0	km	10800.00
1811	耐高温屏蔽控制电缆	KHF4P－500V 10×1.0	km	13030.00
1812	耐高温屏蔽控制电缆	KHF4P－500V 12×1.0	km	14935.00
1813	耐高温屏蔽控制电缆	KHF4P－500V 14×1.0	km	16765.00
1814	耐高温屏蔽控制电缆	KHF4P－500V 16×1.0	km	19080.00
1815	耐高温屏蔽软电缆	EHWF－450/750V 2×1	km	35200.00
1816	耐高温屏蔽软电缆	EHWF－450/750V 4×0.5	km	36340.00
1817	耐高温屏蔽软电缆	EHWF－450/750V 7×0.5	km	54410.00
1818	耐高温软屏蔽电缆	DJFPVPR－500V 2×2×1.0	km	8350.00
1819	耐高温软屏蔽电缆	DJFPVPR－500V 5×2×1.0	km	16980.00
1820	耐高温软屏蔽电缆	DJFPVPR－500V 7×2×1.0	km	22650.00
1821	耐高温软屏蔽控制电缆	KHF4RP－500V 14×1.0	km	17090.00
1822	耐高温软屏蔽控制电缆	KHF4RP－500V 4×1.0	km	6425.00
1823	阻燃高压耐高温电缆	ZR－YGYJ－3.6/6kV 1×150	km	209000.00
1824	特种电缆	AFP－500V 3×0.5	km	3910.00
1825	特种电缆	DJPP－YGCR 6×2×1.5	km	46500.00

序号	材料名称	规格型号	单位	定额价(元)
1826	特种电缆	DJPP - YGCRP 9×2×1.5	km	68940.00
1827	特种电缆	DZR - DJF46PVP 1×2×2.5	km	8190.00
1828	特种电缆	DZR - DJF46PVP 2×3×1.0	km	13680.00
1829	特种电缆	DZR - F46FV 1×2×2.5	km	6240.00
1830	特种电缆	HVTVTRP 4×2.5	km	14760.00
1831	特种电缆	JHBPGVF - P2R 3×10+1×6	km	34000.00
1832	特种电缆	JHBPGVFP2R 3×4	km	14340.00
1833	特种电缆	JHBPGVFP2R 3×50+1×25	km	143360.00
1834	特种电缆	JHBPGVFP2R 3×70+1×35	km	195970.00
1835	特种电缆	JHBPGVFP2R 3×70+3×10	km	148660.00
1836	特种电缆	JHBPGVFP2R 4×4	km	25820.00
1837	特种电缆	JHBPGVFP2R 4×6	km	28400.00
1838	特种电缆	JHKGG 2×1.0	km	3980.00
1839	特种电缆	JHTKFRP - 500V 4×1.5	km	11730.00
1840	特种电缆	JHYGC - 750V 2×4	km	6370.00
1841	特种电缆	JHYGC - 750V 4×2.5	km	10850.00
1842	特种电缆	JHYGC - 750V 4×4	km	16650.00
1843	特种电缆	JHYGCP - 1kV 3×50+1×25	km	238860.00
1844	特种电缆	JHYGCP - 1kV 4×2.5	km	20110.00
1845	特种电缆	KFF46R 4×1.5	km	9770.00
1846	特种电缆	KFF46R 7×1.5	km	14880.00
1847	特种电缆	KFF46R 12×1.5	km	24850.00

序号	材料名称	规格型号	单位	定额价(元)
1848	特种电缆	KFVP－500V 6×1.5	km	16000.00
1849	特种电缆	KGCR－750V 4×1.5	km	9100.00
1850	特种电缆	KGCRP2－750V 2×2×1.5	km	10780.00
1851	特种电缆	KGGP2－450/750V 24×1.5	km	49800.00
1852	特种电缆	KHF46KVVP－500 3×2.5	km	8180.00
1853	特种电缆	KHF46KVVP－500 5×1.5	km	8260.00
1854	特种电缆	KHF46KVVP－500 7×1.5	km	10850.00
1855	特种电缆	KHF46RPVP－500 3×2×0.5	km	8760.00
1856	特种电缆	KHF46RPVP－500 3×2×0.75	km	9470.00
1857	特种电缆	KHF46RPVP－500 3×2×2.5	km	19290.00
1858	特种电缆	KHF46RPVP－500 5×2×2.5	km	29990.00
1859	特种电缆	KHF46RPVP－500 7×2×2.5	km	40210.00
1860	特种电缆	KHF46RPVP－500 10×2×2.5	km	57230.00
1861	特种电缆	KHF46KVVP－500 10×1.5	km	15990.00
1862	特种电缆	KHF46KVVP－500 14×1.5	km	20580.00
1863	特种电缆	KHF46KVVP－500 19×1.5	km	28320.00
1864	特种电缆	KHF46KVVP－500 24×1.5	km	35360.00
1865	特种电缆	KHF46RPVP－500 12×2×1.5	km	46940.00
1866	特种电缆	KHF46KVVP－500 30×1.5	km	42500.00
1867	特种电缆	KHF46RVP－500V 2×1.0	km	3590.00
1868	特种电缆	KHF4P－ －500 3×1.5	km	6830.00
1869	特种电缆	NH－JHFF 1×240	km	105310.00

序号	材料名称	规格型号	单位	定额价(元)
1870	特种电缆	NH－JHFF 1×185	km	86520.00
1871	特种电缆	NH－JHFF 2×4	km	6710.00
1872	特种电缆	NH－JHFF 3×4	km	9020.00
1873	特种电缆	NH－JHFF 4×4	km	11440.00
1874	特种电缆	SAABEFR－T 3×185	km	424100.00
1875	特种电缆	SAABEFR－T 3×50	km	122180.00
1876	特种电缆	SAABEFR－T 4×4	km	15640.00
1877	特种电缆	SAABEFR－T 4×2.5	km	10380.00
1878	特种电缆	SAABEFT－T 5×16	km	37130.00
1879	特种电缆	SGKHF46RP－YGC 4×1.0	km	6170.00
1880	特种电缆	WZR－JHDJYJPE 2×1.0	km	5280.00
1881	特种电缆	YCW－500V 10×1.5	km	28120.00
1882	特种电缆	YGC－1kV 3×35	km	108600.00
1883	特种电缆	YGC－1kV 3×6	km	23800.00
1884	特种电缆	YGC－1kV 3×4	km	22740.00
1885	特种电缆	YGCF46－1kV 3×240	km	633000.00
1886	特种电缆	YGCPR－1kV 3×10＋1×6	km	42840.00
1887	特种电缆	YGCR－1kV 1×185	km	169500.00
1888	特种电缆	YGCR－1kV 2×4	km	12600.00
1889	特种电缆	YGCR－1kV 3×10＋1×6	km	51890.00
1890	特种电缆	YGCR－1kV 4×2.5	km	15200.00
1891	特种电缆	YGCR－1kV 4×4	km	19040.00

序号	材料名称	规格型号	单位	定额价(元)
1892	特种电缆	YGCR－1kV 4×6	km	26680.00
1893	特种电缆	YGCR－1kV 3×35＋1×16	km	137660.00
1894	特种电缆	YGCR－1kV 3×50＋1×25	km	185800.00
1895	特种电缆	YGC 3×2.5	km	11600.00
1896	特种电缆	YGGB 4×25	km	111270.00
1897	特种电缆	YH4F4－1kV 4×2.5	km	14540.00
1898	特种电缆	YH4F4P－1kV 3×6＋1×4	km	31770.00
1899	特种电缆	YH4F4P－1kV 4×2.5	km	22640.00
1900	特种电缆	YH4F4P－1kV 4×4	km	23560.00
1901	特种电缆	YH4F4P－1kV 4×50	km	165780.00
1902	特种电缆	ZK－YGC－1kV 4×2.5	km	8460.00
1903	特种电缆	ZK－YGC－1kV 5×10	km	36650.00
1904	特种电缆	ZK－YGZ－500V 4×2.5	km	8260.00
1905	特种电缆	ZK－YGZ－500V 6×1.5	km	8070.00
1906	特种电缆	ZR－BPGVF－P2R－1kV 3×2.5＋3×0.5	km	11080.00
1907	特种电缆	ZR－DJF46F46PR 8×2×1.0	km	32000.00
1908	特种电缆	ZR－DJF46F46PR 5×2×1.5	km	33100.00
1909	特种电缆	ZR－JHDJFFRPR 7×1.0	km	15640.00
1910	特种电缆	ZR－JHDJFFRPR 7×1.5	km	18190.00
1911	特种电缆	ZR－KGGR－500V 3×1	km	4950.00
1912	特种电缆	ZR－KGGRP－500V 4×1.5	km	24900.00
1913	特种电缆	ZRKHF4P－500V 12×1.5	km	25940.00

序号	材料名称	规格型号	单位	定额价(元)
1914	特种电缆	ZRKHF4P－500V 14×0.75	km	18950.00
1915	特种电缆	ZRKHF4P－500V 3×1.0	km	6440.00
1916	特种电缆	ZRKHF4P－500V 3×2.5	km	11780.00
1917	特种电缆	ZRKHF4P－500V 4×0.75	km	6620.00
1918	特种电缆	ZRKHF4P－500V 4×1.5	km	10120.00
1919	特种电缆	ZRKHF4P－500V 5×1.5	km	12140.00
1920	特种电缆	ZRKHF4P－500V 7×0.5	km	9020.00
1921	特种电缆	ZR－KX－HA－FFP 2×1.5	km	12240.00
1922	特种电缆	ZR－SAKABEFR－TP 10×1.5	km	28410.00
1923	特种电缆	ZR－SAKABEFR－TP 12×1.5	km	29640.00
1924	特种电缆	ZR－SAKABEFR－TP 2×1.5	km	7010.00
1925	特种电缆	ZR－SAKABEFR－TP 2×2.5	km	16200.00
1926	特种电缆	ZR－SAKABEFR－TP 2×2×1.5	km	18480.00
1927	特种电缆	ZR－SAKABEFR－TP 24×1.5	km	50170.00
1928	特种电缆	ZR－SAKABEFR－TP 24×2.5	km	87150.00
1929	特种电缆	ZR－SAKABEFR－TP 4×1.5	km	10750.00
1930	特种电缆	ZR－SAKABEFR－TPP 12×2×1.5	km	73240.00
1931	特种电缆	ZR－SAKABEFR－TPP 4×2×1.0	km	26830.00
1932	特种电缆	ZR－SAKABEFR－TPP 4×3×1.5	km	36270.00
1933	特种电缆	ZR－SAKABEFR－TPP 6×2×1.5	km	40520.00
1934	特种电缆	ZR－SAKABEFR－TPP 8×3×1.5	km	103495.00
1935	特种电缆	ZR－YGC－1kV 2×2.5	km	7770.00

序号	材料名称	规格型号	单位	定额价(元)
1936	特种电缆	ZR－YGC－1kV 3×2.5	km	9860.00
1937	特种电缆	ZR－YGC－1kV 4×2.5	km	10830.00
1938	特种电缆	ZR－YGC－1kV 4×4	km	17150.00
1939	特种电缆	ZR－YGC－1kV 4×6	km	23700.00
1940	特种电缆	ZR－YGC－500V 8×1.5	km	16870.00
1941	特种电缆	ZR－YGC－750V 3×50	km	128750.00
1942	特种电缆	ZR－YGC－750V 4×2.5	km	11380.00
1943	特种电缆	ZR－YGCF46－1kV 1×120	km	173700.00
1944	特种电缆	ZR－YGCF46－1kV 2×2.5	km	11600.00
1945	特种电缆	ZR－YGCF46－1kV 3×185	km	659000.00
1946	特种电缆	ZR－YGCF46－1kV 3×185＋1×95	km	578830.00
1947	特种电缆	ZR－YGCF46－1kV 3×240	km	816500.00
1948	特种电缆	ZR－YGCF46－1kV 3×240＋1×120	km	870160.00
1949	特种电缆	ZR－YGCF46－1kV 3×25＋1×16	km	94215.00
1950	特种电缆	ZR－YGCF46－1kV 3×95＋1×50	km	297360.00
1951	特种电缆	ZR－YGCF46－1kV 4×2.5	km	19440.00
1952	特种电缆	ZR－YGCF46－1kV 4×4	km	22000.00
1953	特种电缆	ZR－YGCF46－1kV 4×6	km	28050.00
1954	特种电缆	ZR－YGCF46－1kV 5×10	km	82500.00
1955	特种电缆	ZR－YGCF46－1kV 5×16	km	141700.00
1956	特种电缆	ZR－YGCF46－1kV 5×25	km	123740.00
1957	特种电缆	ZR－YGCF46－1kV 5×35	km	226400.00

序号	材料名称	规格型号	单位	定额价(元)
1958	特种电缆	ZR－YGCF46R 10×2.5＋1×4＋3×10	km	333666.67
1959	特种电缆	ZR－YGCR－1kV 3×1.5	km	13250.00
1960	特种电缆	ZR－YGCR－1kV 3×120＋1×70	km	662660.00
1961	特种电缆	ZR－YGCR－1kV 3×2.5	km	18540.00
1962	特种电缆	ZR－YGCR－1kV 4×2.5	km	23860.00
1963	特种电缆	ZR－YGCR－1kV 4×10	km	50430.00
1964	特种电缆	ZR－YGCR－1kV 4×16	km	118360.00
1965	特种电缆	ZR－YGCR－1kV 4×185	km	972160.00
1966	特种电缆	ZR－YGCR－1kV 4×4	km	24980.00
1967	特种电缆	ZR－YGCR－1kV 7×1.5	km	14850.00
1968	特种电缆	ZR－YGCR－1kV 3×16＋1×10	km	68100.00
1969	特种电缆	ZR－YGCRP－1kV 3×150＋1×70	km	608420.00
1970	特种电缆	ZR－YGCRP－1kV 3×185＋1×95	km	748890.00
1971	特种电缆	ZR－YGCRP－1kV 4×2.5	km	27220.00
1972	特种电缆	ZR－YGCRP－1kV 4×4	km	33730.00
1973	特种电缆	ZR－YGCRP－1kV 4×6	km	39370.00
1974	特种电缆	ZR－YGCRP－1kV 4×150	km	935520.00
1975	特种电缆	ZR－YGCRP－1kV 4×185	km	940600.00
1976	特种电缆	ZR－YGCRP2－1kV 3×120	km	447530.00
1977	特种电缆	ZR－YGC 3×35	km	99840.00
1978	特种电缆	ZR－YGC 3×4	km	13750.00
1979	特种电缆	ZR－YGV 4×6	km	18190.00

序号	材料名称	规格型号	单位	定额价(元)
1980	特种电缆	ZR－YGZ－500V 3×2.5	km	8340.00
1981	特种电缆	ZR－YGZ－500V 4×2.5	km	11200.00
1982	特种电缆	ZR－YVFR－1kV 4×2.5	km	11140.00
1983	配线电缆	HPVV22 70×2×0.5	m	14.60
1984	铠装通信电缆	HYA22 10×2×0.5	km	4050.00
1985	通信电缆	HYA 10×2×0.4	km	5100.00
1986	通信电缆	HYA 10×2×0.5	km	6850.00
1987	通信电缆	HYA 10×2×0.7	km	7800.00
1988	通信电缆	HYA 100×2×0.5	km	29400.00
1989	通信电缆	HYA 100×2×0.7	km	56000.00
1990	通信电缆	HYA 20×2×0.5	km	7000.00
1991	通信电缆	HYA 20×2×0.7	km	12900.00
1992	通信电缆	HYA 200×2×0.5	km	57600.00
1993	通信电缆	HYA 200×2×0.7	km	110900.00
1994	通信电缆	HYA 30×2×0.5	km	10100.00
1995	通信电缆	HYA 30×2×0.7	km	18700.00
1996	通信电缆	HYA 300×2×0.5	km	85500.00
1997	通信电缆	HYA 300×2×0.7	km	166280.00
1998	通信电缆	HYA 400×2×0.5	km	114000.00
1999	通信电缆	HYA 50×2×0.5	km	15100.00
2000	通信电缆	HYA 50×2×0.7	km	28400.00
2001	通信电缆	HYA 600×2×0.5	km	168000.00

序号	材料名称	规格型号	单位	定额价(元)
2002	通信电缆	LD 2×2×0.22	km	6050.00
2003	信号电缆	PTYA23 4×1.0	km	12780.00
2004	信号电缆	PTYA23 6×1.0	km	14790.00
2005	信号电缆	PTYA23 8×1.0	km	15600.00
2006	信号电缆	PTYA23 9×1.0	km	17730.00
2007	信号电缆	PTYA23 12×1.0	km	21390.00
2008	信号电缆	PTYA23 14×1.0	km	22000.00
2009	信号电缆	PTYA23 16×1.0	km	23400.00
2010	信号电缆	PTYA23 19×1.0	km	24020.00
2011	信号电缆	PTYA23 21×1.0	km	27770.00
2012	信号电缆	PTYA23 24×1.0	km	31500.00
2013	信号电缆	PTYA23 30×1.0	km	32100.00
2014	信号电缆	PTYA23 32×1.0	km	33530.00
2015	信号电缆	PTYA23 33×1.0	km	35010.00
2016	信号电缆	PTYA23 37×1.0	km	38440.00
2017	信号电缆	PTYA23 42×1.0	km	42380.00
2018	信号电缆	PTYA23 44×1.0	km	47090.00
2019	信号电缆	PTYA23 48×1.0	km	49700.00
2020	信号电缆	PTYA23 52×1.0	km	54020.00
2021	信号电缆	PTYA23 56×1.0	km	59460.00
2022	信号电缆	PTYA23 61×1.0	km	64900.00
2023	信号电缆	WZR－JHDJYJPE 2×2×1.0	km	6600.00

序号	材料名称	规格型号	单位	定额价(元)
2024	信号电缆	WZR－JHDJYJPE 2×2×1.5	km	8650.00
2025	计算机屏蔽软电缆	DJYPVPR－500V 1×2×1.0	km	3330.00
2026	计算机屏蔽软电缆	DJYPVPR－500V 2×2×1.0	km	9100.00
2027	计算机屏蔽软电缆	DJYPVPR－500V 2×2×1.5	km	11090.00
2028	计算机屏蔽软电缆	DJYPVPR－500V 3×2×1.0	km	12180.00
2029	计算机屏蔽软电缆	DJYPVPR－500V 5×2×1.5	km	53000.00
2030	计算机屏蔽软电缆	DZR－DJYPVPR 4×2×1.5	km	19710.00
2031	耐高温计算机屏蔽电缆	DJFPVP－500 1×2×1.5	km	3600.00
2032	耐高温计算机屏蔽电缆	DJFPVP－500 1×2×2.5	km	5150.00
2033	阻燃计算机电缆	DJYVP－500V 5×3×1.5	km	19400.00
2034	阻燃计算机电缆	DZR－DJYP－500V 4×2.5	km	10380.00
2035	阻燃计算机电缆	DZR－DJYP－500V 5×2×2.5	km	32750.00
2036	阻燃计算机电缆	DZR－DJYPVP－500V 1×2×2.5	km	6473.33
2037	阻燃计算机电缆	DZR－DJYPVP－500V 10×2×1.5	km	50800.00
2038	阻燃计算机电缆	DZR－DJYPVP－500V 2×2×1.5	km	13052.50
2039	阻燃计算机电缆	DZR－DJYPVP－500V 2×2×2.5	km	14950.00
2040	阻燃计算机电缆	DZR－DJYPVP－500V 3×2×1.5	km	15520.00
2041	阻燃计算机电缆	DZR－DJYPVP－500V 3×2×2.5	km	22865.00
2042	阻燃计算机电缆	DZR－DJYPVP－500V 4×2×1.5	km	21770.00
2043	阻燃计算机电缆	DZR－DJYPVP－500V 5×2×1.5	km	24270.00
2044	阻燃计算机电缆	DZR－DJYPVP－500V 5×2×2.5	km	26270.00
2045	阻燃计算机电缆	DZR－DJYPVP－500V 6×2×1.5	km	26710.00

序号	材料名称	规格型号	单位	定额价(元)
2046	阻燃计算机电缆	DZR - DJYPVP - 500V 7×2×1.5	km	29500.00
2047	阻燃计算机电缆	DZR - DJYPVP - 500V 8×2×1.5	km	33310.00
2048	阻燃计算机电缆	DZR - DJYPVP - 500V 9×2×1.5	km	43560.00
2049	阻燃计算机电缆	ZR - DJVP2 - B - 500V 4×2×1.5	km	10790.00
2050	阻燃计算机电缆	ZR - DJYPVRP 1×3×1.0	km	5260.00
2051	阻燃计算机电缆	ZR - DJYPVRP2 4×2×1.5	km	22200.00
2052	阻燃计算机电缆	ZR - DJYVP - 500V 10×2×1.0	km	24050.00
2053	阻燃计算机电缆	ZR - DJYVP - 500V 12×2×1.5	km	38900.00
2054	阻燃计算机电缆	ZR - DJYVP - 500V 2×2×1.5	km	8690.00
2055	阻燃计算机电缆	ZR - DJYVP - 500V 2×2×2.5	km	13115.00
2056	阻燃计算机电缆	ZR - DJYVP - 500V 3×2×1.5	km	12000.00
2057	阻燃计算机电缆	ZR - DJYVP - 500V 3×2×2.5	km	16950.00
2058	阻燃计算机电缆	ZR - DJYVP - 500V 4×2×1.5	km	14800.00
2059	阻燃计算机电缆	ZR - DJYVP - 500V 4×6.0	km	19590.00
2060	阻燃计算机电缆	ZR - DJYVP - 500V 5×2×1.5	km	13853.33
2061	阻燃计算机电缆	ZR - DJYVP - 500V 6×2×1.5	km	18300.00
2062	阻燃计算机电缆	ZR - DJYVP - 500V 6×2×2.0	km	24320.00
2063	阻燃计算机电缆	ZR - DJYVP - 500V 7×2×1.5	km	23000.00
2064	阻燃计算机电缆	ZR - DJYVP - 500V 8×2×1.0	km	19250.00
2065	阻燃计算机电缆	ZR - DJYVP - 500V 8×2×1.5	km	20710.00
2066	阻燃计算机电缆	ZR - DJYVP - 500V 1×2×1.0	km	3080.00
2067	阻燃计算机电缆	ZR - DJYVP - 500V 1×3×1.5	km	5625.00

序号	材料名称	规格型号	单位	定额价(元)
2068	阻燃计算机电缆	ZR－DJYVP－500V 2×2×1.0	km	6154.00
2069	阻燃计算机电缆	ZR－DJYVP－500V 3×2×1.0	km	7605.00
2070	阻燃计算机电缆	ZR－DJYVP－500V 4×2×1.0	km	10165.00
2071	阻燃计算机电缆	ZR－DJYVP－500V 5×2×1.0	km	12235.00
2072	阻燃计算机电缆	ZR－DJYVP－500V 6×2×1.0	km	14010.00
2073	阻燃计算机电缆	ZR－JHDJVP2VP2R 16×2×0.75	km	38750.00
2074	阻燃计算机电缆	ZR－JHDJVP2VP2R 2×2×0.75	km	6950.00
2075	阻燃计算机电缆	ZR－JHDJVP2VP2R 4×2×0.75	km	11250.00
2076	阻燃计算机电缆	ZR－JHDJVP2VP2R 8×2×0.75	km	20670.00
2077	阻燃计算机屏蔽电缆	ZR－DJYP2VP2－500V 2×2×1.5	km	8880.00
2078	阻燃计算机屏蔽电缆	ZR－DJYP2VP2－500V 3×2×1.5	km	11890.00
2079	阻燃计算机屏蔽电缆	ZR－DJYPVP2R－500V 4×2×0.75	km	14940.00
2080	阻燃计算机屏蔽电缆	ZR－DJYPVP－500 10×2×1.0	km	35275.00
2081	阻燃计算机屏蔽电缆	ZR－DJYPVP－500 10×2×2.5	km	70700.00
2082	阻燃计算机屏蔽电缆	ZR－DJYPVP－500 12×2×1.5	km	65380.00
2083	阻燃计算机屏蔽电缆	ZR－DJYPVP－500 14×2×1.0	km	46830.00
2084	阻燃计算机屏蔽电缆	ZR－DJYPVP－500 14×2×1.5	km	53890.00
2085	阻燃计算机屏蔽电缆	ZR－DJYPVP－500 16×1.5	km	30300.00
2086	阻燃计算机屏蔽电缆	ZR－DJYPVP－500 19×2×1.5	km	98530.00
2087	阻燃计算机屏蔽电缆	ZR－DJYPVP－500 20×2×1.0	km	57220.00
2088	阻燃计算机屏蔽电缆	ZR－DJYPVP－500V 1×2×1.5	km	4990.00
2089	阻燃计算机屏蔽电缆	ZR－DJYPVP－500V 2×1.5	km	4765.00

序号	材料名称	规格型号	单位	定额价(元)
2090	阻燃计算机屏蔽电缆	ZR－DJYPVP－500V 2×2×1.0	km	11090.00
2091	阻燃计算机屏蔽电缆	ZR－DJYPVP－500V 2×2×1.5	km	14860.00
2092	阻燃计算机屏蔽电缆	ZR－DJYPVP－500V 2×2×2.5	km	19570.00
2093	阻燃计算机屏蔽电缆	ZR－DJYPVP－500V 3×2×1.5	km	21650.00
2094	阻燃计算机屏蔽电缆	ZR－DJYPVP－500V 3×2×2.5	km	23566.67
2095	阻燃计算机屏蔽电缆	ZR－DJYPVP－500V 4×2×1.0	km	13820.00
2096	阻燃计算机屏蔽电缆	ZR－DJYPVP－500V 4×2×1.5	km	23310.00
2097	阻燃计算机屏蔽电缆	ZR－DJYPVP－500V 4×2×2.5	km	26708.57
2098	阻燃计算机屏蔽电缆	ZR－DJYPVP－500V 4×3×1.5	km	30180.00
2099	阻燃计算机屏蔽电缆	ZR－DJYPVP－500V 4×4×1.5	km	38760.00
2100	阻燃计算机屏蔽电缆	ZR－DJYPVP－500V 5×2×1.0	km	16550.00
2101	阻燃计算机屏蔽电缆	ZR－DJYPVP－500V 5×2×1.5	km	28440.00
2102	阻燃计算机屏蔽电缆	ZR－DJYPVP－500V 5×2×2.5	km	34786.67
2103	阻燃计算机屏蔽电缆	ZR－DJYPVP－500V 5×3×1.5	km	32860.00
2104	阻燃计算机屏蔽电缆	ZR－DJYPVP－500V 6×2×1.5	km	35965.00
2105	阻燃计算机屏蔽电缆	ZR－DJYPVP－500V 6×2×2.5	km	36110.00
2106	阻燃计算机屏蔽电缆	ZR－DJYPVP－500V 7×2×1.5	km	38160.00
2107	阻燃计算机屏蔽电缆	ZR－DJYPVP－500V 8×2×1.0	km	42370.00
2108	阻燃计算机屏蔽电缆	ZR－DJYPVP－500V 8×2×1.5	km	49180.00
2109	阻燃计算机屏蔽电缆	ZR－DJYVP2－B－30　3×2×1.0	km	8540.00
2110	阻燃计算机屏蔽电缆	ZR－DJYVP2－B－50　4×2×1.5	km	14703.33
2111	阻燃计算机屏蔽电缆	ZR－DJYVP2－B－750V 3(2×1.5)	km	10790.00

序号	材料名称	规格型号	单位	定额价(元)
2112	阻燃计算机屏蔽软电缆	DZR－DJYPVPR 1×2×0.75	km	2930.00
2113	阻燃计算机屏蔽软电缆	DZR－DJYPVPR 1×2×1.0	km	3850.00
2114	阻燃计算机屏蔽软电缆	DZR－DJYPVPR 1×2×1.5	km	4885.00
2115	阻燃计算机屏蔽软电缆	DZR－DJYPVPR 2×2×0.75	km	8137.50
2116	阻燃计算机屏蔽软电缆	DZR－DJYPVPR 2×2×1.0	km	10355.00
2117	阻燃计算机屏蔽软电缆	DZR－DJYPVPR 2×2×1.5	km	11560.00
2118	阻燃计算机屏蔽软电缆	DZR－DJYPVPR 3×2×0.5	km	9480.00
2119	阻燃计算机屏蔽软电缆	DZR－DJYPVPR 3×2×0.75	km	11120.00
2120	阻燃计算机屏蔽软电缆	DZR－DJYPVPR 3×2×1.0	km	11860.00
2121	阻燃计算机屏蔽软电缆	DZR－DJYPVPR 3×2×1.5	km	15400.00
2122	阻燃计算机屏蔽软电缆	DZR－DJYPVPR 4×2×0.5	km	11780.00
2123	阻燃计算机屏蔽软电缆	DZR－DJYPVPR 4×2×0.75	km	13890.00
2124	阻燃计算机屏蔽软电缆	DZR－DJYPVPR 4×2×1.0	km	14840.00
2125	阻燃计算机屏蔽软电缆	DZR－DJYPVPR 5×2×1.0	km	19520.00
2126	阻燃计算机屏蔽软电缆	DZR－DJYPVPR 5×2×1.5	km	23810.00
2127	阻燃计算机屏蔽软电缆	DZR－DJYPVPR 6×2×1.0	km	21810.00
2128	阻燃计算机屏蔽软电缆	DZR－DJYPVPR 6×2×1.5	km	27900.00
2129	阻燃计算机屏蔽软电缆	DZR－DJYPVPR 7×2×1.5	km	33830.00
2130	阻燃计算机屏蔽软电缆	DZR－DJYPVPR 8×2×0.75	km	25010.00
2131	阻燃计算机屏蔽软电缆	DZR－DJYPVPR 8×2×1.5	km	35976.67
2132	阻燃计算机屏蔽软电缆	DZR－DJYPVPR 9×2×1.0	km	32520.00
2133	阻燃计算机屏蔽软电缆	DZR－DJYPVPR 9×2×1.5	km	41220.00

序号	材料名称	规格型号	单位	定额价(元)
2134	阻燃计算机屏蔽软电缆	DZR - DJYPVPR 10 ×2 ×1.5	km	44670.00
2135	阻燃计算机屏蔽软电缆	DZR - DJYPVPR 13 ×2 ×1.5	km	58110.00
2136	阻燃计算机屏蔽软电缆	DZR - DJYPVPR 15 ×2 ×1.5	km	65540.00
2137	阻燃计算机屏蔽软电缆	DZR - DJYPVPR 17 ×2 ×1.5	km	69120.00
2138	阻燃计算机屏蔽软电缆	ZR - DJYJVP2R 4 ×2 ×2.5	km	20190.00
2139	阻燃计算机屏蔽软电缆	ZR - DJYP2VP2R 3 ×2 ×1.5	km	15080.00
2140	阻燃计算机屏蔽软电缆	ZR - DJYP2VP2R 4 ×2 ×1.5	km	19590.00
2141	阻燃计算机屏蔽软电缆	ZR - DJYP2VP2R 5 ×2 ×1.5	km	12380.00
2142	阻燃计算机屏蔽软电缆	ZR - DJYP2VR 4 ×2 ×1.0	km	10080.00
2143	阻燃计算机屏蔽软电缆	ZR - DJYPVPR 2 ×2 ×1.0	km	8880.00
2144	阻燃计算机屏蔽软电缆	ZR - DJYPVPR 2 ×2 ×1.5	km	12905.71
2145	阻燃计算机屏蔽软电缆	ZR - DJYPVPR 4 ×2 ×1.0	km	16980.00
2146	阻燃计算机屏蔽软电缆	ZR - DJYPVPR 6 ×2 ×1.5	km	24880.00
2147	阻燃计算机屏蔽软电缆	ZR - DJYPVPR 50 4 ×2 ×1.5	km	19390.00
2148	阻燃计算机屏蔽软电缆	ZR - DJYVP2R 1 ×2 ×1.5	km	4200.00
2149	阻燃计算机屏蔽软电缆	ZR - DJYVP2R 3 ×2 ×1.5	km	9450.00
2150	阻燃计算机屏蔽软电缆	ZR - DJYVP2R 3 ×2 ×2.5	km	11580.00
2151	阻燃计算机屏蔽软电缆	ZR - DJYVP2R 4 ×2 ×1.5	km	9775.00
2152	阻燃计算机屏蔽软电缆	ZR - DJYVP2R - 5 7 ×2 ×1.5	km	12570.00
2153	阻燃计算机屏蔽软电缆	ZR - DJYVP2R - 50 4 ×2 ×2.5	km	21770.00
2154	阻燃计算机屏蔽软电缆	ZR - DJYVP2R 5 ×2 ×1.5	km	9790.00
2155	阻燃计算机软电缆	ZR - DJYVPR - 500V 12 ×1.0	km	14150.00

序号	材料名称	规格型号	单位	定额价(元)
2156	阻燃计算机软电缆	ZR－DJYVPR－500V 12×1.5	km	17310.00
2157	阻燃计算机软电缆	ZR－DJYVPR－500V 16×1.0	km	17820.00
2158	阻燃计算机软电缆	ZR－DJYVPR－500V 18×0.5	km	10940.00
2159	阻燃计算机软电缆	ZR－DJYVPR－500V 18×1.5	km	18160.00
2160	阻燃计算机软电缆	ZR－DJYVPR－500V 2×1.5	km	4350.00
2161	阻燃计算机软电缆	ZR－DJYVPR－500V 24×1.0	km	25490.00
2162	阻燃计算机软电缆	ZR－DJYVPR－500V 25×1.5	km	32510.00
2163	阻燃计算机软电缆	ZR－DJYVPR－500V 3×1.5	km	5540.00
2164	阻燃计算机软电缆	ZR－DJYVPR－500V 4×1.5	km	6910.00
2165	阻燃计算机软电缆	ZR－DJYVPR－500V 4×2.5	km	10280.00
2166	阻燃计算机软电缆	ZR－DJYVPR－500V 5×1.5	km	8100.00
2167	阻燃计算机软电缆	ZR－DJYVPR－500V 7×1.5	km	10620.00
2168	阻燃计算机软电缆	ZR－DJYVPR－500V 8×1.0	km	9720.00
2169	阻燃计算机软电缆	ZR－DYJVP2R 2×2×0.75	km	6680.00
2170	阻燃计算机软电缆	ZR－DYJVP2R 4×2×0.75	km	10530.00
2171	阻燃计算机双屏蔽电缆	DZR－DJYPVP－500　10×2.5	km	24070.00
2172	阻燃计算机双屏蔽电缆	DZR－DJYPVP－500　14×2.5	km	32190.00
2173	阻燃计算机双屏蔽电缆	ZR－DJYP2VP2－50　3×2×4	km	24675.00
2174	阻燃铠装计算机电缆	ZR－DJYP2－22　2×2×1.5	km	11240.00
2175	阻燃铠装计算机电缆	ZR－DJYP2－22　3×2×1.5	km	13800.00
2176	阻燃铠装计算机电缆	ZR－DJYP2V－500V 3×2×1.5	km	12590.00
2177	阻燃铠装计算机电缆	ZR－DJYP2VP2－22　2×2×1.5	km	12460.00

序号	材料名称	规格型号	单位	定额价(元)
2178	阻燃铠装计算机电缆	ZR－DJYP2VP2－22 3×2×1.5	km	17035.00
2179	针式绝缘子	PD－1T	个	4.00
2180	针式绝缘子	PD－2T	个	3.00
2181	针式绝缘子	PD－3T	个	3.00
2182	针式绝缘子	大号	个	3.00
2183	蝶式绝缘子	大号	个	7.50
2184	蝶式绝缘子	ED－1	个	1.85
2185	蝶式绝缘子	ED－2	个	2.74
2186	蝶式绝缘子	ED－3	个	8.64
2187	鼓型绝缘子	G38	个	2.95
2188	鼓型绝缘子	G50	个	3.76
2189	高压瓷绝缘子	6kV	个	12.00
2190	高压瓷绝缘子	10kV	个	13.00
2191	高压瓷绝缘子	15kV	个	13.00
2192	高压瓷绝缘子	22kV	个	40.00
2193	铜接线端子	PT－1.5mm^2	个	1.96
2194	铜接线端子	PT－2.5mm^2	个	2.54
2195	铜接线端子	PT－4mm^2	个	3.31
2196	铜接线端子	PT－6mm^2	个	4.30
2197	铜接线端子	PT－10mm^2	个	5.59
2198	铜接线端子	DT－4mm^2	个	1.30
2199	铜接线端子	DT－8mm^2	个	1.63

序号	材料名称	规格型号	单位	定额价(元)
2200	铜接线端子	DT－10mm^2	个	1.70
2201	铜接线端子	DT－16mm^2	个	1.70
2202	铜接线端子	DT－25mm^2	个	3.00
2203	铜接线端子	DT－35mm^2	个	3.40
2204	铜接线端子	DT－50mm^2	个	3.80
2205	铜接线端子	DT－70mm^2	个	6.00
2206	铜接线端子	DT－95mm^2	个	7.20
2207	铜接线端子	DT－120mm^2	个	10.40
2208	铜接线端子	DT－150mm^2	个	16.00
2209	铜接线端子	DT－185mm^2	个	16.80
2210	铜接线端子	DT－240mm^2	个	19.20
2211	铜接线端子	DT－300mm^2	个	29.60
2212	铜接线端子	DT－400mm^2	个	35.20
2213	铝接线端子	10mm^2	个	2.00
2214	铝接线端子	16mm^2	个	2.50
2215	铝接线端子	25mm^2	个	3.00
2216	铝接线端子	50mm^2	个	4.40
2217	铝接线端子	95mm^2	个	7.25
2218	铝接线端子	150mm^2	个	11.02
2219	铝接线端子	185mm^2	个	14.29
2220	铝接线端子	400mm^2	个	21.25
2221	塑料护口(电线管用)	15	个	0.07

序号	材料名称	规格型号	单位	定额价(元)
2222	塑料护口(电线管用)	20	个	0.09
2223	塑料护口(电线管用)	25	个	0.12
2224	塑料护口(电线管用)	32	个	0.22
2225	塑料护口(电线管用)	40	个	0.25
2226	塑料护口(电线管用)	50	个	0.33
2227	可挠金属套管护口	BP-10	个	0.37
2228	可挠金属套管护口	BP-12	个	0.37
2229	可挠金属套管护口	BP-15	个	0.61
2230	可挠金属套管护口	BP-17	个	0.68
2231	可挠金属套管护口	BP-24	个	0.84
2232	可挠金属套管护口	BP-30	个	1.04
2233	可挠金属套管护口	BP-38	个	1.38
2234	可挠金属套管护口	BP-50	个	1.90
2235	可挠金属套管护口	BP-63	个	3.32
2236	可挠金属套管护口	BP-76	个	3.40
2237	可挠金属套管护口	BP-83	个	4.24
2238	金属软管活接头	ϕ20	个	1.40
2239	金属软管活接头	ϕ25	个	2.10
2240	金属软管活接头	ϕ40	个	4.83
2241	金属软管活接头	ϕ50	个	9.00
2242	防爆挠性管接头	DN60	个	46.29
2243	防爆挠性管接头	DN89	个	52.45

序号	材料名称	规格型号	单位	定额价(元)
2244	防爆挠性管接头	DN114	个	69.45
2245	防爆挠性管接头	DN165	个	112.57
2246	防爆挠性管接头	DN219	个	185.73
2247	防爆挠性管接头	DN273	个	375.32
2248	防爆挠性管接头	DN325	个	466.26
2249	金属软管接头	ϕ12	个	0.91
2250	金属软管接头	ϕ16	个	1.10
2251	管卡子(电线管用)	15	个	1.20
2252	管卡子(电线管用)	20	个	1.20
2253	管卡子(电线管用)	25	个	2.65
2254	管卡子(电线管用)	32	个	2.65
2255	管卡子(电线管用)	40	个	2.95
2256	管卡子(电线管用)	50	个	2.95
2257	管卡子(金属软管用)	15	个	0.64
2258	管卡子(金属软管用)	20	个	0.64
2259	管卡子(金属软管用)	25	个	1.12
2260	管卡子(金属软管用)	32	个	1.12
2261	管卡子(金属软管用)	40	个	1.52
2262	管卡子(金属软管用)	50	个	1.52
2263	镀锌管卡子(电线管用)	15	个	0.52
2264	镀锌管卡子(电线管用)	20	个	0.56
2265	镀锌管卡子(电线管用)	32	个	0.63

序号	材料名称	规格型号	单位	定额价(元)
2266	镀锌管卡子(电线管用)	50	个	0.70
2267	接地卡子	ϕ15	个	0.38
2268	接地卡子	ϕ20	个	0.47
2269	接地卡子	ϕ32	个	0.66
2270	接地卡子	ϕ40	个	1.04
2271	钢线卡子	ϕ6	个	1.72
2272	钢线卡子	ϕ10 ~ 20	个	5.13
2273	钢线卡子	ϕ25	个	15.80
2274	塑料卡子		个	3.27
2275	镀锌管卡子	3 × 5	个	0.50
2276	镀锌管卡子	1.5 × (12 ~ 40)	个	0.35
2277	镀锌管卡子	DN15	个	0.36
2278	镀锌管卡子	ϕ100 ~ 150	个	2.39
2279	镀锌管卡子(钢管用)	15	个	0.09
2280	可挠金属套管卡子	SP - 10	个	0.60
2281	可挠金属套管卡子	SP - 12	个	0.60
2282	可挠金属套管卡子	SP - 15	个	0.60
2283	可挠金属套管卡子	SP - 17	个	0.60
2284	可挠金属套管卡子	SP - 24	个	0.67
2285	可挠金属套管卡子	SP - 30	个	0.76
2286	电缆卡子	15 × 32	个	0.57
2287	电缆卡子	1.5 × 3.2	个	0.50

序号	材料名称	规格型号	单位	定额价(元)
2288	金属软管尼龙接头	32	个	2.30
2289	塑料护口(钢管用)	100	个	1.20
2290	塑料护口(钢管用)	15	个	0.20
2291	塑料护口(钢管用)	15~20	个	0.19
2292	塑料护口(钢管用)	20	个	0.13
2293	塑料护口(钢管用)	25	个	0.28
2294	塑料护口(钢管用)	32	个	0.29
2295	塑料护口(钢管用)	40	个	0.55
2296	塑料护口(钢管用)	50	个	0.57
2297	塑料护口(钢管用)	70	个	0.28
2298	塑料护口(钢管用)	80	个	0.88
2299	电缆吊挂	3×100	套	12.83
2300	电阻并架		个	6.00
2301	金属软管	ϕ15	m	22.50
2302	金属软管	ϕ20	m	32.63
2303	金属软管	ϕ25	m	36.00
2304	金属软管	ϕ40	m	40.50
2305	金属软管	ϕ50	m	45.00
2306	防爆挠性管	20×500	根	46.08
2307	防爆挠性管	20×700	根	73.60
2308	防爆挠性管	25×700	根	73.60
2309	防爆挠性管	25×1000	根	84.80

序号	材料名称	规格型号	单位	定额价(元)
2310	防爆挠性管	32×700	根	93.44
2311	防爆挠性管	32×1000	根	132.80
2312	防爆挠性管	50×700	根	195.20
2313	防爆挠性管	50×1000	根	367.20
2314	防爆挠性管	50×1200	根	441.60
2315	防爆挠性管	65×1000	根	446.08
2316	防爆挠性管	65×1200	根	788.80
2317	防爆挠性管	80×1200	根	1067.20
2318	防爆挠性管	80×1400	根	1053.60
2319	不锈钢金属软管	DN50	根	230.00
2320	不锈钢金属软管	DN65	根	310.00
2321	不锈钢金属软管	DN80	根	368.00
2322	不锈钢金属软管	DN100	根	425.00
2323	不锈钢金属软管	DN150	根	660.00
2324	塑料软管(尼龙)	FC 型 AD15.8	m	8.63
2325	塑料软管(尼龙)	FC 型 AD21.2	m	13.50
2326	塑料软管(尼龙)	FC 型 AD28.5	m	18.38
2327	塑料软管(尼龙)	FC 型 AD34.5	m	22.13
2328	塑料软管(尼龙)	FC 型 AD42.5	m	29.25
2329	塑料软管(尼龙)	FC 型 AD54.5	m	56.25
2330	塑料软管(PE)	FC 型 AD15.8	m	3.94
2331	塑料软管(PE)	FC 型 AD21.2	m	5.06

序号	材料名称	规格型号	单位	定额价(元)
2332	塑料软管(PE)	FC 型 AD28.5	m	9.00
2333	塑料软管(PE)	FC 型 AD34.5	m	10.13
2334	塑料软管(PE)	FC 型 AD42.5	m	15.38
2335	塑料软管(PE)	FC 型 AD54.5	m	26.25
2336	可挠金属套管	15 号	m	12.50
2337	可挠金属套管	17 号	m	13.50
2338	可挠金属套管	24 号	m	20.50
2339	可挠金属套管	30 号	m	23.00
2340	可挠金属套管	38 号	m	26.50
2341	架空绝缘导线接续管(10kV)(含绝缘套管)	JY－35YL	套	24.00
2342	架空绝缘导线接续管(10kV)(含绝缘套管)	JY－50YL	套	28.50
2343	架空绝缘导线接续管(10kV)(含绝缘套管)	JY－70YL	套	39.00
2344	架空绝缘导线接续管(10kV)(含绝缘套管)	JY－95YL	套	48.75
2345	架空绝缘导线接续管(10kV)(含绝缘套管)	JY－120YL	套	54.00
2346	架空绝缘导线接续管(10kV)(含绝缘套管)	JY－15YL	套	61.50
2347	架空绝缘导线接续管(10kV)(含绝缘套管)	JY－240YL	套	96.00
2348	带盖线槽	50×25×1.0 含配件	m	18.69
2349	带盖线槽	50×30×1.0 含配件	m	19.50
2350	带盖线槽	50×50×1.0 含配件	m	21.59
2351	带盖线槽	70×50×1.0 含配件	m	32.11
2352	带盖线槽	100×50×1.0 含配件	m	40.63
2353	带盖线槽	100×75×1.0 含配件	m	42.98

序号	材料名称	规格型号	单位	定额价(元)
2354	带盖线槽	100×100×1.0 含配件	m	49.74
2355	带盖线槽	150×50×1.0 含配件	m	53.83
2356	带盖线槽	150×75×1.0 含配件	m	56.47
2357	带盖线槽	150×100×1.0 含配件	m	65.00
2358	带盖线槽	150×150×1.0 含配件	m	72.33
2359	带盖线槽	200×50×1.0 含配件	m	70.61
2360	带盖线槽	200×75×1.0 含配件	m	74.79
2361	带盖线槽	200×100×1.0 含配件	m	77.19
2362	带盖线槽	200×150×1.0 含配件	m	88.36
2363	带盖线槽	200×200×1.0 含配件	m	94.97
2364	带盖线槽	250×75×1.0 含配件	m	84.06
2365	带盖线槽	250×100×1.0 含配件	m	89.38
2366	带盖线槽	300×50×1.0 含配件	m	88.46
2367	带盖线槽	300×100×1.0 含配件	m	101.56
2368	带盖线槽	300×150×1.0 含配件	m	112.73
2369	带盖线槽	400×100×1.0 含配件	m	126.95
2370	带盖线槽	400×150×1.0 含配件	m	149.30
2371	带盖线槽	400×200×1.0 含配件	m	165.55
2372	带盖线槽	500×100×1.0 含配件	m	151.33
2373	带盖线槽	500×150×1.0 含配件	m	153.52
2374	带盖线槽	500×200×1.0 含配件	m	175.70
2375	带盖线槽	600×50×1.0 含配件	m	163.00

序号	材料名称	规格型号	单位	定额价(元)
2376	带盖线槽	600×75×1.0 含配件	m	167.75
2377	带盖线槽	600×100×1.0 含配件	m	176.72
2378	带盖线槽	600×150×1.0 含配件	m	187.89
2379	带盖线槽	700×100×1.0 含配件	m	199.06
2380	带盖线槽	800×100×1.0 含配件	m	214.15
2381	带盖线槽	800×200×1.0 含配件	m	222.18
2382	桥架	钢制镀锌 50×25	m	31.59
2383	桥架	钢制镀锌 50×50	m	33.37
2384	桥架	钢制镀锌 60×40	m	26.95
2385	桥架	钢制镀锌 80×30	m	40.70
2386	桥架	钢制镀锌 100×100	m	70.31
2387	桥架	钢制镀锌 100×200	m	93.50
2388	桥架	钢制镀锌 100×50	m	52.47
2389	桥架	钢制镀锌 100×60	m	74.80
2390	桥架	钢制镀锌 150×100	m	85.33
2391	桥架	钢制镀锌 150×50	m	60.50
2392	桥架	钢制镀锌 200×100	m	102.26
2393	桥架	钢制镀锌 200×150	m	121.00
2394	桥架	钢制镀锌 200×200	m	145.20
2395	桥架	钢制镀锌 200×60	m	72.60
2396	桥架	钢制镀锌 250×100	m	116.60
2397	桥架	钢制镀锌 250×125	m	104.50

序号	材料名称	规格型号	单位	定额价(元)
2398	桥架	钢制镀锌 300×100	m	130.77
2399	桥架	钢制镀锌 300×150	m	159.23
2400	桥架	钢制镀锌 300×200	m	102.59
2401	桥架	钢制镀锌 400×100	m	181.38
2402	桥架	钢制镀锌 400×150	m	224.91
2403	桥架	钢制镀锌 400×200	m	253.00
2404	桥架	钢制镀锌 500×100	m	248.60
2405	桥架	钢制镀锌 500×150	m	282.73
2406	桥架	钢制镀锌 500×200	m	329.10
2407	桥架	钢制镀锌 600×100	m	296.30
2408	桥架	钢制镀锌 600×150	m	350.00
2409	桥架	钢制镀锌 800×100	m	360.43
2410	桥架	钢制镀锌 800×150	m	381.75
2411	桥架	钢制镀锌 800×200	m	429.00
2412	桥架	钢制镀锌 T 型 100×50	m	66.00
2413	桥架	钢制镀锌 T 型 150×100	m	89.65
2414	桥架	钢制镀锌 T 型 200×100	m	90.48
2415	桥架	钢制镀锌 T 型 200×150	m	95.24
2416	桥架	钢制镀锌 T 型 300×100	m	88.96
2417	桥架	钢制镀锌 T 型 300×200	m	99.00
2418	桥架	钢制镀锌 T 型 400×100	m	87.85
2419	桥架	钢制镀锌 T 型 400×200	m	114.62

序号	材料名称	规格型号	单位	定额价(元)
2420	桥架	钢制镀锌 T 型 500×100	m	126.58
2421	桥架	无机 100×100	m	66.00
2422	桥架	无机 200×100	m	129.80
2423	桥架	无机 300×100	m	195.62
2424	桥架	无机 300×150	m	203.50
2425	桥架	无机 400×150	m	221.54
2426	桥架	无机 400×200	m	324.50
2427	桥架	无机 500×100	m	296.30
2428	桥架	无机 800×150	m	408.60
2429	桥架	无机不燃 100×50	m	63.80
2430	桥架	无机不燃 150×50	m	97.90
2431	桥架	无机不燃 250×100	m	233.20
2432	桥架	无机不燃 250×150	m	205.70
2433	桥架	无机不燃 300×200	m	168.30
2434	桥架	无机不燃 360×150	m	165.00
2435	桥架	无机不燃 400×100	m	201.11
2436	桥架	无机不燃 460×150	m	194.70
2437	桥架	无机不燃 600×100	m	361.11
2438	桥架	无机不燃 600×200	m	328.90
2439	桥架	无机不燃 800×100	m	531.74
2440	桥架	无机不燃 800×200	m	545.60
2441	桥架	无机不燃 800×300	m	510.40

序号	材料名称	规格型号	单位	定额价(元)
2442	桥架	无机不燃 1000×100	m	604.01
2443	桥架	无机不燃 1000×150	m	635.36
2444	桥架	无机不燃 1200×500	m	734.02
2445	桥架	有机阻燃 100×50	m	71.06
2446	桥架	有机阻燃 100×100	m	116.60
2447	桥架	有机阻燃 200×100	m	154.06
2448	桥架	有机阻燃 200×150	m	175.56
2449	桥架	有机阻燃 250×150	m	184.80
2450	桥架	有机阻燃 250×200	m	203.50
2451	桥架	有机阻燃 300×100	m	233.20
2452	桥架	有机阻燃 300×150	m	259.60
2453	桥架	有机阻燃 300×200	m	283.80
2454	桥架	有机阻燃 400×100	m	261.86
2455	桥架	有机阻燃 400×150	m	277.20
2456	桥架	有机阻燃 400×200	m	306.90
2457	桥架	有机阻燃 500×200	m	600.60
2458	桥架	有机阻燃 600×300	m	583.00
2459	桥架	有机阻燃 800×150	m	1117.60
2460	桥架盖板	钢制镀锌 $B=100$	m	16.50
2461	桥架盖板	钢制镀锌 $B=200$	m	30.80
2462	桥架盖板	钢制镀锌 $B=250$	m	38.50
2463	桥架盖板	钢制镀锌 $B=300$	m	46.20

序号	材料名称	规格型号	单位	定额价(元)
2464	桥架盖板	钢制镀锌 $B=500$	m	85.80
2465	桥架盖板	无机不燃 400×100	m	130.90
2466	桥架盖板	有机阻燃 400×100	m	250.80
2467	桥架横担	槽钢 $L=2700$	个	166.10
2468	桥架横担	槽钢 $L=3400$	个	209.00
2469	桥架立柱	$L=300$ 槽钢	个	33.11
2470	桥架立柱	$L=300$ 合金塑料	个	82.50
2471	桥架立柱	$L=500$ 槽钢	个	51.61
2472	桥架立柱	$L=500$ 合金塑料	个	119.90
2473	桥架立柱	$L=700$ 槽钢	个	68.20
2474	桥架立柱	$L=800$ 槽钢	个	73.33
2475	桥架立柱	$L=800$ 合金塑料	个	176.00
2476	桥架立柱	$L=800$ 喷塑镀锌	个	85.80
2477	桥架立柱	$L=900$ 喷塑镀锌	个	89.10
2478	桥架立柱	$L=950$ 槽钢	个	92.40
2479	桥架立柱	$L=1000$ 槽钢	个	94.60
2480	桥架立柱	$L=1000$ 合金塑料	个	213.40
2481	桥架立柱	$L=1000$ 喷塑镀锌	个	104.50
2482	桥架立柱	$L=1200$ 槽钢	个	119.17
2483	桥架立柱	$L=1200$ 喷塑镀锌	个	125.40
2484	桥架立柱	$L=1400$ 槽钢	个	136.49
2485	桥架立柱	$L=1500$ 槽钢	个	143.00

序号	材料名称	规格型号	单位	定额价(元)
2486	桥架立柱	$L=1800$ 槽钢	个	173.80
2487	桥架立柱	$L=1900$ 槽钢	个	176.12
2488	桥架立柱	$L=2000$ 槽钢	个	191.40
2489	桥架立柱	$L=2100$ 槽钢	个	202.40
2490	桥架立柱	$L=2400$ 槽钢	个	215.60
2491	桥架立柱	$L=2500$ 槽钢	个	232.65
2492	桥架立柱	$L=2600$ 槽钢	个	234.30
2493	桥架立柱	$L=2700$ 槽钢	个	255.20
2494	桥架立柱	$L=3500$ 槽钢	个	298.10
2495	桥架立柱	$L=3800$ 槽钢	个	354.20
2496	桥架立柱	$L=4000$ 槽钢	个	350.90
2497	桥架立柱	$L=4400$ 槽钢	个	409.57
2498	桥架立柱	$L=4800$ 槽钢	个	438.90
2499	桥架立柱	$L=5500$ 槽钢	个	520.30
2500	桥架三通	钢制镀锌 50×50	个	25.30
2501	桥架三通	钢制镀锌 80×30	个	46.57
2502	桥架三通	钢制镀锌 100×50	个	62.70
2503	桥架三通	钢制镀锌 200×60	个	111.10
2504	桥架三通	钢制镀锌 300×100	个	178.30
2505	桥架三通	钢制镀锌 300×50	个	110.00
2506	桥架三通	钢制镀锌 300×60	个	121.00
2507	桥架三通	钢制镀锌 500×100	个	231.00

序号	材料名称	规格型号	单位	定额价(元)
2508	桥架三通	钢制镀锌 600×100	个	398.12
2509	桥架三通	钢制镀锌 600×200	个	189.20
2510	桥架三通	钢制镀锌 800×100	个	492.43
2511	桥架三通	钢制镀锌变径 400×100 变 100×100	个	115.50
2512	桥架三通	钢制镀锌变径 400×100 变 200×100	个	115.50
2513	桥架三通	钢制镀锌变径 400×100 变 600×100	个	137.50
2514	桥架三通	钢制镀锌变径 400×150 变 600×100	个	252.25
2515	桥架三通	钢制镀锌变径 600×100 变 200×100	个	137.50
2516	桥架三通	钢制镀锌变径 600×100 变 400×100	个	252.25
2517	桥架三通	钢制镀锌变径 600×100 变 800×200	个	319.18
2518	桥架三通	钢制镀锌变径 600×200 变 100×200	个	217.80
2519	桥架三通	钢制镀锌变径 600×200 变 600×100	个	217.80
2520	桥架三通	钢制镀锌变径 600×200 变 800×200	个	313.50
2521	桥架三通	钢制镀锌变径 800×200 变 400×100	个	319.18
2522	桥架三通	钢制镀锌变径 800×200 变 600×100	个	378.40
2523	桥架三通	无机不燃 100×100	个	136.40
2524	桥架三通	无机不燃 200×100	个	233.20
2525	桥架三通	无机不燃 300×100	个	276.35
2526	桥架三通	无机不燃 300×150	个	356.95
2527	桥架三通	无机不燃 400×100	个	403.15
2528	桥架三通	无机不燃 400×150	个	365.59
2529	桥架三通	无机不燃 600×100	个	622.05

序号	材料名称	规格型号	单位	定额价(元)
2530	桥架三通	无机不燃 600×200	个	469.70
2531	桥架三通	无机不燃 800×100	个	911.90
2532	桥架四通	钢制镀锌 200×60	个	130.90
2533	桥架四通	钢制镀锌 300×60	个	139.70
2534	桥架四通	钢制镀锌 600×100	个	459.01
2535	桥架四通	钢制镀锌 80×30	个	59.03
2536	桥架四通	无机不燃 400×100	个	306.90
2537	桥架四通	无机不燃 600×100	个	506.00
2538	桥架四通	无机不燃 800×100	个	655.60
2539	桥架四通	无机不燃 1000×100	个	896.28
2540	桥架托臂	$L=140$ 合金塑料	个	13.20
2541	桥架托臂	$L=140$ XQJ－TB－03－10	个	11.07
2542	桥架托臂	$L=240$ 合金塑料	个	15.40
2543	桥架托臂	$L=240$ XQJ－TB－03－20	个	14.58
2544	桥架托臂	$L=250$	个	16.12
2545	桥架托臂	$L=340$	个	16.47
2546	桥架托臂	$L=340$ 合金塑料	个	23.10
2547	桥架托臂	$L=340$	个	17.60
2548	桥架托臂	$L=350$	个	19.80
2549	桥架托臂	$L=420$	个	19.80
2550	桥架托臂	$L=440$	个	21.58
2551	桥架托臂	$L=440$ 合金塑料	个	26.40

序号	材料名称	规格型号	单位	定额价(元)
2552	桥架托臂	$L=450$	个	23.83
2553	桥架托臂	$L=540$	个	26.40
2554	桥架托臂	$L=550$	个	36.30
2555	桥架托臂	$L=640$	个	27.38
2556	桥架托臂	$L=640$ 喷塑镀锌	个	31.90
2557	桥架托臂	$L=650$	个	27.50
2558	桥架托臂	$L=650$ 双螺栓压板重型托臂	个	30.10
2559	桥架托臂	$L=740$ 喷塑镀锌	个	34.10
2560	桥架托臂	$L=840$	个	30.25
2561	桥架托臂	$L=850$	个	31.90
2562	桥架托臂	XQJ－TB－01A－150	个	11.00
2563	桥架托臂	XQJ－TB－01A－200 $W=250$	个	12.10
2564	桥架托臂	XQJ－TB－01A－300	个	16.50
2565	桥架托臂	XQJ－TB－01A－300 $W=350$	个	16.50
2566	桥架托臂	XQJ－TB－01A－400	个	17.60
2567	桥架托臂	XQJ－TB－01A－400 $W=450$	个	19.80
2568	桥架托臂	XQJ－TB－01A－500 $W=550$	个	20.90
2569	桥架弯通	钢制镀锌 100×75	个	37.40
2570	桥架弯通	钢制镀锌 150×100	个	108.90
2571	桥架弯通	钢制镀锌 200×100	个	113.46
2572	桥架弯通	钢制镀锌 200×150	个	136.40
2573	桥架弯通	钢制镀锌 200×75	个	102.30

序号	材料名称	规格型号	单位	定额价(元)
2574	桥架弯通	钢制镀锌 200×60	个	95.70
2575	桥架弯通	钢制镀锌 250×60	个	86.90
2576	桥架弯通	钢制镀锌 300×60	个	111.10
2577	桥架弯通	钢制镀锌 600×100	个	298.52
2578	桥架弯通	钢制镀锌 80×30	个	38.87
2579	桥架弯通	钢制镀锌 800×200	个	495.00
2580	桥架弯通	钢制镀锌变径 400×200 变 200×100	个	165.00
2581	桥架弯通	钢制镀锌变径 400×100 变 200×100	个	199.21
2582	桥架弯通	钢制镀锌变径 600×100 变 200×100	个	222.20
2583	桥架弯通	钢制镀锌变径 600×100 变 400×100	个	227.80
2584	桥架弯通	钢制镀锌变径 600×200 变 400×200	个	245.70
2585	桥架弯通	钢制镀锌变径 600×200 变 100×200	个	202.40
2586	桥架弯通	钢制镀锌垂直 50×50	个	23.10
2587	桥架弯通	钢制镀锌垂直 100×50	个	34.43
2588	桥架弯通	钢制镀锌垂直 200×100	个	111.87
2589	桥架弯通	钢制镀锌垂直 300×100	个	116.97
2590	桥架弯通	钢制镀锌垂直 300×150	个	137.00
2591	桥架弯通	钢制镀锌垂直 300×200	个	192.95
2592	桥架弯通	钢制镀锌垂直 400×100	个	216.70
2593	桥架弯通	钢制镀锌垂直 400×150	个	228.26
2594	桥架弯通	钢制镀锌垂直 400×200	个	254.10
2595	桥架弯通	钢制镀锌垂直 500×150	个	232.65

序号	材料名称	规格型号	单位	定额价(元)
2596	桥架弯通	钢制镀锌垂直 500×200	个	276.29
2597	桥架弯通	钢制镀锌水平 1000×250	个	420.20
2598	桥架弯通	钢制镀锌水平 300×100	个	155.87
2599	桥架弯通	钢制镀锌水平 400×150	个	244.20
2600	桥架弯通	钢制镀锌水平 400×200	个	280.50
2601	桥架弯通	钢制镀锌水平 500×100	个	273.90
2602	桥架弯通	钢制镀锌水平 500×150	个	328.90
2603	桥架弯通	钢制镀锌梯级式 200×150	个	94.60
2604	桥架弯通	钢制镀锌梯级式 300×150	个	113.30
2605	桥架弯通	钢制镀锌梯级式 400×150	个	156.20
2606	桥架弯通	钢制镀锌梯级式 500×150	个	212.20
2607	桥架弯通	无机不燃 100×50	个	89.10
2608	桥架弯通	无机不燃 100×100	个	106.70
2609	桥架弯通	无机不燃 200×100	个	151.50
2610	桥架弯通	无机不燃 300×100	个	188.75
2611	桥架弯通	无机不燃 300×150	个	205.93
2612	桥架弯通	无机不燃 300×200	个	223.30
2613	桥架弯通	无机不燃 400×100	个	234.30
2614	桥架弯通	无机不燃 400×150	个	321.20
2615	桥架弯通	无机不燃 500×100	个	358.50
2616	桥架弯通	无机不燃 600×100	个	460.90
2617	桥架弯通	无机不燃 600×200	个	491.70

序号	材料名称	规格型号	单位	定额价(元)
2618	桥架弯通	无机不燃 800×100	个	768.35
2619	桥架异形水平三通	300×100/400×200/400×200	个	291.50
2620	桥架异形水平三通	400×150/200×100	个	209.00
2621	桥架异形水平三通	600×200/300×100/400×200	个	325.60
2622	桥架异形水平三通	800×200/400×150	个	436.70
2623	桥架异形水平三通	800×200/600×200	个	576.40
2624	桥架异形水平三通	800×200/600×200/800×200	个	576.40
2625	桥架终端封头	钢制镀锌 50×50	个	5.50
2626	桥架终端封头	有机阻燃 100×50	个	4.40
2627	桥架终端封头	钢制镀锌 100×100	个	3.20
2628	桥架终端封头	钢制镀锌 150×100	个	4.40
2629	桥架终端封头	钢制镀锌 200×100	个	8.80
2630	桥架终端封头	无机阻燃 200×100	个	13.20
2631	桥架终端封头	钢制镀锌 200×150	个	6.60
2632	桥架终端封头	钢制镀锌 300×100	个	6.60
2633	桥架终端封头	钢制镀锌 300×200	个	9.90
2634	桥架终端封头	钢制镀锌 400×200	个	26.40
2635	桥架终端封头	无机阻燃 400×200	个	18.92
2636	桥架终端封头	有机阻燃 400×200	个	38.50
2637	桥架终端封头	钢制镀锌 500×150	个	11.00
2638	桥架终端封头	钢制镀锌 600×150	个	13.20
2639	封闭式桥架	钢制镀锌喷涂 400×100	m	183.21

序号	材料名称	规格型号	单位	定额价(元)
2640	封闭式桥架	钢制镀锌喷涂 500×100	m	211.20
2641	封闭式桥架	合金塑料 PCQA－A－10　100×100	m	122.10
2642	封闭式桥架	合金塑料 PCQA－A－20　200×100	m	128.70
2643	封闭式桥架	合金塑料 PCQA－A－30　300×100	m	185.90
2644	封闭式桥架	合金塑料 PCQA－A－40　400×100	m	235.40
2645	封闭式桥架	合金塑料 PCQA－A－50　500×150	m	300.76
2646	封闭式桥架	合金塑料 PCQA－A－60　600×100	m	295.10
2647	封闭式桥架	合金塑料 PCQA－A－60　600×150	m	349.87
2648	电缆吊挂	3×50	套	10.42
2649	户内平放矩形母线金具	MNP－101	套	17.00
2650	户内平放矩形母线金具	MNP－102	套	19.00
2651	户内平放矩形母线金具	MNP－103	套	20.00
2652	户内平放矩形母线金具	MNP－104	套	23.00
2653	户内平放矩形母线金具	MNP－105	套	25.00
2654	户内平放矩形母线金具	MNP－301	只	27.00
2655	户内平放矩形母线金具	MNP－302	只	28.00
2656	户内平放矩形母线金具	MNP－303	只	29.00
2657	户内平放矩形母线金具	MNP－304	只	30.00
2658	户内平放矩形母线金具	MNP－305	只	26.00
2659	户内平放矩形母线金具	MNP－306	只	27.00
2660	户内平放矩形母线金具	MNP－307	只	28.00
2661	户内平放矩形母线金具	MNP－308	只	29.00

序号	材料名称	规格型号	单位	定额价(元)
2662	户外平放矩形母线固定金具	MWP－101	副	34.00
2663	户外平放矩形母线固定金具	MWP－102	副	35.00
2664	户外平放矩形母线固定金具	MWP－103	副	36.00
2665	户外平放矩形母线固定金具	MWP－104	副	37.00
2666	户外平放矩形母线固定金具	MWP－201	副	40.00
2667	户外平放矩形母线固定金具	MWP－202	副	42.00
2668	户外平放矩形母线固定金具	MWP－203	副	43.00
2669	户外平放矩形母线固定金具	MWP－204	副	44.00
2670	户外平放矩形母线固定金具	MWP－301	副	44.00
2671	户外平放矩形母线固定金具	MWP－302	副	47.00
2672	户外平放矩形母线固定金具	MWP－303	副	49.00
2673	户外平放矩形母线固定金具	MWP－304	副	50.00
2674	并沟线夹	JB－1	只	1.40
2675	并沟线夹	JB－2	只	2.10
2676	并沟线夹	JB－3	只	4.83
2677	并沟线夹	JB－4	只	9.00
2678	母线拉紧装置	$500mm^2$ 以下	套	20.23
2679	母线拉紧装置	$1200mm^2$ 以下	套	28.22
2680	电缆托架(槽钢)	600	根	65.00
2681	电缆托架(槽钢)	1200	根	125.00
2682	电缆托架(槽钢)	1800	根	148.00
2683	镀锌扁钢支架	40×3	kg	7.23

序号	材料名称	规格型号	单位	定额价(元)
2684	拉线抱箍		副	15.00
2685	铜蝶形螺母	M8	个	1.30
2686	滑触线支持器		套	24.49
2687	接线盒	100×100	个	12.10
2688	接线盒	(50～70)×(50～70)×2	个	2.93
2689	防爆穿线盒	25	个	63.80
2690	防爆穿线盒	40	个	74.80
2691	防爆吊线盒	AH－DH25WF2	个	63.80
2692	防爆吊线盒	AH－DH32WF2	个	75.90
2693	分线盒	100×100×100	个	12.10
2694	镀锌钢质分线盒	100×100×80 带盖	个	14.85
2695	镀锌钢质分线盒	150×150×100 带盖	个	18.52
2696	防爆分线盒	AH－B25 WF2DⅡ BT4	个	55.00
2697	防爆分线盒	AH－DC/E25F2DⅡCT4	个	66.00
2698	不锈钢接线盒	SIB120×120×80	个	462.00
2699	防爆接线盒	三通	个	57.20
2700	防爆接线盒	15	个	51.70
2701	防爆接线盒	20	个	58.52
2702	防爆接线盒	25	个	60.50
2703	防爆接线盒	32	个	75.90
2704	防爆接线盒	40	个	82.50
2705	防爆接线盒	50	个	222.20

序号	材料名称	规格型号	单位	定额价(元)
2706	防爆接线盒	BJX52 -6/100 B1/80 D1/80WF2	个	2310.00
2707	防爆接线盒	BJX52 -6/63 B1/80 D1/50WF2	个	2310.00
2708	防爆接线盒	BJX52 -6/63 B1/80 D1/80WF2	个	2310.00
2709	绝缘缓冲板		块	2.34
2710	降阻剂		kg	3.00
2711	黑胶布条	18m	盘	2.28
2712	铝箔		m^2	14.50
2713	铝箔带	0.08×30	m	0.71
2714	硬聚氯乙烯板	$\delta=12$	m^2	61.50
2715	硬聚氯乙烯管	ϕ25×3	m	3.69
2716	硬聚氯乙烯管	ϕ40×6	m	9.22
2717	硬聚氯乙烯管	ϕ100×7	m	29.90
2718	电缆中间头	1×630　110kV 户内含安装	套	36753.00
2719	电缆中间头	1×800　110kV 户内含安装	套	40428.30
2720	电缆中间头	3×120　15kV 冷缩	套	6462.50
2721	电缆中间头	3×120　15kV 热缩	套	4315.41
2722	电缆中间头	3×120	套	3666.66
2723	电缆中间头	3×185　35kV 预制式	套	5073.34
2724	电缆中间头	3×185	套	3948.71
2725	电缆中间头	3×240　15kV 冷缩	套	6784.38
2726	电缆中间头	3×240　15kV 预制户内式	套	5280.00
2727	电缆中间头	3×240　35kV 户内预制式	套	10780.00

序号	材料名称	规格型号	单位	定额价(元)
2728	电缆中间头	3×240 35kV 冷缩	套	16236.64
2729	电缆中间头	3×240	套	3948.71
2730	电缆中间头	3×300 15kV 冷缩	套	7623.72
2731	电缆中间头	3×300	套	7623.00
2732	电缆中间头	3×35 1kV	套	82.50
2733	电缆中间头	3×70 1kV	套	95.70
2734	电缆中间头	3×95 15kV 冷缩	套	4950.00
2735	电缆中间头	3×95 35kV 冷缩	套	14402.30
2736	电缆中间头	3×95 15kV 冷缩	套	6025.33
2737	电缆中间头	3×95 1kV	套	95.70
2738	电缆终端头	1×150 15kV 冷缩户内	套	391.12
2739	电缆终端头	1×185 15kV 冷缩户内	套	473.00
2740	电缆终端头	1×185 6kV 冷缩户内	套	473.00
2741	电缆终端头	1×240 15kV 冷缩户内	套	507.10
2742	电缆终端头	1×240 15kV 冷缩户外	套	742.73
2743	电缆终端头	1×240 35kV 预制户内式	套	1410.26
2744	电缆终端头	1×240 35kV 预制户外式	套	2162.39
2745	电缆终端头	1×300 15kV 冷缩户内	套	506.55
2746	电缆终端头	1×400 15kV 冷缩户内式	套	561.00
2747	电缆终端头	1×400 3kV 冷缩户内式	套	561.00
2748	电缆终端头	1×630 110kV 户外	套	43241.00
2749	电缆终端头	1×630 110kV 干式插拔式含安装	套	52800.00

序号	材料名称	规格型号	单位	定额价(元)
2750	电缆终端头	1×630　110kV 户内含安装	套	54890.00
2751	电缆终端头	1×630　110kV 内锥插拔式	套	47003.00
2752	电缆终端头	1×800　110kV 户内	套	54993.40
2753	电缆终端头	1×95　15kV 冷缩户内	套	385.00
2754	电缆终端头	3×120　15kV 冷缩户内	套	1716.80
2755	电缆终端头	3×120　15kV 预制户内式	套	1222.22
2756	电缆终端头	3×120　35kV 预制户内式	套	4324.78
2757	电缆终端头	3×120　35kV 预制户外式	套	6534.19
2758	电缆终端头	3×150　15kV 冷缩户内	套	2330.90
2759	电缆终端头	3×150　15kV 冷缩户内式加长型	套	1627.98
2760	电缆终端头	3×150　35kV 冷缩户内式	套	3796.65
2761	电缆终端头	3×150　35kV 冷缩户内式加长型	套	6180.90
2762	电缆终端头	3×185　15kV 冷缩户内	套	1898.60
2763	电缆终端头	3×185　15kV 冷缩户外	套	2570.70
2764	电缆终端头	3×185　15kV 热缩户内式	套	362.56
2765	电缆终端头	3×185　15kV 预制户内式	套	1362.90
2766	电缆终端头	3×185　35kV 冷缩户内式	套	6218.30
2767	电缆终端头	3×185　35kV 热缩户外式	套	362.56
2768	电缆终端头	3×185　35kV 预制户内式	套	9364.15
2769	电缆终端头	3×185　6kV 冷缩户内	套	2063.60
2770	电缆终端头	3×185　6kV 冷缩户内式加长型	套	2362.80
2771	电缆终端头	3×240　15kV 冷缩户内	套	1946.58

序号	材料名称	规格型号	单位	定额价(元)
2772	电缆终端头	3×240　15kV 冷缩户内	套	2505.32
2773	电缆终端头	3×240　15kV 冷缩户内加长型	套	1705.00
2774	电缆终端头	3×240　15kV 冷缩户外	套	2492.33
2775	电缆终端头	3×240　15kV 预制户内式	套	1595.00
2776	电缆终端头	3×240　35kV 冷缩户内式	套	6732.22
2777	电缆终端头	3×240　35kV 预制户内式	套	5390.00
2778	电缆终端头	3×240　6kV 冷缩户内式	套	2362.80
2779	电缆终端头	3×300　15kV 预制户内式	套	1362.90
2780	电缆终端头	3×300 HLN－15kV 冷缩	套	2386.27
2781	电缆终端头	3×50　15kV 冷缩户外	套	1789.04
2782	电缆终端头	3×70　15kV 冷缩户内	套	1579.49
2783	电缆终端头	3×95　15kV 冷缩户外	套	2171.40
2784	电缆终端头	3×95　15kV 预制户内式	套	1428.90
2785	电缆终端头	3×95 户内 GCA	套	1222.10
2786	电缆终端头	3×95　15kV 冷缩户内	套	1580.99
2787	电缆终端头	3×95　15kV 冷缩户内式加长型	套	2055.40
2788	电缆终端头	3×95　35kV 冷缩户内式	套	5948.72
2789	电缆终端头	3×95　35kV 冷缩户内式加长型	套	6974.00
2790	电缆终端头冷缩加长型套管		套	148.50
2791	电缆终端头冷缩应力管		套	264.00
2792	弧行滑触线	R1200　1/4 圆弧	根	294.72
2793	弧行滑触线	R1700　1/4 圆弧	根	220.00

序号	材料名称	规格型号	单位	定额价(元)
2794	弧行滑触线	R1800 1/4 圆弧	根	231.00
2795	弧行滑触线	R2300 1/4 圆弧	根	297.00
2796	弧形滑触线	60A $R=3700$ 1/4 圆弧 DHG-4-16	根	935.00
2797	弧形滑触线	60A $R=4300$ 1/4 圆弧 DHG-4-16	根	1078.00
2798	弧形滑触线	100A $R=2000$ 1	根	270.27
2799	弧形滑触线	100A $R=2500$ 1	根	296.01
2800	弧形滑触线	100A $R=2800$ 1/4 圆弧	根	272.79
2801	滑触线	100A 安全 导管式	m	71.50
2802	滑触线	100A 安全 铝	m	31.90
2803	滑触线	120A 安全 H 型	m	35.20
2804	滑触线	15/80 钢体	m	374.00
2805	滑触线	1500A 钢体复合型	m	220.00
2806	滑触线	1600A 钢体	m	516.90
2807	滑触线	160A 安全 H 型	m	42.31
2808	滑触线	200A 安全 H 型	m	107.80
2809	滑触线	200A 安全 导管式	m	96.80
2810	滑触线	200A 安全 铝	m	47.00
2811	滑触线	2500A 钢体复合型	m	412.74
2812	滑触线	250A 安全 H 型	m	110.00
2813	滑触线	3000A 钢体复合型	m	484.19
2814	滑触线	300A 安全 H 型	m	113.95
2815	滑触线	300A 安全 铝	m	52.77

序号	材料名称	规格型号	单位	定额价(元)
2816	滑触线	380A 安全 H 型	m	131.67
2817	滑触线	400A 安全 H 型	m	145.20
2818	滑触线	400A 安全 铝	m	58.05
2819	滑触线	400A 钢体	m	102.30
2820	滑触线	500A 安全 H 型	m	159.72
2821	滑触线	500A 钢体	m	180.40
2822	滑触线	500A 钢体复合型	m	225.79
2823	滑触线	500A 钢体	m	73.00
2824	滑触线	60A 安全（DHG－4－16）	m	136.64
2825	滑触线	60A 安全 铝	m	44.00
2826	滑触线	700A 钢体复合型	m	102.67
2827	滑触线	800A 钢体	m	291.50
2828	滑触线	80A 安全 导管式	m	130.17
2829	滑触线	826A 钢体	m	251.90
2830	滑触线	DHH500/800　800A 铝 安全型	m	66.00
2831	滑触线	DHHT－25　120A 安全型	m	158.40
2832	滑触线	DHGJ－4－16　125A	m	132.00
2833	滑触线	DHGJ－4－25　125A	m	165.00
2834	滑触线	DHGJ－4－35　140A	m	209.00
2835	荧光灯	3×40W 节能灯管	套	77.44
2836	荧光灯	3×36W 220VAC	套	286.00
2837	荧光灯	2×40W 应急节能	套	203.94

序号	材料名称	规格型号	单位	定额价(元)
2838	荧光灯	2×40W 日光灯管	套	82.50
2839	荧光灯	2×40W 嵌入式格栅日光灯	套	157.01
2840	荧光灯	2×40W CXYG1－2	套	75.90
2841	荧光灯	2×40W PKY506－5 220VAC	套	67.32
2842	荧光灯	2×40W 220VAC CXYG2－2	套	143.00
2843	荧光灯	2×36W 应急节能双管	套	209.00
2844	荧光灯	2×36W 日光灯管	套	82.50
2845	荧光灯	2×36W 嵌入式节能型应急细管	套	286.00
2846	荧光灯	2×36W 节能灯管	套	74.80
2847	荧光灯	2×36W 格栅式日光灯管	套	172.84
2848	荧光灯	2×36W 高效节能双管	套	75.17
2849	荧光灯	2×36W 高效节能格栅	套	202.75
2850	荧光灯	2×36W 220VAC	套	61.60
2851	荧光灯	2×36W 220VAC	套	92.74
2852	荧光灯	2×36W 220VAC 电子镇带 高效节能	套	126.13
2853	荧光灯	2×36W 220VAC 电子 高效节能格栅	套	181.50
2854	荧光灯	1×40W 日光灯管	套	61.78
2855	荧光灯	1×40W 格栅日光灯管	套	151.53
2856	荧光灯	1×40W 壁式日光灯管	套	75.30
2857	荧光灯	1×40W 220VAC	套	63.80
2858	荧光灯	1×36W 应急节能灯管	套	187.00
2859	荧光灯	1×36W 应急格栅日光灯管	套	214.32

序号	材料名称	规格型号	单位	定额价(元)
2860	荧光灯	1×36W 日光灯管	套	64.98
2861	荧光灯	1×36W 嵌入式格栅日光灯管	套	150.01
2862	荧光灯	1×36W 节能灯管	套	59.95
2863	荧光灯	1×36W 高效节能	套	61.64
2864	荧光灯	1×36W 220VAC 电子镇带 高效节能	套	118.80
2865	应急防水防尘灯	32W	套	143.00
2866	应急灯转换装置	36W	套	77.00
2867	应急灯	40W 220V	套	192.78
2868	应急灯	3×40W 格栅日光灯管	套	157.01
2869	应急灯	3×20W 高效格栅荧光	套	247.50
2870	应急灯	2×5W CXYJD－200	套	71.50
2871	应急灯	2×40W 双管日光灯管	套	253.41
2872	应急灯	2×40W 格栅密闭日光灯	套	299.02
2873	应急灯	2×40W 220VAC 荧光灯	套	242.55
2874	应急灯	2×36W 嵌入式格栅双管荧光灯	套	275.16
2875	应急灯	2×36W 控照双管日光灯管	套	231.00
2876	应急灯	2×36W 高效节能荧光	套	286.00
2877	应急灯	2×36W 220VAC 30min 荧光	套	230.96
2878	应急灯	2×36W 6700IM 4000K 荧光	套	184.80
2879	应急灯	2×16W	套	165.00
2880	应急灯	2×15W 220V	套	154.00
2881	应急灯	2×10W	套	176.00

序号	材料名称	规格型号	单位	定额价(元)
2882	应急灯	1×70W 防水防尘灯金属卤化物光源	套	539.00
2883	应急灯	1×60W 自带事故电源照明灯	套	175.62
2884	应急灯	1×5W GXYJD-200 15h	套	146.30
2885	应急灯	1×40W 密闭日光灯管	套	213.64
2886	应急灯	1×40W 控照日光灯管	套	286.00
2887	应急灯	1×40W 盒式日光灯管	套	159.50
2888	应急灯	1×36W 220VAC 荧光	套	179.30
2889	应急灯	1×25W 250VAC	套	181.50
2890	应急灯	1×21W 豪华吸顶式节能灯管	套	193.33
2891	应急灯	1×15W 安全出口节能灯	套	116.60
2892	应急灯	1×100W 防水防尘灯金属卤化物光源	套	539.00
2893	应急标志灯	CXYJD-112 20W	套	165.00
2894	应急壁灯	1×100W	套	713.53
2895	消毒灯	40W 紫外线灯管	套	83.14
2896	吸顶灯	70W 220V 应急	套	1056.00
2897	吸顶灯	70W 220V	套	343.20
2898	吸顶灯	60W 防水普通灯泡	套	34.65
2899	吸顶灯	60W 防水白炽灯管 220V	套	50.55
2900	吸顶灯	60W 防潮普通灯泡	套	166.45
2901	吸顶灯	40W 1350IM、3000K IP65	套	29.60
2902	吸顶灯	32W 走廊节能灯	套	29.60
2903	吸顶灯	32W 节能 防水	套	50.05

序号	材料名称	规格型号	单位	定额价(元)
2904	吸顶灯	25W 250VAC	套	26.40
2905	吸顶灯	22W 1350IM 3000K IP65	套	55.59
2906	吸顶灯	18W 电子节能灯 防水防尘	套	29.60
2907	吸顶灯	13W 防水节能灯管	套	28.12
2908	吸顶灯	11W 电子节能灯	套	51.15
2909	吸顶灯	100W 220AVC	套	38.50
2910	吸顶灯	1×60W 应急	套	143.00
2911	吸顶灯	1×60W 220VAC 应急型	套	143.00
2912	吸顶灯	1×36W	套	61.78
2913	吸顶灯	1×32W 环形灯管	套	24.93
2914	吸顶灯	1×24W 36V 防水防尘	套	231.08
2915	吸顶灯	1×24W 36V 应急型 防水防尘	套	391.73
2916	吸顶灯	1×32W 防爆	套	207.46
2917	围墙灯	40W	套	93.50
2918	投光灯	400W 金卤光源	套	1320.00
2919	投光灯	400W 高压钠	套	579.70
2920	投光灯	400W 高效金属卤化物 欧司朗光源	套	1375.00
2921	投光灯	400W 防眩金卤灯	套	3159.75
2922	投光灯	250W 金卤光源	套	495.00
2923	投光灯	250W 高压钠	套	528.00
2924	投光灯	250W 220VAC 节能	套	506.00
2925	投光灯	250W 金卤	套	418.00

序号	材料名称	规格型号	单位	定额价(元)
2926	投光灯	220W CXTG64 高效节能	套	324.50
2927	投光灯	200W 金卤光源 反射型	套	418.00
2928	投光灯	175W GXTG64A－175－D 高效节能反射	套	405.41
2929	投光灯	150W 高压钠	套	418.00
2930	投光灯	150W 金卤	套	418.00
2931	投光灯	100W 高压钠	套	462.00
2932	投光灯	100W 反射钠灯	套	342.10
2933	投光灯	100W GXTG64A－100－D 高效节能反射	套	202.95
2934	投光灯	100W 220VAC 节能	套	352.00
2935	投光灯	100W 金卤	套	258.50
2936	投光灯	1000W 高效金属卤化物 欧司朗光源	套	2200.00
2937	投光灯	1000W 防震型超强型金卤灯	套	4405.50
2938	筒灯	2×8W 防水(带防雾玻璃)	套	39.71
2939	筒灯	1×8W 普通 4 寸节能灯	套	49.13
2940	筒灯	1×60W	套	38.50
2941	筒灯	1×20W 30min 应急	套	170.87
2942	筒灯	1×18W 节能	套	38.50
2943	筒灯	1×18W 嵌入式	套	43.63
2944	筒灯	1×18W 30min 节能应急	套	286.00
2945	筒灯	1×13W 节能灯	套	55.39
2946	庭院灯	ZM6100 $H=3$m	套	1815.00
2947	隧道灯	65W 应急高压钠灯	套	181.28

序号	材料名称	规格型号	单位	定额价(元)
2948	隧道灯	65W 高压钠灯 防水防尘	套	317.24
2949	隧道灯	24W 节能灯管	套	264.00
2950	隧道灯	1×70W 三防	套	207.90
2951	隧道灯	1×24W 应急节能灯	套	368.50
2952	隧道灯	1×24W 防水防尘	套	322.30
2953	隧道灯	1×100W 续电>30min 应急高压钠灯	套	704.00
2954	密闭金属卤化物灯	1×400W 220VAC	套	462.00
2955	密闭金属卤化物灯	1×150W 220VAC	套	385.00
2956	密闭金属卤化物灯	1×100W 220VAC	套	263.84
2957	路灯	70W 防眩应急金卤灯	套	616.00
2958	路灯	60W 太阳能 LED 光源	套	3960.00
2959	路灯	400W 高压钠光源	套	858.00
2960	路灯	400W 高压钠 $L=10$m	套	3630.00
2961	路灯	400W 防眩金卤灯	套	2722.50
2962	路灯	250W 高压钠灯	套	770.00
2963	路灯	196W LED 光源含安装	套	7674.70
2964	路灯	154W LED 光源含安装	套	4620.00
2965	路灯	150W 防眩金卤灯	套	1940.40
2966	路灯	150W LED 黄光源含安装	套	5478.00
2967	路灯	120W LED 光源含安装	套	4400.00
2968	链吊型灯	60W 220AVC	套	53.90
2969	链吊型灯	100W 220AVC	套	53.90

序号	材料名称	规格型号	单位	定额价(元)
2970	金属卤化物灯	70W	套	357.50
2971	金属卤化物灯	220VAC 250W NSC9700 - J250	套	1652.75
2972	节能通道灯	40W 220V	套	253.00
2973	节能通道灯	23W	套	265.77
2974	节能灯	400W 深照型高效	套	1133.00
2975	节能灯	21W 嵌入防眩光	套	149.60
2976	花灯	4×60W 普通灯泡	套	770.00
2977	航标灯	3×50W 专业灯泡	套	2035.00
2978	管吊广照型灯	70W 金卤灯	套	308.00
2979	管吊广照型灯	100W 金卤灯	套	634.70
2980	工厂弯灯	BLD55 - 70W 三防	套	634.48
2981	工厂弯灯	BLD55 - 100W 三防	套	656.70
2982	工厂弯灯	70W 220VAC	套	218.17
2983	工厂弯灯	150W GC1 - E60 220VAC $\cos\varphi \geq 0.9$	套	212.85
2984	工厂灯	400W 深照型 IP56 带镇流器	套	539.00
2985	工厂灯	250W 普通灯泡	套	247.50
2986	工厂灯	250W 金卤灯	套	430.54
2987	工厂灯	200W 深照型	套	114.54
2988	工厂灯	175W 金卤灯	套	418.00
2989	工厂灯	100W 防爆	套	149.60
2990	工厂灯	100W GC1 - A	套	53.90
2991	工厂灯	100W 220VAC 管装斜照型	套	154.00

序号	材料名称	规格型号	单位	定额价(元)
2992	工厂灯	1×60W 普通灯泡	套	71.50
2993	工厂灯	1×400W 广照型	套	752.90
2994	工厂灯	1×400W 金卤灯	套	562.83
2995	工厂灯	1×150W $L=300$mm 防水防尘	套	296.01
2996	工厂灯	1×100W 普通灯泡	套	64.90
2997	工厂灯	1×100W 金卤灯	套	269.50
2998	工厂灯	1×100W 广照式普通灯泡	套	69.30
2999	格栅灯	3×20W T8 管铁壳	套	170.50
3000	格栅灯	3×20W T8 管铝壳	套	218.79
3001	格栅灯	2×40W T8 管铝壳	套	192.50
3002	格栅荧光灯	220VAC 2×36W 高效节能双管应急	套	347.49
3003	格栅荧光灯	2×36W 高效节能双管应急	套	285.56
3004	防眩灯	500W	套	319.00
3005	防水防尘灯	XO4A4　1×60W 白炽光源	套	138.67
3006	防水防尘灯	FMJ704　1×100W 220VAC	套	64.35
3007	防水防尘灯	85W 220VAC	套	242.00
3008	防水防尘灯	80W 金卤	套	260.70
3009	防水防尘灯	70W 金卤灯泡	套	434.50
3010	防水防尘灯	70W 高压钠灯 $L=2.8$m	套	258.50
3011	防水防尘灯	70W 高压钠灯 $L=2.5$m	套	330.35
3012	防水防尘灯	70W 220V	套	366.80
3013	防水防尘灯	70W CXTG64	套	69.42

序号	材料名称	规格型号	单位	定额价(元)
3014	防水防尘灯	60W BZG9002	套	495.00
3015	防水防尘灯	60W	套	66.00
3016	防水防尘灯	50W 36VAC	套	269.50
3017	防水防尘灯	40W CXSZD98B	套	258.50
3018	防水防尘灯	32W 220V 吊杆	套	34.10
3019	防水防尘灯	32W	套	269.50
3020	防水防尘灯	250W 高压钠灯	套	296.01
3021	防水防尘灯	150W 钠灯 一体化	套	384.49
3022	防水防尘灯	150W 220VAC	套	437.80
3023	防水防尘灯	125W 金卤光源	套	385.00
3024	防水防尘灯	11W 电子节能灯	套	385.22
3025	防水防尘灯	100W 钠灯 一体化	套	373.79
3026	防水防尘灯	100W 金卤灯泡	套	74.80
3027	防水防尘灯	100W 金卤灯 柱装	套	71.50
3028	防水防尘灯	100W 金卤灯 管吊	套	104.13
3029	防水防尘灯	100W 高压钠灯带 2.8m 灯杆	套	363.00
3030	防水防尘灯	100W 高压钠灯	套	212.36
3031	防水防尘灯	100W 壁装 30°	套	338.25
3032	防水防尘灯	100W CXSZD98B	套	117.70
3033	防水防尘灯	100W GC9 – E	套	407.00
3034	防水防尘灯	100W CXTG64	套	61.78
3035	防水防尘灯	100W	套	70.40

序号	材料名称	规格型号	单位	定额价(元)
3036	防潮灯	1×60W 220VAC	套	63.80
3037	防爆应急灯	1×125W/20W BYD－Z125/20LF 2DⅡ	套	1056.00
3038	防爆型荧光灯	1×40W	套	357.50
3039	防爆型节能灯	85W 杆装	套	699.57
3040	防爆型节能灯	85W 吊装	套	543.84
3041	防爆型交流联闪主控灯	50W	套	5500.00
3042	防爆型交流联闪航空障碍灯	50W	套	2200.00
3043	防爆投光灯	400W 节能	套	2046.00
3044	防爆投光灯	20W 应急	套	836.11
3045	防爆投光灯	175W 金卤灯泡	套	836.00
3046	防爆路灯	250W 金卤灯泡	套	4103.46
3047	防爆路灯	250W H=6m 带灯杆基础 BLL51－250 01	套	5280.00
3048	防爆灯	70W 平台高压钠灯泡	套	1056.00
3049	防爆灯	70W 金卤光源	套	687.50
3050	防爆灯	60W	套	440.00
3051	防爆灯	40W 日光灯管	套	418.28
3052	防爆灯	40W 全塑日光灯管	套	1474.00
3053	防爆灯	40W 嵌入式荧光灯	套	719.24
3054	防爆灯	400W 投光金卤灯	套	1089.00
3055	防爆灯	400W 金卤光源	套	1078.79
3056	防爆灯	36W 应急单管荧光	套	527.67
3057	防爆灯	32W 应急单管荧光	套	1014.02

序号	材料名称	规格型号	单位	定额价(元)
3058	防爆灯	32W 单管荧光	套	237.82
3059	防爆灯	250W 金卤光源	套	721.56
3060	防爆灯	200W 防爆等级 dⅡBT1	套	396.00
3061	防爆灯	2×40W 应急全塑日光灯管	套	1024.10
3062	防爆灯	2×40W 嵌入式荧光灯	套	519.75
3063	防爆灯	175W 金卤光源	套	1012.00
3064	防爆灯	175W 金卤灯泡	套	836.00
3065	防爆灯	150W 平台金卤灯	套	935.00
3066	防爆灯	125W+30W 应急两用汞灯泡及金卤灯泡	套	997.90
3067	防爆灯	125W+20W 照明应急两用灯带立杆 $H=3m$	套	1123.51
3068	防爆灯	125W+20W 照明应急两用灯	套	1056.00
3069	防爆灯	125W 平台汞灯泡	套	953.70
3070	防爆灯	125W 金卤光源	套	1034.00
3071	防爆灯	125W 汞灯泡带镇流器	套	679.25
3072	防爆灯	100W 普通灯泡	套	629.75
3073	防爆灯	100W 平台高压钠灯泡	套	792.00
3074	防爆灯	100W 金卤光源灯杆 2.5m	套	913.00
3075	防爆灯	100W 汞灯泡	套	1026.66
3076	防爆灯	100W 高压钠灯泡	套	1545.50
3077	防爆灯	100W BLD53－100BⅠZⅡF2DⅡCT4	套	836.00
3078	防爆灯	1×36W	套	352.00
3079	防爆灯	1×2×36W 应急双管荧光	套	352.00

序号	材料名称	规格型号	单位	定额价(元)
3080	防爆壁灯	1×32W	套	213.53
3081	泛光灯	70W 防眩金卤应急灯	套	2930.40
3082	泛光灯	70W 防眩金卤灯	套	384.46
3083	泛光灯	400W 节能型热启动金卤灯	套	3316.50
3084	泛光灯	150W 防眩金卤灯	套	1277.10
3085	碘钨灯	1000W 灯管	套	24.93
3086	灯塔	9×1000W 投光灯 L=25m NLC9300 25m	套	99275.00
3087	灯塔	6×400W L=20m	套	86900.00
3088	灯杆基础	600×600×1500	个	770.00
3089	灯杆	L=9m 配套灯杆基础	套	1540.00
3090	灯杆	L=8m 配套灯杆基础	套	1980.00
3091	灯杆	L=8m 臂长 1.5m	套	1485.00
3092	灯杆	L=6m 道路照明	套	1760.00
3093	灯杆	L=3.6m 配套灯杆基础	套	1078.00
3094	灯杆	L=2.5m	套	198.00
3095	灯杆	L=10m 配套灯杆基础	套	2310.00
3096	灯杆	L=10m 臂长 1.5m	套	1815.00
3097	出口指示灯	8W 30min	套	121.00
3098	出口指示灯	5W	套	143.00
3099	出口指示灯	3W	套	107.80
3100	出口指示灯	20W	套	181.50
3101	出口指示灯	2×8W 60min	套	104.50

序号	材料名称	规格型号	单位	定额价(元)
3102	出口指示灯	1×8W	套	176.07
3103	出口指示灯	1×40W	套	242.00
3104	出口指示灯	1×20W	套	181.50
3105	出口指示灯	1×15W 防爆	套	1012.00
3106	草坪灯	220VAC 1×60W	套	310.77
3107	标志灯	1×8W 应急节能灯	套	112.20
3108	壁灯	2×60W 220VAC	套	132.00
3109	壁灯	2×18W 电子节能灯	套	61.78
3110	壁灯	11W 电子节能灯	套	57.29
3111	壁灯	1×70W 220V	套	733.48
3112	壁灯	1×60W BKB1301	套	121.00
3113	壁灯	1×40W 220VAC 荧光	套	56.93
3114	壁灯	1×40W	套	57.75
3115	壁灯	1×36W BBY123bH 型节能管	套	61.78
3116	壁灯	1×18W 节能	套	58.69
3117	壁灯	1×150W 220V 投光	套	749.68
3118	壁灯	1×100W 方筒节能型	套	58.39
3119	壁灯	1×100W	套	245.07
3120	T8 高效格栅荧光灯	3×20W	套	203.50
3121	表示灯泡	HJ24V	个	5.57
3122	灯泡	12V25W/25W	个	4.50
3123	灯泡	220V/25W	个	3.50

序号	材料名称	规格型号	单位	定额价(元)
3124	杵环杆	JL59(12)-89	个	52.80
3125	杵环杆	JL59(16)-89	个	44.81
3126	杵环杆	JL59(18)-89	个	53.35
3127	杵环杆	JL59(21)-89	个	56.55
3128	杵环杆	JL59(23)-89	个	58.75
3129	杵环杆	JL59(26)-89	个	61.00
3130	杵环杆	JL59(30)-89	个	61.60
3131	杵头杆	JL59(18)-89	个	41.80
3132	杵头杆	JL59(19)-90	个	42.90
3133	杵头螺杆	JL43(19)-85	个	56.55
3134	杵头悬式绝缘子	XP-7 瓷	个	77.00
3135	杵座鞍子	JL17-89L	个	70.42
3136	杵座楔型线夹	JL26(50)-85	个	41.61
3137	杵座楔型线夹	JL26(70)-85	个	41.61
3138	定位管	JL62(1.1/2-2500)-89	个	217.14
3139	定位管	JL62(1.1/2-2800)-85	个	239.80
3140	定位管	JL62(1.1/2-3200)-85	个	247.50
3141	定位管	JL62(1.1/2-3500)-89	个	261.42
3142	定位管	JL62(1-1150)-89	个	98.70
3143	定位管	JL62(1-1500)-89	个	105.63
3144	定位管	JL62(1-1850)-89	个	140.84
3145	定位管	JL62(1-3200)-89	个	193.67

序号	材料名称	规格型号	单位	定额价(元)
3146	定位管	JL62(1－960)－89	个	93.90
3147	定位管	JL62(2－3200)－89	个	221.94
3148	定位管卡子	JL35(1)－89	个	23.47
3149	定位管卡子	JL35(1.1/2)－89	个	29.35
3150	定位管支撑	JL375－86	个	53.35
3151	定位环	JL12(1)－89	个	70.42
3152	定位环	JL12(2)－89	个	104.50
3153	定位环线夹	JL21－89	个	99.77
3154	定位卡子	JL36(1)－89	个	66.02
3155	定位器	JL63(DC)－89	个	104.57
3156	定位器	JL63(L1)－89	个	104.57
3157	定位器	JL63(L3)－89	个	112.04
3158	定位器	JL63(LD)－89	个	104.57
3159	定位器头	JL63－89	个	38.50
3160	定位线夹	JL01(110)－89ZCuAL10Fe3	个	105.63
3161	定位线夹	JL01(150)－89ZCuAL10Fe3	个	105.63
3162	钩头鞍子	JL18－89(100)KTH350－10	个	140.84
3163	钩头鞍子	JL18－89(120)KTH350－10	个	108.83
3164	挂环	*Q*－7 球头	个	17.16
3165	轨端连线	*L*＝1500	个	93.90
3166	轨间连线	*L*＝3100	个	93.90
3167	焊接杵环	JL39－01－85 175mm	个	18.14

序号	材料名称	规格型号	单位	定额价(元)
3168	钩头鞍子	JL18－96	个	140.84
3169	耳环杆	JL45(400)－85	个	21.34
3170	双环杆	JL55(250)－89	个	27.50
3171	双环杆	JL55(770)－89	个	33.00
3172	双环锚杆	电化 1600－09	个	129.80
3173	坠砣抱箍		个	44.17
3174	坠砣杆	JL46(20)－89	个	93.50
3175	坠砣限制架	H60	个	1485.00
3176	电热器检查接线		组	32.00

十七、电工器材

序号	材料名称	规格型号	单位	定额价(元)
1	高压避雷器	10kV	具	380.00
2	低压避雷器	380V	具	70.00
3	避雷针		件	138.00
4	天线		套	280.00
5	一位单级开关	86C－K11－6	个	3.60
6	一位单级开关	86C－K11－10	个	4.20
7	一位单级拉线开关	86A－K11－6L	个	7.00
8	一位双级开关	86C－K12－10	个	11.16
9	一位双级开关	86C－K12－6	个	11.16
10	一位双联拉线开关	86A－K12－6L	个	14.40
11	二级插座	A120－Z12T－10	个	14.99
12	二位单级开关	86C－K21－6	个	14.99
13	二位单级开关	86C－K21－10	个	10.80
14	二位单级拉线开关	86A－K21－6L	个	17.08
15	二位二级插座	A120－Z22T－10	个	17.06
16	二位二级三级插座	A120－Z223T－10	个	16.20
17	二位双级开关	86C－K22－10	个	20.52
18	二位双级开关	86C－K22－6	个	20.52
19	二位双联拉线开关	86A－K22－6L	个	24.30
20	三级插座	A120－Z13T－10	个	24.30
21	单联单控跷板开关	250/10A	个	13.00

序号	材料名称	规格型号	单位	定额价(元)
22	单联单控跷板带灯开关	250/10A	个	20.00
23	单联双控跷板开关	250/10A	个	18.00
24	单联双控跷板带灯开关	250/10A	个	24.00
25	双联单控跷板开关	250/10A	个	19.00
26	双联单控跷板带灯开关	250/10A	个	28.00
27	双联双控跷板开关	250/10A	个	23.00
28	双联双控跷板带灯开关	250/10A	个	32.00
29	三联单控跷板开关	250/10A	个	28.00
30	三联单控跷板带灯开关	250/10A	个	36.00
31	三联双控跷板开关	250/10A	个	34.00
32	三联双控跷板带灯开关	250/10A	个	41.00
33	单联双极跷板开关	250/20A	个	68.00
34	单联双极跷板带灯开关	250/20A	个	121.00
35	双联双极跷板开关	250/20A	个	103.00
36	空白面板		个	16.00
37	跷板门铃开关		个	38.00
38	红外线感应开关	250/10A	个	152.00
39	声控开关		个	67.00
40	声光控延时开关	100W/250V	个	182.00
41	触摸式延时开关		个	70.00
42	羊角飞保险	5A	个	1.30

序号	材料名称	规格型号	单位	定额价(元)
43	羊角飞保险	10A	个	1.50
44	羊角飞保险	15A	个	1.90
45	羊角飞保险	30A	个	2.30
46	羊角飞保险	60A	个	2.70
47	羊角飞保险	100A	个	4.40
48	羊角飞保险	150A	个	5.80
49	羊角飞保险	200A	个	9.00
50	羊角飞保险	300A	个	11.00
51	羊角飞保险	500A	个	14.00
52	瓷插保险	5A	只	1.16
53	保险丝	1.0A	轴	8.00
54	保险丝	1.5A	轴	8.00
55	保险丝	2.0A	轴	8.00
56	保险丝	2.5~25A	轴	6.20
57	保险丝	30~50A	轴	6.20
58	保险丝	65A	轴	6.20
59	保险丝	10A	轴	6.20
60	电炉丝	220V 2000W	条	4.10
61	电阻丝		根	8.00
62	镍铬电阻丝	$\phi 3.2$	kg	120.00
63	吊杆		根	4.28

序号	材料名称	规格型号	单位	定额价(元)
64	吊管卡子	15	个	0.75
65	吊管卡子	20	个	0.85
66	吊管卡子	25	个	0.95
67	吊管卡子	32	个	1.10
68	接地卡子	（综合）	个	0.66
69	瓷夹板	40	副	0.09
70	瓷夹板	50	副	0.17
71	瓷夹板	64	副	0.28
72	瓷夹板	76	副	0.31
73	单槽夹板	二眼	副	8.50
74	双槽夹板	二眼	副	8.50
75	PVC 阻燃塑料管	ϕ15	m	1.80
76	PVC 阻燃塑料管	ϕ20	m	2.30
77	PVC 阻燃塑料管	ϕ25	m	2.70
78	PVC 阻燃塑料管	ϕ32	m	4.80
79	PVC 阻燃塑料管	ϕ40	m	6.20
80	PVC 阻燃塑料管	ϕ50	m	8.80
81	PVC 阻燃塑料管	ϕ65	m	13.00
82	钳接管	JT－25/4	个	7.78
83	钳接管	JT－35/6	个	10.00
84	钳接管	JT－50/8	个	12.22

序号	材料名称	规格型号	单位	定额价(元)
85	钳接管	JT－70/10	个	14.44
86	钳接管	JT－95/20	个	24.44
87	钳接管	JT－120/20	个	40.00
88	钳接管	JT－10L	只	5.45
89	钳接管	JT－16L	只	6.52
90	钳接管	JT－150L	只	15.80
91	钳接管	JT－185L	只	22.12
92	钳接管	JT－240L	只	27.15
93	铜压接管	GT－25mm^2	个	3.50
94	铜压接管	GT－50mm^2	个	5.20
95	铜压接管	GT－70mm^2	个	6.74
96	铜压接管	GT－95mm^2	个	10.25
97	铜压接管	GT－120mm^2	个	12.89
98	铜压接管	GT－150mm^2	个	16.31
99	铜压接管	GT－185mm^2	个	23.27
100	铜压接管	GT－240mm^2	个	25.43
101	铜压接管	GT－300mm^2	个	34.99
102	瓷灯头		个	0.85
103	瓷接头	（双）	个	1.00
104	瓷接头	1～3 回路	个	1.00
105	方木台	200×350	个	1.27

序号	材料名称	规格型号	单位	定额价(元)
106	方木台	400×100	个	1.36
107	方木台	400×400	个	4.25
108	圆木台	150~250	块	2.43
109	圆木台	275~350	块	3.57
110	圆木台	375~425	块	5.61
111	圆木台	(63~138)×22	块	1.30
112	塑料圆台	92	个	0.72
113	塑料圆台	120	个	1.40
114	塑料圆台	150	个	2.80
115	塑料圆台	180	个	3.60
116	椭圆木台	200×300	个	7.06
117	空心木板	125×250×25	块	1.70
118	空心木板	250×350×25	块	2.55
119	空心木板	350×450×25	块	4.08
120	空心木板	450×550×25	块	6.63
121	塑料胶布带	20mm×10m	卷	1.23
122	塑料胶布带	25mm×10m	卷	1.50
123	塑料胶布带	20mm×50m	卷	3.50
124	绝缘胶布		kg	32.00
125	九字形橡胶条		m	9.50
126	压敏胶粘带		m	1.38

序号	材料名称	规格型号	单位	定额价(元)
127	塑料接线盒	二线槽板用	个	3.00
128	塑料接线盒	三线槽板用	个	2.23
129	吊盒	PVCϕ100	个	1.13
130	四线担	1000×40×4	条	21.30
131	四线担	1000×50×5	条	33.30
132	四线担	1400×50×5	条	38.00
133	五线担	1900×63×6	条	55.00
134	保安器真空		个	55.00
135	电极糊		kg	1012.50
136	电加热片		m^2	1667.00
137	电加热器		个	1028.00
138	扳把开关	5A	个	1.90
139	电珠		个	0.40
140	弯灯抱箍		套	2.72
141	底座		个	48.50
142	一位二极双用插座		个	8.95
143	二位二极双用插座		个	15.30
144	一位三极插座		个	11.92
145	二、三极插座		个	17.00
146	带开关一位二极双用插座		个	16.95
147	带开关一位三极插座		个	22.22

序号	材料名称	规格型号	单位	定额价(元)
148	带开关二位二极插座		个	24.30
149	带开关二、三极插座		个	27.00
150	带保护门一位两极双用插座		个	14.00
151	带保护门一位三极插座		个	20.18
152	带保护门二位二极插座		个	21.87
153	带保护门二、三极插座		个	23.49
154	一位带保护门美式插座		个	29.00
155	防爆插座		个	279.00
156	一位电话插座		个	19.15
157	一位电视插座		个	24.80
158	一位电脑信息插座		个	48.00
159	电视、电话插座		个	50.00
160	电话、电脑信息插座		个	71.00
161	防溅插座盒		个	15.60
162	空调插座	16A	个	19.20
163	空调插座	20A	个	24.00
164	多功能插座		个	76.00
165	单相安全圆插座		个	35.00
166	灯钩	大号	个	0.07
167	电缆挂钩	不分型	个	0.20
168	托钩		个	1.50

序号	材料名称	规格型号	单位	定额价(元)
169	红色灯泡	220V 35W	个	2.50
170	白炽灯泡	100W	只	1.50
171	穿钉		套	3.80
172	螺栓绝缘外套		个	0.55
173	拉紧绝缘子	J-2	个	13.80
174	拉紧绝缘子	J-4.5	个	13.93
175	电车绝缘子	WX-01	个	4.50
176	铅板	80×150×3	块	7.98
177	铅板	80×300×3	块	11.70
178	接头三通		个	0.63
179	接头四通		个	1.53
180	插销	100mm	个	0.86
181	插销	150mm	个	0.89
182	插销	200mm	个	1.34
183	插销	300mm	个	1.87
184	弹簧插销	50mm	个	1.45
185	塑料圆台		块	0.70
186	指示灯	XD11-24V	个	1.50
187	管码 FSA15		个	0.80
188	管码 FSA20		个	0.80
189	管码 FSA25		个	0.80

序号	材料名称	规格型号	单位	定额价(元)
190	管码 FSA32		个	1.60
191	管码 FSA40		个	1.60
192	管码 FSA50		个	2.40
193	管码 FSA70		个	3.20
194	光缆中间接头盒及成套附件		套	280.00
195	光缆终端活接头及附件		套	400.00
196	单线端子接线头		个	0.30
197	塑料胶粘带	20mm×50m	卷	5.43
198	A 型插座 CB2	-30K	副	13.00
199	保安器(附座)		个	7.90
200	保险盒 5A		个	5.70
201	电化角铝	25.4mm×2mm	m	2.65
202	标签纸(综合价)		m	13.00
203	橡皮护套圈	$\phi 6\sim 32$	个	0.79
204	橡皮绝缘板	$\delta=5$	m^2	103.57
205	塑料绝缘跳线	AV 2×0.5	m	0.58
206	导电膏(电力脂)		kg	24.88
207	电缆号牌		个	0.06
208	导轨	20~30cm	根	6.50
209	铜丝	16 号	kg	45.00
210	触变泥浆		m^3	29.53

序号	材料名称	规格型号	单位	定额价(元)
211	爪型线环		个	1.80
212	绝缘橡胶板	$\delta=6\sim12$	kg	11.74
213	镀锌管卡	3×20	个	1.10
214	导管过轨支撑铁	$\delta=6$	kg	2.71
215	电铃木盒		个	15.00
216	电源端子板	S×24.76	块	3.00
217	黑胶带	20mm×20m	卷	2.50
218	导线接续管	JTB-95	个	18.00
219	导线接续管	JTB-150	个	21.00
220	导线补修管	JX-95	个	22.00
221	导线补修管	JX-150	个	33.00
222	导线补修管	JX-120	个	23.00
223	地线连接管	JY-35G	个	26.00
224	地线连接管	JY-120G	个	26.00
225	地线补修管	JX-120G	个	38.00
226	电缆油烷 基苯合成		kg	14.00
227	吊线担		条	73.50
228	吊线扣箍		副	21.33
229	吊线箍		副	25.67
230	吊线压板		块	14.40
231	水位计玻璃板		块	20.00

序号	材料名称	规格型号	单位	定额价(元)
232	像质计		个	39.00
233	英文铅号码		套	65.00
234	蓄电池	24A · h	块	380.00
235	天线		套	400.00
236	探头线		根	18.00
237	热电偶	1000℃ 1m	个	82.00
238	水位计		个	16.25
239	电热熔带	200×200×7	根	76.00
240	电热熔带	300×200×7	根	98.00
241	电热熔带	400×200×7	根	125.00
242	电热熔带	500×350×9	根	350.00
243	电热熔带	600×350×9	根	385.00
244	电热熔带	800×350×9	根	490.00
245	电热熔带	1000×450×9	根	750.00
246	电热熔带	1200×450×9	根	900.00
247	电热熔带	1500×450×9	根	1200.00
248	电热熔带	1600×450×9	根	1250.00
249	电热熔带	1800×450×9	根	1450.00
250	电热熔带	2000×450×9	根	1600.00
251	塑料铭牌		个	5.00
252	线号套管(综合)		m	1.20

序号	材料名称	规格型号	单位	定额价(元)
253	铅管	ϕ25 ×3	m	130.00
254	铅管	ϕ108 ×4.5	m	195.00
255	压力表气门	QZ－2 黄铜 M10－ϕ6	个	18.00
256	压力表补芯		个	18.00
257	台秤	电子	台	650.00
258	铜端头	8mm^2	个	4.20
259	六柱端子板		组	24.20
260	二柱端子		个	13.45
261	十八柱端子板		组	57.80
262	信号锁		把	120.00
263	熔丝报警器		台	92.63
264	熔丝报警板		台	114.24
265	直线连接杆	X1901－00－00B	根	103.50
266	表示杆架		个	34.50
267	防雷硒堆(压敏电阻)	23 ×23 ×2	组	14.18
268	防雷硒堆(压敏电阻)	23 ×23 ×3	组	18.90
269	埋设标桩(混凝土)		根	11.70
270	微型开关	3A	个	90.00
271	熔断器		个	6.45
272	熔断器板	S ×24.81	块	4.50
273	电池木盒		个	3.10

序号	材料名称	规格型号	单位	定额价(元)
274	拉线衬杆		条	385.00
275	异径管箍	DN50×25	个	2.30
276	位号牌		个	2.00
277	电缆挂钩	55mm	个	0.36
278	双叉连接器	ϕ32	个	6.22
279	母线间隔垫	MJG 1~4	个	4.25
280	电极棒		根	1.80
281	镀锌钢板垫板	$\delta=1\sim2$	kg	6.20
282	酚醛层压板	$\delta=10\sim20$	m^2	132.00
283	红外线灯泡		个	23.00
284	滑触线伸缩器		套	26.50
285	绕线电阻	300Ω	个	2.50
286	钢套管		kg	6.80
287	镀锌电缆卡子	2×35	个	1.45
288	镀锌电缆卡子	3×35	个	6.80
289	镀锌电缆卡子	3×100	个	11.95
290	双面半导体布带	20mm×5m	m	5.40
291	端子号牌		个	0.05
292	铝绑线	ϕ2	m	0.20
293	铝绑线	ϕ3.2	m	0.70
294	直管接头	$\phi16\sim20$	个	0.40

序号	材料名称	规格型号	单位	定额价(元)
295	直管接头	ϕ25 ~ 32	个	1.10
296	直管接头	ϕ40 ~ 50	个	2.75
297	螺纹管接头	ϕ16 ~ 20	个	2.10
298	螺纹管接头	ϕ25 ~ 32	个	4.30
299	螺纹管接头	ϕ40 ~ 50	个	5.90
300	可挠金属套管接头	KS - 10	个	2.20
301	可挠金属套管接头	KS - 12	个	2.90
302	可挠金属套管接头	KS - 15	个	3.12
303	可挠金属套管接头	KS - 17	个	3.28
304	可挠金属套管接头	KS - 24	个	3.81
305	可挠金属套管接头	KS - 30	个	5.06
306	可挠金属套管接头	KS - 38	个	6.72
307	可挠金属套管接头	KS - 50	个	8.74
308	可挠金属套管接头	KS - 63	个	11.39
309	可挠金属套管接头	KS - 76	个	14.76
310	可挠金属套管接头	KS - 83	个	19.19
311	可挠金属套管接头	KS - 101	个	24.95
312	管码	FCL15	个	0.42
313	管码	FCL20	个	0.61
314	管码	FCL25	个	0.73
315	管码	FCL32	个	0.96

序号	材料名称	规格型号	单位	定额价(元)
316	直瓷管	$\phi(9\sim15)\times305$	根	0.25
317	直瓷管	$\phi32\times305$	根	0.90
318	直瓷管	$\phi(19\sim25)\times300$	根	0.45
319	标志牌	塑料扁形	个	5.00
320	木夹板(四线)	$500mm^2$ 以下	套	28.50
321	木夹板(四线)	$1200mm^2$ 以下	套	35.30
322	瓜子灯链	大号	m	2.17
323	大小头	20×15	个	3.00
324	镀锌横担	∠50×5×1500	根	36.00
325	镀锌 M 形抱铁		个	15.00
326	镀锌 V 形横箍		个	13.00
327	U 形抱箍		个	15.00
328	塑料槽板		m	0.96
329	线闸变压器盒		个	15.60
330	木柜	700×400×800	个	101.00
331	水泥枕连线卡具(6 个/组)		组	36.06
332	钢索拉紧装置		套	22.00

十八、消防器材

序号	材料名称	规格型号	单位	定额价(元)
1	直流水枪	50	个	60.00
2	直流水枪	65	个	70.00
3	开关水枪	50	个	140.00
4	开关水枪	65	个	170.00
5	水带接口	50 氧化铝	个	58.00
6	水带接口	65 氧化铝	个	70.00
7	水带接口	80 氧化铝	个	82.00
8	异径接口	50×65 合金铝	个	52.00
9	异径接口	65×80 合金铝	个	58.00
10	管牙接口	50 合金铝	个	28.00
11	管牙接口	65 合金铝	个	40.00
12	管牙接口	80 合金铝	个	55.00
13	吸水管接口	100 合金铝	个	220.00
14	吸水管总成	2000 合金铝	个	450.00
15	出水口闷盖	50 氧化铝	个	40.00
16	出水口闷盖	65 氧化铝	个	46.00
17	二分水		个	450.00
18	衬胶水带	50	个	16.00
19	衬胶水带	65	个	20.00
20	室内消火栓	50 单口铸铁	个	82.00
21	室内消火栓	50 双口铸铁	个	130.00

序号	材料名称	规格型号	单位	定额价(元)
22	室内消火栓	65 单口	个	89.00
23	室内消火栓	65 双口	个	230.00
24	地上消火栓	65	个	795.00
25	地下消火栓	80×65	个	890.00
26	地下消火栓	100×100×65	个	910.00
27	地下消火栓	S×65－10 法兰式	个	780.00
28	地下消火栓	S×100－10 法兰式	个	780.00
29	地下消火栓	S×65－10 承插式	个	780.00
30	钢制消火栓箱	SGT24A－50SN	套	1300.00
31	钢制消火栓箱	SGT24A－65SN	套	1380.00
32	钢制消火栓箱	SGT24A－50SNSS	套	1950.00
33	钢制消火栓箱	SGT24A－65SNSS	套	2050.00
34	钢制消火栓箱	含自救盘、单套 50 栓	套	2180.00
35	钢制消火栓箱	含自救盘、单套 65 栓	套	2470.00
36	铝合金消火栓箱	SGL24A－50SN	套	1470.00
37	铝合金消火栓箱	SGL24A－65SN	套	1520.00
38	铝合金消火栓箱	SGL24B－50SNSS	套	2100.00
39	铝合金消火栓箱	SGL24B－65SNSS	套	2200.00
40	铝制消火栓箱	含自救盘、单套 50 栓	套	2430.00
41	铝制消火栓箱	含自救盘、单套 65 栓	套	3120.00
42	钢制消防柜	含灭火器	套	3900.00
43	铝合金消防柜	含灭火器、自救盘	套	4300.00

序号	材料名称	规格型号	单位	定额价(元)
44	水泵结合器	100	套	2180.00
45	水泵结合器	150	套	2950.00
46	光电烟感器	LD3000EN(B)	只	640.00
47	编码光电烟感器	LD3000EN/A	只	369.00
48	探头底座	LD10EN(B)	只	260.00
49	通用底座	LD10EN	只	30.00
50	防爆型光电感烟探测器	LD3000EN	只	698.00
51	防爆型手动报警按钮	LD2000E(EX)	只	650.00
52	室外报警手动按钮立柱		只	1400.00
53	室外报警手动按钮防雨罩		只	500.00
54	普通手报警按钮	LD2000E – A	只	315.00
55	编码消火栓报警按钮	LD2001EN	只	335.00
56	火灾报警控制器	JB – QB/LD128E(M) – 64	台	13200.00
57	火灾报警控制器(联动型)	JB – QB – LD128EN(M) – 32C	台	22800.00
58	火灾报警控制器(联动型)	JB – QB – LD128EN(M) – 64C	台	23200.00
59	火灾报警控制器(联动型)	JB – QB – LD128EN(M) – 128C	台	24800.00
60	火灾报警控制器(联动型)	JB – QB – LD128EN(M) – 200C	台	26800.00
61	火灾报警控制器(联动型)	JB – QB – LD128EN(M) – 256C	台	30800.00
62	火灾报警控制器(联动型)	JB – QB – LD128EN(M) – 360C	台	36800.00
63	火灾报警控制器(联动型)	JB – QB – LD128EN(M) – 420C	台	40800.00
64	火灾报警控制器(联动型)	JB – QB – LD128EN(M) – 512C	台	45800.00
65	火灾报警控制器(联动型)	JB – QB/LD128E(Q) – 32C	台	35000.00

序号	材料名称	规格型号	单位	定额价(元)
66	火灾报警控制器(联动型)	JB－QB/LD128E(Q)－64C	台	36000.00
67	火灾报警控制器(联动型)	JB－QB/LD128E(Q)－128C	台	37000.00
68	火灾报警控制器(联动型)	JB－QB/LD128E(Q)－200C	台	38000.00
69	火灾报警控制器(联动型)	JB－QB/LD128E(Q)－256C	台	39900.00
70	火灾报警控制器(联动型)	JB－QB/LD128E(Q)－360C	台	43900.00
71	火灾报警控制器(联动型)	JB－QB/LD128E(Q)－420C	台	47900.00
72	火灾报警控制器(联动型)	JB－QB/LD128E(Q)－512C	台	51900.00
73	火灾报警控制器(联动型)	JB－QB/LD128E(Q)－640C	台	57900.00
74	火灾报警控制器(联动型)	JB－QB/LD128E(Q)－768C	台	63900.00
75	火灾报警控制器(联动型)	JB－QB/LD128E(Q)－900C	台	71900.00
76	火灾报警控制器(联动型)	JB－QB/LD128E(Q)－1024C	台	75900.00
77	火灾报警控制器(联动型)	JB－QG－LD128E(Q)Ⅱ－64C	台	25500.00
78	火灾报警控制器(联动型)	JB－QG－LD128E(Q)Ⅱ－100C	台	27500.00
79	火灾报警控制器(联动型)	JB－QG－LD128E(Q)Ⅱ－128C	台	29500.00
80	火灾报警控制器(联动型)	JB－QG－LD128E(Q)Ⅱ－160C	台	31500.00
81	火灾报警控制器(联动型)	JB－QG－LD128E(Q)Ⅱ－200C	台	33500.00
82	火灾报警控制器(联动型)	JB－QG－LD128E(Q)Ⅱ－256C	台	35500.00
83	火灾报警控制器(联动型)	JB－QG－LD128E(Q)Ⅱ－360C	台	39500.00
84	火灾报警控制器(联动型)	JB－QG－LD128E(Q)Ⅱ－420C	台	41500.00
85	火灾报警控制器(联动型)	JB－QG－LD128E(Q)Ⅱ－512C	台	46500.00
86	火灾报警控制器(联动型)	JB－QG－LD128E(Q)Ⅱ－640C	台	51500.00
87	火灾报警控制器(联动型)	JB－QG－LD128E(Q)Ⅱ－768C	台	56500.00

序号	材料名称	规格型号	单位	定额价(元)
88	火灾报警控制器(联动型)	JB－QG－LD128E(Q)Ⅱ－900C	台	61500.00
89	火灾报警控制器(联动型)	JB－QG－LD128E(Q)Ⅱ－1024C	台	66500.00
90	火灾报警控制器(联动型)	JB－QG－LD128E(Q)Ⅱ－1280C	台	75500.00
91	火灾报警控制器(联动型)	JB－QG－LD128E(Q)Ⅱ－1536C	台	84500.00
92	火灾报警控制器(联动型)	JB－QG－LD128E(Q)Ⅱ－1792C	台	93500.00
93	火灾报警控制器(联动型)	JB－QG－LD128E(Q)Ⅱ－2048C	台	102500.00
94	火灾报警控制器(联动型)	JB－QG－LD128E(Q)Ⅱ－2560C	台	110000.00
95	火灾报警控制器(联动型)	JB－QG－LD128E(Q)Ⅱ－3072C	台	115000.00
96	火灾报警控制器(联动型)	JB－QG－LD128E(Q)Ⅱ－3584C	台	120500.00
97	火灾报警控制器(联动型)	JB－QG－LD128E(Q)Ⅱ－4096C	台	125000.00
98	火灾报警控制器(联动型)	JB－QG－LD128EⅡ－512C	台	79900.00
99	火灾报警控制器(联动型)	JB－QG－LD128EⅡ－640C	台	82900.00
100	火灾报警控制器(联动型)	JB－QG－LD128EⅡ－768C	台	92900.00
101	火灾报警控制器(联动型)	JB－QG－LD128EⅡ－900C	台	99500.00
102	火灾报警控制器(联动型)	JB－QG－LD128EⅡ－1024C	台	109900.00
103	火灾报警控制器(联动型)	JB－QG－LD128EⅡ－1280C	台	135900.00
104	火灾报警控制器(联动型)	JB－QG－LD128EⅡ－1536C	台	152000.00
105	火灾报警控制器(联动型)	JB－QG－LD128EⅡ－1792C	台	160000.00
106	火灾报警控制器(联动型)	JB－QG－LD128EⅡ－2048C	台	169900.00
107	火灾报警控制器(联动型)	JB－QG－LD128EⅡ－2560C	台	177600.00
108	火灾报警控制器(联动型)	JB－QG－LD128EⅡ－3072C	台	185100.00
109	火灾报警控制器(联动型)	JB－QG－LD128EⅡ－3584C	台	192600.00

序号	材料名称	规格型号	单位	定额价(元)
110	火灾报警控制器(联动型)	JB－QG－LD128EⅡ－4096C	台	199900.00
111	火灾报警控制器(联动型)	JB－QG－LD128EⅡ－4608C	台	209500.00
112	火灾报警控制器(联动型)	JB－QG－LD128EⅡ－5120C	台	219000.00
113	火灾报警控制器(联动型)	JB－QG－LD128EⅡ－6200C	台	235000.00
114	火灾报警控制器(联动型)	JB－QG－LD128EⅡ－7168C	台	249000.00
115	火灾报警控制器(联动型)	JB－QG－LD128EⅡ－8192C	台	259000.00
116	火灾报警控制器(联动型)	JB－QG－LD128EⅡ－9472C	台	322800.00
117	火灾报警控制器(联动型)	JB－QG－LD128EⅡ－11008C	台	334800.00
118	火灾报警控制器(联动型)	JB－QG－LD128EⅡ－12288C	台	346800.00
119	火灾报警控制器(联动型)	JB－QG－LD128EⅡ－13568C	台	358800.00
120	火灾报警控制器(联动型)	JB－QG－LD128EⅡ－15104C	台	370800.00
121	火灾报警控制器(联动型)	JB－QG－LD128EⅡ－16384C	台	382800.00
122	中文气体灭火报警控制器	JB—QB－LD128EN(M)－AI/JB－QB－LD5502ENI	台	31250.00
123	手提式 1211 灭火器	1kg	具	150.00
124	手提式 1211 灭火器	2kg	具	190.00
125	手提式 1211 灭火器	3kg	具	280.00
126	手提式 1211 灭火器	4kg	具	350.00
127	手提式 1211 灭火器	6kg	具	450.00
128	推车式 1211 灭火器	25kg	具	3500.00
129	推车式 1211 灭火器	40kg	具	4600.00
130	悬挂式 1211 灭火器	6kg	具	1000.00

序号	材料名称	规格型号	单位	定额价(元)
131	悬挂式 1211 灭火器	8kg	具	1500.00
132	悬挂式 1211 灭火器	10kg	具	1700.00
133	ABC 灭火器	1kg	具	120.00
134	ABC 灭火器	2kg	具	130.00
135	ABC 灭火器	3kg	具	142.00
136	ABC 灭火器	4kg	具	156.00
137	ABC 灭火器	5kg	具	168.00
138	ABC 灭火器	8kg	具	175.00
139	二氧化碳灭火器	2kg	具	170.00
140	二氧化碳灭火器	3kg	具	200.00
141	二氧化碳灭火器	5kg	具	230.00
142	灭火器箱	3kg ×2	个	180.00
143	灭火器箱	3kg ×4	个	195.00
144	灭火器箱	5kg ×4	个	213.00
145	灭火器箱	5kg ×2	个	185.00
146	灭火器箱	8kg ×4	个	288.00
147	灭火器箱	8kg ×2	个	256.00
148	消防桶	普通型	把	30.00
149	消防钩	普通型	把	35.00
150	消防锹	普通型	把	35.00
151	消防斧	普通型	把	52.00
152	消防架	标准配置	套	1500.00

十九、铁路器材

序号	材料名称	规格型号	单位	定额价(元)
1	枕木	250×200×2500	根	200.00
2	枕木		m^3	1600.00
3	支撑杆	ϕ25	t	5800.00
4	支撑木		根	3.40
5	普通轨距杆	ϕ34mm	根	145.00
6	普通轨距杆	ϕ36mm	根	150.00
7	普通轨距杆	ϕ38mm	根	160.00
8	普通轨距杆	ϕ32mm 50kg/m	根	140.00
9	绝缘轨距杆	ϕ34mm	根	160.00
10	绝缘轨距杆	ϕ36mm	根	165.00
11	绝缘轨距杆	ϕ38mm	根	170.00
12	绝缘轨距杆	ϕ32mm 50kg/m	根	155.00
13	绝缘轨距杆（粘接式）	ϕ32mm	根	170.00
14	绝缘轨距杆（粘接式）	ϕ34mm	根	170.00
15	轨距保持杆（附绝缘）		根	138.60
16	道钉	16×16×165	个	3.20
17	接头螺栓带帽	18~43kg/m	kg	14.00
18	平头螺栓带帽		kg	14.00
19	鱼尾螺栓带帽		kg	6.20
20	鱼尾螺栓带帽	43kg	套	5.30
21	鱼尾螺栓带帽	50kg	套	7.70

序号	材料名称	规格型号	单位	定额价(元)
22	鱼尾螺栓带帽	60kg	套	4.83
23	弹簧垫圈	18～43kg/m	kg	16.00
24	接头螺栓带帽	43kg/m	套	5.20
25	接头螺栓带帽	50kg/m	套	5.80
26	高强度接头螺栓带帽	60kg/m	套	9.80
27	螺旋道钉带螺帽	M24×195	套	5.80
28	高强度螺栓带帽	ϕ22×100	套	7.80
29	平垫圈	25×45×4	个	0.80
30	平垫圈	25×50×6	个	1.00
31	平垫圈（高强度）	60kg/m ϕ27	个	2.50
32	弹簧垫圈(双层)	26×44×9	个	1.30
33	弹簧垫圈	43kg/m	个	1.20
34	弹簧垫圈	50kg/m	个	1.20
35	弹簧垫圈	60kg/m	个	1.20
36	钢轨铁垫板	43kg/m 以下	kg	7.50
37	接头夹板	15kg/m	t	7500.00
38	接头夹板	18～43kg/m	kg	7.50
39	接头夹板	18kg/m	t	7500.00
40	接头夹板	24kg/m	t	7500.00
41	接头夹板	24kg/m	块	60.00
42	接头夹板	43kg/m	块	105.00

序号	材料名称	规格型号	单位	定额价(元)
43	接头夹板	50kg/m	块	115.00
44	接头夹板	60kg/m	块	135.00
45	异型接头夹板	38~43kg/m	块	180.00
46	异型接头夹板	43~50kg/m	块	180.00
47	异型接头夹板	50~60kg/m	块	190.00
48	变截面接头夹板	50kg/m	块	200.00
49	钢轨扣板	10×25×150	块	2.20
50	中间扣板	43kg/m	块	6.00
51	中间扣板	50kg/m	块	6.00
52	中间扣板	43kg/m 8~10 号	块	6.00
53	中间扣板	50kg/m 0~2 号	块	6.00
54	中间扣板	50kg/m 4~6 号	块	6.00
55	中间扣板 70 型	50kg/m 16~18 号	块	6.00
56	接头扣板	43kg/m 8~10 号	块	6.00
57	接头扣板	50kg/m 0~2 号	块	6.00
58	接头扣板	50kg/m 4~6 号	块	6.00
59	接头扣板 70 型	50kg/m 16~18 号	块	6.00
60	接头扣板	43kg/m	块	5.70
61	接头扣板	50kg/m	块	5.70
62	轨距挡板(中间)	50kg/m	块	4.40
63	轨距挡板	60kg/m	块	4.40

序号	材料名称	规格型号	单位	定额价(元)
64	轨距挡板	(接头)	块	4.40
65	绝缘缓冲垫片	(普通)	块	0.52
66	绝缘缓冲垫片	(加宽)	块	1.00
67	绝缘缓冲垫板	43kg/m	块	4.10
68	绝缘缓冲垫板	50kg/m	块	4.10
69	枕下大胶垫	800×250×20	块	140.00
70	钢轨铁垫板	24kg/m	块	21.25
71	钢轨铁垫板	43kg/m	块	35.70
72	钢轨铁垫板	50kg/m	块	35.70
73	钢轨铁垫板	60kg/m	块	44.20
74	钢轨异型垫板	50~43kg/m	块	170.00
75	钢轨撑铁垫板	43kg/m	块	72.25
76	钢轨撑铁垫板	50kg/m	块	72.25
77	塑料垫板		块	4.50
78	护轨用塑料垫板		块	4.20
79	绝缘缓冲垫板	43kg/m 10×113×185 橡胶	块	4.10
80	绝缘缓冲垫板	50kg/m 7×131×185 橡胶	块	4.10
81	绝缘缓冲垫板	50kg/m 10×131×185 橡胶	块	4.10
82	绝缘缓冲垫板	60kg/m 10×151×185 橡胶	块	4.80
83	铁座绝缘缓冲垫片	3×55×158 橡胶	个	1.00
84	挡板座	50kg/m	块	2.45

序号	材料名称	规格型号	单位	定额价(元)
85	挡板座	60kg/m	块	2.45
86	A 型弹条		个	4.50
87	B 型弹条		个	4.50
88	D 型弹条	50kg/m	个	6.50
89	弹条Ⅰ型扣件轨距挡板	60kg/m 6 号	块	6.40
90	弹条Ⅰ型扣件轨距挡板座	50～60kg/m 2～4 号	块	2.45
91	弹条Ⅰ型调高扣件挡板座	60kg/m	块	2.45
92	弹条Ⅰ型调高扣件轨距挡板	60kg/m	块	6.45
93	防爬器	43kg/m	个	42.00
94	防爬器	50kg/m	个	42.00
95	防爬器	60kg/m	个	48.00
96	防爬支撑	（木）	个	10.00
97	单开道岔	43kg 7 号	组	48000.00
98	单开道岔	43kg 8 号	组	54000.00
99	单开道岔	43kg 9 号	组	57000.00
100	单开道岔	43kg 12 号	组	62000.00
101	单开道岔	50kg 7 号	组	55700.00
102	单开道岔	50kg 8 号	组	62400.00
103	单开道岔	50kg 9 号	组	74800.00
104	单开道岔	50kg 12 号	组	86000.00
105	单开道岔	60kg 7 号	组	68700.00

序号	材料名称	规格型号	单位	定额价(元)
106	单开道岔	60kg 8 号	组	75600.00
107	单开道岔	60kg 9 号	组	86900.00
108	单开道岔	60kg 12 号	组	99800.00
109	三开道岔	50kg 7 号	组	153000.00
110	对称道岔	50kg 6 号	组	53550.00
111	对称道岔	43kg 6 号	组	43350.00
112	对称道岔	43kg 9 号	组	57800.00
113	对称道岔	50kg 9 号	组	65450.00
114	组合道岔	43kg/m 9 号 间距 5m 一渡一交	组	370000.00
115	组合道岔	43kg/m 9 号 间距 5m 一渡二交	组	430000.00
116	组合道岔	43kg/m 9 号 间距 5m 一渡三交	组	500000.00
117	组合道岔	43kg/m 9 号 间距 5m 一渡四交	组	580000.00
118	组合道岔	43kg/m 12 号 间距 5m 一渡一交	组	500000.00
119	组合道岔	43kg/m 12 号 间距 5m 一渡二交	组	590000.00
120	组合道岔	43kg/m 12 号 间距 5m 一渡三交	组	690000.00
121	组合道岔	43kg/m 12 号 间距 5m 一渡四交	组	810000.00
122	组合道岔	50kg/m 9 号 间距 5m 一渡一交	组	500000.00
123	组合道岔	50kg/m 9 号 间距 5m 一渡二交	组	590000.00
124	组合道岔	50kg/m 9 号 间距 5m 一渡三交	组	690000.00
125	组合道岔	50kg/m 9 号 间距 5m 一渡四交	组	810000.00
126	组合道岔	50kg/m 12 号 间距 5m 一渡一交	组	590000.00

序号	材料名称	规格型号	单位	定额价(元)
127	组合道岔	50kg/m 12 号 间距 5m 一渡二交	组	690000.00
128	组合道岔	50kg/m 12 号 间距 5m 一渡三交	组	810000.00
129	组合道岔	50kg/m 12 号 间距 5m 一渡四交	组	920000.00
130	复式交分道岔	43kg 7 号	组	93500.00
131	复式交分道岔(高锰钢)	43kg 7 号	组	110000.00
132	复式交分道岔	43kg 8 号	组	102800.00
133	复式交分道岔	43kg 9 号	组	113100.00
134	复式交分道岔	43kg 12 号	组	130000.00
135	复式交分道岔	50kg 7 号	组	119000.00
136	复式交分道岔	50kg 8 号	组	130900.00
137	复式交分道岔	50kg 9 号	组	143000.00
138	复式交分道岔	50kg 12 号	组	165000.00
139	复式交分道岔	60kg 7 号	组	147500.00
140	复式交分道岔	60kg 8 号	组	162000.00
141	复式交分道岔	60kg 9 号	组	178500.00
142	复式交分道岔	60kg 12 号	组	214200.00
143	提速木枕单开道岔	60kg/m 12 号 AT	组	240000.00
144	提速混凝土枕单开道岔	60kg/m 9 号 AT	组	220000.00
145	提速混凝土枕单开道岔	60kg/m 12 号 AT	组	250000.00
146	提速木枕可动心单开道岔	60kg/m 12 号 AT	组	440000.00
147	提速混凝土枕可动心单开道岔	60kg/m 12 号 AT	组	460000.00

序号	材料名称	规格型号	单位	定额价(元)
148	提速木枕可动心单开道岔	60kg/m 18 号 AT	组	530000.00
149	提速混凝土枕可动心单开道岔	60kg/m 18 号 AT	组	550000.00
150	交叉渡线	43kg/m 7 号 间距 4.5m	组	179300.00
151	交叉渡线	43kg/m 8 号 间距 4.5m	组	187000.00
152	交叉渡线	43kg/m 9 号 间距 4.5m	组	201300.00
153	交叉渡线	43kg/m 6 号 间距 5m	组	221000.00
154	交叉渡线	43kg/m 8 号 间距 5m	组	243000.00
155	交叉渡线	43kg/m 9 号 间距 5m	组	289000.00
156	交叉渡线	43kg/m 9 号 间距 5.3m	组	306000.00
157	交叉渡线	43kg/m 9 号 间距 5.5m	组	340000.00
158	交叉渡线	43kg/m 9 号 间距 6.5m	组	391000.00
159	交叉渡线	43kg/m 12 号 间距 5m	组	340000.00
160	交叉渡线	43kg/m 12 号 间距 5.3m	组	391000.00
161	交叉渡线	43kg/m 12 号 间距 5.5m	组	442000.00
162	交叉渡线	43kg/m 12 号 间距 6.5m	组	484500.00
163	交叉渡线	50kg/m 7 号 间距 4.5m	组	203500.00
164	交叉渡线	50kg/m 8 号 间距 4.5m	组	217800.00
165	交叉渡线	50kg/m 9 号 间距 4.5m	组	251900.00
166	交叉渡线	50kg/m 6 号 间距 5m	组	289000.00
167	交叉渡线	50kg/m 7 号 间距 5m	组	314500.00
168	交叉渡线	50kg/m 8 号 间距 5m	组	325000.00

序号	材料名称	规格型号	单位	定额价(元)
169	交叉渡线	50kg/m 9 号 间距 5m	组	331500.00
170	交叉渡线	50kg/m 9 号 间距 5.3m	组	348500.00
171	交叉渡线	50kg/m 9 号 间距 5.5m	组	365500.00
172	交叉渡线	50kg/m 9 号 间距 6.5m	组	416500.00
173	交叉渡线	50kg/m 12 号 间距 5m	组	391000.00
174	交叉渡线	50kg/m 12 号 间距 5.3m	组	442000.00
175	交叉渡线	50kg/m 12 号 间距 5.5m	组	484500.00
176	交叉渡线	50kg/m 12 号 间距 6.5m	组	527000.00
177	交叉渡线	60kg/m 9 号 间距 5.3m	组	365500.00
178	交叉渡线	60kg/m 12 号 间距 5.3m	组	558450.00
179	交叉渡线	60kg/m 7 号 间距 5m	组	302000.00
180	交叉渡线	60kg/m 8 号 间距 5m	组	332000.00
181	交叉渡线	60kg/m 9 号 间距 5m	组	365500.00
182	交叉渡线	60kg/m 9 号 间距 5.5m	组	416500.00
183	交叉渡线	60kg/m 7 号 间距 6.5m	组	435000.00
184	交叉渡线	60kg/m 8 号 间距 6.5m	组	479000.00
185	交叉渡线	60kg/m 9 号 间距 6.5m	组	527000.00
186	交叉渡线	60kg/m 12 号 间距 5m	组	476000.00
187	交叉渡线	60kg/m 12 号 间距 5.5m	组	527000.00
188	交叉渡线	60kg/m 12 号 间距 6.5m	组	569500.00
189	提速交叉渡线	60kg/m 9 号 AT 间距 5m	组	750000.00

序号	材料名称	规格型号	单位	定额价(元)
190	提速交叉渡线	60kg/m 12 号 AT 间距 5m	组	1080000.00
191	菱形交叉	43kg/m 4.5 号	组	87000.00
192	菱形交叉	50kg/m 4.5 号	组	96000.00
193	菱形交叉	43kg/m 6 号	组	96000.00
194	菱形交叉	50kg/m 6 号	组	99000.00
195	脱鞋器	(含铁板)	组	13000.00
196	脱鞋器	50kg/m	组	17000.00
197	垫木		m^3	837.00
198	垫木	2500×250×200	根	350.00
199	木岔枕		m^3	2800.00
200	木桥枕		m^3	3400.00
201	木枕	Ⅰ型	根	240.00
202	木枕	Ⅱ型	根	210.00
203	油浸枕木		根	180.00
204	沥青枕木		m^3	2800.00
205	素枕	Ⅰ型	根	200.00
206	素枕	Ⅱ型	根	180.00
207	混凝土枕	Ⅱ型	根	228.00
208	混凝土岔枕	50kg/m 9 号单开	组	48800.00
209	混凝土岔枕	50kg/m 12 号单开	组	59000.00
210	混凝土岔枕	60kg/m 9 号 单开	组	48800.00

序号	材料名称	规格型号	单位	定额价(元)
211	混凝土岔枕	60kg/m 12 号单开	组	59000.00
212	枕木	2500×200×160	根	195.00
213	钢轨连接板	QU100	套	181.15
214	钢轨连接板	QU120	套	189.69
215	钢轨连接板	QU70	套	126.94
216	钢轨连接板	QU80	套	127.04
217	普碳钢重轨	38kg/m	t	5300.00
218	普碳钢重轨	43kg/m	t	5300.00
219	普碳钢重轨	50kg/m	t	5300.00
220	普通钢轨	24kg/m	t	5100.00
221	起重钢轨(吊车轨)	QU100,120	t	5100.00
222	起重钢轨(吊车轨)	QU70,80	t	5100.00
223	轻便轨	24kg	kg	5.10
224	钉子	2″	kg	6.80
225	旧轨		t	2950.00
226	鱼尾板		kg	5.40
227	鱼尾板	43kg	块	84.08
228	鱼尾板	50kg	块	101.09
229	鱼尾板	60kg	块	125.44
230	钢筋混凝土枕弦 69 型		根	228.00
231	钢筋混凝土轨枕		根	126.00

序号	材料名称	规格型号	单位	定额价(元)
232	轨距挡板		个	4.20
233	轨下垫板		块	21.64
234	道岔枕木		m^3	1876.00
235	扳道器	马蹬弹簧式	组	800.00
236	护轨垫板		块	2.86
237	护轨间隔材料		组	29.70
238	轨撑		个	8.90
239	轨撑座		个	1.80
240	枋木(枕木木道)		m^3	1600.00
241	平交道专用混凝土枕		根	450.00
242	C 型无螺栓扣件		套	165.00
243	尼龙套管	230mm×30mm	个	8.00
244	连接螺杆	320mm×30mm	个	10.00
245	压力表	DN150	块	50.00
246	钢顶柱横梁		t	3700.00
247	橡胶道口板		m^2	3380.00
248	道口标		个	180.00
249	鸣笛标		个	180.00
250	曲线标		个	120.00
251	公里标		个	180.00
252	坡度标		个	180.00

序号	材料名称	规格型号	单位	定额价(元)
253	Ⅲ型绝缘胶垫	50kg	块	8.20
254	Ⅲ型绝缘胶垫	60kg	块	9.75
255	Ⅲ型弹条	50~60kg	个	10.50
256	护轮接头铁垫板	50kg	块	131.00
257	护轮单轨撑铁垫板	50kg	块	168.00
258	护轮双轨撑铁垫板	50kg	块	210.00
259	沿头螺栓		套	6.50
260	间隔铁	50kg	块	59.45
261	间隔铁	60kg	块	65.50
262	间隔铁螺栓	50kg	套	19.00
263	间隔铁螺栓	60kg	套	21.00
264	护轮接头铁垫板	60kg	块	138.00
265	护轮单轨撑铁垫板	60kg	块	173.00
266	护轮双轨撑铁垫板	60kg	块	230.00
267	轨撑铁方垫	50~60kg	个	13.80
268	双弹簧垫圈	24mm	个	3.85
269	尼龙轨撑座	50~60kg	个	8.50
270	护轮轨撑	50kg	块	85.00
271	护轮轨撑	60kg	块	95.00
272	护轮螺栓		套	19.00
273	间隔铁防转方垫圈		个	3.60

序号	材料名称	规格型号	单位	定额价(元)
274	中间铺面板		块	130.00
275	两侧铺面板		块	90.00
276	中间隔铁		块	19.00
277	连接铁		块	4.00
278	出土轨道		副	25.00
279	菱形交叉道岔	60kg/m 7 号	组	126000.00
280	菱形交叉道岔	60kg/m 6 号	组	115000.00
281	警冲标		个	48.00
282	钢轨	60kg/m 12.5m	根	3975.00
283	四氟板式橡胶支座		$100cm^3$	120.00
284	Ⅲ型铁垫板	50kg	块	95.50
285	Ⅲ型铁垫板	60kg	块	118.00
286	铁制轨撑座	50～60kg	个	6.00

二十、杂品

序号	材料名称	规格型号	单位	定额价(元)
1	煤		kg	0.85
2	烟煤		t	650.00
3	焦炭		kg	1.50
4	煤油		kg	4.20
5	煤焦油		kg	2.00
6	炉渣		t	38.00
7	煤渣		m^3	85.00
8	矿渣		m^3	30.00
9	水		t	4.00
10	软化水		t	20.00
11	推扳手		个	15.00
12	蒸馏水		kg	0.69
13	蒸汽		t	57.00
14	工业盐		kg	1.80
15	臭油水		kg	2.64
16	除盐水		t	15.90
17	甘油		kg	11.50
18	电石	发气量＞300L/kg	kg	2.85
19	电		kW·h	0.85
20	高效减水剂		kg	3.30
21	萘系高效减水剂	$Na_2SO_4 \leq 5\%$	kg	5.80

序号	材料名称	规格型号	单位	定额价(元)
22	萘系高效减水剂	$Na_2SO_4 \leqslant 20\%$	kg	5.00
23	蒽系高效减水剂	AF	kg	3.40
24	氨基磺酸盐高效减水剂		kg	4.10
25	脂肪族磺酸盐高效减水剂		kg	2.60
26	三聚氰胺高效减水剂		kg	3.00
27	聚羧酸盐高效减水剂		kg	4.70
28	缓凝高效减水剂		kg	2.60
29	硬白蜡		kg	6.00
30	卤水块		kg	4.00
31	白布	0.9m	m^2	8.54
32	细白布	宽0.9m	m	10.00
33	白绸		m^2	18.00
34	白纱带	20mm×20m	卷	8.25
35	包装布		kg	6.00
36	包装布		m^2	8.00
37	豆包布		m	2.00
38	帆布		m^2	8.50
39	篷布	0.35mm×1.83m	m^2	7.50
40	破布		kg	4.50
41	麻布		kg	3.00
42	丝绸绝缘布		m^2	45.00
43	丝绒面料		m^2	25.00

序号	材料名称	规格型号	单位	定额价(元)
44	真丝绸布	宽 0.9m	m	19.00
45	吸音壁布		m^2	29.00
46	织锦缎		m^2	38.00
47	高硅布	$\delta=25mm$	m^2	47.00
48	高硅布	$\delta=50mm$	m^2	82.00
49	铜丝布	16 目	m^2	45.00
50	铜丝布	20 目/英寸	kg	75.00
51	铜丝布		m	79.00
52	铜丝布	16 目	m	79.00
53	土工布		m^2	5.95
54	闭孔乳胶海绵	$\delta=20mm$	m^2	22.00
55	闭孔乳胶海绵	$\delta=5mm$	kg	27.98
56	海绵	$\delta=20mm$	m^2	9.00
57	海绵条		m	2.00
58	海绵橡胶密封条		m	3.00
59	帆布水龙带		m	10.00
60	打包带		kg	10.00
61	棉花		kg	26.20
62	棉纱		kg	6.34
63	棉纱头		kg	6.34
64	棉丝		kg	7.50
65	麻刀		kg	1.21

序号	材料名称	规格型号	单位	定额价(元)
66	麻绳		kg	8.50
67	白麻绳	$\phi26$	kg	7.50
68	杂麻绳		kg	5.50
69	高硅氧棉(绳)		kg	19.00
70	麻袋		条	5.50
71	塑料编织袋		只	0.50
72	草袋		条	1.90
73	草袋		m^2	5.00
74	草绳		kg	0.95
75	棕绳		kg	9.10
76	尼龙绳		kg	35.00
77	杂毛毡	$\delta=25mm$	kg	8.00
78	羊毛毡		m^2	60.00
79	打包铁卡子		10个	0.49
80	刀架		把	6.25
81	刀片		片	1.10
82	油石		块	22.00
83	肥皂		条	3.00
84	肥皂		块	1.50
85	肥皂水		kg	6.20
86	洗涤剂		kg	5.20
87	洗衣粉		kg	4.60

序号	材料名称	规格型号	单位	定额价(元)
88	漂白粉		kg	2.00
89	清洁剂		kg	6.00
90	草酸		kg	4.50
91	清洗剂	500mL	瓶	14.20
92	凡士林		kg	5.40
93	冷却液		kg	9.50
94	牛皮纸		张	0.89
95	牛皮纸		m^2	1.05
96	打印纸	A4	包	20.00
97	描图纸		m^2	1.50
98	滤油纸	600×600	张	0.74
99	道林纸		张	1.70
100	红钢纸		kg	15.00
101	隔离纸		m^2	2.70
102	黄板纸		m^2	1.10
103	油浸薄纸	8开	张	0.62
104	青壳纸	0.15~0.5mm	kg	22.00
105	青壳纸		张	2.25
106	毛刷		把	2.00
107	钢丝刷		把	2.00
108	明角片		m^2	27.00
109	木糖浆		kg	8.54

序号	材料名称	规格型号	单位	定额价(元)
110	尼龙帽	M6	个	0.29
111	尼龙帽	M10	个	0.64
112	尼龙帽	M12	个	1.37
113	尼龙帽	M16	个	3.02
114	尼龙帽	M20	个	4.16
115	尼龙网		m^2	6.20
116	尼龙扎带		根	0.71
117	尼龙扎带	150	根	0.16
118	尼龙扎带	200	根	0.14
119	尼龙扎带	250	根	0.15
120	尼龙扎带	300	根	0.22
121	扎带	B50	m	0.45
122	牛皮胶		kg	15.00
123	乒乓球	红双喜一星	个	2.10
124	铅标志牌		个	0.59
125	砂纸		张	1.00
126	砂布		张	3.00
127	水砂纸	180 号	张	0.96
128	水砂纸	240 号	张	0.96
129	水砂纸	360 号	张	0.86
130	水砂纸	500 号	张	0.86
131	水砂纸	600 号	张	0.86

序号	材料名称	规格型号	单位	定额价(元)
132	铁砂布		张	0.80
133	输水软管	$\phi25$	m	5.55
134	双面强力弹性胶带		m	0.80
135	提升钢爬杆	$\phi25$	t	4650.00
136	添加剂		kg	11.65
137	贴片磁铁		副	1.50
138	铁簸箕	0.2×0.2×0.16	个	5.00
139	细缝糊		kg	2.50
140	线麻		kg	13.70
141	橡皮条	$\phi20$	个	1.00
142	血料		kg	6.00
143	面粉		kg	5.00
144	亚麻子油		kg	9.00
145	养护用胶管	DN32	m	22.54
146	氧气胶管		m	15.00
147	液化气		kg	4.80
148	医用白胶布		m^2	18.00
149	医用胶管		m	4.00
150	医用纱布		kg	15.00
151	医用输血胶管	$\phi8$	m	4.00
152	硬蜡		kg	48.30
153	油灰		kg	5.00

序号	材料名称	规格型号	单位	定额价(元)
154	增感屏	80×300	副	10.00
155	镇水粉		kg	1.19
156	荧光磁粉		g	4.00
157	荧光渗透探伤剂	500mL	瓶	130.00
158	显像剂	500mL	瓶	61.00
159	X 射线胶片	80×150	张	3.00
160	X 射线胶片	80×300	张	6.00
161	软胶片	80×300	张	6.00
162	相色带	20mm×20m	卷	4.70
163	阿拉伯铅号码		套	30.00
164	铝牌		个	0.30
165	钢球		kg	5.50
166	木炭		kg	2.80
167	锯木屑		m^3	10.00
168	铁屑		kg	0.51
169	乌洛托品		kg	12.78
170	燃油喷嘴	1~2 号	件	18.00
171	橡胶圈	ϕ30mm	kg	12.78
172	白坩土		kg	0.20
173	半圆锉	8"	把	6.90
174	瓷粉		kg	23.86
175	白钢元母线		10m	85.00

序号	材料名称	规格型号	单位	定额价(元)
176	白棕绳		kg	8.51
177	草袋		个	3.50
178	草垫子		块	2.78
179	草籽		kg	150.00
180	插口板		m^2	10.54
181	绸布		m^2	25.00
182	催干剂		kg	23.00
183	弹簧	ϕ0.5　5×30	个	0.15
184	弹条		个	3.58
185	电池	7号	节	1.80
186	电池	1号	节	5.00
187	电池	5号	节	2.20
188	钢丝弹簧	$L=95$	个	3.26
189	工业食盐		kg	0.64
190	弓背拉手	125mm	个	0.67
191	挂钩		kg	5.30
192	黄土		m^3	10.00
193	黄土		t	4.00
194	灰土 3：7		m^3	28.00
195	警告牌		个	8.00
196	拉环		套	0.76
197	拉扣		只	0.75

序号	材料名称	规格型号	单位	定额价(元)
198	拉手	150mm	个	0.65
199	麻袋片		m	3.40
200	麻丝		kg	7.75
201	棉纸巾 盒装		盒	10.00
202	木柴		kg	0.95
203	木凳		m^3	868.55
204	木接线盒	65×65	个	1.50
205	木球		个	5.25
206	木丝板		m^2	18.00
207	木台	200×80×20	个	3.50
208	木压条		m	1.80
209	纱帘		套	198.00
210	试验容器	155L	个	12360.00
211	试验容器	270L	个	15000.00
212	试验容器	40L	个	6330.00
213	试验容器	70L	个	8920.00
214	试验容器	90L	个	9350.00
215	切线支座		t	4540.00
216	插销式保安器附座		个	9.12
217	继电器插座板		kg	10.34
218	塑料胶粘带	20mm×20m	卷	4.50
219	除油剂 光纤用		kg	3.90

序号	材料名称	规格型号	单位	定额价(元)
220	切管刀牌 光纤用		片	22.50
221	塑料胶粘带	200mm×20m	卷	3.70
222	冷库门胶条		m	4.40
223	P 型橡胶条		m	1.50
224	密封油膏		kg	3.74
225	石棉灰 4 级		kg	0.60
226	三乙醇胺		kg	9.00
227	耦合剂		kg	40.00
228	乳化炸药 2 号		kg	7.30
229	非电毫秒管		个	7.22
230	塑料导爆管		m	0.34
231	塑料管		m	5.00
232	竹篾		百根	10.00
233	混碴		m^3	38.00
234	单列向心球轴承	15×35×11	套	260.00
235	柔性接头		套	18.00
236	千斤顶液压控制箱		kg	5.20
237	辊轴钢支座		t	5200.00
238	摆式支座		t	5200.00
239	甘蔗板		m^2	8.00
240	转子流量计	TZB－25 1000t/min	支	28.00
241	油过滤器		个	85.00

序号	材料名称	规格型号	单位	定额价(元)
242	进风套筒	ϕ320×560×4	套	155.00
243	油缓冲罐	ϕ377×800×8	台	960.00
244	分气罐	ϕ377×800×8	台	960.00
245	贮油罐	ϕ1000×2000×8	台	3500.00
246	合金钢切割片(大理石切割片)	ϕ400	片	460.00
247	合金钢切割片(大理石切割片)	ϕ600	片	720.00
248	混合液		kg	1.00
249	建筑胶油		kg	4.00
250	贴缝线带		m	1.20
251	酚醛布板	$\delta=5$	m^2	182.00
252	减摩剂		kg	8.00
253	易熔片		片	2.10

二十一、工器具

序号	材料名称	规格型号	单位	定额价(元)
1	支柱移动装置		kg	4.90
2	试验介质(氮气)	40L	瓶	16.00
3	白刚玉砂轮片	kVP150mm×25mm×32mm	片	17.80
4	白刚玉砂轮片	kVP200mm×25mm×32mm	片	28.50
5	白刚玉砂轮片	kVP250mm×25mm×32mm	片	45.00
6	白刚玉砂轮片	kVP300mm×25mm×32mm	片	98.20
7	薄砂轮片		片	7.00
8	碳化硅砂轮片	kVP300×25×32mm	个	148.09
9	碳化硅砂轮片	ϕ400×25×(3～4)	片	29.56
10	尼龙砂轮片	ϕ500	片	15.00
11	尼龙砂轮片	ϕ400	片	13.00
12	尼龙砂轮片	ϕ180	片	7.60
13	尼龙砂轮片	ϕ150	片	7.60
14	尼龙砂轮片	ϕ100	片	7.60
15	金刚石砂轮片	ϕ600	片	60.00
16	金刚石砂轮片	ϕ400	片	36.00
17	砂轮片		片	19.00
18	钻头	ϕ3	个	0.68
19	钻头	ϕ10	个	9.00
20	钻头	ϕ21	个	33.00
21	合金钻头	一字型	个	7.00

序号	材料名称	规格型号	单位	定额价(元)
22	合金钢钻头	$\phi8$	个	9.46
23	合金钢钻头	$\phi10$	个	12.46
24	合金钢钻头	$\phi12$	个	20.60
25	合金钢钻头	$\phi14$	个	32.90
26	合金钢钻头	$\phi16$	个	40.40
27	合金钢钻头	$\phi18$	个	50.50
28	合金钢钻头	$\phi20$	个	63.10
29	合金钢钻头	$\phi22$	个	73.90
30	合金钢钻头	$\phi25$	个	81.60
31	合金钢钻头	$\phi28$	个	85.70
32	合金钢钻头	$\phi30$	个	89.20
33	合金钢钻头	$\phi38$	个	90.00
34	冲击钻头	$\phi8$	个	6.30
35	冲击钻头	$\phi10$	个	7.26
36	冲击钻头	$\phi12$	个	10.75
37	冲击钻头	$\phi16$	个	16.70
38	合金刀片		片	8.00
39	石料切割锯片		片	46.50
40	锯条	各种规格	根	1.40
41	轴承	$\phi32$	副	29.12
42	直探头		套	176.00
43	钢滤水井管	$\phi270\times8\times4000$	m	20.05

序号	材料名称	规格型号	单位	定额价(元)
44	钢板井管	$\phi270\times8\times4500$	m	47.09
45	钢吊笼支架		kg	5.40
46	后张预应力灌浆管		kg	5.20
47	风镐凿子		根	19.00
48	张拉机具		kg	2.96
49	多孔锚具	2~15孔	孔	29.00
50	钢钎		kg	5.80
51	钢锯条		根	0.89
52	梁卡具		kg	3.02
53	零星卡具		kg	4.32
54	JM15－4锚具		套	54.00
55	夹具用钢		kg	4.80
56	单系列轴承	205	个	6.39
57	轴承	203	个	5.10
58	金属齿形垫	(综合)	片	19.74
59	分离器		个	110.00
60	电动钢刷片		片	7.50
61	冷拉机具及其他材料		kg	5.20
62	镐头	250cm	个	12.00
63	镐头	400cm	个	18.00
64	镐头	500cm	个	20.00
65	镐头	600cm	个	22.00